民航电子信息工程专业系列教材

飞机发动机电子控制

刘 岱 荆 涛 李 强 编著

科 学 出 版 社

北 京

内 容 简 介

全书主要以 CFM56 系列、IAE V2500 系列、GE 系列为例介绍民用高涵道比飞机发动机，对单元体和各系统的结构、工作原理、控制逻辑、维修方法及常见故障等相关内容逐一讲解。其中，飞机发动机电子控制是重点讲述内容，主要包含：全权限数字式电子控制系统组成和技术要求、典型民航发动机 FADEC 系统的发动机电子控制器设计与维修。

本教材面向民用航空器机务维修方向的电子信息工程专业的本科教学，基于专业的培养大纲和培养方案编著而成，难度适中且与本专业的其他课程有良好的衔接，同时也可作为航空器适航审定工程硕士的民用飞机发动机适航审定方向教学所需的参考教材。

图书在版编目(CIP)数据

飞机发动机电子控制 / 刘岱，荆涛，李强编著. 北京 ：科学出版社，2025. 6. --（民航电子信息工程专业系列教材）. -- ISBN 978-7-03-081869-0

Ⅰ. V233.7

中国国家版本馆 CIP 数据核字第 2025YX2300 号

责任编辑：徐杨峰 / 责任校对：谭宏宇
责任印制：黄晓鸣 / 封面设计：殷 靓

科学出版社 出版
北京东黄城根北街 16 号
邮政编码：100717
http：//www. sciencep. com
南京展望文化发展有限公司排版
广东虎彩云印刷有限公司印刷
科学出版社发行 各地新华书店经销

*

2025 年 6 月第 一 版 开本：B5(720×1000)
2025 年 6 月第一次印刷 印张：17 3/4
字数：416 000

定价：90.00 元

（如有印装质量问题，我社负责调换）

前 言

在我国民航事业蓬勃发展的当下，民用航空发动机作为现代航空器的“心脏”，其性能优化与智能化控制技术直接关乎飞行的安全性、经济性和可靠性。随着航空科技的飞速进步，发动机控制技术不断革新，对专业人才的培养提出了更高的要求。为了适应高等院校民航电子信息工程专业教学需求，为行业输送掌握先进发动机控制理论与技术的高素质人才，精心编写了这本教材。

当前，民用航空发动机正朝着高推重比、低油耗、低排放、长寿命的方向发展，控制系统也从传统的机械液压式向全权限数字电子控制系统升级，并逐步引入人工智能、数字孪生、健康管理等新兴技术。然而，国内高校在相关领域的教学资源偏重经典控制理论而略有脱离工程实践，或聚焦单一技术模块而缺乏系统整合。为此本教材结合国内外最新研究成果与适航标准，系统阐述民用发动机电子控制系统的设计原理、动态建模方法、故障诊断策略及智能化发展趋势，构建完整的知识框架。

本教材系统地阐述了民航发动机电子控制的基本理论、典型控制系统及关键技术。内容涵盖飞机发动机部件和各系统工作原理、飞机发动机控制基础、飞机发动机电子控制系统组成及关键技术等。同时，结合现代控制理论和航空电子技术的发展，对发动机数字电子控制系统、智能控制技术及故障诊断与容错控制等前沿内容进行了深入探讨。教材在编写过程中，注重理论与实践相结合，既强调基础知识的系统性和完整性，又突出工程应用的实用性和针对性。教材主要使用当前我国民航主力机型（A320/B737/C919）的涡扇发动机为例，帮助学生加深对知识点的理解和掌握。此外，教材还引入了大量实际工程案例，分析了不同型号民航涡扇发动机控制技术的特点和应用，使学生能够更好地了解行业发展动态，提高解决实际问题的能力。

本教材由中国民航大学刘岱主编，负责全书的写作组织、结构安排；荆涛、李强参与编写。参与各章节编写的人员具体如下：刘岱（第 1 章，飞机发动机综述；第 2 章，飞机发动机基础知识）；刘岱、李强（第 3 章，飞机发动机部件与附件）；刘岱（第 4 章，飞机发动机系统）；荆涛（第 5 章，飞机发动机控制系统）；荆涛、刘岱（第 6 章，飞机发动机电子控制）。

在本书的过程中，参考和引用了许多国内外专家、学者的著作和文献。所有参考和引用的著作及文献均在书后的参考文献中列出，在此，编者谨向这些著作和文献的作者表示衷心感谢。

由于编者水平有限，书中难免存在不足之处，恳请广大读者和同行批评指正。

编　者

2025 年 1 月于中国民航大学

目　录

第1章
飞机发动机综述

1.1 概　　述

飞机发动机的主要功用是为飞机提供推进动力，是飞机的心脏。近年来随着航空器的发展，航空燃气涡轮发动机成为现代商用飞机、通用飞机和直升机的主要动力装置，主要分为：燃气涡轮喷气发动机（以下简称涡喷发动机）、燃气涡轮风扇发动机（以下简称涡扇发动机）、燃气涡轮螺旋桨发动机（以下简称涡桨发动机）和燃气涡轮轴发动机（以下简称涡轴发动机），以及在20世纪80年代开始研发的桨扇发动机。

飞机需要推力来产生足够的速度，从而使机翼提供升力或足够的推力来克服飞机起飞的重量。为了使飞机保持水平飞行必须提供与飞机所受阻力相等且方向相反的推力。该推力由合适类型的热机提供，所有热机的共同点是能够通过一些流体质量（通常是空气）流过发动机将热能转化为机械能。推进是指向前推动或推动物体向前。推进系统是一种产生推力以推动物体前进的机器。推力是使发动机向前的力，推动飞机前进。推力是通过牛顿作用和反作用第三定律的某种应用产生的，对于每一个动作都有一个相等和相反的反应，发动机使用此原理。发动机需要大量的空气且空气被加热、压缩并减速，空气被迫通过许多旋转的叶片，通过将这种空气与喷射的燃油混合后的燃油进行燃烧，空气的温度可以高达3 000 ℃，这些空气的动力用于转动涡轮，最后当空气离开时，它向后推出，导致飞机向前移动。这种发动机上产生的推力取决于通过发动机的气流质量和气流的出口速度，不同的推进系统产生推力的方式略有不同。

飞机问世以来，发动机得到了迅速的发展，从早期的低速飞机上使用的活塞式发动机，到可以推动飞机以超声速飞行的喷气式发动机，还有运载火箭上可以在外太空工作的火箭发动机等，时至今日飞机发动机已经形成了一个种类繁多、用途各不相同的大家族。

1.2 飞机发动机发展史

早在18世纪80年代，美国人詹姆斯·瓦特就设计并制造了蒸汽机，这些蒸汽机在推动轮式陆地车辆方面非常实用。19世纪中期的典型蒸汽机基本上是瓦特简单外燃蒸汽锅炉的改进版本,由英国人威廉·塞缪尔·汉森和约翰·斯特林费罗开发设计。通过在锅炉中产生蒸汽,能量被转化为有用的功,锅炉通常以精炼油为燃油。气缸-活塞装置内蒸汽的膨胀将往复式活塞转换为轴旋转,轴旋转驱动一个螺旋桨(或多个螺旋桨)或通过传动系统。此外,这种类型的发动机需要单独的水箱和燃油箱,这使得这些发动机对于当时的飞机设计来说过于沉重,动力严重不足。斯特林费罗在1848年的实验模型使用了一台重达约4.082 3 kg的微型蒸汽机,包括两个螺旋桨和传动装置。在1868年开始的大规模实验中,斯特林费罗在成功的发动机模型基础上使用了一台更大的蒸汽机。1869年,法国米肖兄弟在自行车上安装了蒸汽机,创造了他们的第一辆摩托车。1879年,俄罗斯帝国海军工程师亚历山大·费奥多罗维奇·莫扎伊斯基前往美国和英国,在那里他最终找到了两台适用于飞行实验的蒸汽机。直到1884年7月,莫扎伊斯基成功地驾驶了他设计的蒸汽动力全尺寸飞机,实现了"动力跳跃",而不是真正的动力飞行。法国发明家克莱门特·阿德尔也于1890年10月在他的蒸汽动力Eole飞机上进行了飞行实验,甚至声称自己是第一个成功驾驶飞行器的人。他后来的努力也得到了法国战争部的资助,导致了1897年10月Avionill的飞行。飞行器为一架蝙蝠翼飞机,由两台20 hp的蒸汽机提供动力,尽管再次宣布成功,但目击者对这一事件的描述往往低估了其实际的成功,再次抹黑了阿德尔。19世纪90年代,塞缪尔·皮尔庞特·兰利在模型机场实验使用了小型蒸汽机,同年5月他在5号模型机场成功飞行中,使用了一台高压蒸汽机。然而,他后来在全尺寸机场的载人飞行中使用了汽油发动机。在无数发明者的多次尝试之后,随着时间的推移,蒸汽动力发动机变得明显太重,为了给飞机提供充足动力,必须找到另一种能源。尽管蒸汽机的开发和生产持续到下一个世纪,但不久之后,功率更大、重量更轻的汽油动力内燃机的开发将使蒸汽机很快在航空领域中被快速淘汰。

早在1808年,英国人乔治·凯利爵士就设计并试验了一种以火药为燃料的发动机。燃烧的气体产生物驱动气缸内的活塞,将活塞的往复运动转化为机械功,如果这种典型的发动机被证明是成功的,凯利可能会使用它来推动他早期设计的直升机或他的Boy Carrier飞机。1857年,法国的费利克斯·杜·坦普尔成功地驾驶了单架发条(螺旋弹簧)动力模型,该模型具有现代结构、后尾翼、三轮车齿轮和机头螺旋桨的现代特征。在1874年准备他的全尺寸单翼飞机时,坦普尔对理想动力装置的追求导致他拒绝了当时可用的蒸汽机和汽油机,相反使用了一台"热空气发动机",据报道,这种发动机的运行方式类似蒸汽机,但不幸的是,动力不足的发动机无法推动飞机超过"动力跳跃"阶段。最终这些早期努力没有取得成功,其他发明者和实验者继续寻求利用其他发动机的设计开发所需动力的载人飞行。

随着对载人飞行的探索进入19世纪后半叶,人类仍然没有对发动机所有原理有足够的科学理解,载人飞行仍然被许多人认为是异想天开和浪费时间的追求。当时飞机的方向控制系统功能尚未开发出来,甚至只实现了部分控制的滑翔,而不是完全控制的持续飞行。尽管自21世纪初以来,滑翔机的科学设计和测试取得了有限的成功,但很明显,人类的持续动力飞行需要足够的动力来源。然而,当时的发动机仍然设计粗糙、效率低下。当时一些最早的飞机设计展示了成功实现受控动力飞行的潜力,并结合了时尚新颖的外观设计,但依旧使用原始的发动机设计作为推进系统。

飞机发动机发展历史如下：

- 1848 年，约翰・斯特林费罗为一架翼展约 3.048 m 飞机制造了蒸汽机，该飞机实现了第一次动力飞行，有效载荷可以忽略不计。
- 1903 年，查理・泰勒为莱特飞机制造了直列式航空发动机。同年，曼丽-巴泽尔(Manly - Balzer)发动机为后来的星形发动机设定了标准。
- 1906 年，莱昂・勒瓦瓦瑟成功生产了用于飞机的水冷 V8 发动机。
- 1908 年，雷内-劳伦设计了冲压发动机，并申请了专利。
- 1908 年，路易斯・塞金设计了 Gnome Omega 转子发动机，这是世界上第一台批量生产的转子发动机。
- 1909 年，一架以 Gnome 为动力的 Farman Ⅲ 飞机创造了 180 km 续航的世界纪录。
- 1910 年，Coandă - 1910 是一种不成功的涵道风扇飞机，在巴黎航空展出，由活塞发动机提供动力。这架飞机从未飞行过，但申请了一项专利，将排气输送到管道中以增加推力。
- 1917 年，德国航空齐柏林-斯塔肯重型轰炸机，编号为 R.30/16 样机成为已知最早配备增压器的飞机，中央机身配备梅赛德斯 D.II 直列六缸发动机。
- 1918 年，桑福德・亚历山大・莫斯创造了第一个成功的涡轮增压器。
- 1926 年，型号为 Armstrong Siddeley Jaguar Ⅳ(S)活塞发动机是第一款批量生产的用于飞机的活塞式增压发动机，带有齿轮驱动的离心式增压器的两排径向发动机。
- 1930 年，弗兰克・惠特尔提交了他的第一个涡轮喷气发动机专利。
- 1939 年 6 月，海因克尔 He176 是第一架仅使用液态燃油的火箭发动机，为该飞机提供动力。同年 8 月，海因克尔 HeS3 涡轮喷气发动机推动了德国海因克尔 He178 飞机的发展。
- 1943 年，Jendrassik Cs - 670，世界上第一台涡轮螺旋桨发动机，但它没有投入使用。
- 1943 年，戴姆勒-奔驰 DB670，第一台涡扇发动机。
- 1944 年，梅塞施密特 Me163B，世界上第一架装载火箭发动机的战斗机。
- 1945 年，第一架装载涡桨发动机的飞机成功飞行，发动机型号为 Rolls - Royce Trent。
- 1947 年，贝尔 X - 1 装载火箭推进器的飞机超过了声速。
- 1948 年，第一架装载涡轴发动机的飞机成功飞行，发动机型号为 Turbomeca Artouste。
- 1949 年，第一架装载冲压发动机的飞机成功飞行，发动机型号为 Leduc 010。
- 1950 年，第一台涡扇发动机投入使用，发动机型号为 Rolls - Royce Conway。
- 1968 年，高涵道比涡扇发动机投入使用，可以提供更大的推力和更高的效率，发动机型号为 General Electric TF39。

飞机发动机是产生机械动力的飞机推进系统的部件。按照结构划分，飞机发动机历史可以分成活塞式发动机时代和喷气式发动机时代，如图 1.2.1 所示。

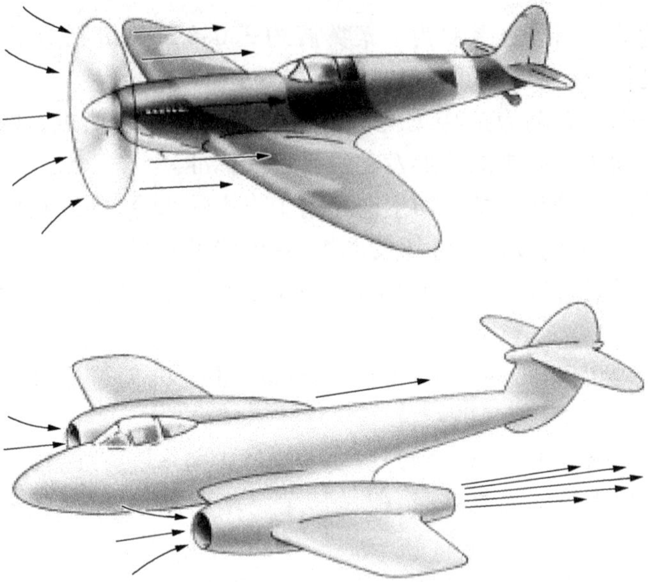

图 1.2.1　安装不同发动机的飞机

活塞式发动机时代。在第一次世界大战期间,几位有远见的欧洲企业家受到战时航空业进步的鼓舞,设想了战后航空旅行的可能性。在战后的几个月里,由于客运设备短缺及铁道和桥梁的破坏,欧洲的正常铁路旅行仍然存在问题。这种情况为开通航线创造了许多可能性。尽管机场很少,但战后时代的飞机可以使用相对较短的草皮跑道,而且使用了很多年,这意味着在大多数城市附近找到合适机场的难度并不是很大。典型的是,战后第一批航空公司的组织者依赖于廉价的剩余的库存军用飞机,特别是轰炸机,如德・哈维兰 DH-4,可以改装为容纳乘客和邮件的飞机。两种基本类型的活塞发动机为战后早期典型的用织物覆盖双翼的飞机提供动力:直列式气缸发动机,但它需要散热器和液体冷却剂的循环;径向发动机,它的气缸围绕曲轴排列成一个圆圈,气缸上有许多小桨叶,将通过的气流来冷却发动机的热量。这些相对简单的活塞发动机设计使远程飞行成为可能,并开启了乘客旅行的新时代。

喷气式发动机时代。从 20 世纪初飞机的发明开始,军用飞机和发动机的发展普遍引领商业航空的潮流,起初喷气式发动机时代也是如此。喷气式发动机时代始于 20 世纪 30~40 年代的军用发动机,然而到 20 世纪后期,商用喷气发动机技术已经可以在发动机设计的几个领域与军事技术相媲美,有时甚至领先于军事技术,而且尽管目前还不是很明显,但喷气发动机的发明通过商业航空对世界产生的社会影响比通过其军事所产生的影响要大得多。商用喷气式飞机彻底改变了世界旅行,不仅向富裕者开放,还向普通公民开放,而且开放到了许多国家,甚至是世界的每个角落。

第二次世界大战期间,喷气发动机几乎同时在两个国家相继出现。英国空军军官弗兰克・惠特尔(Frank Whittle)发明了燃气涡轮发动机,为英国第一架喷气式飞机格洛斯特 E. 28/39 提供动力,该喷气式飞机于 1941 年首飞。在德国,汉斯・约阿希姆・帕布斯特・冯・奥海恩(Hans Joachim Pabst von Ohain)在研究燃气涡轮发动机问题时,对惠特尔的进展一无所知。冯·奥海恩得到了航空工业家恩斯特·亨克尔(Ernst Heinkel)的支持,他试图通过发动机制造能力来增强他的飞机公司的综合实力。1939 年,冯·奥海恩的 HeS3 发动机在海因克尔 He178 飞机上完成历史第一次成功试飞,完成了以涡轮喷气发动机为动力的飞行。英国在第二次世界大战初期的挫折激发了人们对开发喷气发动机的兴趣,而德国的领导人决定推迟所有无法在一年内实现的武器技术发展,导致其未能成功。尽管如此,容克斯公司还是指派安塞姆·弗朗茨(Anselm Franz)从 1940 年开始研发喷气发动机,并将他设计的发动机投入生产,为历史上第一架可操作的喷气式战斗机(梅塞施密特 Me 262)提供动力。美国航空技术方面的代表人物包括:洛克希德·马丁公司的内森·普莱斯(Nathan Price),他设计和制造了 L－1000。英国和美国也引进了喷气式战斗机,英国格罗斯特"流星"于 1943 年首飞。美国第一架喷气式战斗机贝尔 P－80A 由于缺乏战斗所需的性能,因此美国第一架可操作的喷气式战斗机是洛克希德 P86A,其使用通用电气 TG－190(J47)涡轮喷气发动机。

喷气式飞机进入民用时,惠特尔、冯·奥海恩和其他人的想法遇到了阻力,因为传统研究人员认为喷气发动机产生的动力太少,消耗的燃油太多,在经济上是不可行的。人们普遍没有认识到,在更高的高度,喷气式飞机会以可接受的燃油效率产生更多的动力。可以理解的是,即使是最专业的发动机专家也没有预料到喷气发动机性能会迅速提高。碰巧喷气发动机在传统的往复式活塞发动机和螺旋桨达到其物理极限的时候进入竞争行列。螺旋桨遇到了超声速,这破坏了它们的效率,发动机已经变得如此复杂,以至于 3 000~4 000 范围内的额外马力依赖于大量的气缸和复杂的增压,这在操作和维护中产生了许多问题。凭借其连续的旋转运动,喷气发动机在机械上比具有粗暴冲击的往复式活塞发动机更简单、更平稳,喷气发动机发展迅速,到 1950 年已经达到了活塞发动机无法达到的功率水平。具有约 2 609. 949 6 kW、28 缸 Pratt&Whitney R－4360 往复式活塞发动机已经达到了极限,而一些现代喷气发动机,如通用电气 GE90－115,可以产生高达 115 000 lbf(511 750 N)的推力。R－4360 发动机为上一代安装活塞动力发动机的轰炸机提供动力,即波音 B－50,在被降级为加油机之前,它作为轰炸机只在前线服役了几年。相比之下,使用 GE777－90 发动机的波音 115 于 2003 年首飞,可能会继续服役二十年或更长时间。

喷气发动机需要在机身设计和支撑设备方面取得重大进展。首先,喷气式飞机的机身要更大,以搭载更多的乘客。其次还必须更坚固,以适应机身增压,以及起飞和着陆的低空高度到巡航高空之间的过渡。另一个结构变化是后掠机翼,以减少与接近超声速飞行时增加的相关阻力。这是德国工程师阿道夫·布斯曼(Adolph Buseman)于 1935 年首次阐明的可能性,几年后由美国国家航空咨询委员会(National Advisory Committee for Aeronautics, NACA)的罗伯特·琼斯(Robert T. Jones)阐明。此外,飞机仪表变得更加复杂,为飞机提供服务的地面辅助设备,包括用于加油、装卸的机场基础设施这些都得到了极大的改善。为了应对喷气式飞机交通量的增长,导航技术和航路监视技术也得到了很大的改进,但随后当航班数量增长到空中交通管制能力饱和的程度时,不得不再次进行大改,然而,最初不知道的是,与活塞发动机相比,喷气式客机的寿命更长。发动机运行的改进是最引人注目的,喷气发动机现在的大修间隔时间长达数万小时,腐蚀和疲劳衰变是最大的维护问题，反而不是磨损给维修带来的问题。虽然喷气式飞机的进步是惊人的，但该行业面临着比以往任何时候都更大的风险。商用客机比以往任何时候都更具成本效益，使用寿命更长。新飞机的研发成本高达数十亿美元，需要客运量的持续增长才能保持生产水平稳定攀升。

协和式飞机是法国与英国航空航天公司合作研制的超声速运输机(supersonic transport, SST)，即协和式客机，第一架于1969年首飞。协和式飞机的开发成本如此之高，以至于永远无法从运营中收回成本，因此，出于各种原因最终被放弃了。协和式飞机曾作为法航和英国航空公司跨大西洋航线上的著名客机，但其噪声和运营费用限制了其服役。图-144喷气式客机符合苏联的实际需求，因为它的领土广阔，横跨11个时区。图-144多年来一直运行良好，可靠性高，但由于运营成本高，西方航空公司不会考虑使用。图-144并不成功，在发生几起致命事故后退役。

20世纪80年代后期，掀起了一阵性能上介于涡桨发动机和涡扇发动机之间的桨扇发动机热潮。一些著名的发动机公司在不同程度上进行了预研和试验，其中通用电气公司的无涵道风扇GE36发动机曾进行了飞行试验。由于种种原因，只有俄罗斯和乌克兰的安-70/D-27进入工程研制并计划批量生产装备部队。在涡轮喷气发动机蓬勃发展的过程中，驱动飞机螺旋桨和直升机旋翼的动力也实现了涡轮驱动，派生出两种新型航空燃气涡轮发动机——涡轮螺旋桨发动机和涡轮轴发动机，它们的工作原理基本相同，都是靠动力涡轮把燃烧室出口燃气中的绝大部分可用的能量转变为轴功率，通过减速器驱动螺旋桨或旋翼。它们与活塞式发动机相比，重量轻、振动小、功率大。世界上最早研制涡轴发动机的是法国，20世纪50年代中期，透博梅卡公司研制的功率为405 kW的阿都斯特2涡轴发动机成功应用于“云雀”2直升机上，自此50年多年来，涡轴发动机不断改进创新。

1.3 飞机发动机分类

飞机发动机常见的分类原则有两种：按空气是否参加发动机工作和发动机产生推进动力的原理，如图1.3.1所示。

吸气/进气式发动机必须吸进空气作为燃油的助燃剂。一般所说的飞机发动机即指这类发动机。根据吸气式发动机工作原理的不同，吸气式发动机又分为活塞式发动机、燃气涡轮发动机、冲压喷气式发动机和脉动喷气式发动机等。火箭喷气式发动机是一种不依赖空气工作的发动机，航天器由于需要飞到大气层外，所以必须安装这种发动机，它也可用作航空器的助推动力。按形成喷气流动能的能源不同，火箭发动机又分为化学火箭发动机、电火箭发动机和核火箭发动机等。按产生推进动力的原理不同，飞机的发动机又可分为直接反作用力发动机、间接反作用力发动机两类。直接反作用力发动机是利用向后喷射高速气流，产生向前的反作用力来推进飞机。直接反作用力发动机又叫喷气式发动机，这类发动机有涡轮喷气发动机、冲压喷气式发动机、脉动喷气式发动机、火箭喷气式发动机等。间接反作用力发动机是由发动机带动飞机的螺旋桨、直升机的旋翼旋转对空气做功，使空气加速向后(向下)流动时，空气对螺旋桨(旋翼)产生反作用力来推进飞机。

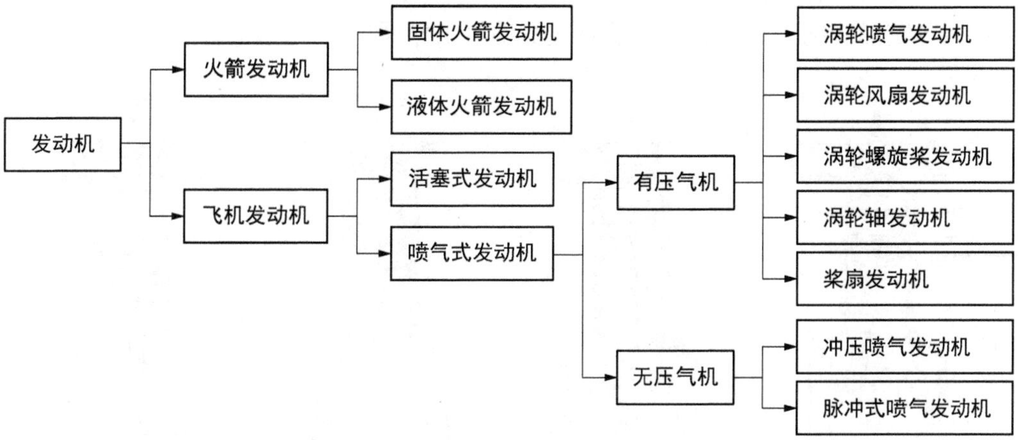

图 1.3.1　发动机分类

这类发动机有活塞式发动机、涡轮螺旋桨发动机、涡轮轴发动机、涡轮风扇发动机等，而涡轮风扇发动机则既有直接反作用力，也有间接反作用力，但常将其划归直接反作用力发动机一类，所以也称其为涡轮风扇喷气式发动机。

1.3.1　火箭发动机

火箭发动机是一种携带固体或液体推进剂的喷气推进装置，提供燃烧所需的燃油和氧化剂。该术语通常适用于各种火箭中的任何一种，包括火箭、制导导弹和太空飞行中使用的运载火箭，由任何独立于大气的推进装置驱动。火箭与涡轮喷气发动机和其他“吸气式”发动机的不同之处在于，所有排气射流都由航天飞船上携带的“推进剂”的气体燃烧产物组成。与涡轮喷气发动机一样，火箭通过非常高的速度向后弹射质量来产生推力。火箭推进所涉及的基本物理原理是由牛顿制定的，根据牛顿第三运动定律，火箭经历的动量增加与排气中带走的动量成正比：

$$M\Delta v_R = mv_e\Delta t = F\Delta t$$

其中，M 是火箭质量；Δv_R 是火箭在短时间间隔内速度的增加；Δt 是排气中质量释放的速率；v_e 是有效排气速度；F 是推力。mv_e 是火箭燃油完全使用所产生的推进力或推力：

$$F = mv_e$$

通过使用高质量释放率或高排气速度可以使推力变大，采用高 m 会很快耗尽推进剂供应（或需要大量供应），因此最好求 v_e 的高值。v_e 的值受到实际考虑的限制，这取决于排气在超声速喷管中的加速方式及可用于推进剂加热的能量供应。

1.3.2　活塞式发动机

活塞式发动机利用汽油与空气混合，在密闭的气缸内燃烧，膨胀做功。活塞式发动机必须带动螺旋桨,由螺旋桨产生推(拉)力。所以,作为飞机的动力装置时,发动机与螺旋桨是不能分割的。图 1.3.2 所示为活塞式发动机工作原理。

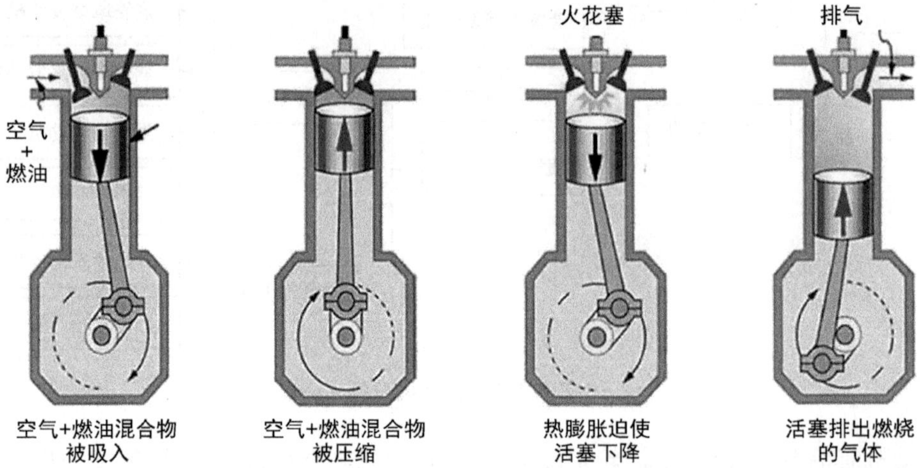

图 1.3.2　活塞式发动机工作原理

在机械工程中带有活塞的滑动气缸,在稍大的圆柱形气缸中通过或逆流体压力往复移动。蒸汽机的气缸由两端的活门封闭,并允许刚性连接的活塞杆及活塞通过气门和燃料入口。内燃机的气缸一端由称为头部的活门关闭,另一端打开,以允许连接活塞和曲轴的连杆自由振荡。气缸盖包含发动机上的点火嘴和发动机上的燃油喷嘴,在大多数发动机上,控制空气和燃油混合物进入与燃烧燃油逸出的阀门位于头部。在大多数发动机上,气缸在发动机的主要结构部件上是光滑完整的空间,称为缸体,通常由铸铁或铝制成。在某些发动机上,气缸内衬有套筒,当它们磨损时可以更换。采用离心铸铁衬里,在铸造铝时放置在模具中,活塞通常配备活塞环,这些是圆形金属环,可安装在活塞壁的凹槽中,并确保活塞在气缸内紧密配合,它们有助于提供密封,以防止活塞周围的压缩气体泄漏,并防止润滑油进入燃烧室。内燃机的一个重要特征是压缩比,定义为活塞完全伸展的燃烧室总容积(最大容积)除以活塞完全压缩的总容积(最小容积)。实际上其压缩比略低,较高的压缩比通常提供更好的发动机性能,但它们需要具有更好抗爆特性的燃油。与压缩比密切相关的是称为位移的特征,即当活塞从一端移动到另一端时发生的燃烧室体积变化(以立方英寸或立方厘米为单位),其排量与发动机的额定马力有关。

增压器在活塞式内燃机中用于增加发动机进气歧管压力的空气。通过活塞泵送入气缸内的空气会在每个冲程间增加较高的压力。通过额外的空气,每个循环可以燃烧更多的燃油,从而增加发动机的功率。在飞机活塞发动机中,增压补偿了高海拔地区降低的大气压力。活塞式内燃机的发展需要恒定的流动的空气和燃油,引入了涡轮增压器,这是一种由小型燃气机驱动的离心机,由发动机气缸的排气提供动力气源。

1.3.3　冲压喷气发动机

冲压喷气发动机是最简单的喷气发动机。冲压喷气发动机,吸气式喷气发动机,在没有主要运动部件的情况下运行,它依靠飞机的向前运动来吸入空气,并依靠特殊形状的进气通道来压缩空气以进行燃烧。喷入发动机的燃油被点燃后,燃烧是自我维持的。与其他喷气发动机一样,向前推力是对热排气向后冲的反应而获得的。冲压发动机在飞行速度大于马赫数为 2(声速的两倍)的状态下效果较好,由于冲压发动机不产生静态推力,因此需要一些高速发射它们的方法来实现。

冲压发动机为高速飞行提供了简单、轻便的推进系统,同样超声速燃烧冲压发动机或超燃冲压发动机,为高超声速飞行速度提供高推力。与涡喷发动机不同,冲压发动机和超燃冲压发动机没有运动部件,只有一个入口,由燃烧室、喷油嘴、火焰保持器及喷管组成。当安装在高速飞机上时,由于飞行器飞行时周围有大量的空气不断进入发动机进气道,空气通过入口和动态速度产生的压力转化为更高的静态压力,在空气通过出口处会获得更高的压力,虽然自由气流速度可能是亚声速或超声速,但气流离开冲压发动机的入口通道时始终是亚声速的。在相同速度下,超燃冲压发动机入口通道流出的气流是超声速的,并且比冲压发动机入口通道具有更少的冲击损失。在燃烧室中少量燃油与空气结合并点燃,约 45.359 2 kg/s 空气仅混合约 0.907 2 kg/s 燃油,大部分空气来自周围的大气。燃烧在冲压发动机中以亚声速发生。喷管的形状是为了加速流动,因为出口速度大于自由气流速度,推力为按照一般推力的描述创建方程。对于冲压发动机和超燃冲压发动机,出口气流质量几乎相等于自由气流质量。冲压发动机和超燃冲压发动机的推力方程包含三个项:推力、冲撞阻力和校正压力,如果自由气流条件用下标“0”表示,推力条件用下标“e”表示,有

$$F = m_e V_e - m_0 V_0 + (p_e - p_0) A_e$$

出口气流质量流速率乘以出口速度为总推力,自由气流质量流量乘以自由气流速度为冲压阻力。对于冲压发动机和超燃冲压发动机,尾喷管出口速度是超声速的,出口压力取决于尾喷管喉部截面积和尾喷管出口之间的比。图 1.3.3 为冲压喷气发动机工作原理图。

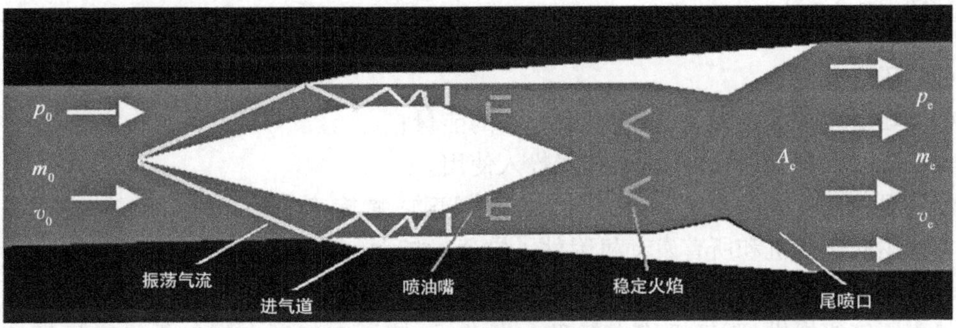

图 1.3.3　冲压喷气发动机

（1）亚声速冲压发动机。亚声速冲压发动机使用扩散形进气道和收敛形喷管，以航空煤油为燃油。飞行时增压比不超过 1.89，飞行马赫数小于 0.5 时一般不能正常工作。亚声速冲压发动机用在亚声速航空器上，如亚声速靶机。

（2）超声速冲压发动机。超声速冲压发动机采用超声速进气道（燃烧室入口为亚声速气流）和收敛形或收敛扩张形喷管，用航空煤油或烃类燃油。超声速冲压发动机的推进速度为亚声速至 6 倍声速，用于超声速靶机和地对空导弹（一般与固体火箭发动机相配合）。

（3）高超声速冲压发动机。发动机燃烧在超声速下进行，使用碳氢燃油或液氢燃油，飞行马赫数高达 5~16，由于超声速冲压发动机的燃烧室入口为亚声速气流，也有将前两类发动机统称为亚声速冲压发动机，而将第三种发动机称为超声速冲压发动机。

1.3.4 燃气涡轮发动机

燃气涡轮发动机是一种使用空气作为工作流体的内燃发动机。发动机从燃油中提取化学能并将其转化为机械能使用，所产生的能量用来驱动风扇或螺旋桨，从而推动飞机。有用的功或推进力可以从燃气涡轮发动机获得，它可以驱动风扇或螺旋桨，或者在纯喷气式飞机发动机的情况下，通过加速涡轮排气和尾喷管来产生推力。这种发动机可以产生大量的动力，对于相同的输出，它比往复式内燃机更小、更轻。往复式活塞发动机依赖于活塞的上下运动，然后必须通过曲轴将其转换为旋转的动能，而燃气涡轮发动机则直接提供旋转轴动力。虽然从概念上讲，燃气涡轮发动机是一个简单的设备，但由于运行过程中遇到的高温和应力，这些高效装置的部件必须由昂贵的材料，经过精心的设计和制造而成。因此，燃气涡轮发动机装置通常仅限于大型装置。大多数燃气轮发动机在开放式循环中运行，其中空气从大气中获取，在离心或轴流压气机中压缩，然后送入燃烧室。燃油被注入并在基本恒定的压力下与一部分空气混合燃烧，在燃烧部分周围旁路上需要额外的压缩空气，然后与高温燃烧气体混合，还需要保持燃烧室出口温度足够低，以使涡轮连续运行。如果机组要产生轴动力，则燃烧空气在涡轮中膨胀，大部分涡轮输出是运转压气机所必需的动力来源，在喷气发动机中，涡轮设计为提供足够的输出来驱动压气机和辅助设备，气流以中等压力离开涡轮，并通过尾喷管送出以产生推力。

飞机发动机的基本原理与所有发动机都相同，都是从化学燃油中提取能量。4 个基本步骤如下：

（1）进气；

（2）压缩空气；

（3）喷射燃油并且燃烧，以转换所存储的能量；

（4）膨胀和排气，将转换后的能量投入使用。

燃气涡轮发动机的涡轮部分会产生驱动风扇或螺旋桨的轴功率。此外，它还必须提供动力来驱动压气机和所有发动机附件。它通过扩大气流的温度、压力和速度，并将气体能量转换为轴功率形式的机械能。必须向涡轮供应大量空气，以产生必要的动力，这种空气质量由压气机提供，压气机将空气吸入发动机，挤压空气以向涡轮提供高压压缩的空气，压气机通过将涡轮的机械能转换为压力和温度的形式，如果压气机和涡轮的效率为

100%,则压气机将提供涡轮所需的所有空气,同时涡轮将提供驱动压气机所需的动力,在这种情况下,永动机将存在。然而,摩擦损失和机械系统效率低下并没有允许这样的永动机运行。实际中必须考虑空气损失,发动机也需要输出功率(不仅仅是驱动压气机),燃油燃烧时产生的化学能转化为高温气体,通过以高温和高速形式存在的能量燃烧室,气体能量在通过涡轮时,提供动力以驱动压气机和输出轴。

当空气通过燃气涡轮发动机时,空气动力学和能量上要求气流速度和压力变化,在压缩过程中需要空气压力,但不需要增加其速度,压缩和燃烧已经加热了空气,以便在涡轮转子中产生动力。气流通道的尺寸和形状会对气流产生影响而发生不同的变化,其中从速度到所需的压力,该气流通道是发散的。相反,如果需要将压力转换为速度,则应该使用收敛型通道。在进一步讨论之前,对收敛通道和发散通道,应确定这些通道内空气的静压(p_s)、冲击压力(p_i)和总压力(p_t)之间的差异。静压力是由静止物体施加在容器壁上的每单位面积的力,另一方面是由运动中的流体施加的每单位面积的力。冲击压力是流体速度的函数。总压力是静态和冲击压力的总和。发动机的设计类型决定了燃气涡轮发动机的性能要求,主要是由发动机在给定条件下产生的轴马力决定性能的要求。大多数飞机燃气涡轮发动机的额定值为标准 15℃ 和 29. 92 inHg(760 mmHg),这提供了一个基准,可以比较所有类型的涡轮发动机。随着燃油的增加,对发动机高效率的需求变得更加重要且成本更高,发动机效率主要是确定发动机在给定条件下的燃油消耗量,许多因素影响发动机的效率和性能。通过发动机的空气流速和质量将决定发动机性能,任何对通过发动机的平稳气流的干扰将限制发动机压气机的压力比,发动机运行温度及单个部件的效率也影响整个发动机的性能和效率,所有这些因素都应在发动机的设计过程中考虑到。选择涡轮入口温度和空气流量所需的最佳压力比,是最有效的方式。此外,各个发动机部件被设计为流量损失最小化,以满足部件效率最大化。

1. 进气道

进气道必须为发动机提供清洁且不受干扰的气流,并且还要保证防侵蚀、腐蚀和异物损坏,进气系统的设计必须考虑大气条件,如灰尘、盐、工业污染、外来物体(鸟、螺母和螺栓)和温度(结冰条件)。整流罩应安装在发动机进气道的外壳和进气道之间,以确保在所有气流下发动机的气流损失最小,进气道通常设计为一个单独的系统,而不是作为发动机的一部分。

2. 压气机

压气机负责为涡轮提供所需的高效的压缩空气,它必须在高压下提供这种空气。本节将使用轴流式压气机作为示例,压气机的温度和压力假定含有 10 级转子叶片和静子叶片。压气机整体增压比(压气机后部压力与前部的比值)的比值约为 9. 5 : 1。在转速为 100%时发动机每秒压缩大约 12. 253 9 m^3 的空气,标准大气压条件下,这相当于每秒大约 14. 968 6 kg 的空气。压气机还使空气温度升高约 288℃,因为空气被压缩且向后移动,驱动这种尺寸的压气机所需的最大功率约为 5 219. 899 kW。单级压缩由一组转子叶片组成安装在旋转圆盘上,然后是安装在固定环上的静子叶片,一般来说,压气机转子叶片将机械能转化为动能,这种能量转换大大增加了总压力,大部分增加的形式是动压,静压略有增加,这是由于叶片流动路径是发散的。静子叶片通过其发散的通道形状减缓空气速度,将加速到更高的静压，当空气从压气机的第1级流至第10级，除了10级叶片外，压气机还包括入口导向叶片和出口导向叶片。这些叶片位于压气机的入口和出口处，入口导向叶片将空气引导至下一级压气机叶片，出口导向叶片负责为燃烧室提供合适的气流量和方向。压气机的效率主要取决于气流，在设计过程中，会尽一切努力保持空气平稳流经压气机，最大限度地减少由于摩擦和湍流造成的气流损失。压气机工作叶片和静子叶片保证了压气机在最大额定速度下实现最有效的气流做功，与最大额定转速的任何偏差都会改变压气机内的气流。

3. 扩压器

空气通过出口导向叶片离开压气机，出口导向叶片将从压气机中向流出的压缩空气变成轴向的"直线流"，然后进入发动机的扩压器部分，这是一个发散的通道，扩压器结构的功能是将压缩空气的大部分速度转换为静压。因此，整个发动机的最高的静态压力在扩压器出口和燃烧器入口变为最低速度。扩压器部分需要短的流动路径、均匀的流动分布，以及低阻力损失。

4. 燃烧室

一旦空气流过扩压器，它就进入燃烧段，也称为燃烧室。燃烧室具有控制燃烧大量的燃油的功能。它必须把空气膨胀和加速，产生平稳、稳定的均匀加热气体流。这项工作必须是最少的压力损失和最大的热能释放。此外，火焰筒必须能控制火焰，防止火焰与任何金属部件接触。

环管型和环形燃烧室的燃烧是发生在火焰筒的前端或主要区域。主空气用于支持燃烧过程，剩余空气也称为二次空气或稀释空气，以精准控制的方式进入火焰筒里，二次空气用于控制火焰模式、冷却内衬壁、稀释火焰筒内温度气体，这种冷却功能至关重要，燃烧室内火焰温度约1 927℃，这比发动机中的部分金属所能承受的温度还要高。重要的是燃油喷嘴和火焰筒是控制其所有条件下的燃油量和空气流量，以避免在涡轮前产生过高的温度。最高的燃烧室出口温度约为1 070℃。火焰筒的后三分之一是过渡段，过渡段是非常收敛的管道形状，开始加速气流降低静压以准备进入涡轮。

5. 涡轮

一般发动机有三级或四级涡轮。涡轮将从燃烧室出来的高热空气与燃油的混合物所产生的热能转换成机械能，以驱动压气机和其他从动附件，并通过减速齿轮驱动风扇或螺旋桨。高压高速气体通过涡轮后温度和压力会降低，涡轮的每一级都由一排静子叶片和一排工作叶片组成，这与压气机的排列顺序相反。在压气机中，能量通过工作叶片做功到气体中，然后通过静子叶片转换为静压。在涡轮中，静子叶片增加气体速度，然后由工作叶片转化能量。当气流从燃烧室出来再进入涡轮时，通过第一级静子叶片加速，静子叶片形成会聚的通道，将气体热能和压力能转换为更高速的气流，除了加速气体外，叶片带动气流以最佳角度将其引导到工作叶片中，当高速气流过涡轮叶片时能量被转换成机械能。图1.3.4代表涡轮中的某一级以及气体流动进入下一级时的特性。涡轮的效率取决于它从高温高速气体中转化成机械能的程度。由于空气从高压区流到低压区，所以这项任务容易完成，使用正确安装且配平的叶片可以使气体顺利流动和膨胀做功。所有的空气都必须流过涡轮叶片，以实现涡轮的最大效率。为了确保这一点，在叶片底部使用密封件，以最大限度地减少叶片周围的气流损失。此外，一般涡轮前三级机叶片会有叶冠，以最小化叶片以及叶尖周围的气流损失。

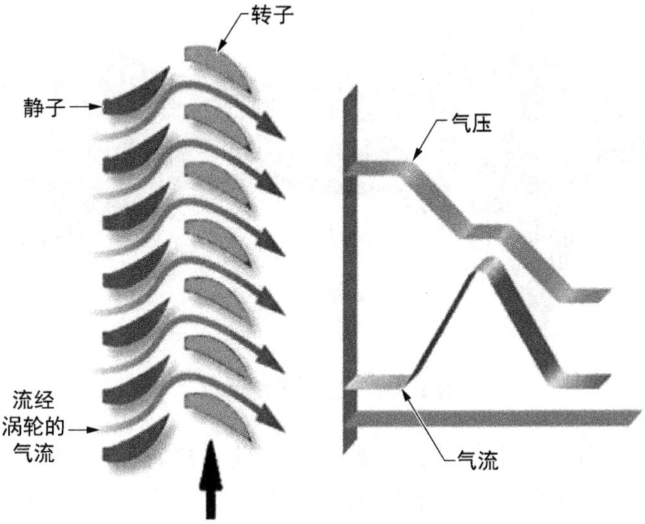

图 1.3.4　涡轮气流特性示意图

6. *尾喷管*

发动机气体通过涡轮后通过排气装置排出。尽管大部分气体能量被涡轮转换为机械能，但剩下的气流中仍有大量的可转化功率。这种气体能量通过排气的收敛管道形状加速，使其作为喷气推力更有用的作用力驱动飞机向前。

1.3.5　涡轮风扇发动机

涡扇发动机是一种广泛用于飞机推进的燃气式喷气发动机。“涡扇”一词是涡轮和风扇的组合，涡轮部分指的是从高温高压气体中获得机械能的燃气轮机，而风扇是一种利用涡轮所转化的机械能向后加速空气流动的工具。涡喷发动机吸入的所有空气都通过涡轮，但在涡扇发动机中，其中一些空气绕过涡轮。绕过发动机核心机空气的质量除以通过核心机的空气质量比称为涵道比。发动机通过这两个部分的结合来产生推力，相对于风扇推力，使用更多喷气推力的发动机被称为低涵道比发动机。相反，那些风扇推力比尾喷气推力大得多的发动机则被称为高涵道比发动机。目前大多数商用航空喷气发动机都是高涵道比发动机，而大多数现代军用战斗机发动机都是低涵道比发动机。其中加力器不用于高涵道比涡扇发动机，但可用于低涵道比涡扇或涡喷发动机。现代涡扇有一个大型单级风扇或一个带几个级的小型风扇。早期的配置将低压涡轮和风扇组合在一个单元体中。

大多数涡扇发动机都是把风扇放在前面，有的还与低压压气机连在一起，有的是风扇单独形成一个压气机由低压涡轮来驱动，如罗罗公司的三转子涡扇发动机，如图 1.3.5 所示。

在结构上通常将喷气发动机的压气机、燃烧室和涡轮称为核心机。当空气流经涡扇

图 1.3.5　三转子发动机

发动机的前端风扇后，分为两个部分：一部分气流进入核心机，称为内涵道；另一部分从核心机的外围通过，称为外涵道。外涵道和内涵道空气流量的比值，称为涵道比。按涵道比的大小划分，涡扇发动机可分为低涵道比、中涵道比和高涵道比三种类型，如图 1.3.6 所示。

图 1.3.6　涡扇发动机涵道比

部分空气通过风扇，继续进入压气机，然后进入燃烧室，与燃油混合并发生燃烧。高温空气通过涡轮然后离开尾喷管，就像涡喷发动机一样。其余进入的空气通过风扇并绕过核心机或绕过发动机，就像空气通过螺旋桨一样。高涵道比涡扇发动机的燃油效率几乎和涡桨一样高。由于风扇的入口相对封闭，并且由许多叶片组成，因此它相比螺旋桨可以在更高的速度下高效运行。这就是为什么在高速运输类飞机中使用涡扇发动机，而在低速运输类飞机中使用涡桨发动机。低涵道比涡扇发动机仍然比通常的涡喷发动机更省油，许多现代战斗机实际上使用低涵道比配备加力燃烧室的涡扇发动机，可以高速巡航且在混战时仍然有很大的推力。

表 1.3.1 为涡扇发动机的部分性能数据。

表 1.3.1　涡扇发动机的部分性能数据

涡扇发动机特征	(1) 由燃气轮机提供动力 (2) 风扇产生的推力和内涵道排气的组合为更高效 (3) 在亚声速时效率高 (4) 用于商用喷气式飞机 (5) 涡轮风扇发动机是一种广泛使用的吸气式喷气发动机用于飞机推进 (6) "涡轮"部分是指燃气轮机发动机将高温燃烧转化后产生的能量 (7) "风扇"利用燃气轮机的机械能来加速空气向后 (8) 涡扇发动机喷出快速移动的气流,产生根据牛顿运动定律的喷气推进推力
涡扇发动机的优点	(1) 功率重量比非常高 (2) 比大多数相同额定功率的往复式活塞发动机更紧凑 (3) 运动部件比往复式活塞发动机少 (4) 操作压力低 (5) 操作速度高 (6) 润滑油成本低和消耗低 (7) 由于使用了风扇,更多的空气被吸入发动机,从而提供更大的推力 (8) 风扇被整流罩包围,因此受到保护,其空气动力学可以易于控制 (9) 由于风扇的存在,油耗只增加了一点,涡轮风扇发动机在相同的燃油量下产生更大的推力,因此燃油效率更高
涡扇发动机的缺点	(1) 费用高 (2) 起动时间比往复式活塞发动机长 (3) 与往复式活塞发动机相比,对动力需求变化的响应较小 (4) 它仅在亚声速时效率最高 (5) 具有更大的复杂性 (6) 发动机直径增大

目前世界上常用的涡扇发动机如表 1.3.2 所示。

表 1.3.2　涡扇发动机的一些性能数据

型　号	服役时间	涵道比	长度/m	风扇直径/m	重量/t	推力/kN	应　用
GE90	1992	8.7~9.9	5.18~5.40	3.12~3.25	7.56~8.62	330~510	B777
PW4000	1984	4.8~6.4	3.37~4.95	2.84	4.18~7.48	222~436	A300/310/330 B747/767/777
RR Trent XWB	2010	9.3	5.22	3	7.28	330~430	A350XWB
RR Trent 800	1993	5.7~5.79	4.37	2.79	5.96~5.98	411~425	B777
EA GP7000	2004	8.7	4.75	2.95	6.09~6.71	311~363	A380
RR Trent 1000	2006	10.8~11	4.74	2.85	5.77	265~360	A380
GE GEnx	2006	8~9.3	4.31~4.69	2.66~2.82	5.62~5.82	296~339	B747-8,B787
RR Trent 700	1990	4.9	3.91	2.47	4.79	320	A330
CE CF6	1971	4.3~5.3	4~4.41	2.2~2.79	3.82~5.08	222~298	A300/A310,A330, B747,B767,MD11, DC10

续 表

型 号	服役时间	涵道比	长度/m	风扇直径/m	重量/t	推力/kN	应 用
RR Trent 500	1999	8.5	3.91	2.47	4.72	252	A340-500/600
PW1000	2008	9~12.5	3.4	1.42~2.06	2.86	67~160	A320neo, A220, E-Jets E2
CFM LEAP	2013	9~11	3.15~3.33	1.76~1.98	2.78~3.15	100~146	A320neo,B737Max
CFM56	1974	5~6.6	2.36~2.52	1.52~1.84	19.5~2.64	97.9~151	A320,B737 A340-200/300,KC-135,DC8
IAE V2500	1987	4.4~4.9	3.2	1.6	2.36~2.54	97.9~147	A320,MD90
PW6000	2000	4.9	2.73	1.44	2.36	100.2	A318
RR BR700	1994	4.2~4.5	3.41~3.6	1.32~1.58	1.63~2.11	68.9~102	B717,Global Express, Gulfstream V
CE CF34	1982	5.3~6.3	2.62~3.26	1.25~1.32	0.74~1.12	41~82.3	Challenger600, CRJ, E-jets
PW600	2001	1.8~2.8	0.67	0.36	0.15	6	Cit. Mustang, Eclipse 500,Phenom 100
PS90	1992	4.4	4.96	1.9	2.95	157~171	Il76,Il96,Tu204
PowerJet SaM	2008	4~4.1	3.59	1.22	2.26	71.6~79.2	Sukhoi Super

1.3.6 涡轮螺旋桨发动机

涡桨发动机是一种喷气发动机,可提供喷气推力并驱动飞机螺旋桨。工程师 György Jendrassik 发明了第一个涡轮螺旋桨飞机,于 1929 年 12 月申请了发明专利。这与涡喷发动机或涡扇发动机不同,涡喷发动机或涡扇发动机提供大部分推力或全部推力。涡桨发动机一般用在飞行速度较低的飞机上(速度为 480~720 km/h),飞行高度为 6 000 m 左右,涡桨发动机的工作原理与涡喷发动机相同,只是在发动机前部的螺旋桨后面增加了燃烧室和涡轮,螺旋桨通过调速齿轮旋转。这种发动机用于小型通勤飞机和低速运输飞机。这种类型的发动机具有涡轮、燃烧室、压气机、减速齿轮和进气道。在该发动机中先将空气引入压气机进行压缩,空气压缩后燃油被喷入燃烧室并与空气混合,点燃燃油和空气混合物,点燃的气体通过涡轮膨胀做功。涡轮产生的一些能量用于驱动螺旋桨和压气机,在此过程之后,燃烧的气体从发动机后部排出。涡桨发动机通常在较低的速度和高度下比涡喷发动机具有更高的效率,常用于货机、小型通勤飞机和其他不需要喷气式飞机高速运行的飞机。涡桨发动机的工作原理与普通燃气轮机非常相似。涡轮螺旋桨飞机的工作方式如图 1.3.7 示意。

发动机将大气中的空气吸入发动机的压气机,当空气到达压气机时,它会将空气压缩到一定的高温和高压,当空气根据要求被压缩时,压气机将其送入燃烧室,当压缩空气进入燃烧室时,燃油喷嘴将燃油喷射到火焰筒内并与空气混合。由于空气是高压高速的,点

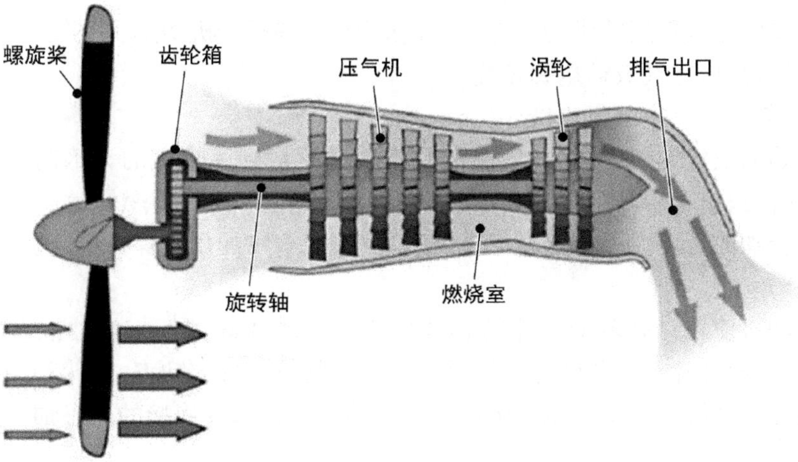

图 1.3.7　涡桨发动机工作原理示意图

火过程增加了空气与燃油混合物的温度和内能。在燃烧过程之后,燃烧的燃油与空气混合物所产生的热能被转移到涡轮,并在那里膨胀,当高速高温的空气驱动涡轮叶片时,叶片提取热能的最大功率来驱动压气机,只有少量的能量被排放到大气中。当压气机接收到从涡轮产生的动力时,一边持续压缩空气,一边会进一步驱动发动机的螺旋桨。当发动机螺旋桨开始旋转时,它会产生拉力,这有助于飞机向前移动。涡桨发动机具有以下主要部件：进气道、压气机、燃烧室、燃油喷嘴、涡轮、螺旋桨、排气出口(图 1.3.8)。

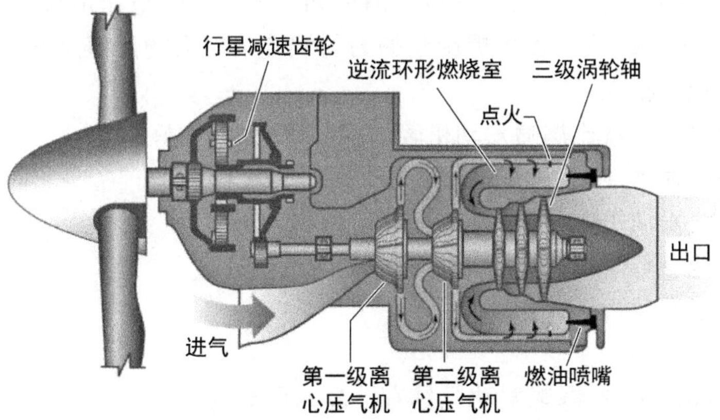

图 1.3.8　涡桨发动机主要部件

1. 进气道

涡桨发动机需要从进气道吸入空气。发动机的这一部分用于将空气从外界大气输送到发动机中。

2. 压气机

有的涡桨发动机使用轴向离心压气机。在该压气机中空气沿轴向进入和排出。离心式压气机使用叶轮和扩压器来压缩空气。当空气冲击叶轮的叶片时,叶片将供应给空气并增加其速度，增加空气速度后，叶轮将空气输送到扩压器，扩压器还具有多个叶片，它减慢空气速度并将空气速度转化为压力。通过这种方式，压气机增加了空气的压力和温度。在此过程之后，高压空气被输送到燃烧室。

3. 燃烧室

当被压缩的空气到达燃烧室时，燃油泵将燃油喷射到燃烧室的火焰筒中。当燃油与压缩空气混合时，由于压缩空气的高压和高温，点火才会成功，当燃烧室内发生燃烧时空气与燃油混合物的温度变得非常高。在此过程中，混合物的压力保持恒定。

4. 涡轮

涡桨发动机使用具有多个叶片的燃气轮机。当燃烧的空气与燃油混合物进入涡轮时，它会冲击涡轮叶片。这些叶片提取燃烧的高温气体的最大功率，涡轮利用提取的动力来驱动螺旋桨驱动轴。这是与压气机和所有其他发动机部件连接的同一轴。

5. 变速齿轮箱

变速齿轮箱是一种用于涡轮螺旋桨飞机的传动系统。变速齿轮箱与运行压气机的同一轴相连，连接发动机和螺旋桨，发动机的这一部分用于降低发动机转速。转速输出越高，螺旋桨转动得越快。如果不安装变速齿轮箱，螺旋桨将以高转速转动并且发动机将消耗大量的燃油。因此，变速齿轮箱用于提高发动机的燃油效率。

6. 螺旋桨

螺旋桨是涡桨发动机最主要的部件。它连接到变速齿轮箱，变速齿轮箱与压气机连接，当涡轮向压气机发送旋转动力时，压气机转动并进一步将其旋转能量发送到变速齿轮箱，变速齿轮箱调节压气机接收的速度并驱动螺旋桨。当螺旋桨获得动力时，它会通过将周围的空气向后推来产生拉力，使得飞机向前移动。当飞机的空速足够高，空气流过叶尖达到声速，超过这个速度，驱动转换螺旋桨的力与螺旋桨拉力的比值急剧下降。

涡桨发动机的优点有：

- 涡桨发动机的重量比涡喷发动机轻，在起飞时表现良好；
- 具有更高的效率；
- 提供比喷气发动机更大的输出功率；
- 涡桨飞机能够降落在非混凝土和较短的跑道上；
- 成本比涡喷发动机低；
- 燃烧更少的燃油；
- 由于移动部件更少，涡桨发动机具有更高的可靠性；
- 维护成本很低；
- 涡桨发动机在飞行速度低于 725 km/h 时比涡扇发动机更有效；
- 由于运动部件很少，涡桨发动机有稳定的机械性能；
- 操作简单。

涡桨飞机的缺点有：

- 巡航速度很低；
- 不能在高空飞行；
- 较慢速度使飞行时间更长；

- 不适合长途旅行；
- 在高海拔地区，螺旋桨会失去效率；
- 具有很高的振动特性，使乘客感到不舒服；
- 由于工作高度，航路上的气候湍流可能会给飞机带来额外的问题和不便。

涡桨发动机和涡喷发动机之间的主要区别见表 1.3.3。

表 1.3.3　涡桨发动机和涡喷发动机区别

涡桨发动机	涡喷发动机
使用螺旋桨产生推力	使用推进尾喷管产生推力
巡航速度很低	巡航速度很高
不能在高空飞行	可以在高空飞行
最适合中低距离飞行	适合长途飞行
消耗燃油低	耗油量大
维护成本低	维护成本很高
生产成本低	生产成本高
转动部件比喷气发动机少	转动部件比涡轮螺旋桨多
重量轻	重量大
适合降落在非混凝土和较短的跑道上	不适合降落在非混凝土和较短的跑道上

涡桨飞机的主要功能是为飞机提供推进力。这种推进力有助于飞机实现升力和保持飞行。往复式活塞发动机的设计非常简单，但涡桨或螺旋桨发动机的旋转部件要少得多，涡桨发动机的无振动、平稳运行通常比可靠的活塞式飞机能够提供更长的服务。它的功率大，功重比（功率/重量）也大，最大功率可超过 1 000 hp，功重比为 4 以上而活塞式发动机最大不过 3 000～4000 hp，功重比为 2 左右。涡轮螺旋桨飞机的机舱噪声比商用喷气式飞机的噪声水平高 10～30 dB。与喷气噪声相反，涡桨发动机的噪声频谱由低频噪声主导。涡桨飞机非常省油，在涡桨发动机中，最大的燃油能量用于运行螺旋桨，与高速的涡喷发动机相比，螺旋桨以较慢的速度对大量空气做功，此功能使涡桨发动机在较低高度和较慢的速度下更高效。

1.3.7　涡轴发动机

涡轴发动机与涡桨发动机类似，只不过它的输出轴不是驱动螺旋桨，而是驱动其他设备（图 1.3.9）。涡轴发动机是喷气发动机的一种变体，经过优化以产生轴动力来驱动机械而不是产生推力。涡轴发动机最常用于需要小型但功能强大的轻质发动机，包括直升机和辅助动力装置。涡轴发动机使用与涡喷发动机相同的原理来产生能量，发动机内集成了压气机、燃烧室和涡轮。涡轴发动机和涡喷发动机之间的主要区别在于，设计中加入了由涡轮和输出轴组成的附加动力部分。在大多数情况下，这种设计被称为“自由动力涡轮”，无须在发动机内安装额外的减速齿轮箱。动力涡轮从气流中提取几乎所有能量，并通过输出轴将其传输到驱动的部分。

图 1.3.9　涡轴发动机

涡轴发动机与涡桨发动机非常相似,许多发动机都有两种变体。两者之间的主要区别在于涡桨发动机必须设计支撑连接螺旋桨的负载,而涡轴发动机不需要。

事实上许多涡轴发动机都是通过改造现有的涡桨发动机来满足其推进的旋翼飞机的需求而产生的。大多数直升机和辅助动力装置都用涡轴配置。涡轴在航空工业中扮演着主力军的角色。虽然传统的涡喷发动机是通过高温高速的气流产生的推力,但涡轴发动机产生轴功率来驱动一个或多个转子。根据发动机尺寸和功率输出,压气机可以是离心式压气机和轴流式压气机的一级到多级的组合。压缩空气然后被送至燃烧室,从而提高空气的温度,在离开燃烧室时,空气再通过涡轮,在这里提取必要的功率来驱动压气机。涡轮可以是单级或多级,这取决于压气机的功率要求。最后,气体到达自由功率涡轮(free power turbine, FPT)并排出。这是涡轴发动机和涡桨发动机之间的主要区别。如前所述,涡轴发动机的目的是驱动直升机的旋翼。FPT 的工作是从气体中提取尽可能多的功率,并将其转化为轴功率。动力轴依次连接到齿轮箱,然后平移到转子本身。发动机的排气并不是在所有情况下都从涡轴发动机的后部轴向排出。很多时候,动力轴穿过整个发动机到达发动机前部,通常进气道位于发动机后部。涡桨发动机和涡轴发动机之间的另一大区别是,转子的应力没有施加在涡轴发动机上。发动机动力轴连接到变速齿轮箱,变速齿轮箱连接到飞机上而不是由发动机承担负载。

涡轴发动机的发展在 20 世纪 50 年代尤其迅速。第一个是透博美卡的阿杜斯特(Turbomeca Artouste),它最初被设计为辅助动力装置(APU),然而第一台为直升机提供动力的发动机是波音 T50 涡轴发动机,该发动机在卡拉姆 K225 上飞行。如今有几家公司处于领先地位,包括普惠加拿大公司、罗罗公司、透博美卡公司、莱康明公司和通用电气公司。涡轴发动机也有自己的特点,一般装有自由涡轮而且主要用在直升机和垂直/短距起落飞机上。在构造上,涡轴发动机也有进气道、压气机、燃烧室和尾喷管等基本构造,但它一般都装有自由涡轮,前面的是两级普通涡轮带动压气机,维持发动机工作,后面的二级是自由涡轮,燃气在其中做功,通过传动轴专门来带动直升机的旋翼旋转使它升空飞行。涡轴发动机是用于直升机的,它与旋翼配合构成了直升机的动力装置。通过旋翼的空气流量是通过涡轴发动机的空气流量的 500~1 000 倍。同涡轴发动机和直升机常用的另一种动力装置——活塞发动机相比,涡轴发动机的功率重量比要大得多,在 2.5 以上。目前使用中的涡轴发动机所产生的功率,最高可达约 4 474. 199 2 kW,甚至约 7 456. 998 7 kW,活塞发动则相差很远。图 1. 3. 10 为涡轴发动机工作原理示意图。

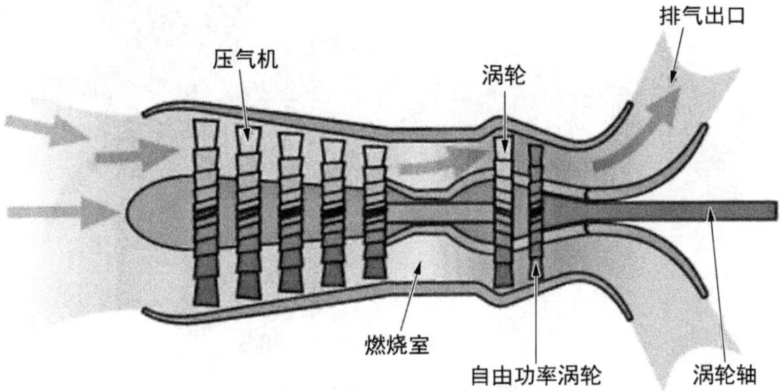

图 1. 3. 10　涡轴发动机工作原理示意图

P&WC 涡轴发动机研发机构是普惠公司的一个部门,进行独立研发,总部位于加拿大,专注于小型飞机发动机的设计、开发和制造,尤其是涡桨发动机和涡轴发动机。罗罗公司开发和制造各种不同类型的发动机,用于飞机、军舰和直升机。表 1. 3. 4 为几种涡轴发动机比较。

表 1. 3. 4　涡轴发动机比较

发动机型号	应用机型	功率(轴马力)	重量/kg	压力比	压气机配置	涡轮配置
PT6B	AW119 Koala	1 000	175	7. 1	3 个轴流式 1 个离心式	2 个高压涡轮 2 个自由功率涡轮
PW200	EC135, Bell 429	500~700	108	8	1 个离心式	1 个高压涡轮 1 个自由功率涡轮
M250Series	RQ－8A, FireScout, Bell 206	450~715	73~124	6. 2~9. 2	4 个轴流式 1 个离心式	2 个高压涡轮 2 个自由功率涡轮
RR300	Robinson R66	240~300	109~136	6. 2	1 个离心式	2 个高压涡轮 2 个自由功率涡轮

1. 3. 8　桨扇发动机

桨扇发动机也称为开式转子发动机,是一种使用大型无涵道风扇产生推力的飞机发动机,如图 1. 3. 11 所示。桨扇发动机在设计上与涡桨发动机相似,但它以更高的速度和高度运行。其具有大量叶片(通常在 8~16 个),以对转配置排列。风扇前面的叶片旋转方向与风扇背面的叶片相反。桨扇发动机以其高燃油效率和低噪声水平而闻名。

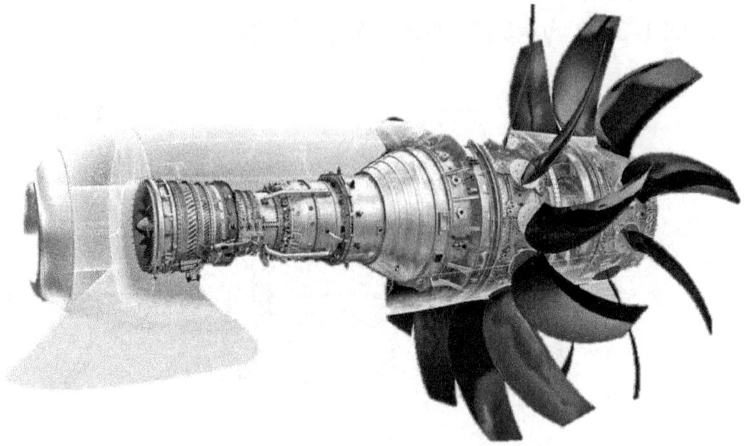

图 1.3.11　桨扇发动机

桨扇发动机是一种介于涡扇发动机和涡桨发动机之间的发动机形式,类似涡扇或涡桨发动机,是由燃气涡轮和一副螺旋桨+风扇组成,它由涡轮驱动,无涵道外壳,装有减速器,从这些来看它有一点像螺旋桨,但是它的直径比普通螺旋桨小,叶片数目多,叶片又薄又宽,前缘后掠,类似风扇叶片,能生大部分推力。然而涡扇发动机上的风扇包含在发动机短舱内,而螺旋桨发动机是外部的,就像涡桨发动机的螺旋桨一样。正是由于这个原因,有时被称为涵道风扇,其工作示意图见图 1.3.12。

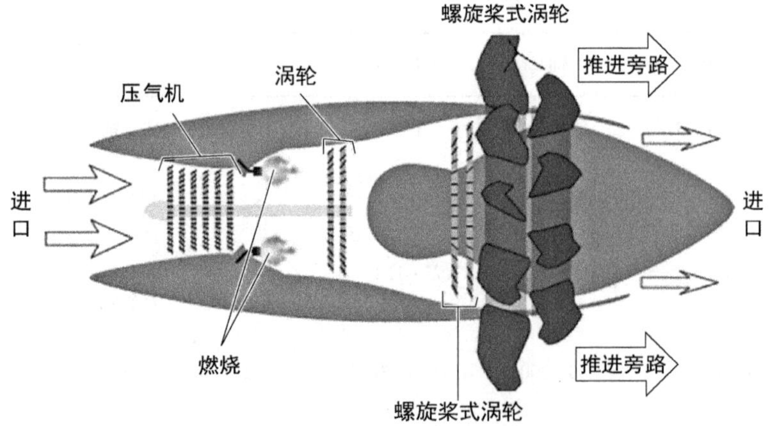

图 1.3.12　桨扇发动机工作示意图

据涡扇发动机的原理,在飞行速度不变的情况下,涵道比越高,推进效率就越高,因此现代新型不加力涡扇发动机的涵道比越来越大,已经接近结构所能承受的极限,而去掉了涵道的涡桨发动机尽管效率较高,但由于螺旋桨的速度限制无法应用于马赫数 0.8~0.95 的现代高亚声速大型宽体客机,桨扇发动机的概念则应运而生。由于无涵道外壳,桨扇发动机的涵道比可以很大，以正在研究中的一种发动机为例，在飞行速度为马赫数0.8时，带动的空气量约为内涵空气流量的100倍，相当于涵道比为100，这是涡轮风扇发动机所望尘莫及的，将其应用于飞机上，可将高空巡航耗油率较目前高涵道比轮风扇发动机降低15%左右。同涡桨发动机相比，桨扇发动机的可用速度又高很多，这是由它们叶片形状不同所决定的。普通螺旋桨叶片的叶型厚度大，以保证强度，弯度大，以保证升力系数，从剖面来看，这种叶型实际上就是典型的低速飞机的机翼剖面形状，它在低速情况下效率很高，一旦接近声速，效率就急剧下降，因此装有涡桨发动机的飞机速度限制在马赫数0.6~0.65，而桨扇发动机的既宽且薄、前缘尖锐并带有后掠的叶型，类似超声速机翼的剖面形状，这种叶型的跨声速性能就要好得多，在飞行速度为马赫数0.8时仍有良好的推进效率，是目前新型发动机中最有前景的一种。当然，桨扇发动机也有其缺点，由于转速较高，产生的振动和噪声也较大，这对舒适性有严格要求的客机来讲是一个难题。另外，暴露在空气中的桨扇的气动设计也是目前研究的难点所在。

喷气发动机的推力和发动机的净重之比，称为发动机的推重比。推重比是一个综合性的性能指标，它不仅体现喷气发动机在气动热力循环方面的水平，也体现了结构方面的设计水平。目前，高性能的加力式涡轮风扇发动机的推重比可达8~10，如图1.3.13所示。

图 1.3.13　推重比示意图

1.4　世界各大发动机厂商

发动机百年的发展历史孕育出了多家著名的发动机厂商。它们分别是通用电气飞机发动机公司（简称GE公司），典型的发动机型号有GE90和GEnx；罗尔斯-罗伊斯公司（简称罗罗公司),典型的发动机型号有 RB211 和遄达系列发动机;普拉特·惠特尼集团公司(简称普惠公司),典型的发动机型号有 PW4000 系列发动机;CFM 国际公司,典型的发动机型号有 CFM56 系列发动机;国际飞机发动机公司(IAE),典型的发动机型号有 V2500 发动机,如图 1.4.1 所示。

图 1.4.1 各大发动机厂商标志

近年来,我国燃气涡轮发动机的研究从未停歇,在一些机型上的发动机已达到了国际先进水平。我国将真正从一个民航大国走向一个民航强国。

1.4.1 通用电气(GE)

GE90 发动机是由 GE 公司研制生产的高涵道比双转子轴流式涡扇发动机。于 1995 年 11 月正式进入商业运营,有 GE 90 - 94B 和 GE 90 - 115B 两种型号,其中 GE 90 - 115B 这一型号的发动机推力达到 127 900 lb(58 014.46 kg),是吉尼斯世界纪录中推力最大的发动机,现用于 B 777 - 200、B 777 - 200ER、B 777 - 200LR、B 777 - 300ER 和 B 777 Freighter 等飞机。

GEnx 发动机是由 GE 公司研制生产的高涵道比双转子轴流式涡扇发动机,最大推力 28 939.193 2 kg。核心机主要部件包括:轴流式压气机(包括 1 级风扇、4 级低压压气机和 10 级高压压气机)、环形燃烧室和轴流式涡轮(包括 2 级高压涡轮和 7 级低压涡轮)。GEnx 发动机现用于 B 787、B 747 - 8、A350 等飞机,如图 1.4.2 所示。

1.4.2 普惠(PW)

PW4000 型发动机是由普惠公司研制生产的高涵道比双转子轴流式涡扇发动机。1987 年 7 月首次交付使用,用于 B 767 和 A310 飞机。主要有 PW4000 - 94、PW4000 - 100、PW4000 - 112 三个型号。其中 PW4000 - 94 发动机用于 A310 - 300、A300 - 600、B767、B747 - 400、MD - 11 等飞机;PW4000 - 100 发动机用于 A330 飞机;PW4000 - 112 发动机用于 B 777 飞机。PW4000 是一系列发动机的总称,具体发动机型号则在 PW 之后用 4 位数字表示,其中第 1 位数字“4”,表示普惠公司生产的民用大推力发动机;第 2 位数字表示飞机制造商的代号,0 表示波音公司,1 表示空客公司,4 表示麦道公司;第 3、

图 1.4.2　GE90(左)和 GEnx(右)

4 位数字表示推力级,即该 2 位数乘以 1 000 即为该发动机的以磅为单位的推力值。例如 PW4052 表示用于波音公司、起飞推力为 23 586. 803 2 kg 的发动机。如图 1. 4. 3 所示。

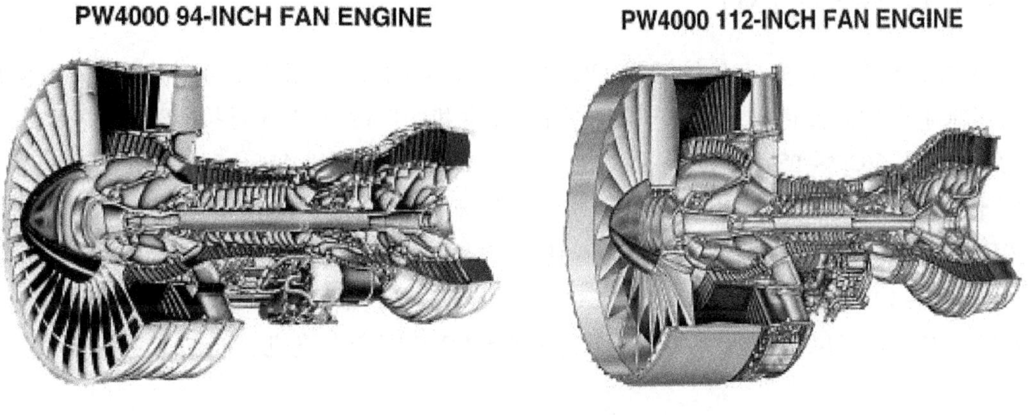

图 1.4.3　PW4000 发动机

1.4.3　罗罗(RR)

RB211 系列发动机是由罗尔斯-罗伊斯公司(简称罗罗公司)研制生产的高涵道比三转子轴流式涡扇发动机,于 1972 年投入使用,发动机的推力为 16 964. 35~27 487. 7 kg,并且 RB211 发动机是世界上最早的三转子发动机,主要型号有 RB211 - 524 和 RB211 - 535,分别用于 B 747 - 300 和 B 757 等飞机。

Trent 系列发动机是由罗罗公司研制生产的高涵道比三转子轴流式涡扇发动机。Trent 系列发动机是在 RB211 系列发动机基础上发展起来的,于 1990 年 8 月投入使用,发动机的推力为 24 040. 39 ~ 43 091. 27 kg,主要型号有 Trent500、Trent700、Trent800、Trent900、Trent1000 和 TrentTWB,分别用于 A340 - 500、A340 - 600、A330、B777 - 200、

B777－200ER、B777－300、A380;B787 等飞机。TrentXWB 发动机是罗罗公司正在研制的高涵道比三转子轴流式涡扇发动机,用于 A350 飞机。设计推力分别为: 34 019.427 7 kg,适用于 A350－800;38 101.759 kg,适用于 A350－900;43 998.459 9 kg,适用于 A350－1000。图 1.4.4 所示为 RB211 发动机和 TrentXWB 发动机。

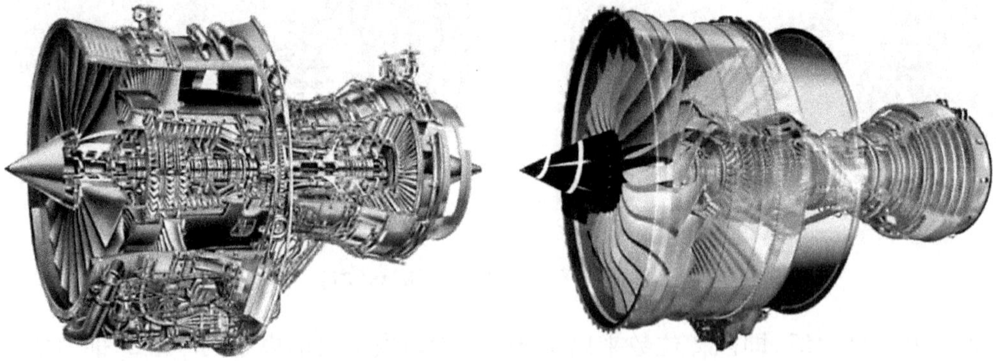

图 1.4.4　RB211(左)和 TrentXWB(右)

1.4.4　赛峰(CFM)

CFM56 系列发动机是由美国的 GE 公司和法国的斯纳克玛公司组成的 CFM 国际公司研制生产的高涵道比双转子轴流式涡扇发动机,于 1974 年 6 月投入使用,发动机的推力为 8 164.662 7～15 422.140 6 kg。主要型号 CFM56－3、CFM56－5B 和 CFM56－7B 分别用于 B 737－300/400/500、A320 系列、B 737－700/800/900。CFM56 LEAP 发动机是由 CFM 国际公司正在研制的高涵道比双转子轴流式涡扇发动机,设计推力为: 11 113.031～14 923.189 kg,适用于 A320neo;9 071.847 4～12 700.586 3 kg,适用于 B 737MAX;12 691.514 5～13 607.771 1 kg,适用于 C919 国产大飞机。如图 1.4.5 所示。

图 1.4.5　CFM56－7B(左)和 CFM56 LEAP(右)

1.4.5　国际飞机发动机公司(IAE)

V2500 发动机是由国际飞机发动机公司(IAE)研制生产的高涵道比双转子轴流式涡扇发动机。IAE 于 1983 年成立,由四家飞机发动机生产商合资而成,包括普惠公司(负责燃烧室及高压涡轮部分)、罗罗公司(负责高压压气机部分)、日本飞机发动机公司(负责风扇及低压压气机部分)和 MTU 发动机公司(负责低压涡轮部分),于 1988 年投入使用,发动机的推力为 11 339.809 2 ~ 12 700.586 3 kg,适用于 A320 系列飞机,如图 1.4.6 所示。

图 1.4.6　V2500 发动机

思　考　题

1. 飞机发动机分类及推进方式有哪些?
2. 飞机发动机主要参数有哪些?
3. 目前我国民航飞机常用的发动机类型和型号有哪些?
4. C919 目前使用的发动机型号是什么?

第 2 章
飞机发动机基础知识

2.1 热力学基础

在热力学中将研究对象的物质及其所在的空间称为系统。实施热力循环的目的是实现系统与外界连续不断地进行热能与功的转换。

2.1.1 热力学基本参数

可以直接测量的状态参数称为基本状态参数,例如温度 T、压力 p、比容 v 等。比容的倒数(即单位容积气体的质量)称为气体的密度,以 ρ 表示:

$$\rho = 1/V$$

压力:气体的压力是气体分子对容器壁作用力的结果。在物理学上一个大气压是指在海平面标准状态下的大气压力,其值等于 760 mmHg 或等于 1 013 hPa。静压是气体或液体在静止时的压力,气体或液体的总压是静压和速度引起的动压之和。

温度:温度和压力一样是气体的一个宏观的量,温度的数值与气体分子平均直线运动的动能成正比。温度的数值表示法称为温标。摄氏温标选用标准大气压下的冰水混合物的温度为 0℃,沸点为 100℃。华氏温标选用标准大气压力下纯水的冰点温度定为 32 ℉,把标准大气压下水的沸点温度定为 212 ℉,华氏温度和摄氏温度之间的关系是

$$℃ = (℉ - 32) x5/9$$

$$℉ = 9/5℃ + 32$$

如果以-273℃作为温度的坐标原点,即把-273℃作为绝对温度 0℃,作为绝对温度 273℃,这种温度坐标称为绝对温度坐标,以 K 表示:

$$T(\mathrm{K}) = t℃ + 273$$

温度有静温和总温,在流体动力学中,静温是指温度计与气流相对静止时测得的温度。而动温是当气流受阻滞时动能变为热能,使气体温度升高,升高的温度即为动温。在航空航天中,静温是指航空器前方未受扰动气流的温度,通过测量气流总温经解算才能获得准确的静温。总温指一流体以绝热过程完全静止时,它的动能将转化为内能时反映出

来的温度。在航空领域中,驻点温度称为总温,并通过安装在飞行器表面上的温度探测器来测量。探头设计成将空气相对于飞机处于静止状态。当空气相对静止时,动能转化为内部能量。空气被压缩并经历绝热的温度升高。因此,总温高于静态(或环境)空气温度。总温是空气数据计算机的基本输入,以便能够计算静态空气温度,从而得到真正的空速。

对于单位质量的气体,理想气体状态参数之间的一般关系式即理想气体状态方程:

$$Pv = RT$$

式中,R 称为气体常数,表示 Pv 与 T 之间的比例系数,R 的数值只决定于气体的种类而不随气体的状态变化。气体常数的法定计量单位是 J/(kg · K),空气的气体常数为 287.06 J/(kg · K)。其他气体的气体常数可用下式计算:

$$R = 8\,314/M$$

2.1.2　功和热

功,也称机械功。如果一个物体受到力的作用,并在力的方向上发生了一段位移,我们就说这个力对物体做了功。功是物理学中表示力对位移的累积的物理量。与机械能相似的是,功也是标量,国际单位制单位为焦耳。在单位时间内所做的功称为功率,功率的法定单位为瓦特(W),1 W(瓦特)= J/s(焦耳/秒)。

热是利用环境中分子的无序运动进行的,而功是利用环境中分子的有序运动进行的。我们对一个物体做功,这个物体整体发生了运动,那么其所有粒子都是按照合外力的方向进行定向运动,它本身的热运动并不对功做贡献。系统在过程中通过边界与外界之间依靠温差所传递的能量称为热量,不能说在某状态下系统具有多少热量,而只能说系统与外界在过程中交换了多少热量。热量的法定计量单位为焦耳。

2.2　气体力学基础

气体动力学是研究气体在流动过程中,气体与气体、气体与固体之间相互作用所遵循的规律以及参数变化的规律。

2.2.1　气体动力学

在连续介质假设的前提下研究伴有热效应的气体介质运动规律的学科。它是在经典流体力学的基础上,结合热力学和化学发展起来的。通常所说的气体动力学假定气体是无黏性、不传热的。在气体动力学中,根据运动速度将流动分为亚声速流动、跨声速流动、超声速流动和高超声速流动。从理论上研究气体动力学问题,必须首先根据自然界的基本规律(如质量守恒、动量守恒和能量守恒规律)建立流动过程中气体流速、压强、密度、温度等物理量所应满足的基本关系式,这些关系式就是气体动力学基本方程,基本方程可以是微分形式,也可以是积分形式。

1. 连续性方程

气体在流动过程中遵守质量守恒、牛顿运动定律、能量守恒和转换定律。将质量守恒定律应用于运动流体所得到的数学关系式称为连续方程。一维定常流积分形式的连续方程为

$$\rho_1 A_1 v_1 = \rho_2 A_2 v_2 = 常数$$

式中,ρ 表示密度;A 表示面积;v 表示速度。

2. 动量方程

动量是质量和速度的乘积。动量方程是将牛顿第二定律应用于运动流体所得到的数学关系式。对于一个确定的体系可表述为,在某一瞬间体系的动量对时间的变化率等于该瞬间作用在该体系上所有外力的合力:

$$\sum F = q_{m2} v_2 - q_{m1} v_1$$

式中,q_m 表示流体的质量。

3. 伯努力方程

伯努利原理是流体力学中的一条基本原理,它由瑞士流体物理学家丹尼尔·伯努利在 1726 年提出,其实质是理想流体的机械能守恒。能量守恒与转换定律应用于运动流体所得到的数学关系式,其最为著名的推论为:等高流动时,流速越大,压强越小。流体力学中经常说的压力,其实指的是单位面积上的压力,也就是普通物理学里说的压强,不可压流的伯努力方程:

$$P_0 + \frac{\rho v^2}{2} = 常数$$

式中,P_0 表示静压;$\frac{\rho v^2}{2}$ 表示动压。

说明在不可压流中任一点流体的静压与动压之和保持不变。定义不可压流的静压与动压之和为全压,也可以称为总压,用 P 表示。静压是气体或液体静止时的压力;动压或冲压是气体和液体运动引起的。在不可压流中,当流动管道横截面积缩小时,流体的流速增大,压力下降;当流动管道横截面积扩大时,流体的流速下降,压力增高。

4. 推力

飞机发动机所产生的推力大小,取决于流过发动机的气体流量及对这些气体加速的大小。气体的流量大,或对气体的加速大都会使推力大。推力分为总推力和净推力两种,总推力是指当飞机静止时发动机所产生的推力,而净推力是指飞机飞行时发动机所产生的推力,所以要计算净推力就得考虑飞机前进的速度。

计算飞机发动机所产生的推力时,在气体从尾喷口出来时是完全膨胀的情况下,推力的计算公式:

$$F = m_a (v_2 - v_1)$$

式中,F 表示推力(kg 或 N);m_a 表示进入发动机的空气流量(kg/s),即质量流量;v_2 表示

排气速度，即发动机出口处燃气的速度(m/s)；v_1 表示进气速度，空气进入发动机时的速度。

若飞机静止不动，则此速度为 0，即为总推力，若飞机以一定的速度前进，则此前进速度就是 v_1(m/s)。此计算忽略燃油流量，因为相对于空气流量来说，每秒的燃油流量很小。若燃气在发动机的出口未完全膨胀，则出口截面的燃气压力就会大于外界大气压，这个压差也会产生一定的推力，此时推力的计算方法如下：

$$F = m_a(v_2 - v_1) + F_n$$

式中，F_n 表示喷口处由于压差所产生的推力(kg)。

若：p_n 表示喷口界面处的燃气压力(静压)(kg/m^2)；p_0 表示大气压力(静压)(kg/m^2)；A_n 表示喷口面积(m^2)，则推力的计算式为

$$F = m_a(v_2 - v_1) + A_n(p_n - p_0)$$

从推力的计算式可看到，对于涡喷发动机来说，要增加推力有两个途径，一是增加排气速度 v_2，二是增加发动机的空气流量。增加排气速度会带来噪声大的问题，所以现代民用飞机发动机都采用涡扇发动机。因为它空气流量大，但排气速度低，能很好地满足增加推力的同时，又降低了噪声这一要求。

影响推力的因素主要包括飞行高度、大气温度。飞行高度对推力的影响主要反映在空气密度上，进入发动机的空气流量取决于进气道的进口截面积、发动机转速以及空气密度。当进气道截面积不变，发动机转速不变时，就只取决于空气密度。空气密度受大气压力和温度的影响，大气压力升高，其密度就增大，而温度升高，密度则减小。当飞机飞行高度增加时，大气温度和压力都下降，温度下降使空气密度增加，而压力下降又使空气密度下降。但温度变化对大气密度的影响要小于大气压力下降对大气密度的影响，所以结果是飞行高度增加，大气密度下降。所以飞行高度增加时，发动机所产生的推力下降。但是，当达到一定高度后(大约 11 km)，高度再增加，大气温度就基本不变了，即进入同温层。

大气温度会影响空气密度，在同样的高度和转速下，大气温度升高会使发动机的进气量减少，从而使发动机的推力下降，也就是说夏天和冬天大气温度不同，在相同的转速下产生的推力就不同。

2.2.2　声速

声速是物质介质中微弱扰动的传播速度。在气体力学中声速是一个非常重要的量，因为气流速度与声速之比是判断气体压缩性质的指标。声速与气体状态参数之间有如下关系：

$$a = \sqrt{kRT}$$

$$a = \sqrt{dp/d\rho}$$

式中，k 表示比热比；R 表示气体常数；T 表示气体静温；P 表示静压；ρ 表示密度。

流场中任一点处的流速 v 与该点处气体的声速 a 的比值，称为该点处气流的马赫数，

用 Ma 表示,即

$$Ma = \frac{v}{a}$$

根据马赫数的大小可以把流动分为亚声速流动 $Ma<1.0$;声速流动 $Ma=1.0$;超声速流动 $Ma>1.0$;气流速度等于当地声速,即 $Ma=1$ 时的状态称为临界状态。临界状态时的参数称为临界参数。临界参数有临界声速、临界速度、临界温度、临界密度和临界面积等。

2.3　燃气涡轮发动机工作原理

燃气涡轮发动机是一种热机,像活塞式发动机一样也要吸入空气,压缩空气,然后再加入热能、做功,最后再把燃气排出。与活塞发动机不同的是,这些过程是在发动机内部连续不断进行的。

2.3.1　飞机发动机组成与占位

民用燃气涡轮发动机主要由五大部件组成:进气道、压气机、燃烧室、涡轮、尾喷管。进气道:将飞机远前方自由流空气引入发动机并将气流减速增压。压气机:将进入发动机的空气压力提高,为燃烧室提供高压空气以提高发动机热力循环的效率。燃烧室:将压气机出来的高压空气与燃油混合并进行燃烧的装置。涡轮:将燃烧室流出的高温、高压燃气的大部分能量转变为机械功,使涡轮高速旋转并产生大的功率由涡轮轴输出。尾喷管:将涡轮流出的仍有一定能量的燃气膨胀加速,以较大的速度排出发动机,用以产生推力。本章以 CFM56 系列发动机为例进行说明。

CM56－7 发动机是高涵道比、双转子、轴流式涡扇发动机。发动机风扇直径为 1.55 m(61 in),发动机净重为 2 384.535 1 kg(5 257 lb)。发动机由以下部件组成:风扇和低压压气机、高压压气机、燃烧室、高压涡轮、低压涡轮、附件驱动,风扇和低压压气机转子和低压涡轮转子同在低压轴 N1 上,高压压气机转子和高压涡轮转子同在高压轴 N2 上,如图 2.3.1 所示。

1. 风扇和低压压气机

风扇和低压压气机有 4 级转子叶片。风扇提高进口空气速度,倒流板将进口空气分成两股气流:第 1 股气流(内涵道气流)和第 2 股气流(外涵道气流)。第 1 股气流进入核心机由低压压气机进行增压并流向高压压气机。第 2 股气流流经风扇机匣,在起飞期间第 2 股气流提供 80%的起飞推力。

2. 高压压气机

高压压气机有 9 级转子叶片,它对从低压压气机来的空气进行增压并将气流导向燃烧室,高压压气机还为飞机气动系统和发动机空气系统提供引气。

3. 燃烧室

燃烧室将压气机来的空气和燃油喷嘴喷出的燃油进行混合。混合汽在燃烧室的火焰

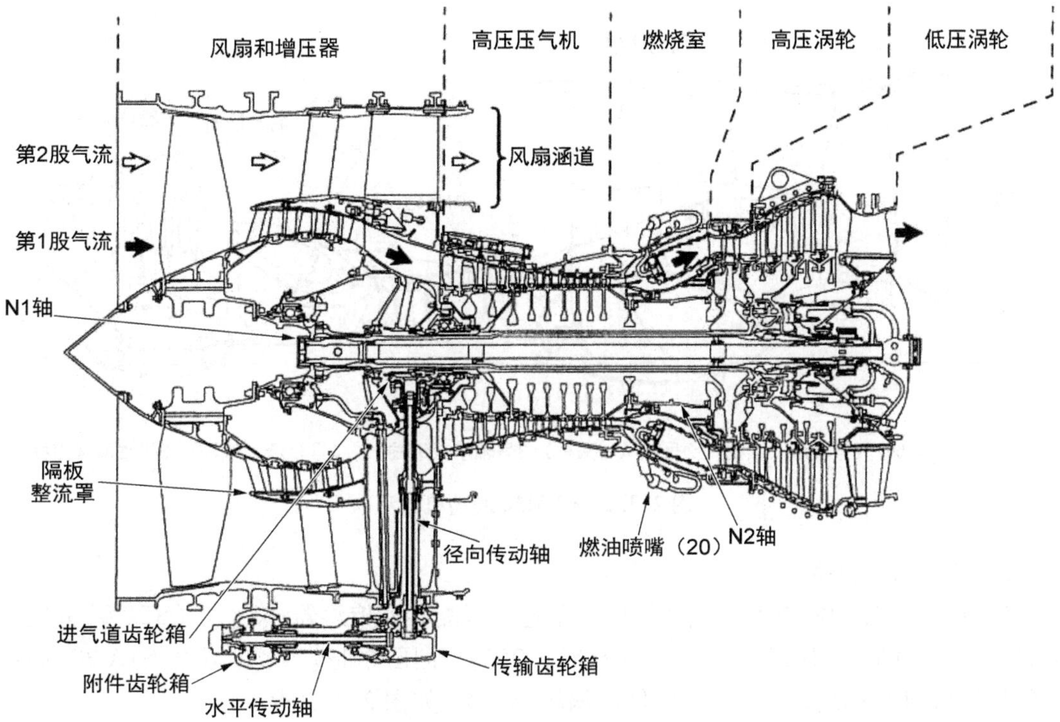

图 2.3.1　CM56－7 发动机组成

筒里燃烧，产生高温燃气流向高压涡轮。

4. 高压涡轮

高压涡轮只有一级涡轮转子叶片，它将燃烧室出来的热空气的热能转化为机械能，从而驱动高压压气机转子和附件传动装置。

5. 低压涡轮

低压涡轮有 4 级转子叶片，将热空气的热能转化为机械能，驱动风扇和低压压气机转子转动。

6. 附件传动装置

附件传动装置部件有：进口齿轮箱（IGB）、径向传动轴（RDS）、传动齿轮箱（TGB）、水平传动轴（HDS）、附件齿轮箱（AGB）。N2 轴通过 IGB、RDS、TGB、HDS 驱动 AGB、AGB 上装有飞机附件和发动机附件。

7. 发动机主轴承

CFM56－7 发动机有 5 个主发动机轴承支撑，N1 轴和 N2 轴按数字 1～5 命名，1 号和 2 号轴承支撑在 N1 轴的前端，3 号轴承由一个滚珠轴承和一个滚柱轴承组成，这两个 3 号轴承支撑在 N2 轴的前端，4 号轴承支撑 N2 轴的后端，5 号轴承支撑 N1 轴的后端，滚珠轴承吸收轴的轴向和径向载荷，而滚柱轴承只吸收径向载荷。主发动机轴承安装在两个集油槽的腔室之间，分前集油槽后集油槽，1 号、2 号和 3 号轴承在前集油槽，4 号和 5 号轴承在后集油槽，如图 2.3.2 所示。

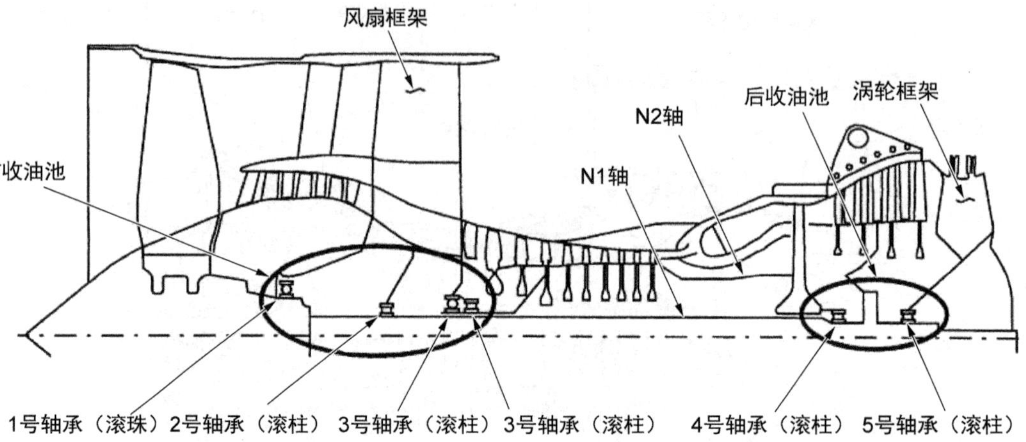

图 2.3.2 CFM56 发动机轴承

8. 发动机气动站位

CFM56－7 发动机在 5 个气动站位上布置了探测器和传感器：0 站位（STA 0）大气环境、12 站位（STA 12）风扇进口、25 站位（STA 25）高压压气机进口、30 站位（STA 30）高压压气机出口、49.5 站位（STA 49.5）低压涡轮第二级，如图 2.3.3 所示。

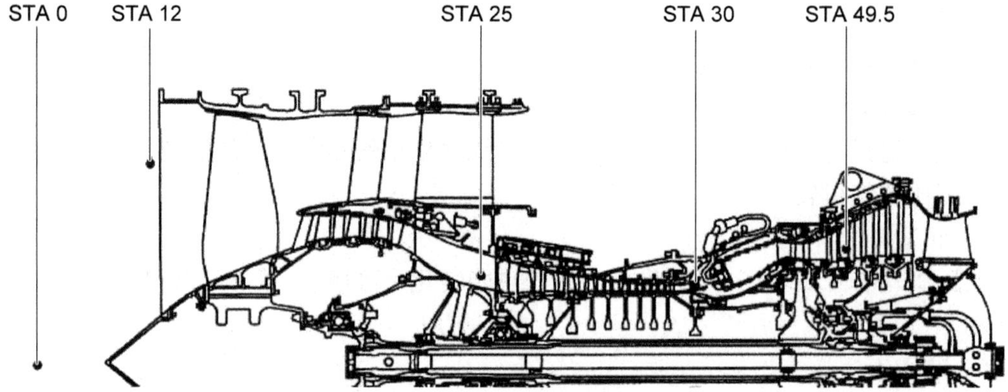

图 2.3.3 CFM56 发动机站位示意图

9. 发动机附件的位置

附件齿轮箱安装在发动机左侧风扇进气机匣上，附件齿轮箱将 N2 转子传递的扭矩通过齿轮装置驱动发动机及飞机附件，属于航线可更换件，打开右风扇蒙皮就可接近附件齿轮箱和附件。安装在附件齿轮箱前面的发动机和飞机附件包括：发动机电子主控计算机（EEC）的交流发电机、N2 传感器、手摇柄座、发动机空气起动机、整体驱动发电机（IDG）、液压泵。安装在附件齿轮箱后面的发动机附件包括：燃油泵组件燃油泵、液压机械组件（hydromechanical unit）、主燃/滑油热交换器、润滑组件、滑油回油滤，如图 2.3.4 所示。孔探检查时可以通过手摇柄座转动 N2 转子。

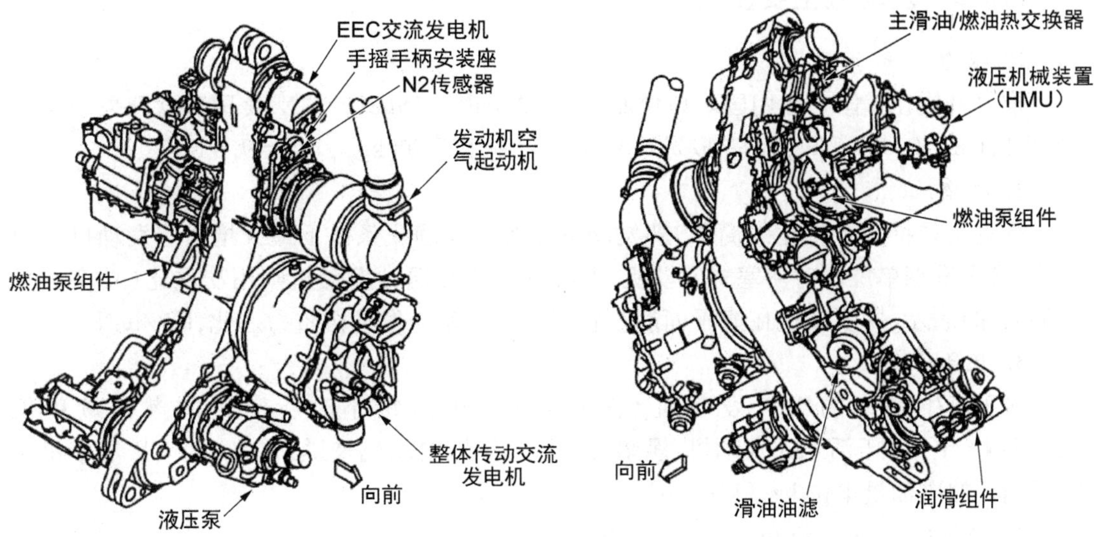

图 2.3.4　CFM56 发动机附件传动装置-部件位置

10. 风扇叶片和叶轮

叶轮前锥体和后锥体是导引发动机进气气流的空气动力的整流罩。风扇叶片有 24 片宽叶弦,风扇叶片由钛合金制成。在每一风扇叶片下面由一块隔板垫片把叶片固定在正确的径向位置。拆下隔板垫片就能较容易拆卸风扇叶片。在叶片之间的平台使气流平滑流动。风扇的固定凸缘和保持圈固定风扇叶片隔板垫片和平台,如图 2.3.5 所示。

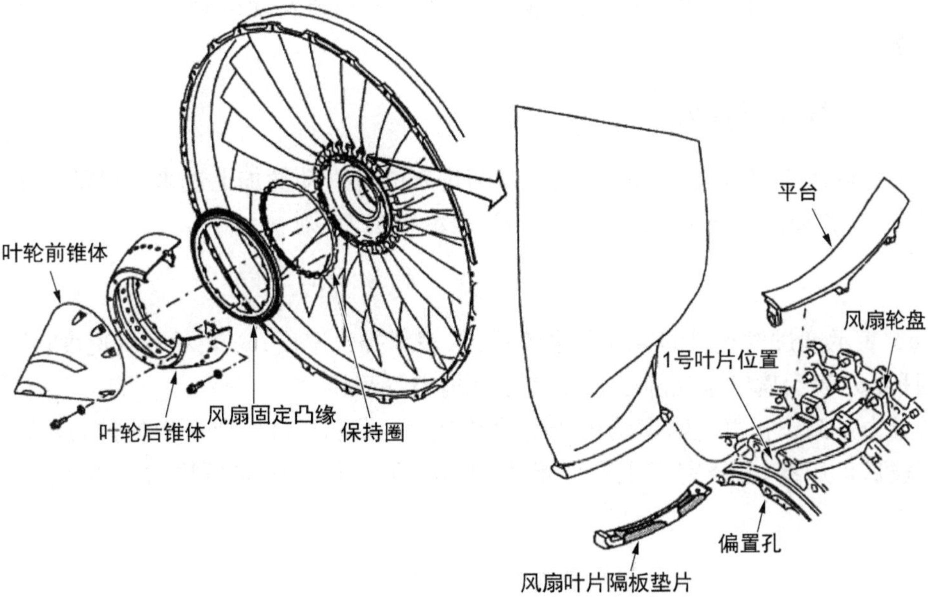

图 2.3.5　CFM56 发动机风扇叶片和叶轮

2.3.2 发动机主要参数

1. 推力

推力单位在我国一般用国际单位制牛(N 或 daN),1 daN=10 N,美国和欧洲采用英制磅(lb),1 lb=0.453 6 kg,俄罗斯/苏联采用工程制用千克(kg),1 kg=9.8 N。

2. 推重比

推重比是推力重量比的简称,即发动机在海平面静止条件下最大推力与发动机重力之比,是无量纲单位。对活塞式发动机、涡桨发动机和涡轴发动机则用功重比(功率重量比的简称)表示,即发动机在海平面静止状态下的功率与发动机重力之比,kW/daN。

3. 耗油率

对于产生推力的喷气发动机,表示 1 daN 推力每小时所消耗的燃油量单位 kg/(daN·h),对于活塞式发动机、涡桨发动机和涡轴发动机来说,它表示 1 kW 功率每小时所消耗的燃油量单位 kg/(kW·h)。

4. 增压比(engine pressure ratio, EPR)

飞机发动机增压比是指航空发动机压气机出口总压和进口总压之比,又称总压缩比。压气机多采用多级压缩,每级的压缩比称为级压缩比,总压缩比等于各级压缩比之乘积。它对发动机的做功能力和效率有重要影响。

5. 涡轮前燃气温度

第一级涡轮导向器进口截面处燃气的总温,也有发动机用涡轮转子进口截面处总温表示,发动机技术水平高低的重要标志之一。

6. 涵道比

涡扇发动机外涵道和内涵道的空气质量流量之比,又称流量比。涵道比小于 1 为小涵道比,大于 4 为大涵道比,1~4 为中涵道比,加力式涡扇发动机涵道比一般小于 1,甚至只有 0.2~0.3。

2.3.3 发动机推力

净推力取决于离开发动机的燃气动量与进来的空气动量加上进来的燃油动量。当计算净推力时,燃油流量通常是忽略的,以 F_n 表示净推力,则

$$F_n = q_{ma}(v_j - v_a) + A_j(p_j - p_{am})$$

式中,q_{ma} 表示通过发动机的空气质量流量;v_j 表示排气速度;v_a 表示进气速度;A_j 表示喷口截面积;p_j 表示喷口排气静压;p_{am} 表示环境空气静压。

总推力是当飞机静止时发动机产生的推力。是发动机排气所产生的推力。正常飞行时,压气机、扩压器、燃烧室产生向前推力,涡轮、尾喷管产生向后推力。以 F_g 表示净推力,则:

$$F_g = q_{ma}v_j + A_j(p_j - p_{am})$$

实际上推力来自发动机内不平衡力和动量。气体流过发动机时,对机匣的作用力有

向前的力,也有向后的力,即轴线方向的合理和推力。影响推力的因素:所有发动机是在变化的空速和高度下工作的,环境状态变化影响进入发动机的空气温度和压力。一方面,从推力公式可知,当供油量一定且仅考虑通过发动机空气速度的变化时,随着飞机速度的增加,推力减少;另一方面,冲压的影响增加空气流量增大推力。在推理公式中最重要的变量是空气质量流量,空气温度和压力决定进入发动机的空气密度,影响空气流量。当空气密度减小时,空气流量减少,发动机产生的推力减少。温度增加,空气密度减小,压力增加,空气密度增大,飞行高度增加,空气压力减小,空气温度降低。但是,外界空气压力的减小比温度下降得快,发动机实际推力随着高度增加而减小,如图 2.3.6 所示。

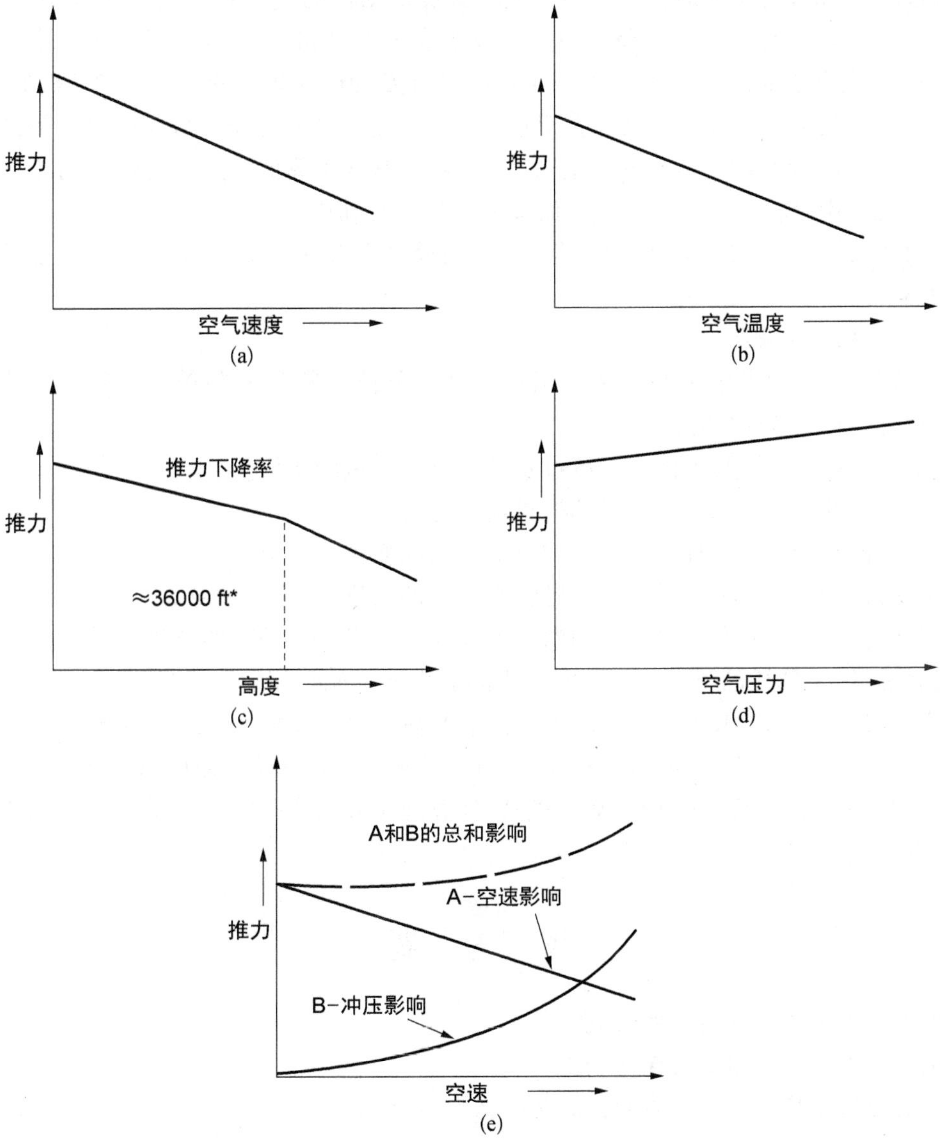

图 2.3.6 影响推力的因素

* 1 ft = 0.304 8 m。

2.3.4 发动机效率与性能指标

1. 发动机的效率

热效率(η_t)是指在循环中加入的热量有多少转变为机械功。影响发动机实际循环热效率因素包括：加热比(涡轮前燃气总温)、压气机增压比、压气机效率和涡轮效率。涡轮前温度提高，热效率增大，压气机增压比提高，热效率增大，当增压比达到最佳时，实际热循环效率达到最大。继续提高增压比，效率反而下降，压气机和涡轮效率增大，热效率也提高。热效率也有称之为“内效率”。

推进效率(η_p)是指推进功率于单位时间流过发动机的气体获得的动能增量的比值。推进功率是推力与飞行速度的乘积。推进效率表示发动机产生的可用功转变成推进功(外效率)。飞机速度低于约 724.204 8 km/h，喷气发动机的效率低于涡桨发动机的效率，因为它的推进效率在很大程度上取决于它的飞行速度。然而由于螺旋桨的高叶尖速度造成的气流扰动在 563.270 4 km/h 以上时，螺旋桨效率迅速降低。这些特性使得中等速度飞行的飞机不用涡轮盘喷气式发动机而多采用涡桨发动机。

总效率(η_0)是指加入发动机的燃油完全燃烧所放出的热量有多少转变为发动机的推进功。

2. 发动机性能指标

(1) 推力：发动机最主要的性能指标。推力单位一般是公制单位牛顿(N)或千牛(kN)，也用英制单位磅(lb)。

(2) 单位推力：发动机推力与流过发动机空气质量的比值。

(3) 推重比：发动机推力与发动机重量的比值。

(4) 迎面推力：发动机推力与发动机最大迎风面积的比值。

(5) 燃油消耗量：单位时间进入燃烧室的燃油质量，也称燃油量。

(6) 燃油消耗率：产生单位推力每小时所消耗的燃油质量，即产生每磅推力每小时消耗的燃油量，又称耗油率。它是决定飞机的航程和续航时间的重要参数。

(7) 当量功率(ESHP)：计算总功率输出时，轴功率加上喷气推力的影响。

(8) 排气温度 EGT(exhaust gas temperature)裕度：EGT 限制值(红线值)与发动机 EGT 实际最高值之差值。起飞时 EGT 最高，计算起飞 EGT 裕度。它是表示发动机性能衰退的重要参数。

思 考 题

1. 飞机发动机主要由哪些部件组成?
2. 飞机发动机的气动站位怎样划分?
3. 飞机发动机净推力与总推力的区别是什么?
4. 飞机发动机热效率和推进效率的区别是什么?
5. 飞机发动机的主要性能参数有哪些?

第3章 飞机发动机部件与附件

飞机发动机的基本结构包括进气道、压气机、燃烧室、涡轮和尾喷管。不同类型的飞机发动机还具有以下结构：风扇、外涵道、加力燃烧室、推力转向装置及矢量喷管等。下面将分别介绍进气道、压气机、燃烧室、涡轮、尾喷管，其中每部分将从部件工作规律和某种型号结构两个方面展开。以 CFM56 发动机为例说明发动机的支撑结构和主要零件数目（表 3.0.1）。

表 3.0.1　CFM56 发动机主要零件数目表

支撑结构和主要零部件	数　目
承力框架	2
轴承	5
风扇及增压级叶片	684
高压压气机级数	9
高压压气机可调级	4
高压压气机叶片数	1 380
高压涡轮级数	1
高压涡轮叶片数	198
低压涡轮叶片数	3 387
叶片总数	5 649
规定寿命的旋转件	20

3.1　进　气　道

涡轮发动机的进气道设计用于向压气机的进气道提供相对无损失的空气流。许多发动机使用进气导叶（IGV）来帮助拉直气流并将其引导到压气机的第一级。均匀稳定的气流是必要的，以避免压气机失速和涡轮内部温度过高。通常进气通道被认为是机身部件，而不是发动机的一部分。然而通道对于发动机的整体性能和发动机产生最佳推力的能力非常重要。进气道的作用是引导外界空气进入压气机，对进气道的要求是使气流流经进气道时具有尽可能小的流动损失，并使气流在进气道出口处具有尽可能均匀的气体流场。

3.1.1 概述

燃气涡轮发动机比活塞式发动机消耗更多的气流,空气入口通道相应更大。此外,它在确定发动机和飞机性能方面更为关键,尤其是在高空速下。进气道效率低下会导致发动机其他部件的损失相继放大。进气道根据飞机发动机的类型而有所不同。小型涡桨发动机和涡轴发动机的气流低于配有不同类型进气道的大型涡扇发动机。许多涡桨飞机、辅助动力装置和涡轴发动机使用覆盖进气道的隔离网,以防止异物损坏(foreign object damage, FOD)。

进气道前方气流的速度是由飞机的飞行速度决定的,而进气道出口的气流速度是由发动机的工作状态决定的,一般情况下两者是不相等的。进气道要在任何情况下满足气流速度的转变,空气流经进气道时产生流动损失是不可避免的,进气道的流动损失用进气道总压恢复系数 σ_i 来表示:

$$\sigma_i = \frac{p_2^*}{p_1^*}$$

式中,p_2^* 表示进气道出口截面的总压;p_1^* 表示进气道前方来流的总压。

根据压气机进口截面的流量公式:

$$q_{ma} = \frac{mp_2^* A_2 q(\lambda_2)}{\sqrt{T_2^*}}$$

可以看出,当发动机工作状态不变时[$q(\lambda_2)$为定值],进气道流动损失的大小改变了气流总压 p_2^*,直接影响进入发动机的空气流量 q_{ma},从而影响发动机推力的大小。因此设计进气道时应该尽可能减小气流的总压损失,对进气道最基本的性能要求是:飞机在任何飞行状态以及发动机在任何工作状态下,进气道都能以最小的总压损失满足发动机对空气流量的要求。

随着飞机速度的增加,推力趋于下降,当飞机速度达到一定点时,恢复补偿因速度增加所造成的损失,入口必须能够尽可能多恢复自由气流的总压力。当空气分子被引入进气道并开始在入口中被压缩时,大部分压力损失将被恢复。发动机入口处的这种增加的压力,增加了发动机的压力和气流。这被称为“总压恢复”。进气道必须均匀地将空气输送到压气机,尽可能减少湍流和压力变化,发动机进气道还必须将对飞机的阻力影响保持在最低限度,发动机进气道的气压降是由空气沿进气道两侧的摩擦和通道系统中的弯曲程度引起的,平稳气流流动取决于在空气进入进气道时将湍流量保持在最低限度,在低流速的发动机上,转动气流可以使发动机短舱更小,阻力更小。在涡扇发动机上,由于进气道要面向高速气流,进气道必须具有足够直的部分,以确保平稳、让气流均匀流过。进气道入口安装的选择取决于发动机在飞机内的位置及飞机运行的空速、高度和姿态。

3.1.2 进气道分类

大多数现代民用飞机和军用飞机是由燃气涡轮发动机提供动力,虽然燃气涡轮发动机有不同的类型，但所有燃气涡轮发动机都有一些共同的部件，例如都有一个入口，可将自由空气带入发动机，入口位于压气机的前端，进气道的进气性能对发动机净推力有很大影响，进气道有多种形状和大小，如图 3.1.1 所示。

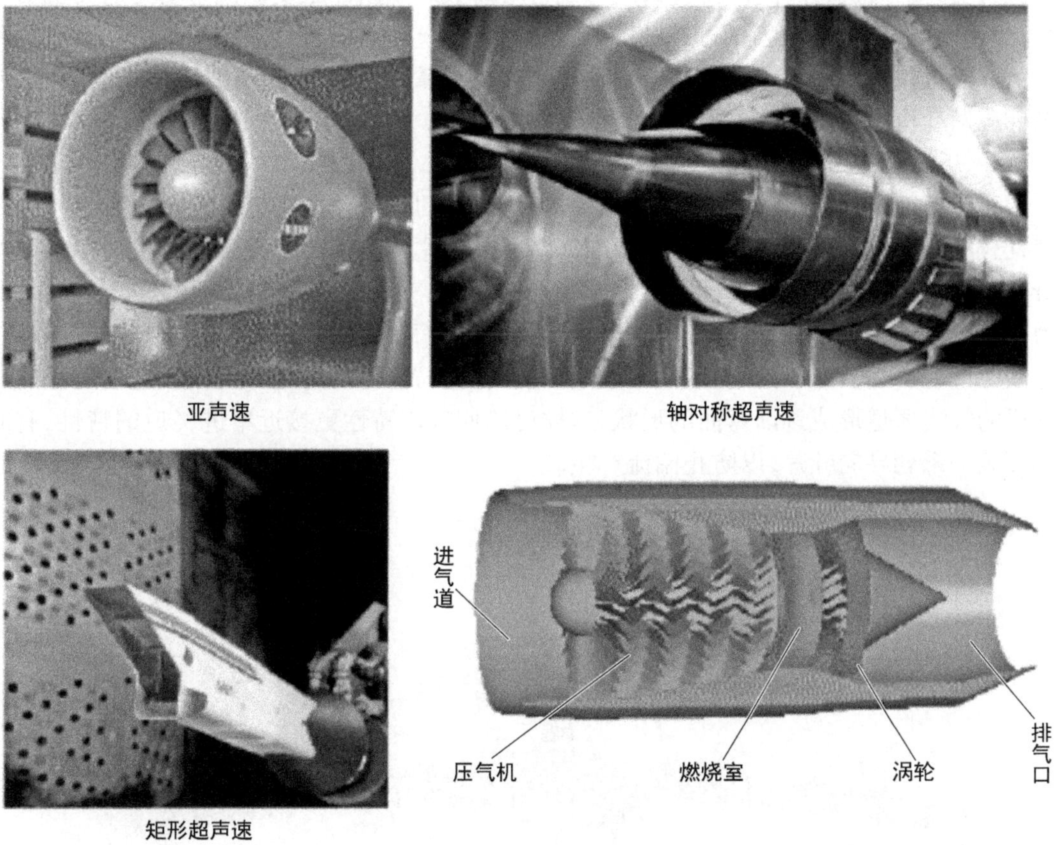

图 3.1.1　进气道分类

1. 亚声速进气道

对于亚声速的大型客机，简单、笔直、较短的进气道效果最好。在典型的亚声速进气道上，进气道的表面从外到内是一条连续的平滑曲线，并有一些厚度。进气道最前端的一部分称为进气道唇口，亚声速飞机的进气道唇口相对较厚。

2. 超声速进气道

超声速飞机的进气道外形上具有相对“锋利”的唇口。进气道唇口变尖，以尽量减少超声速期间发生的冲击波所造成的性能损失。对于超声速飞机，进气道必须减慢空气的流动速度，到达压气机之前使空气速度达到亚声速，一些超声速进气道使用前端整流锥将气流冲击到亚声速。其他类型的超声速进气道，通过生成冲压压缩空气，由此产生可变几何形状进气道，这种进气道应用于 F－14 和 F－15 战斗机。出于各种原因，在某些飞机上还会使用更奇特形状的进气道，例如 SR－71 飞机的进气道经过专门设计，允许高速巡航飞行。

3. 高超声速进气道

高超声速飞机的进气道的设计极具挑战，对于安装冲压发动机为动力的飞机，进气道必须带来外部的高速气流，直至送到燃烧室中且满足气流速度的条件。对于超燃冲压发动机为动力的飞机，热环境更糟糕，因为飞行马赫数高于以冲压发动机为动力的飞机马赫数，超燃冲压发动机进气道与飞机机身高度集成。X－43A 的进气道包括整个下部飞机表面前方整流罩唇口。又厚又热的边界层通常存在于高超声速进气道的压缩表面上，从超燃冲压发动机的进气道流出的气流必须保持超声速。

4. 分隔式进气道

装有高速、单或双发动机的飞机配有某种形式的分隔进气管道，从机身两侧吸收空气，已经得到了相当广泛的使用，如图 3.1.2 所示。这个分开的管道可以是机翼根部或机身两侧的进气道。从飞机设计上讲，这两种类型的进气道比单进气道的飞机复杂很多，因为很难在不施加大量阻力的情况下获得足够的升力面积，在内部建造长度合理的进气道，弯曲尽可能少，经常设计在机身侧面且尽可能向前放置，目的是允许气流从进气道流向压气机的气流通道形成逐渐弯曲的形状，这样可以使气流特性更接近单进气道的特性，有时还配装一系列导向叶片，以防止湍流产生。

图 3.1.2　分隔式进气道

5. 可变几何形状进气道

进气道的主要功能是为发动机内的压气机提供适量的空气。在使用涡喷发动机或低涵道涡扇发动机的典型军用飞机中，要求发动机正前方气流的马赫数小于 1，通过发动机的气流必须始终小于 1。因此，在所有飞行条件下，气流进入进气道时的速度必须降低管道内的气流速度，然后气流才能进入压气机。为了实现这一点，进气道内设有扩压器功能，可降低气流速度并增加通过它们的气流的静压。与军用超声速飞机一样，扩压器在后端方向的面积逐渐减小，因此，超声速进气道遵循这种配置，直到进入空气的速度降低到马赫数 1，然后管道的后部面积增加，因为该部分必须充当亚声速扩压器。对于超高速飞机，随着飞机速度的增加或降低，进气道的内部区域由机械装置改变，这种类型的进气道通常称为可变几何进气道。还有一种方法是在气流中使用冲击波,冲击波是空气或气体流动中不连续的相对较薄的区域,此处气流的速度、压力、密度和温度发生突然变化,更强的冲击波会对气流的性质产生更大的变化,在进入进气道的超声速气流中故意设置冲击波,通过一些结构设计,以高马赫数自动进入气流通道中,冲击波导致气流扩散,进而降低气流的速度。在一些飞机进气道的安装中,会将冲击波法和可变几何形状法的进气道设计结合使用,改变进气道内面积的一些装置也会产生冲击波,进一步降低进气道内进入空气气流的速度,进气道面积的变化量和气流冲击的大小随着飞机的空速而自动变化,如图 3.1.3 所示。

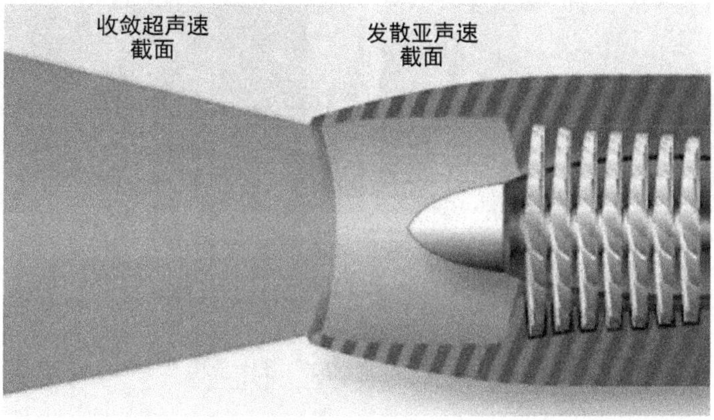

图 3.1.3　进气管道的后部用作亚声速扩压器

6. 涡轮螺旋桨和涡轮轴压气机进气道

涡轮螺旋桨飞机上的进气道比其他燃气涡轮发动机更复杂,因为除了其他进气道设计上的因素外,还须考虑螺旋桨驱动轴、轮毂和旋转器的因素。就气流和空气动力学特性而言,进气道设计通常被认为是涡桨发动机的最难的进气设计。许多类型的涡轮螺旋桨飞机的进气道通过使用进气道唇口中的电气元件进行防冰,螺旋桨前锥体上不允许冰在表面上积聚,螺旋桨前锥体和进气管道的设计在发动机的运行和性能中都起着重要作用,如图 3.1.4 所示。

图 3.1.4　涡轮发动机上的管道布置示例

7. 涡扇发动机进气道

高涵道比涡扇发动机通常由压气机和前端风扇构成。典型的涡扇发动机进气部分如图 3.1.5 所示。有时进气整流罩固定在发动机前部并提供进入发动机的气流路径。在双转子发动机中,风扇与低压压气机是一体的,风扇可以减少外来异物对发动机的损坏,风扇前锥由热空气加热且呈锥形,风扇叶片尖端处的入口部分装有摩擦条,风扇叶片可以承受短时间摩擦。此外,进气道内部采用降噪材料,以降低风扇产生的噪声。高涵道发动机上的风扇由一级旋转叶片和固定叶片组成，其直径范围从小于 84 in 到超过 112 in。风扇叶片是空心的，由钛或复合材料构成。通过风扇叶片外部的空气气流不通过核心机内部，被送到外涵道，通过风扇叶片内部的空气成为通过核心机内的主要气流（核心流）。

图 3.1.5　典型的涡扇进气道

3.2　压 气 机

飞机发动机的压气机分为离心式和轴流式两大类。目前大多数燃气涡轮发动机都采用轴流式压气机，只有小功率、小流量的涡轴和涡桨发动机上才采用离心式压气机。压气机按燃气流动分为轴流式、离心式、混合式，按压力分为低压压气机、高压压气机；按结构分为转子部件、静子部件。转子部件包括风扇、低压和高压压气机的轴、盘、叶片；静子部件包括机匣和整流器。压气机性能对发动机的整体性能有很大影响。

3.2.1　离心式压气机

离心式压气机属于机械装置，它借助叶轮的径向加速度并压缩气流，该加速的气流被压气机外壳包围，如图 3.2.1 所示。在离心式压气机中气流轴向进入叶轮并径向排出，因此，它也被称为径向压气机，在离心式压气机中，叶轮通过将气体的动能转换为速度来提高工作气流的速度，但扩压器进一步将气体的速度转换为压力能，扩压器是压气机的固定部分，当空气离开转子时，它伴随着空气流动且压力进一步上升，扩压器和叶轮约占压气机产生的总压力的 35%和 65%。

离心式压气机的入口通常是一个简单的气流通道，它包括活门、固定叶片/翼型（用于帮助旋转流量）及压力和温度仪表的传感器部件等，所有这些装置在离心式压气机的控制中都有重要的用途。压气机离心的关键部件是离心叶轮，叶轮的旋转叶片逐渐提高工作气流的能量，这与轴流压气机相同，但不同之处在于气流可以通过叶轮的半径，在许多现代高效离心式压气机中，离开叶轮的气流速度可以接近声速。离心式压气机的下一个关键部件是扩压器，在工作叶轮的后端，扩压器通过逐渐减慢（扩散）气流速度，将气流的动

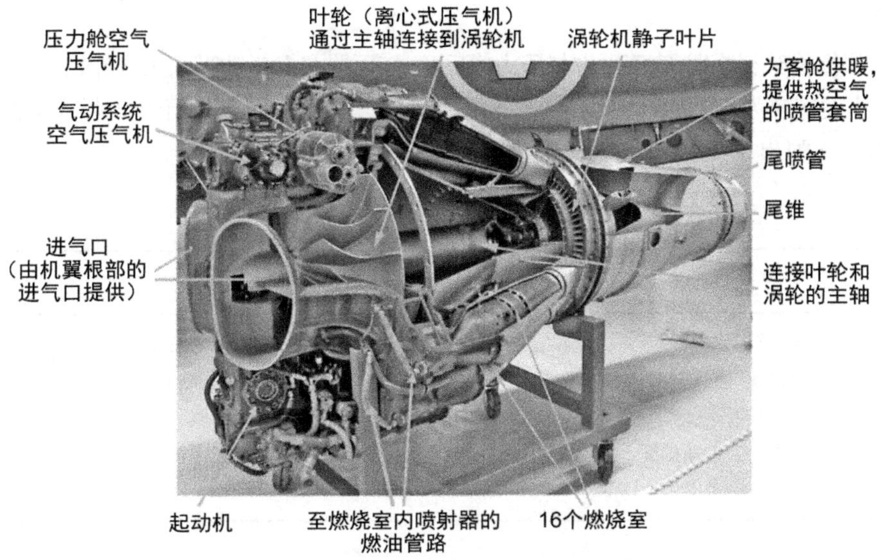

图 3.2.1　装有离心式压气机的发动机

能转换为压力能。离心式压气机的收集器可以有多种形状和形式。当扩压器排放到一个大的空腔室时，收集器可以称为增压器。当扩压器摆放到看起来像蜗牛壳或牛角的装置中时，收集器很可能会被称为蜗壳或卷轴。收集器的目的是收集从扩压器排出的大量气流，并将该气流输送到后端的气流通道，收集器也可包含阀门和控制器来控制压气机。图 3.2.2 所示为离心式压气机结构图。

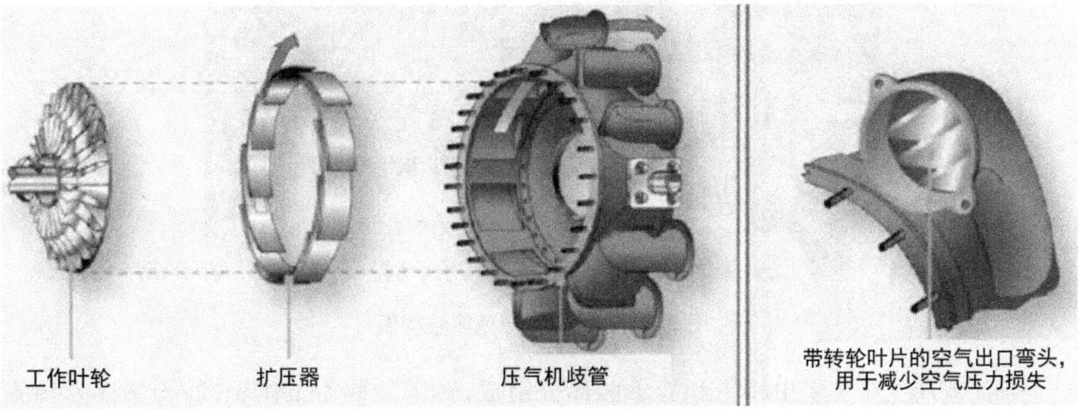

图 3.2.2　离心式压气机组成

离心式压气机的工作方式如下：

(1) 在发动机起动时，空气进入离心式压气机；

(2) 进入压气机后，空气冲击叶轮，该叶轮有多个径向叶片，随着叶轮的旋转而旋转；

(3) 当空气冲击叶轮的径向叶片时，空气通过离心力推入叶轮的中心；

(4) 受到冲击后，叶轮的叶片为空气提供动能，使它的速度增加；

(5) 通过叶轮后，空气进入扩压器，该扩压器具有固定气流通道，进入扩压器后气流的速度降低；

（6）根据伯努利原理，速度平方与压力成反比，扩压器在空气被吸入工作叶轮中心之前将增加的气流速度转换为压力能，在大多数情况下，叶轮压力的增加大致等于扩压器压力的增加。

表 3.2.1 列出了离心式压气机的优缺点。

表 3.2.1　离心式压气机优缺点

优　点	缺　点
重量轻	不适用于高压缩应用
易操作	有失速、喘振问题
易维护	压力有限
比活塞式发动机成本低	工作效率低
节能	

3.2.2　轴流式压气机

轴流式压气机中空气通过压气机基本上沿轴向流动，其结构如图 3.2.3 所示。

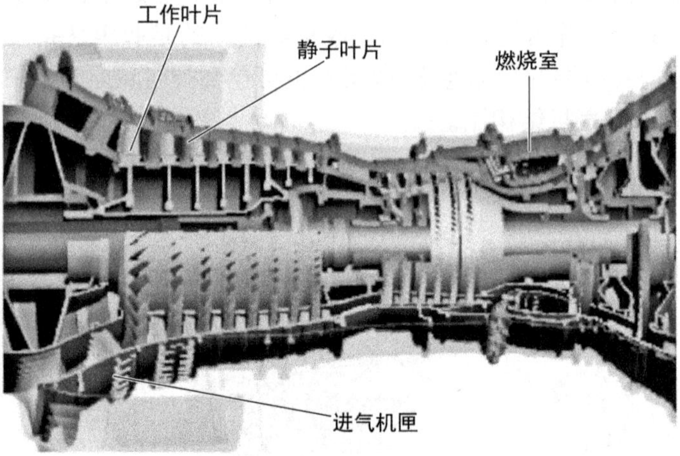

图 3.2.3　轴流式压气机结构图

轴流式压气机主要由转子和静子两部分组成，转子又称为工作轮，静子又称为导流器，如图 3.2.4 所示。轴流式压气机的转子由一个转子鼓组成，转子鼓连接到轴，轴是实际的旋转部件，它将旋转运动传递到转子鼓，转子叶片的安装位于转子鼓上，转子叶片通过旋转来负责增加气体的动能。

轴流式压气机的进气道从一排固定的进口导流叶片开始，它们提供到达压气机第一级的气流方向，压气机各级依次安装，直到轴向压气机的最后一级后，达到最终所需的气流压力。这里重要的是在一个阶段中，每级转子与其随后的静子之间的空间应尽可能小，以确保气流的平稳性，每个阶段也尽可能靠近下一级放置，以提供平稳的气流，静子尖端与轴之间以及转子尖端和外壳之间的间隙也很小。空气通过压气机各个级时的空间逐渐

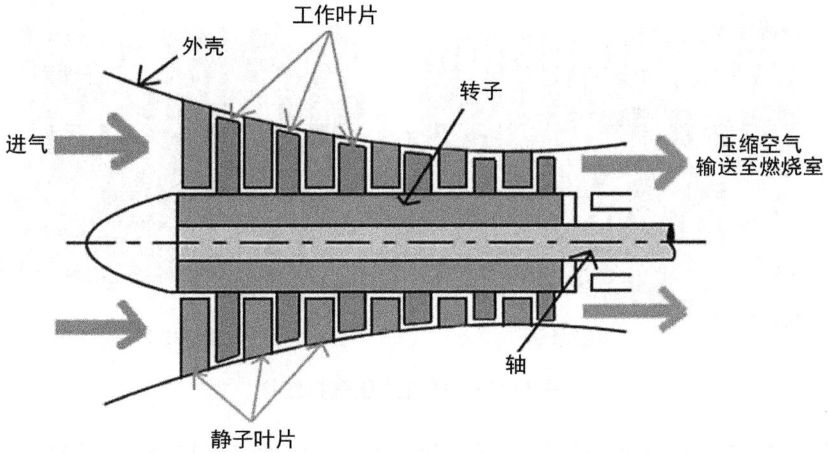

图 3. 2. 4　压气机静子和转子

减小,这原因是随着每级压力的增加,通过这些压气机的空气的轴向速度保持恒定。

入口导流叶片或静子叶片是为了确保气体以适当的迎角撞击转子,保证空气均匀地进入压气机。转子安装在静子叶片前边,叶片的翼型形状是关键,轴流式气压气机的转子提高了轴向方向的气流速度,通过静子后气流的速度或其动能换为静压。每一级静子不仅起到增压效果,而且还重新调整气流流向,使其能够正确进入下一排的转子。静子和转子的组合称为级,轴流式压气机的每一级都可以将压力提高 5%~25%,这意味着为了具有很高的增压比,压气机需要多级,通常轴流式压气机可以有 5~15 级,级数由所需的增压比和气流质量决定。静子和转子叶片交替安装,空气先通过第一个入口导流叶片上,它将气流引导到接下来的旋转的转子叶片上;然后转子叶片增加对气流的动能并将其供应给下一级的静子叶片;随后气流冲击到静子叶片上,当它冲击静子时,它的压力能增加,速度降低的气流将移动到下一个转子;转子再将增加气流的动能,重复这些过程,直到气流到达压气机的出口;在压气机的出口处,气流具有非常高的压力。

要使飞机进行超声速飞行,则飞机发动机的压气机的每一级都会将压力提高 15%~60%,还有一些设计仍在研究中,例如可以进行超声速空气压缩,欲将每一级压力提高 80%~120%。

1. 轴流式压气机结构

轴流式压气机转子有两种配置,如图 3. 2. 5 所示。第一种转子叶片配置称为鼓式,其中转子放置在恒定直径的驱动轴上,当气流进入轴流压气机的后端时,外壳接近轴。第二种配置称为盘式压气机,其中外壳具有恒定的直径,但轴的直径增加以降低空气量,因为它到达压气机的出口。鼓式转子配置多用于工业应用,盘式配置设计上相对较轻,使其成为飞机发动机压气机的最佳选择。对于这两种转子配置,气流速度的轴向分量都保持在或多或少恒定的值,这种方法是逐渐收缩轴和外壳之间的空间,这是一个重要的设计考虑因素,因为在压气机工作可以将稳定的气流输送到端部分(燃烧室)非常重要。

2. 叶片

由于压气机叶片外形用于加速和扩散压气机中的气流,压气机叶片形状的命名法和

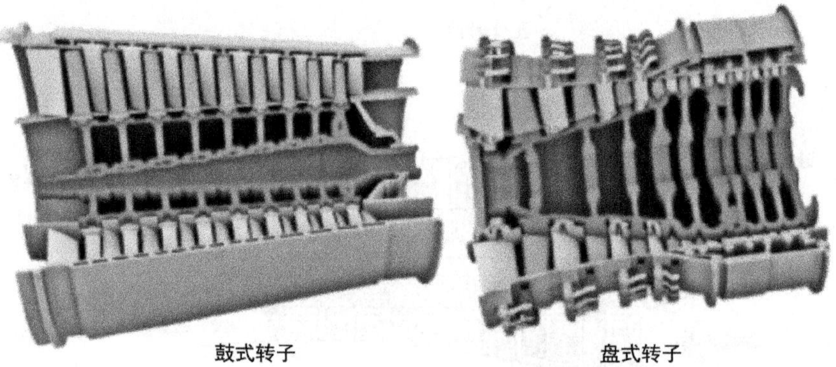

鼓式转子　　盘式转子

图 3.2.5　轴流式压气机结构

方法几乎与机翼相同与其他类型的旋转机械一样，轴流式压气机几个阶段的压力、速度和总温度是不断变化的，叶片的长度和面积在压气机的整个轴的长度范围内减小，气流流动面积的减少弥补了压缩时流体密度的增加，从而允许恒定的轴向速度。

3. 叶型的几何参数

轴流式压气机叶片外形是弯曲的，一侧凸起，另一侧凹陷，转子朝着凹陷的一侧旋转。凹面称为叶片的压力侧，凸面称为叶片吸力侧。弦线叶片外形是从叶片前缘到后缘绘制的一条直线，弦是弦线的长度，如图 3.2.6 所示。弯度线是在两个表面中间画的一条线，弯度线和弦线之间的距离是叶片的弯度，外倾角 θ 是外倾线的转向角，叶片形状是通过指定弦线上某个特定长度的弦与弯度的比率来描述的，从前缘开始测量，宽弦比是叶片长度与弦长的比率。

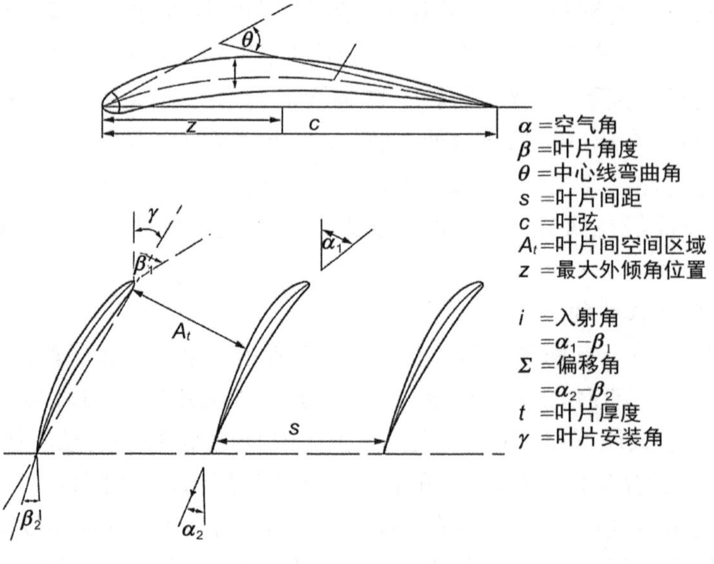

图 3.2.6　叶片命名

叶片入口角 β_1 是一条与弧面前端和压气机轴线相切的线所形成的角度。叶片出口角 β_2 是与外倾线后部相切的直线的角度。从 β_1 中减去 β_2 得到叶片外倾角。弦线与压气

机轴线的夹角为 γ,即叶片的设定角或交错角。高展弦比叶片通常是预扭转的,因此在全速运行时,作用在叶片上的离心力会将叶片扭转到设计的空气动力学角度。对于宽弦比率约为 4 的叶片,叶尖处的预扭角为 2°~4°。进气角 α_1,即进入空气接近叶片的角度,与 β_1 不同。这两个角度之间的差异是入射角 i。迎角 α 是进气方向与叶片弦之间的角度。当空气被叶片转动时,它提供了转动阻力,并以大于 β_2 的角度离开叶片。空气离开叶片的角度为空气出口角度 α_2。β_2 和 α_2 之间的差值是偏差角 δ。空气转向角是 α_1 和 α_2 之间的差值,有时称为偏转角。

3.2.3　压气机流动损失

(1) 激波损失：在跨声速叶栅中,局部会有激波产生,造成总压损失,称为激波损失,如图 3.2.7 所示。

图 3.2.7　激波损失

(2) 叶型损失：这种损失是在叶片轮廓上的气流分离而引起的。原因是气流在叶片中流动时,叶型表面上形成附面层,产生的摩擦损失称为叶型损失,附面层气流分离时损失更为严重,如图 3.2.8 所示。

(3) 二次流动损失：由于叶片通道中叶盆部的压力高于叶背部的压力,使一部分气体通过外壁和内壁的附面层从叶盆部流向叶背部,这种在附面层内发生气体流动而引起的损失称为二次流动损失,如图 3.2.9 所示。

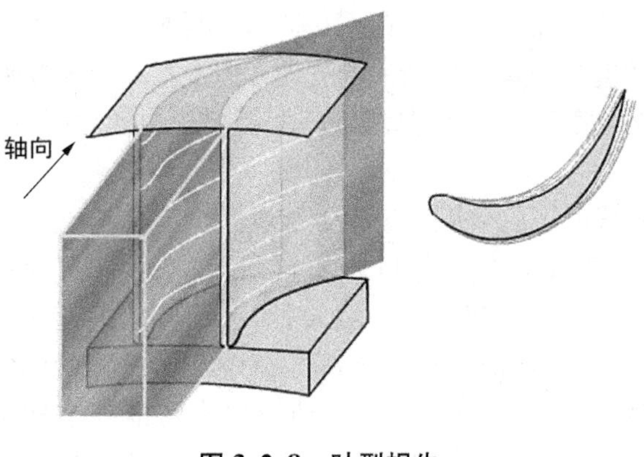

图 3.2.8　叶型损失

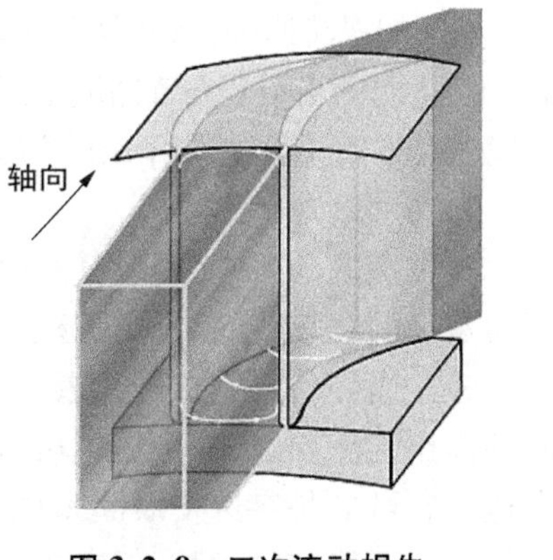

图 3.2.9　二次流动损失

(4) 径向间隙损失：由于工作叶片和机匣内壁之间有径向间隙，一小部分气体通过该径向间隙而导致气流泄漏，使压气机效率降低，如图 3.2.10 所示。

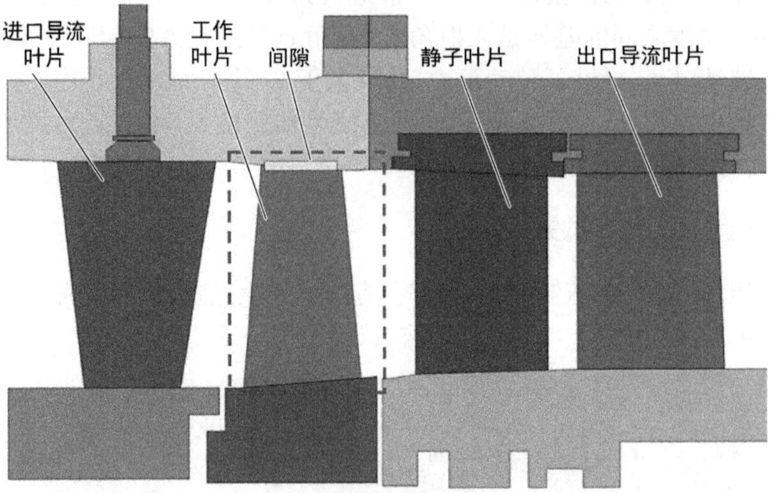

图 3.2.10　径向间隙损失

上述各种流动损失使一部分机械能未能转变为热能，并且使整个流场的参数分布发生变化。在有流动损失存在的情况下，压气机工作叶轮对气流的做功不能完全用于压缩气体，因此，在增压比相同的条件下，理想绝热压缩功小于实际过程的压缩功，获得相同的总压增压比，理想绝热压缩功与实际压缩功之比。

3.2.4　轴流式压气机喘振和防喘措施

轴流式压气机用于大多数飞机发动机。这些压气机在近些年里不断改进，但是，无论多么先进，它们在工作中都必须小心控制以避免压气机叶片失速所导致的发动机喘振。在一系列操作条件下有效地压缩气体并非易事，燃气轮机中 50%～70%的涡轮部件输出功用于驱动其压气机。轴流式压气机之所以得名，是因为气流沿压气机轴向直线流动，平行于燃气轮机的旋转轴。

叶片作用于压气机内的气路上的气流，增加其静态压力和总压力以及动能。静子消除了叶片引起的涡流速度，从而降低了动能，同时增加了静压并在下一阶段调整叶片的流量。然后，压气机叶片和静子在气路流上运行，以产生空气动力学所说的流动方向上不利的压力梯度。空气进入 IGV 并通过每个阶段，然后到达燃烧室部分，每级都增加气路静态压力和总压力。

1. 压气机失速

在飞机发动机中，当空气经过不同阶段时，压气机在空气动力学上执行将空气压缩到所需水平的功，就像固定翼飞机一样，流经发动机压气机叶片不同阶段的时候，气流可能会失速。当任何压气机叶片遇到这种情况时，压气机的效率会降低，从而导致失速区域后面的高压气流向前，推向压气机入口，这被称为逆流。这种局部气流中断通常称为压气机失速。它可能是突然发展起来的，通常表现为“砰”的一声，发动机仪表可能在多次失速中显示出不稳定的读数，但在单次失速的情况下，这种情况结束得太快，以至于仪表没有时间做出响应。因此，压气机失速的范围从没有在发动机仪表上记录任何变化的单个失速到导致完全压缩损失的一系列失速。类似地，压缩的完全中断导致压缩空气气流的完全逆转，再加上先前压缩的空气从发动机进气道喷出，这也被称为发动机喘振。出现这种情况的原因是压气机无法继续抵抗其后面已经被压缩的空气，并且完全失去压缩功能。压气机要么面临超过其升压能力最大极限的条件，要么其负载使其无法吸收临时扰动，从而产生旋转失速。它可以在不到一秒钟的时间内进一步传播并吞噬整个压气机。压气机工作叶片或静子叶片的叶型表面上的失速可能会导致发动机喘振，压气机失速情况可能会在单个压气机叶片或一组压气机叶片上发生。

2. 喘振原因

现代飞机发动机设计的目的是最大限度地减少可能导致喘振/失速的情况。但是外来异物导致的损坏、燃油调节不当或燃油控制单元故障，涡轮发动机中始终存在喘振/失速的可能性。任何时候，发动机燃烧室中的压力从扩压器区域的压力变化，都会发生发动机压气机喘振。尽管压气机工作叶片和静子叶片牢固地固定在压气机转子盘或静子护罩中，但它们的迎角可能会发生变化。当通过压气机叶片的空气速度与转速之间的关系改变时，迎角发生变化。为了更清楚地理解这种关系，通常用箭头或矢量来表示空气速度和旋转速度，箭头或矢量的长度与空气速度或旋转速度的大小成比例，相对速度由一个矢量表示，该矢量的长度由其他两个矢量的长度决定，叶片迎角由速度矢量和相对速度之间的角度表示，如图 3.2.11 所示。

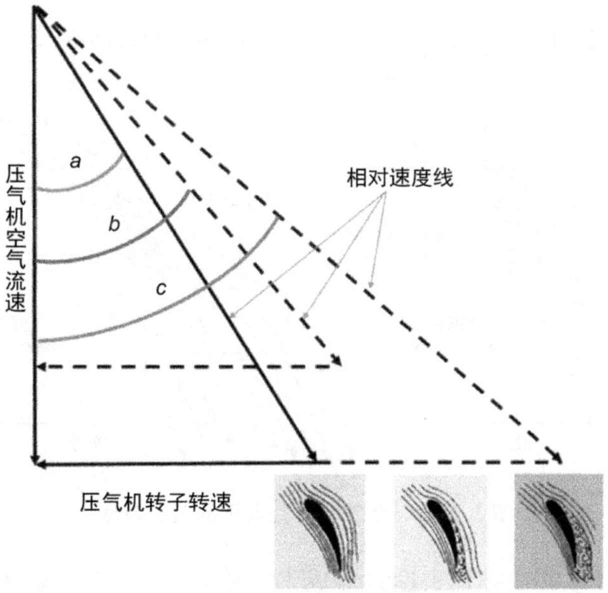

图 3.2.11 叶片迎角由速度矢量和相对速度之间的角度关系

在上面给出的图中，角度“a”可以被认为是气流的临界迎角。这个迎角可能会增加到超过临界点。角度“b”是空气速度下降而旋转速度没有相应下降的条件，角度“c”是旋转速度增加而空气速度没有相应增加的条件。这些情况中的任何一种都可能导致叶片或静子叶片中的压气机失速。

速度矢量图 3.2.12 显示了轴向压气机入口导向叶片、一级工作叶片和静叶片之间的气流路径。V_{ai} 是第一级叶片入口处的绝对速度（相对于发动机）；V_{ao} 是气体离开旋转叶片时的绝对速度；V_{ri} 是相对于叶片前缘的速度；V_{ro} 是相对于叶片后缘的速度；U：是旋转速度。

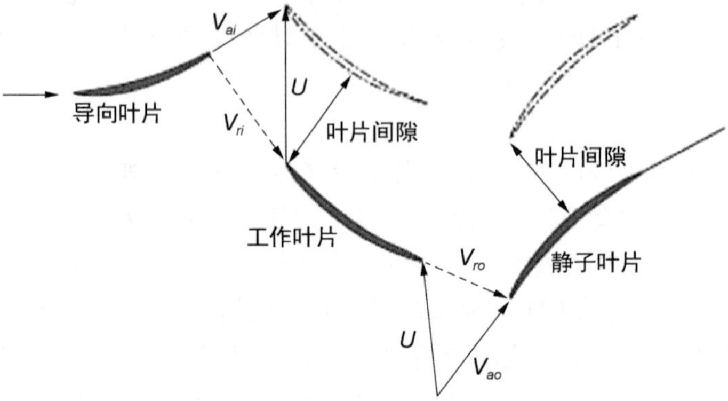

图 3.2.12　压气机叶片速度矢量图

压气机叶片周围的气流流线代表用于设计的气流流动角度。从叶片前缘的低压到后缘的较高压力，流线紧贴叶片的吸力和压力面（图 3.2.13）。

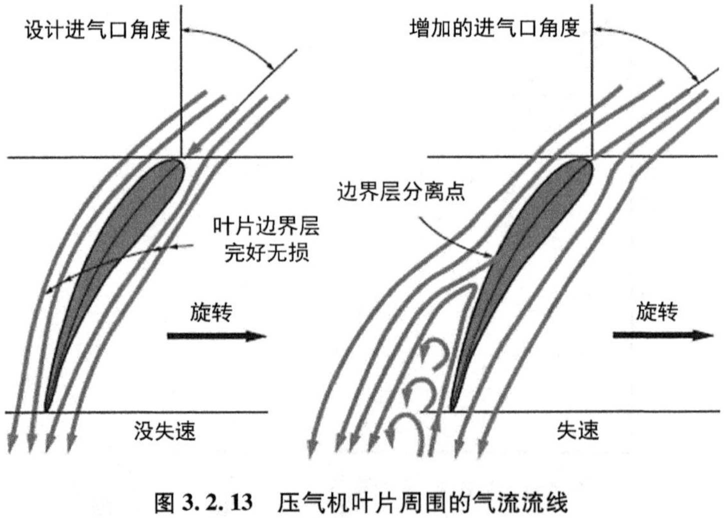

图 3.2.13　压气机叶片周围的气流流线

单个叶片失速导致其他叶片失速并形成失速单元，下一个现象就是旋转失速。叶片周围的气流流动由其边界层控制，这是叶片表面非常薄，几乎无法测量的附面层，黏性摩擦效应集中在其中。附面层的速度从附面层外的流线的速度变为叶片表面的零（相对于叶片表面）。

附面层对不利压力梯度所带来的条件非常敏感，而不利的压力梯度正是压气机产生的。因此，工程师在设计时尽可能确保附面层气流分离不会在设计进气角度（迎角）处发生。当迎角角度增加时，叶片附面层可能会发生气流分离，如图 3.2.14 中叶片周围的流线所示。吸入侧的流线不遵循附面层气流分离点后部的叶片表面，压气机叶片失速会立即增加其空气动力学损失，叶片升力下降，无法实现所需的压气机增压效果，较大的迎角角度可能导致叶片失速，这可能是压气机后端突然发生逆压，例如，由燃烧室或涡轮堵塞引起的或压气机前端气流流动干扰导致空气速度下降引起的。其他气流分离原因可能是叶片表面粗糙或叶尖过度泄漏所导致的。当一个叶片失速时，可能会因前端部件堵塞所导致，从而转移接近的压气机级间的气流流量，这有利于增加相邻叶片通道的气流角度方向与旋转相反。如果气流流动角度足够大，这些叶片也会失速，形成所谓的失速单元。如果失速单元本身移动，它就会变成一个旋转的失速，其旋转速度与压气机的转速相反，大约是轴速度的一半，旋转失速会大大缩短叶片寿命，因为它们引起的应力和振动增加。

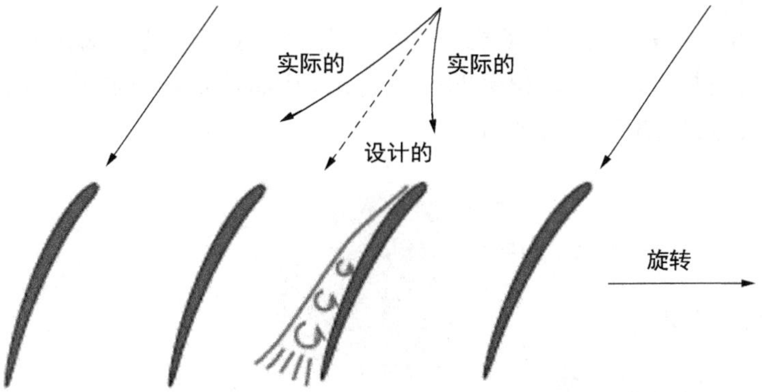

图 3.2.14　叶片周围边界层流动

为了理解这一现象，先研究一下任何压气机叶片表面失速的原因和影响。压气机叶片的设计目的是通过在上表面形成低压，在下侧形成高压来产生升力。每个压气机叶片都会随着迎角的增加而增加升力，直到达到临界角。如果迎角增加超过临界迎角，升力会迅速下降。这是由于气流分离造成的，我们都知道这种情况及其进一步的后果，因为它也适用于固定翼飞机。涡轮发动机中发生在压气机单个压气机叶片上的压气机失速类似固定翼飞机的失速。飞机发动机的压气机部分的功能，是在所需升高的压力下，将所需的大量空气气流输送到燃烧室。当空气通过压气机的每一级时，压气机能够以一定的增量提高空气的压力水平，它通过利用压气机叶片的特征能力来产生升力，正如固定翼飞机机翼产生的升力一样，由压气机叶片产生的所有压力的增量的总和来满足燃烧室内所需的高压压缩空气流量。只要叶片的升力没有受到任何干扰，高压压缩空气将从压气机流入燃烧室，流速与涡轮流出的速度相同，并将保持微妙的平衡状态，如果压气机内有大量的压气机叶片发生失速，则无法再保持这种平衡状态。燃烧室中的高压压缩空气逆向流至前面的压气机，并导致发动机内气流瞬间停止，当这种状态发生时，发动机处于喘振状态。燃烧室中高压压缩气流反向排向压气机，导致压气机将背压增加到失速点，由此喘振可能再次重复发生。

3. 喘振裕度

喘振裕度定义为正常发动机运行线和喘振线之间的正常运行空间或区域。飞机发动机的特定压气机的喘振线作为设计特征，基本上是固定的。发动机工作状态可能因多种情况而变化。所有条件中最重要的条件如下：

（1）改变一级叶片出口的几何流动面积可在较大的面积下增加通过压气机的气流和速度，或在较小的面积时降低气流和速度。通流速度的降低往往会增加在任何给定转速下的相对迎角，因此允许发动机在更靠近喘振线的位置运行。

（2）损坏、侵蚀或污垢积聚会改变压气机叶片的空气动力学弦线。它进一步导致压气机效率的损失，这种损失可能导致喘振，这是由于压气机在给定压气机转子速度下提供成比例的空气质量的能力降低，在所有这些情况下，污垢的积聚是很容易纠正的。

（3）浓缩加速燃油，在燃烧室中施加高于正常压力的压缩气流，从而导致压气机内的气流速度降低，这容易导致发动机的压气机喘振。因此，燃油控制器对压力的调整只能在有恰当的测试设备和工具的情况下完成。

4. 防止喘振措施

可变放气活门（VBV）属于发动机压气机一部分，当发动机以低转速运行或需要突然加速时打开。活门打开时，允许积聚的空气逸出，从而降低压气机后部的压力，这降低了压气机失速的风险，如图 3.2.15 所示。

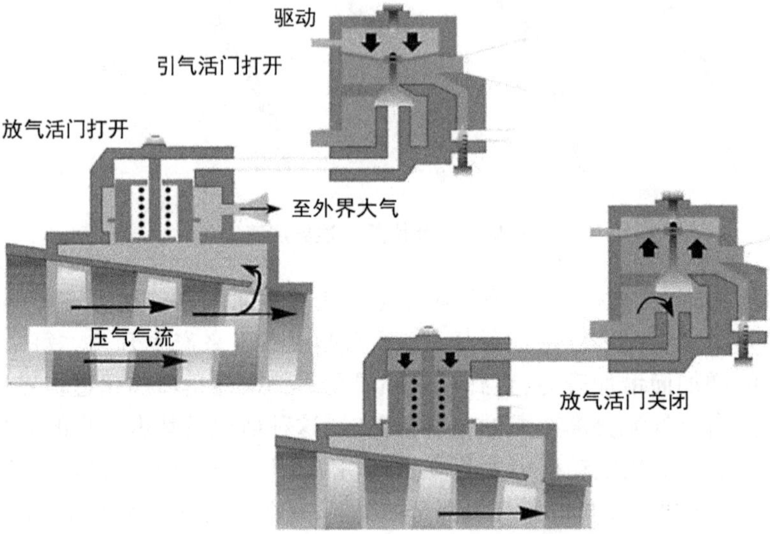

图 3.2.15　VBV 工作原理示意图

本节以 CFM56－7 系列发动机为例。相邻支柱之间形成的间隔容纳 12 个 VBV，VBV 由 2 个驱动器控制，这些驱动器安装在轮毂中间结构的背面，支柱 4 和 5 与支柱 10 和 11 之间，如图 3.2.16 和图 3.2.17 所示。

当 VBV 打开时，主气流被引导通过安装在支柱之间的通道面板上。面板有一系列导流板，用于将一次空气重新定向到二次气流中。当 VBV 关闭时，主气流在中间结构和轮毂之间通过管道输送。

可变静子叶片（VSV）位于压气机部分的前端。它们可以旋转移动，以确保空气正确流到工作叶片和静子上。当发动机转速较低时，叶片以向下的角度放置，从而形成漩涡以优化气流。当发动机以更高的速度旋转时，角度减小以减少涡流，这降低了失速的风险。

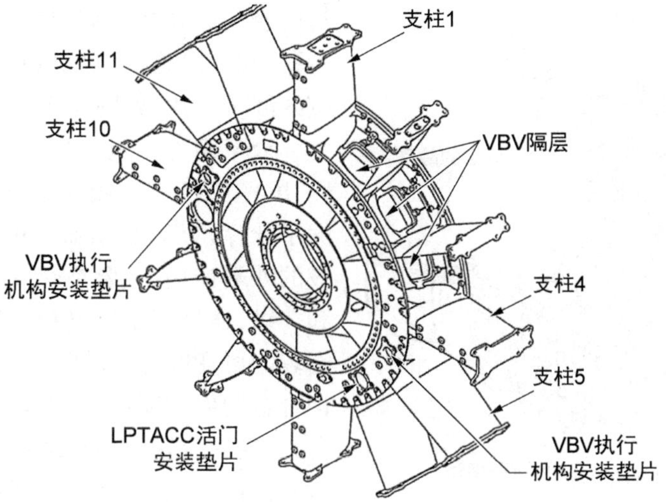

图 3.2.16　CFM56 VBV 结构图

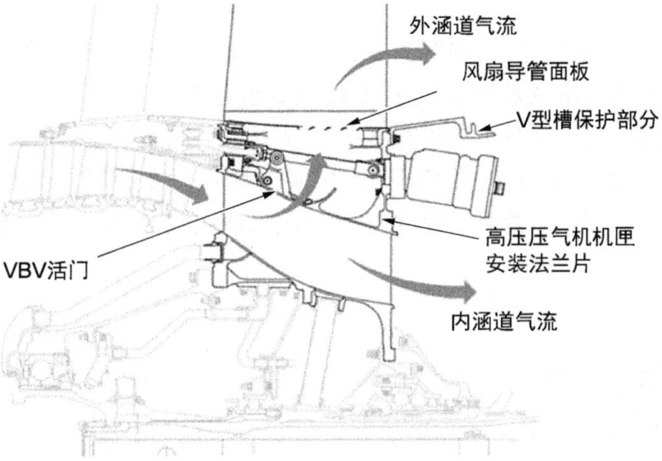

图 3.2.17　CFM56 VBV 组件

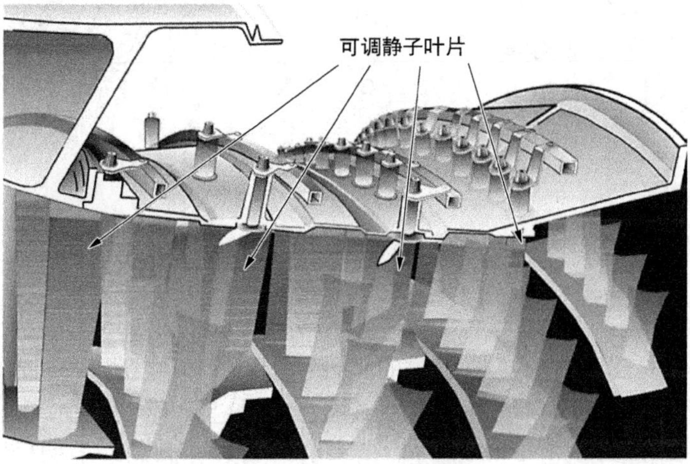

图 3.2.18　VSV 组件

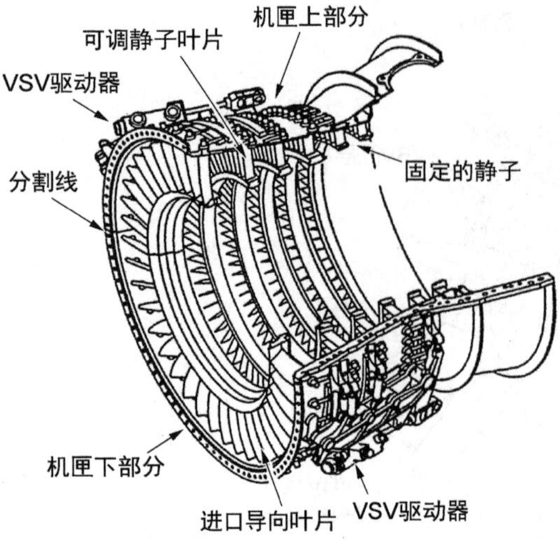

图 3.2.19 VSV 级外端连接

与可变入口导叶类似，静子叶片也可以设计为移动的，以确保空气以正确的角度流向相应的静子叶片，如图 3.2.18 所示。

VSV 组件一般包括：2 个半圆的静子外壳、IGV、VSV，1、2 级和 3 级、4 级和 5 级固定静子叶片、VSV 驱动器。可调静子叶片所在级的外端连接，主要是通过 IGV 和 1 级、2 级和 3 级，通过高压压气机（HPC）前外壳单独安装的可变叶片，如图 3.2.19 所示。叶片由钢合金制成，叶片的外耳轴穿过外壳中的凸台，其径向位置由内垫圈调节，上部枢轴由外衬套保护，然后将其连接到杠杆臂上，并由垫圈和螺母固定，杆臂连接到前机匣外表面周围驱制动环上。

可调静子叶片级内端的连接，如图 3.2.20 所示主要通过 1 级、2 级和 3 级叶片的安装方式与 IGV 类似，但护罩一节的那一段较小，1 级和 2 级各有 7 个叶片，3 级有 8 个叶片，安装在外端的两个衬套有一个小切口，允许插入带头销，将护罩锁定到位。在销位置，叶片的内枢轴上有一个机加工槽，可以旋转并插入销。衬套和销通过安装蜂窝密封件固定，蜂窝密封件滑入护罩上的机加工槽中。蜂窝密封件面向转子，形成级间密封件，防止空气从流道泄漏。

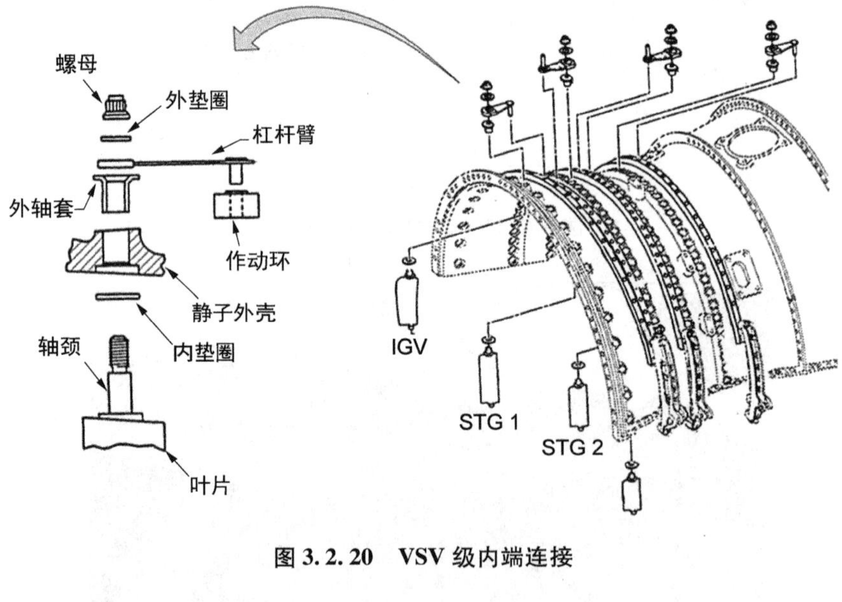

图 3.2.20 VSV 级内端连接

VSV 驱动系统是通过液压机械驱动的组件（图 3.2.21）。驱动组件安装在 2 点钟和 8 点钟位置的前端压气机静子上，用螺栓将连杆固定在上下驱动环上，形成与驱动组件的连接，上部和下部制动环与可变叶片上的杆臂相连，安装在制动环上的导向装置与静子外壳上的光滑表面接触，确保环运动的平稳滑动，HMU 的燃油压力由 EEC 控制。

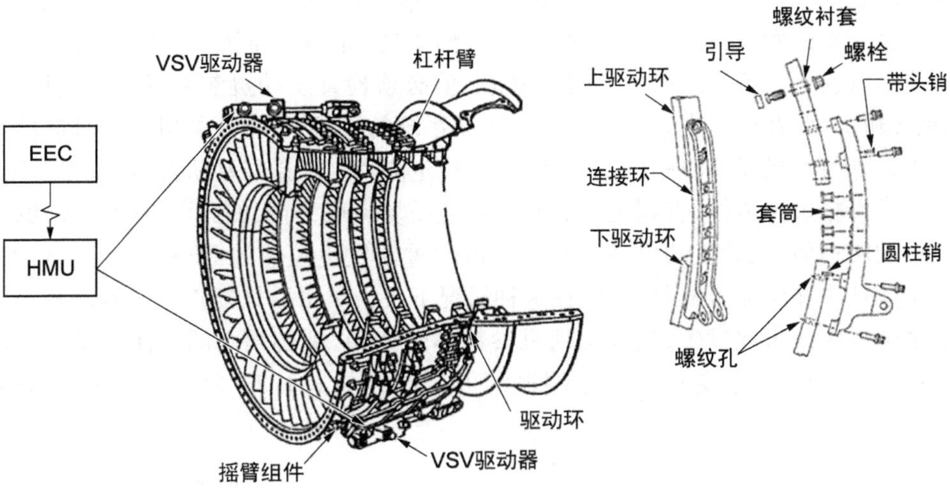

图 3.2.21　VSV 驱动系统

当今大多数发动机至少有两个转子轴,称为多转子方案,如图 3.2.22 所示。使用单个转子轴并优化后,当发动机转速偏离最佳水平时,它们往往会失速。多转子发动机由多个转子轴组成,这意味着每个压气机都允许由其自己的涡轮组件运行,并且与其他压气机没有连接。例如,双转子发动机由低压压气机(LPC)和 HPC 组成。LPC 由其低压涡轮旋转,高压涡轮旋转 HPC。在此配置中,LPC 叶片经过控制以比 HPC 叶片更低的转速旋转。当发动机降低供油时,LPC 的 RPM 下降速度比 HPC 快得多,每台压气机始终保持其最佳转速,一些大型现代发动机设计有三个转子,它们包含一个 LPC、HPC 和一个中压压气机,进一步改善了发动机的失速特性。

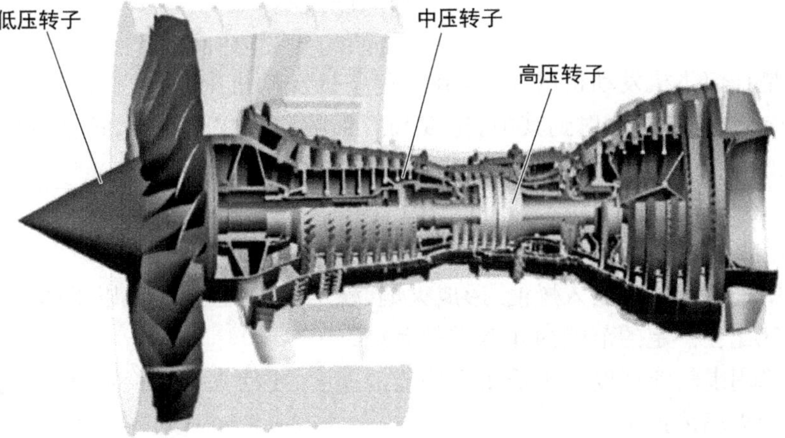

图 3.2.22　多转子方案

5. 喘振指示参数

遇到发动机熄火,同时伴有一声或多次放炮声,说明发动机因喘振导致熄火。它还可能导致发动机参数波动,引起异常的高振动,甚至可能促使 EGT 升高。从飞机外部,从排气口也可以看到火焰,有时还可以从发动机的进气道看到火焰。一旦发动机熄火,飞行员必须通过将喘振的发动机的推力杆向后移动(慢车位)来减少推力,这应该会降低背压并有助于稳定气流。一旦发动机处于慢车状态,就必须检查发动机参数以查看它们是否稳定,根据飞机类型,在带有发动机引气驱动防冰系统的飞机上,飞行员可以打开防冰系统,这样可以去除发动机压气机中的空气,使空气稳定流动。如果发动机参数看起来稳定,飞行员可以缓慢推进推力杆,直到飞行员看到失速反复出现为止,如此可以确定发动机发生失速时候的转速值,然后发动机必须在慢车位和重新发生失速的 RPM 之间运行,发动机甚至有可能从失速中完全恢复过来,在这种情况下飞行员可以恢复正常的发动机推力,如果熄火继续发生或再次发生,或者发动机参数不断波动,则必须立即关闭发动机,以防止进一步损坏发动机,并避免再次发生喘振的可能性。图 3.2.23 为发动机喘振的参数指示图。

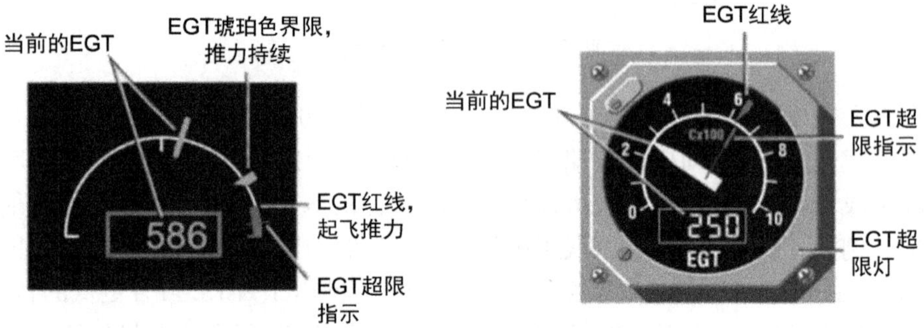

图 3.2.23 发动机喘振的参数指示

3.3 燃烧室

燃烧室是任何飞机发动机的关键部件,在飞机发动机中,空气进入进气道并被压缩,然后进入燃烧室,燃油被喷射到其中,空气和燃油的混合物被点燃,这些气体在所有方向上施加相等的力,在它们流向到后方时提供向前推力,推动飞机前进。

3.3.1 燃烧基本原理

在气流中连续不断地喷入燃油,形成火焰,稳定燃烧,必须满足以下两个条件:

(1) 油气比在一定的范围内才能进行燃烧;

(2) 火焰周围气流速度必须低于火焰传播速度,要使火焰能稳定燃烧,它周围的气流速度必须低于火焰传播速度。

在燃烧室中,燃油与空气混合以产生热能,使空气进入涡轮膨胀做功。在飞机发动机内部,燃烧室中燃烧温度高达 2 000℃。能量通过燃油燃烧传递到发动机,燃烧室可根据热气流分为几个区域,燃烧发生在燃烧区(主要区)域,火焰筒与燃烧室内壁空间的气流在其他区域(稀释区)与燃烧的高温气流混合,部分未燃烧的燃油,会发生进一步的燃烧。燃烧室有两种主要类型,具有不同的设计原则:一种是较旧的发动机类型通常配备管式燃烧室，它们由几个轴向火焰管组成，相对于发动机轴对称配置，每个燃烧室都有自己的火焰筒，这种设计的优点在于单独更换单个燃烧室，更容易控制油气比，以及抗变形。缺点是具有较大的结构体积（较大的长度和直径会增加发动机总重量）。另一种是现代发动机配备的环形燃烧室，它们的优点是直径更小，结构更短，效率更高以及与压气机和涡轮的连接更好。问题是由于热应变导致大而薄的燃烧室壁发生变形，必须拆除整个燃烧室进行维修，发动机轴贯穿整个内部，不易拆卸。有一种组合式环形燃烧室，但尚未获得广泛应用，这是一个没有单独火焰筒的管式燃烧室，燃烧室布置在环形衬里内，相对较大的轴向结构长度是这种燃烧室类型的缺点，如图 3.3.1 所示。

燃烧室由几个典型的部件组成：火焰筒（包围着火焰同时保护燃烧室免受气流的影响）；承压和承重的燃烧室外壳；旋流器；连接燃油喷嘴；如图 3.3.2 所示。典型的燃烧室可以根据其功能分为几个区域：主要区、混合区、稀释区。

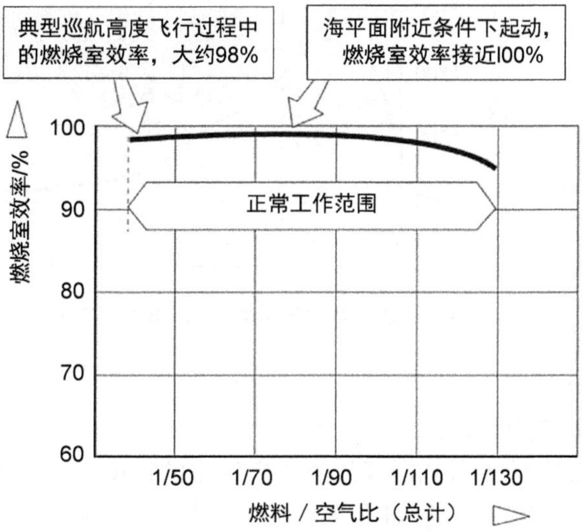

图 3.3.1　燃烧室中的燃烧过程

在整个飞行包线内安全、经济且对环境危害最小的燃烧需要控制不同的过程和功能，包括：

（1）稳定的燃烧要求在所有操作状态下进行“软”燃烧，并且在尽可能大的工作范围内不熄灭；

（2）燃烧效率高；

（3）小尺寸（直径、轴向长度）；

（4）最小的压力损失（低流动阻力）；

（5）均匀的温度曲线；

（6）污染物排放方面越来越重要，现代发动机的发展需要尽量减少氮氧化物、一氧化碳、烟尘和未燃烧的碳氢化合物等污染物的排放；

（7）生产成本低；

（8）良好的点火性能和可靠的再点火；

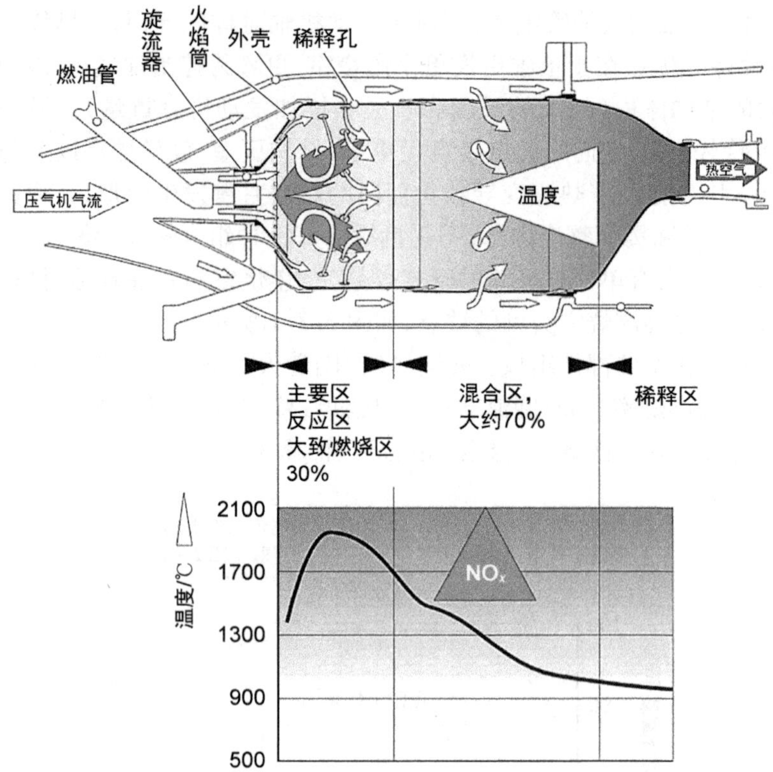

图 3.3.2　燃烧室中的典型部件和燃烧过程

（9）使用寿命长；

（10）经济简单的维护和检修。

为了确保最佳燃烧，扩压器减慢气流进入燃烧室的速度。大多数燃烧发生在燃烧区，该区极其重要的功能是维持火焰，如果空气/燃油混合物的流速不够慢，火焰就会被“吹出”燃烧室，离散的定向气流产生空气漩涡，这些空气漩涡作用于空气/燃油流动的方向，对于稳定火焰至关重要。任何剩余的燃烧都发生在稀释区或中间区，在这里，进一步添加气流以达到所需的气体温度，在高温燃烧区域，预计会产生大量的氮氧化物，随着温度和气压的升高，燃烧室效率几乎提高到 100%。燃烧室的效率水平取决于油气比，大多数发动机在起飞时，燃烧室工作通常接近 100%，在巡航飞行期间的涡扇发动机中，它接近 99.0%~99.5%。由于较低的外部气压，在高海拔地区巡航飞行，油气比更大，这种较高的油气比会导致温度升高和气体密度降低。因此，为了保持恒定的质量气流，气流速度必须增加，从而导致更大的压力损失。如果气流速度增加超过某一点，则稀释和燃烧过程的时间就更少。在这种情况下，燃烧室效率恶化到约 98%。

$$\text{燃烧效率} = \frac{\text{燃烧室内产生的热能}}{\text{喷射燃油的热能}}$$

燃烧的稳定性取决于流过的空气，即流速和油气比。只有在特定的燃烧区域内才能确保稳定燃烧，在此区域之外，火焰可能会熄灭或出现不稳定，稀薄燃油/空气混合物会降低火焰温度并降低燃烧的稳定性。在发动机低功率下,例如在着陆进近或慢车时,再加上同时存在异常强烈的外部因素,如雨水或冰雹,火焰熄灭的危险特别高。飞行期间的重新点火需要更大的点火能量,测试表明,除了更高海拔的条件外,发动机点火问题的原因可以在燃烧室主要区域的湍流中找到。

低排放时燃烧室的变化,必须将风险保持在可接受的范围。如图 3.3.3 所示,火焰温度和 NO_x 的形成速率,取决于燃油/空气混合物。很明显在燃烧区域发现了高火焰温度,可用的氧气刚好足以完全燃烧混合的燃油。该区也是氮氧化物发展最快的地区,稀薄的油气混合物,即空气过多的混合物,会产生较低的火焰温度和相应的少量氮氧化物,然而,由于没有发生完全氧化,不需要的 CO 产生得更快,含有过多燃油的丰富油气混合物会促进焦炭和未燃烧的碳氢化合物的形成。

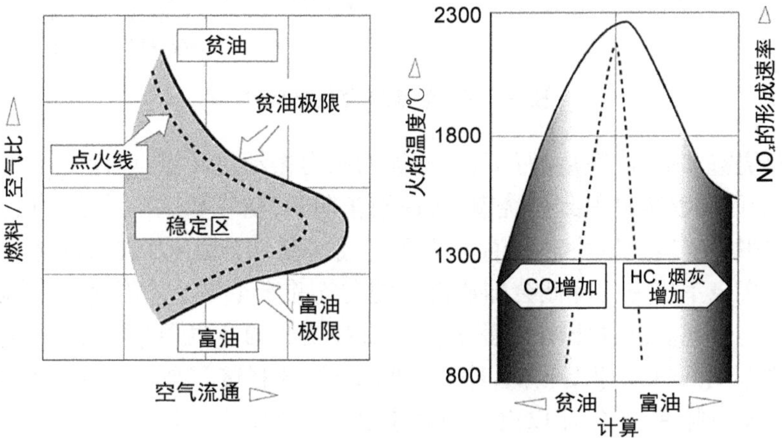

图 3.3.3　低排放时燃烧室的变化

减少废气排放,特别是 NO_x 的排放,影响了许多其他领域。图 3.3.4 中如果这种特性处于灰色问题区域,那么相对于没有减排措施的发动机,寿命、成本和火焰稳定性似乎是最成问题的方面。图 3.3.4 的右图显示了燃烧室的典型排放,没有特殊措施来最大限度地减少污染物排放,火焰温度随着功率水平的升高而升高,增加了 NO_x。同时 CO 和碳氢化合物(HC)的氧化增加,由于燃烧室压力的增加,烟灰的产生随着功率水平的增加而增加。

(1) 增加一次气流流入:主要区域供应更多的空气,将燃烧温度降到足够低的水平。气流在混合区停留时间较长会增加氧化程度,降低 CO 的比例。现代环形燃烧室的短结构使得这种方法的使用更加困难。

(2) 预混燃烧室:燃油和空气在进入主要区域之前被彻底混合。大量的气流确保了低温,没有稀释区,这项技术的难度是必须控制其燃烧室振动的趋势。

(3) 50~120 Hz 的低频压力振动是燃烧过程的典型特征。在带有燃油喷嘴的发动机燃烧室中,特别是在慢车期间会听到隆隆声。气体振动会导致各种问题:① 噪声会对乘客产生强烈的刺激;② 振动可能导致燃烧室和涡轮部件疲劳;③ 磨损增加;④ 效率降低;⑤ 压力波动可能导致压气机失速。

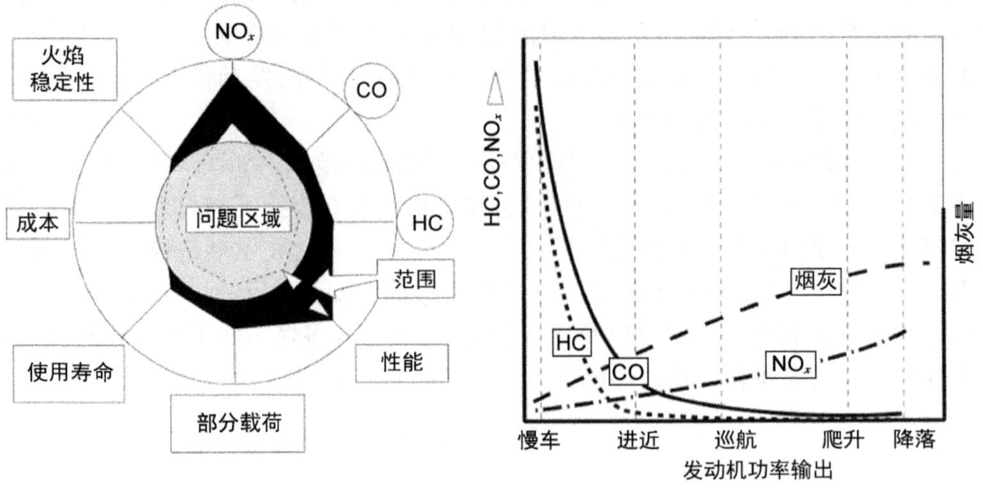

图 3.3.4　燃烧室燃烧排放物

在某些燃烧室和燃油喷嘴配置下,自增加的压力振动更频繁,但尚无法预测。在飞机发动机中,燃油借助喷嘴喷射到燃烧室中,在慢车期间,空气和燃油的压力相对较低,由于燃油的扩散在很大程度上取决于燃油流速和空气速度,因此压力波动也会改变燃油液滴的尺寸分布。燃烧室压力的降低会加速流入的空气并产生更小的液滴。液滴大小决定了燃油汽化所需的时间。这种影响在慢车期间相对较低的空气温度(较慢的汽化)下尤其明显。由于慢车期间气流速度较低,停留时间变长,稀释区释放的能量会更多,这种类型的燃烧会产生压力脉冲,当气流以更大的流速通过燃烧室出口横截面(阶段"1")时,阻力增加。该压力脉冲使燃烧室中的气流减速,并产生具有较大燃油液滴的较小喷雾锥形面(阶段"2"),燃烧减慢并产生冷点(阶段"3")。如果冷点离开燃烧室并通过涡轮静子,则较小的气体量会导致燃烧室中的静压降低,结果是雾化的气流速度增加,喷雾锥形面更大,小液滴加速燃烧(阶段"4"),如图 3. 3. 5 所示。如果压力波动条件合适,振动会自行增加。

燃烧室中的静压水平是整个发动机中最高的。这与燃烧室周围的温度水平相结合,对外壳施加了特别高的工作应力,包围火焰的燃烧室壁携带的空气进行强烈冷却,产生较高的局部温度梯度和相应的热应变。如果冷却系统发生故障,整体温度水平会迅速导致过热损坏,燃烧总是伴随着压力振动。这些正常振动会给燃烧室内壁施加动态应力,通常可以控制。在燃烧时,压力振动的强度会大大增加,因为空气量很大,出于环境原因,过量的空气是必要的,因为它最大限度地减少了一氧化二氮(低氮氧化物)的产生(图 3.3.6)。燃烧室和高压涡轮等热部件的耐久性/寿命受到燃油成分及其特性变化的严重影响,还会受到燃烧过程中产生的烟尘和沉积物等颗粒的影响。

燃油的氢含量取决于各种氢化合物的比例。氢含量的降低,意味着碳含量的增加,导致燃烧室内壁温度显著升高(约 50℃),这种效应可以通过火焰中大量辐射碳颗粒导致辐射能量增加来解释。减少氢含量(按重量计)约 2%,可使能量增加约 100%。如果燃烧室内壁的温度升高,大修间隔会缩短,维修成本会大幅上升。壁内温度升高约 60℃会使

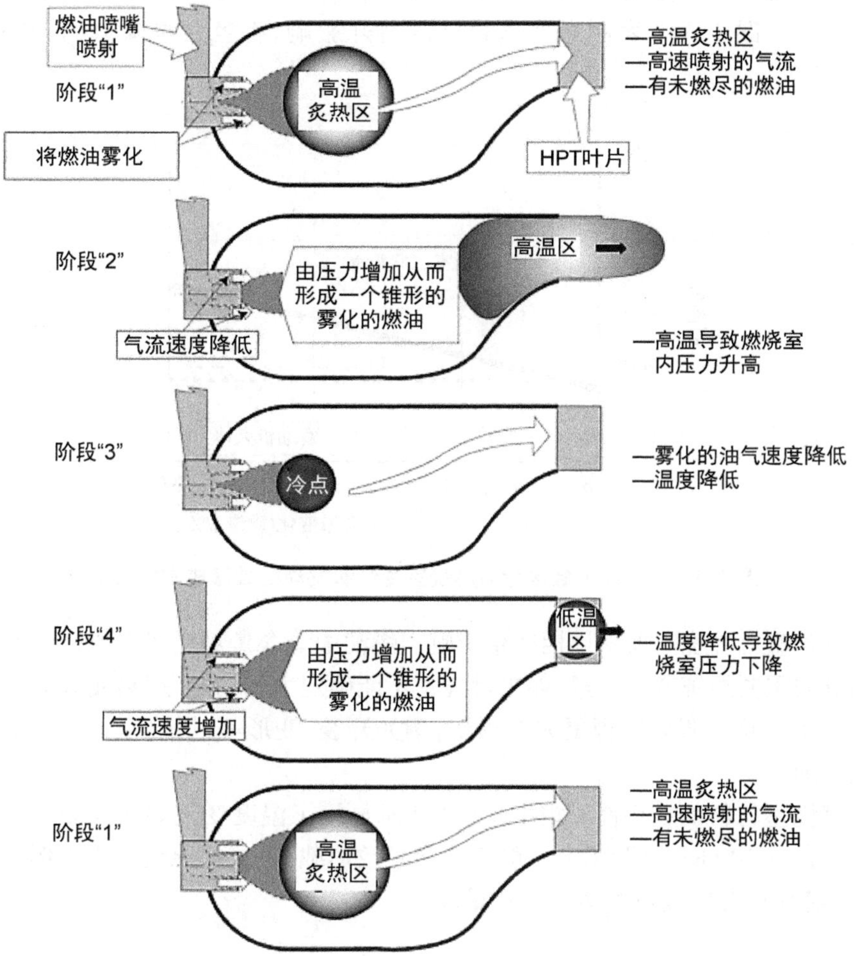

图 3.3.5　燃烧室内的气压和速度变化

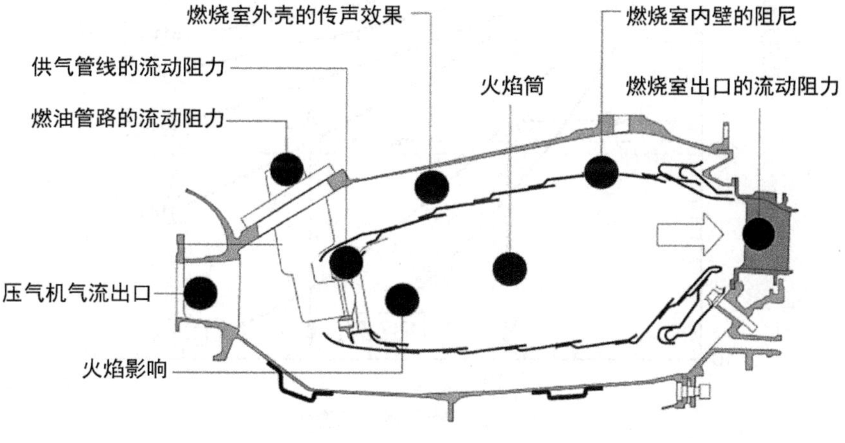

图 3.3.6　燃烧室振动影响

燃烧室寿命缩短一个数量级。燃油中的氢含量对燃烧室的寿命和发动机的维修成本有决定性的影响。图 3. 3. 7 表明燃烧室设计的特殊影响,将氢含量降低约 1%可以延长寿命。

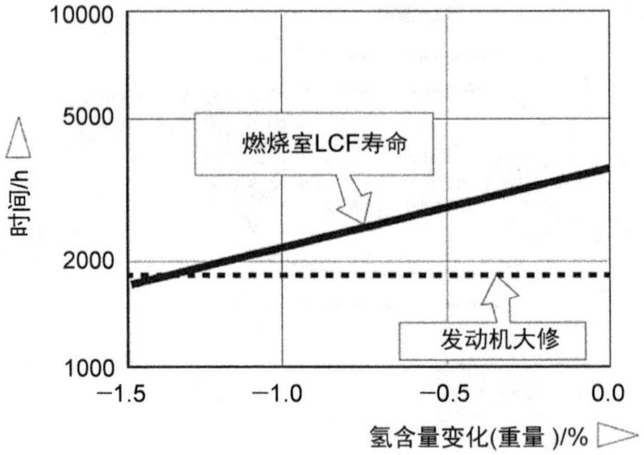

图 3. 3. 7　燃油中氢含量对燃烧室寿命和发动机维修成本的影响

燃油氢含量对燃烧室大修周期产生影响。燃油中氢含量对燃烧室内壁温度的严重影响是发动机的重要经济考虑因素,如果燃烧室不能确定大修间隔,那热疲劳的减少自然对间隔几乎没有影响。假如出现更大的损伤,例如开裂、变形等,燃烧室的必要维修成本可能会大大增加。

典型燃烧室材料的疲劳图,如图 3. 3. 8 所示显示了温度变化如何改变燃烧室内壁的使用寿命。大约 100 K(“A”和“B”)的变化会导致热载荷,从而导致不成比例的寿命变化(从载荷周期到开裂),最高可达一个数量级。

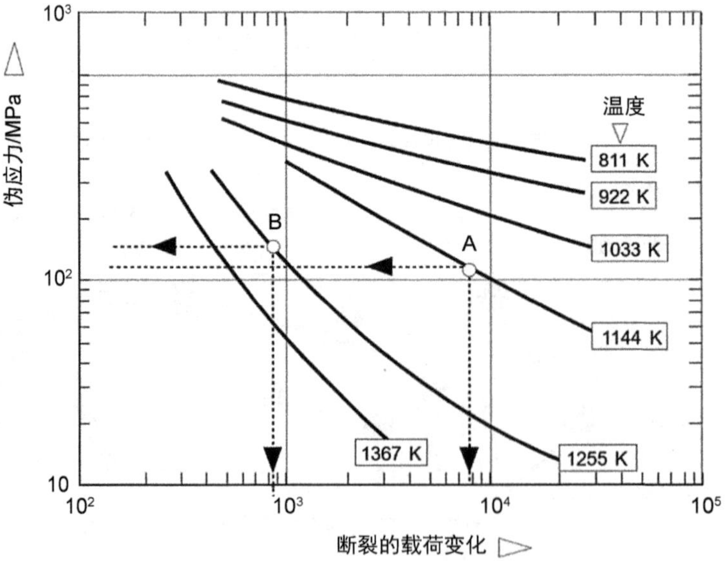

图 3. 3. 8　典型燃烧室材料的疲劳图

3.3.2　燃烧室点火

燃烧室的点火取决于环境条件，例如，环境温度低和高海拔两种情况都会影响点火。环境温度处于低温状态，周围温度对安全点火所需燃油量的影响，点火必须在起动后 10 s 内发生，高海拔状态飞行高度的压力情况影响点火所需能量，点火装置和起动机的相互作用也会受到影响。对于高海拔地区和地面起动都是如此，尤其是在燃油温度很低的情况下。在低温下起动机必须克服一个特别大的力矩，减慢压气机的加速度，如图 3.3.9 所示。在低温下起动力矩因以下影响而增加：

（1）压气机和涡轮叶片处与空气产生的摩擦；

（2）轴承和齿轮产生的摩擦；

（3）辅助组件的摩擦；

（4）油黏度。

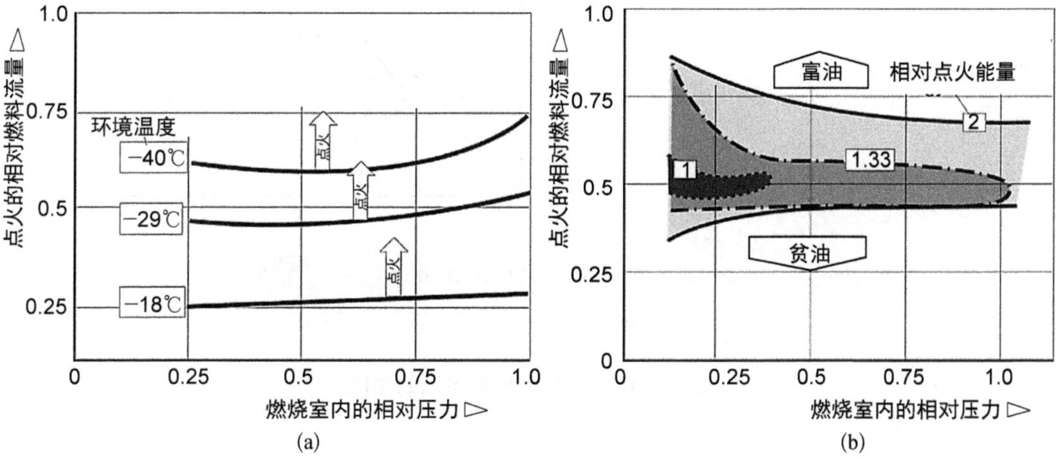

图 3.3.9　环境条件对点火的影响

在压气机出口处和燃烧室压力之间的最小压差，需要足够的燃油和用于稀释的空气。由于起动力矩增加，在较低温度下，会导致更低的转速和压力，以及更长的点火起动时间，这些影响，加上燃油较冷时黏稠度增加，导致燃油液滴反应缓慢，在低温下缓慢蒸发，阻碍了点火和随后的火焰蔓延。另一方面，更多的燃油会产生更细的液滴，即使火焰已经稳定，燃烧效率也会降低，压气机的涡轮功率也会降低。这加剧了压气机的加速问题。如果设计的点火没有按预期发生，则无法进行压气机加速，可能会出现起动悬挂，其中发动机无法进一步加速或需要很长时间才能点燃或达到慢车转速。这些较长的起动时间会损坏起动机和附件齿轮箱。为了确保在极端环境条件下也能在飞行包线内安全点火，必要的建设性措施有：

（1）配置适当的点火嘴在燃烧室富含燃油的主要区域，确保点火嘴没有被燃油覆盖；

（2）足够的燃油喷射流量，以保证点火点的可靠性；

（3）优化燃烧室设计；

(4) 提升雾化效果。

点火过程中燃油量太低而导致雾化不足,可以通过分级燃油流量来解决,以便点火嘴附近的雾化器在点火期间获得更高的燃油通过流量。然而在发动机起动期间,由于雾化效应依赖于雾化空气和燃烧室之间的足够的压力,否则不会点燃,如图 3.3.10 所示。

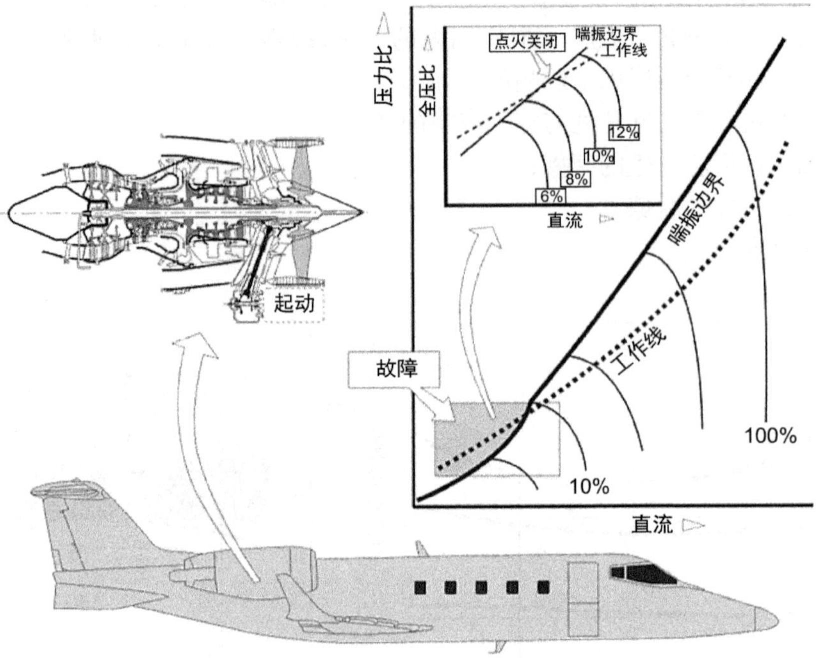

图 3.3.10　雾化效果对点火的影响

3.3.3　燃烧室分类

早期的燃气涡轮发动机使用管式燃烧室的单室。如今飞机上使用三种主要配置的燃烧室:单管、联管和环形。加力燃烧室是另一种类型的燃烧室。

燃气轮机的燃烧室三种基本结构形式如图 3.3.11 所示,即单管燃烧室、联管燃烧室和环形燃烧室。这在 20 世纪 40 年代航空燃气轮机刚开始发展的时候就已经出现了,经过 80 年左右的发展,基本形式还是这三种,现在使用较多的是环形燃烧室。

1. 单管燃烧室

单管燃烧室(图 3.3.11)由多个(一般是 8~16 个)单个燃烧室组成,二者之间有联焰管相连,起传播火焰和均压的作用。每个单管燃烧室各有单独的火焰筒和外套。这种燃烧室在设计过程中,可以用空气流量较小的气源进行试验研究,便于进行设计调试,因而在早期的涡喷发动机用得较多,与离心式压气机配合使用,在结构上比较简单。此外,在使用中,可以单独拆换,因而维护也比较方便。它的缺点较多,一方面它的空间利用率低;另一方面,不仅本身比较重,而且因为它不能传递涡轮和压气机机匣上的扭矩,还要增加其他结构部件(轴承机匣)的重量。

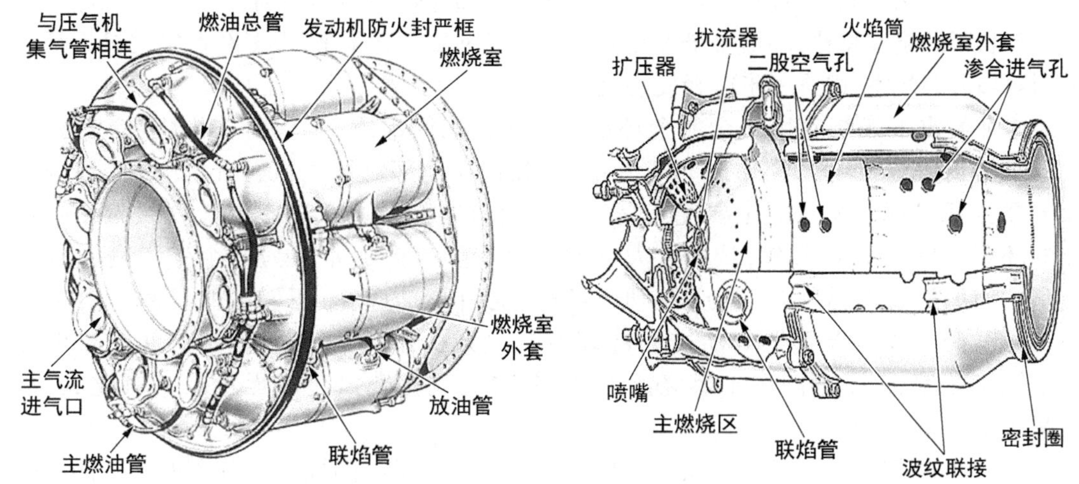

图 3.3.11 典型的单管燃烧室

2. 联管燃烧室

联管燃烧室如图 3.3.12 所示。与单管燃烧室相同的是：联管燃烧室也有单独的火焰筒,但是这些火焰筒被包容在一个共同的环形腔道里。联管燃烧室的优点是结构比较紧凑,外壳可传递扭矩,因而有利于减轻发动机的结构重量。此外,它的火焰筒与单管燃烧室相似,因而对设计调试仍较方便。

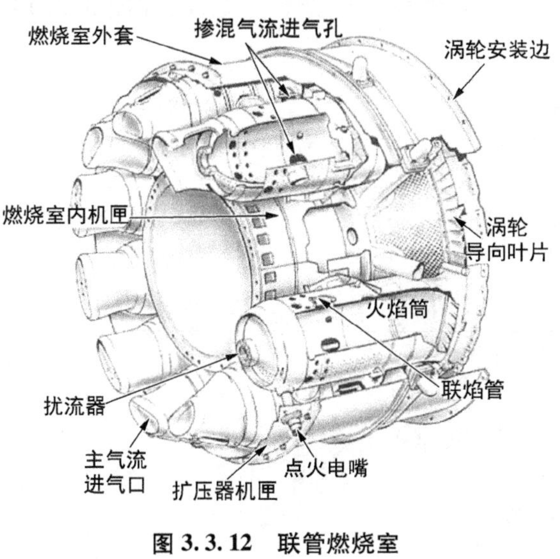

图 3.3.12 联管燃烧室

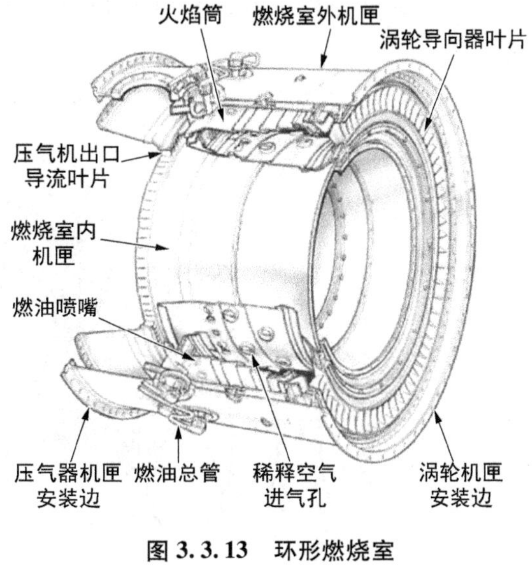

图 3.3.13 环形燃烧室

3. 环形燃烧室

典型的环形燃烧室如图 3.3.13 所示。它由四个同心的圆筒组成,在燃烧室的外机匣和内壳所形成的腔道中,安装环形的火焰筒。在火焰筒的头部装有一圈燃油喷嘴和火焰稳定装置。环形燃烧室的气流通道与压气机出口和涡轮进口的环形气流通道可以有很好的气动配合,因而可以减少流动损失,并可以缩短燃烧室头部的扩压段,且得到较均匀的出口周向温度场。此外，环形燃烧室的空间利用率最高，壳体结构有利于扭矩和力的传递。与联管燃烧室相比，环形燃烧室更有利于减轻重量。近年来，很多新型发动机上都已采用短环形燃烧室，以进一步减轻发动机的重量。

这种类型的燃烧室由一个完全环形的单个火焰筒组成，它包含在内壳和外壳中。通过火焰筒的气流与已经描述的气流相似，腔室在前部对压气机打开，在后部对涡轮导向器打开。环形腔室的主要优点是，对于相同的功率输出，腔室的长度仅为相同直径的环管形燃烧室的 75%，从而大大节省了重量和生产成本。另一个优点是消除了腔室之间的燃烧传播问题。与环管形燃烧系统相比，类似的环形室的壁面积要小得多；因此，防止火焰筒壁燃烧所需的冷却空气量减少了约 15%。冷却空气的减少提高了燃烧效率，几乎消除了未燃烧的燃油，并将一氧化碳氧化成无毒的二氧化碳，从而减少了空气污染。

虽然有上述优点，但是它的缺点也比较明显。首先是沿圆周均匀分布的各个离心喷嘴喷油所形成的燃油分布和环形通道的进气很难匹配；此外，环形燃烧室的设计调试比较困难，需要大型的气源设备；使用中拆装和维护也比较复杂。

本节以 CFM56－7 系列发动机为例进行说明。燃烧室位于 HPC 和低压涡轮（LPT）之间，由 20 个燃油喷嘴组成，来自 HPC 的空气与燃油混合，在起动过程中通过 2 个点火嘴点燃混合物，以产生驱动涡轮转子所需的能量，剩余能量转化为推力。燃烧室有两种版本：① 单环燃烧器（SAC）；② 双环燃烧室（DAC）。

燃烧室的前面连接到 HPC 的后部，其后用螺栓固定在 LPT 前法兰上。燃烧室的后部装有高压涡轮（HPT）和 1 级 LPT，燃烧室部分包括：燃烧室外壳和火焰筒，如图 3.3.14 所示。

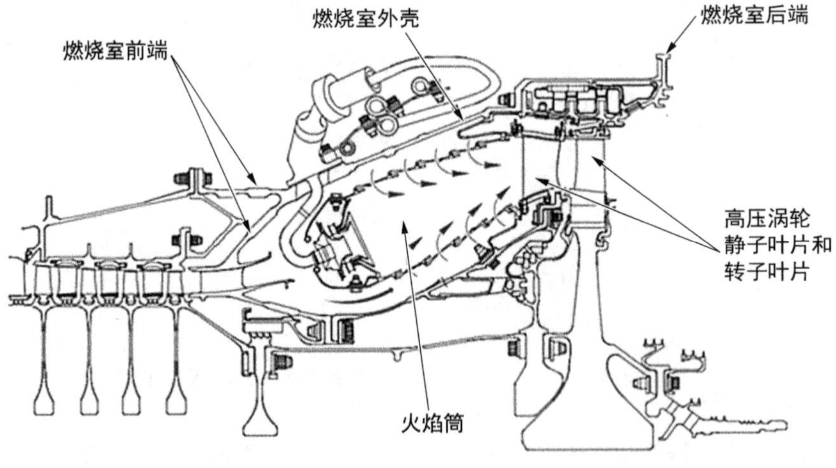

图 3.3.14　CFM56－7 环形燃烧室结构图

1. 燃烧室外壳

燃烧室是一个焊接结构，它提供 HPC、燃烧室和 LPT 之间的结构接口，并传递发动机轴向载荷，它为发动机和飞机提供第 9 级引气，包含压气机出口导向叶片和扩压器，在将 HPC 气流输送到燃烧区域之前减缓 HPC 气流，目的是提高燃烧效率。按照完整圆周形式将 20 个燃油喷嘴安装在发动机外部表面,以及位于 4 点钟和 8 点钟位置的 2 个点火嘴,在发动机外部表面上的燃油供应歧管(Y 形管)给燃油喷嘴提供燃油,如图 3.3.15 所示。

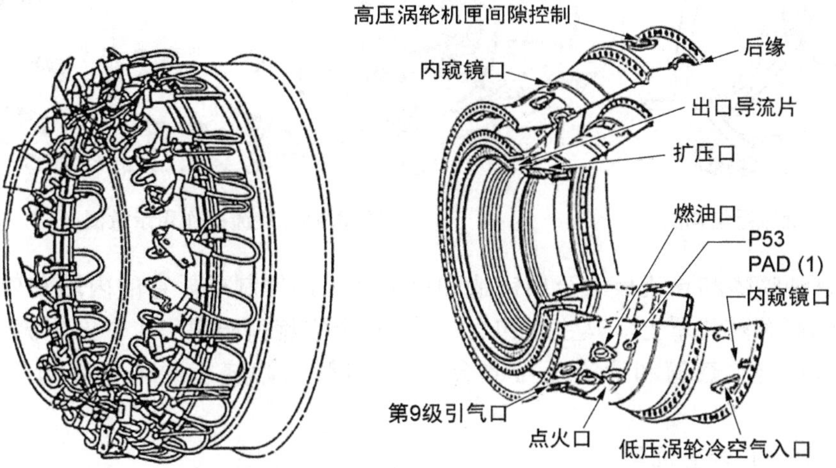

图 3.3.15　CFM56－7 环形燃烧室内外结构图

燃烧室外壳上还有: 6 个孔镜端口;4 个排气口;4 个端口用于 LPT 1 级冷却;3 个端口用于 HPT 间隙控制空气;2 个端口用于将空气引入护罩;2 个端口用于起动放气的端口。

2. 火焰筒

燃烧室是容纳在燃烧壳体中的短的环形结构。它安装在 HPC 静子 9 级和 HPT 导向器之间,和火焰筒提供额外的燃烧和冷却空气,产生高效的燃油/空气混合物,提供均匀的燃烧模式和较低的热应力。它包括燃油喷嘴和旋流器、火焰筒、外部和内部整流罩,如图 3.3.16~图 3.3.18 所示。

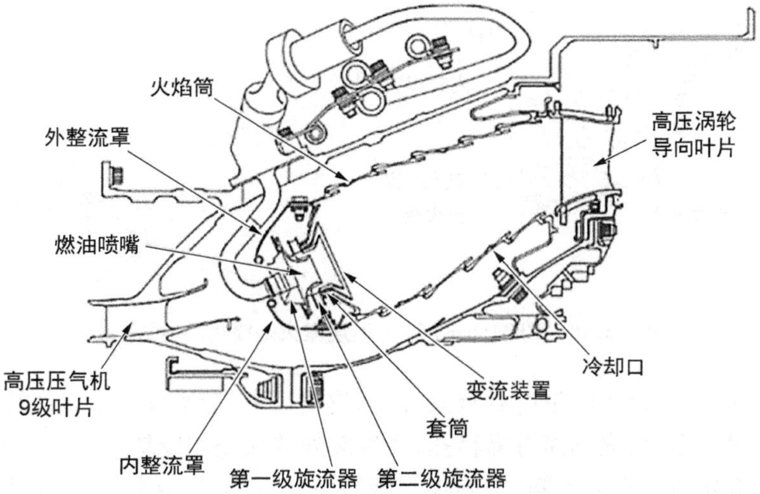

图 3.3.16　CFM56－7 环形燃烧室火焰筒结构图

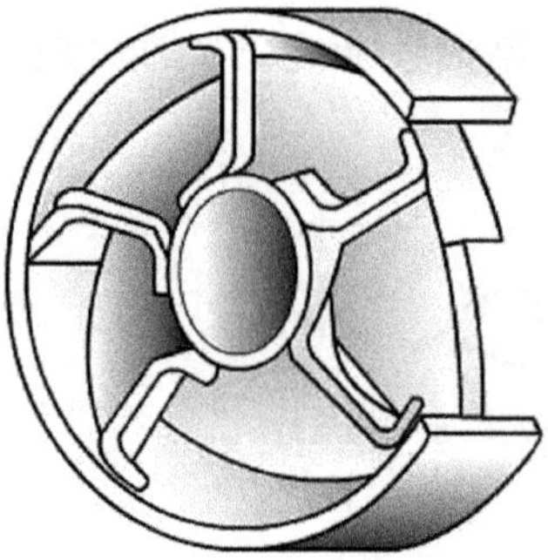

图 3.3.17　旋流器结构图

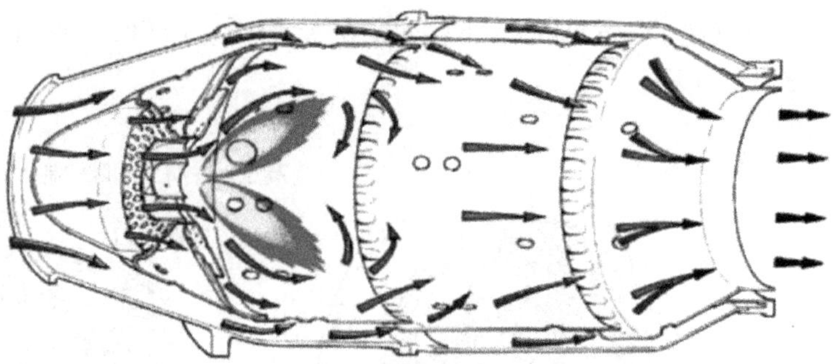

图 3.3.18　旋流器作用示意图

涡流燃油喷嘴和导流板由金属铸造和机械加工部件制成。它的内端和外端用螺栓固定在火焰筒和整流罩上。其主要包含支撑 20 个主旋流喷嘴、20 个副旋流喷嘴、套筒和导流板，旋流器、套筒和导流板可混合空气和燃油，燃烧室的内壁冷却空气由 HPC 引入。

3. 火焰筒内/外整流罩

外整流罩和内整流罩如图 3.3.19 所示，形成燃烧室的前端用于向燃烧室提供恒定稳定的气流，它们是由镍铬合金制成的，通过 80 个螺栓连接到外部和内部衬里的前端，这些螺栓在其头部进行点焊，必须小心打磨定位焊缝，以便拆下螺栓时能将整流罩与火焰筒分离。

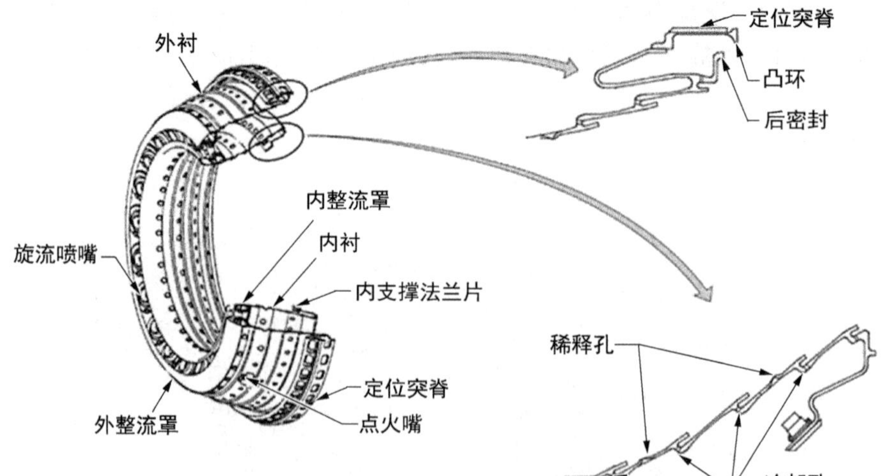

图 3.3.19　CFM56 - 7 环形燃烧室火焰筒内/外整流罩

火焰筒采用整体式设计，带有悬臂式面板，这些面板包含用于冷却目的紧密间隔孔，为了降低涡轮进气温度，火焰筒有稀释孔，产生额外的燃烧和冷却空气。火焰筒有 2 个用于安装点火嘴和定位突脊的套圈，以确保与燃烧室正确对齐，在最近的发动机上，顶部垂直中心线位置只有一个定位突脊，但早期版本有三个相距 120°的定位突脊。火焰筒的内外表面都有隔热涂层，后部固定在 HPT 上。火焰筒后法兰用螺栓固定在 HPT 前部支架上，火焰筒后安装法兰为 S 形夹在 HPT 出口叶片外部和燃烧室外壳之间，这样设计是适应燃烧室的热膨胀。

4. 内窥镜

燃烧室周围有 4 个堵塞的内窥镜端口（S12、S13、S14、S15），可用于检查燃烧室，另外两个端口是点火嘴端口 S10 和 S11，也可用于检查高压涡轮（HPT）叶片，如图 3.3.20 所示。

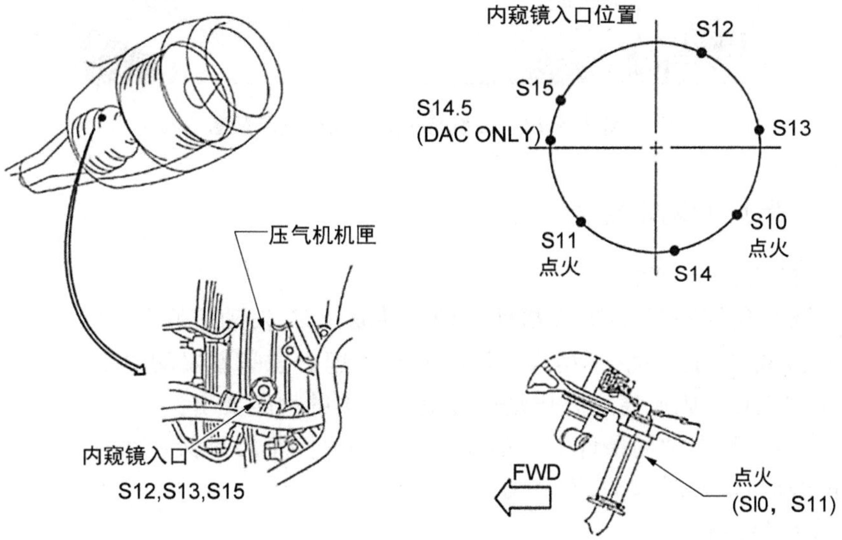

图 3.3.20　内窥镜检测

5. 燃油喷嘴

一般情况下，主燃烧室都采用离心式喷油嘴如图 3.3.21 和图 3.3.22 所示，在高压作用下燃油经喷油嘴高速旋转喷出，与喷嘴外空气相冲击并形成极细小的雾化油滴，很快蒸发，与空气混合，形成油气混合物。

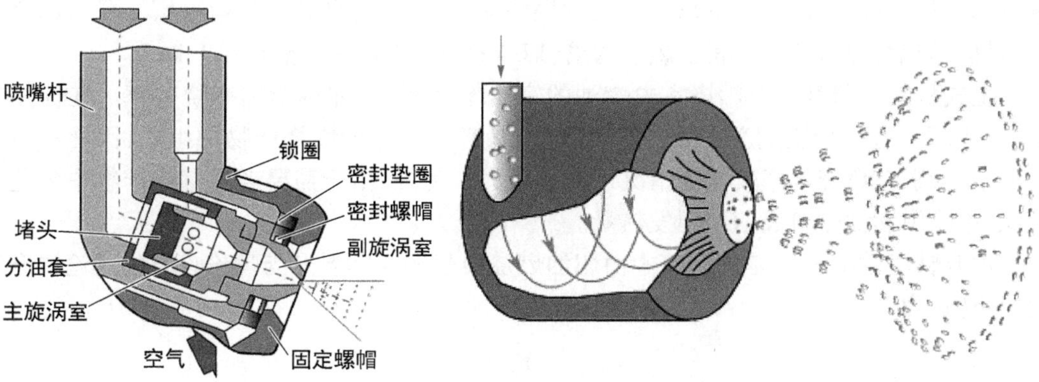

图 3.3.21　离心式喷油嘴结构示意图

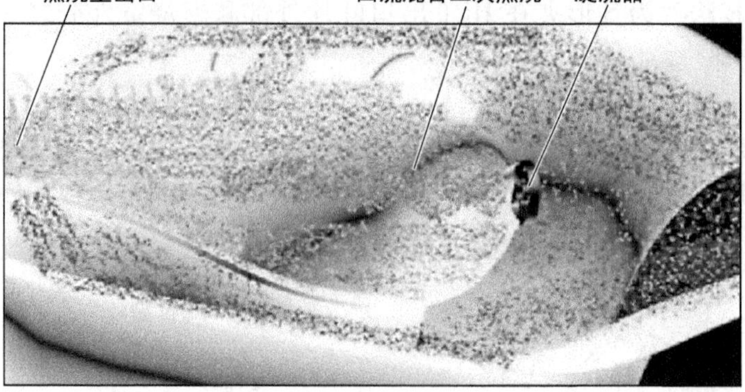

图 3.3.22　火焰筒头部燃烧过程示意图

3.3.4　燃烧室基本性能

1. 燃烧稳定、点火可靠

在飞机飞行包线的范围内,飞机作各种机动动作时,发动机的工作状态急剧变化的情况下,燃烧室都能稳定燃烧,不熄火。燃烧室空中熄火意味着发动机空中停车,这对飞行安全是极大的威胁。因此稳定燃烧是燃烧室最基本的性能要求。

此外,当发动机在地面条件下起动和在空中熄火停车后重新起动时,燃烧室应点火可靠,以保证发动机能及时起动、安全飞行。

2. 有高的燃烧效率

由于燃烧室散热、燃油燃烧不完全、燃烧产物的离解等原因,燃油的热值不能完全利用。表示燃油热值利用完全程度的物理量称为燃烧效率。燃烧效率 η_b 的定义是燃油实际用于加热做功的热量与燃油完全燃烧时的所放的热量之比。其表达式为

$$\eta_{\mathrm{b}}=\frac{q_{\mathrm{mg}}h_{4,\mathrm{g}}^{*}-q_{\mathrm{ma}}h_{3,\mathrm{a}}^{*}-q_{\mathrm{mf}}h_{\mathrm{f}}^{*}}{q_{\mathrm{mf}}H_{\mathrm{u}}}$$

式中,q_{ma} 表示燃烧室进口空气流量(kg/s);q_{mg} 表示燃烧室出口燃气流量(kg/s);q_{mf} 表示进入燃烧室的燃油流量(kg/s);$h_{3,\mathrm{a}}^{*}$ 表示燃烧室进口空气的焓(kJ/kg);$h_{4,\mathrm{g}}^{*}$ 表示燃烧室出口燃气的焓(kJ/kg);h_{f}^{*} 表示燃油的焓(kJ/kg);H_{u} 表示燃油热值(kJ/kg)。

上式从能量角度反映燃烧室内燃油的完全燃烧程度,亦称焓增燃烧效率。在使用中 $h_{4,\mathrm{g}}^{*}$ 是以 T_4^* 查完全燃烧产物的焓值表求得,忽略了不完全燃烧产物的组成,因此有一定的误差,特别在燃烧效率较低的情况下误差较大。另外,由于需要考虑燃烧产物中的化学现象,不能用燃油热值表示理想发热量。

温升燃烧效率 $\eta_{\mathrm{b,t}}$ 是燃烧室中由燃油燃烧引起的实际温升与理论计算的理论温升之比,表达式为

$$\eta_{\mathrm{b,t}}=\frac{T_4^*-T_3^*}{T_{4,\mathrm{th}}^*-T_3^*}$$

式中，$T^*_{4,\mathrm{th}}$ 表示完全燃烧时燃烧室出口平均温度的理论计算值。其值与燃烧室压力、进口空气温度、油气比(或余气系数)和燃油的碳氢组成有关。完全燃烧时 $T^*_4 = T^*_{4,\mathrm{th}}$，温升燃烧效率为1，不完全燃烧时 $T^*_4 < T^*_{4,\mathrm{th}}$，$\eta_{\mathrm{b,t}} < 1$，燃烧完全程度越差，$T^*_4$ 偏离 $T^*_{4,\mathrm{th}}$，越远，$\eta_{\mathrm{b,t}}$ 也就越低。

3. 压力损失小

燃烧室中气体的流动阻力和燃气加热时的热阻使气体流经燃烧室时压力稍有下降。气体的总压损失会导致发动机单位推力(或单位输出功率)减小，耗油率上升，因此应当尽可能地减小总压损失。常用总压恢复系数 σ_b 来表示主燃烧室的总压损失。总压恢复系数为

$$\sigma_\mathrm{b} = \frac{p^*_4}{p^*_3} = 1 - \frac{\Delta p^*_{34}}{p^*_3}$$

式中，$\Delta p^*_{34} = p^*_3 - p^*_4$ 是燃烧室的总压损失；$\dfrac{\Delta p^*_{34}}{p^*_3}$ 称为总压损失相似参数。一般情况下，主燃烧室的总压恢复系数 σ_b 为0.92~0.96。

4. 燃烧室出口温度场应按所要求的规律分布

根据燃烧室内进行燃烧和空气的掺混过程，流出燃烧室的燃气温度场是不可能均匀的。为了保证涡轮转子叶片能安全可靠地工作，要求燃气沿半径的周向平均温度如图3.3.23所示规律分布。

由于涡轮叶片产生的离心力都通过叶片根部传到轮盘上，叶片根部受力很大，所以要求燃气温度低，涡轮叶尖很薄，强度刚度较差，也要求燃气温度低些。在离叶尖约为叶片高度的1/3处，燃气温度可以达最高值。这样，可使整个转子叶片接近等强度。但是，实际的燃气温度分布不可能和曲线所希望的分布规律完全一致，这要在实验中反复调试，使其偏差不超过规定的范围。此外，周向燃气温度分布也有一定的要求，特别是燃气局部最高温度与该半径周向平均温度之差，因为这会使涡轮导向器叶片局部过热和增加涡轮工作叶片的热疲劳负荷。

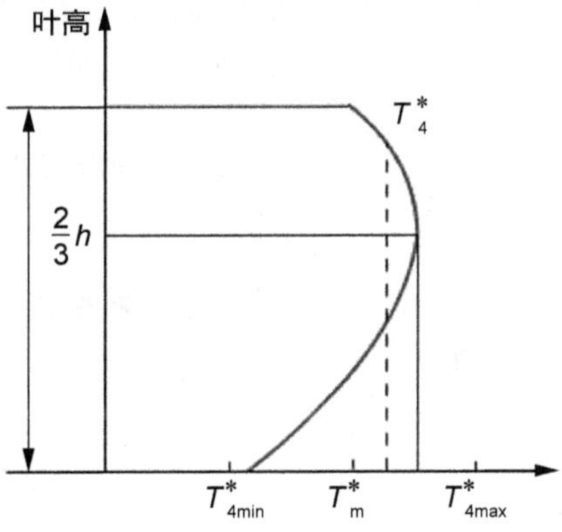

图3.3.23 沿叶高温度分布要求

5. 尺寸小，发热量大

缩短燃烧室长度不仅可以减轻燃烧室的重量，而且还可以缩短压气机和涡轮之间的距离，从而减轻机匣和转子的重量。燃烧室的直径，一般受到压气机和涡轮进出口尺寸的限制，从燃烧室设计的角度讲，可选择的参数相对较少。所以主要是缩短燃烧室长度的问题。燃烧室尺寸的大小，是用燃烧室容热强度 Q_vf 来衡量，容热强度的定义是每立方米的燃烧室容积里在单位压力下每小时实际放出的热量，即

$$Q_\mathrm{vf} = \frac{3\,600\eta_\mathrm{b} q_\mathrm{mf} H_\mathrm{u}}{p^*_3 V_\mathrm{f}}$$

式中，V 表示火焰筒容积。

一般情况下，火焰筒的容热强度为

$$Q_{vf} = (1.2 - 2.0) \times 10^3 \ \mathrm{kJ/(m^3 \cdot h \cdot Pa)}$$

6. 减少排气污染

减少排气污染不仅要求燃烧完全，限制一氧化碳的产生，还要限制燃烧区的火焰温度不要太高，避免氮氧化物的产生。此外还研制出“双头部”或“双环腔”的燃烧室。在火焰筒的头部的每个环腔内设置各自的喷油嘴，组织两个火焰燃烧区，使发动机在最大状态下工作时，两个燃烧区同时工作，使火焰偏离最高温度状态，以避免氮氧化物的生成，当发动机在低转速下工作时，仅一个燃烧区喷油燃烧使火焰在合理的油气比条件下工作，以避免一氧化碳的生成。“双头部”燃烧室还十分有利于稳定燃烧。

从上述要求中可以看出，各项性能要求相互之间是存在矛盾的，特别是为减轻重量而缩短燃烧室长度，这将影响燃烧完全的程度、温度场的分布及在燃烧室头部的扩压损失，所以必须全面考虑，统筹兼顾。

3.4 涡　　轮

当燃烧气体进入涡轮时，气体的能量转化为机械能，当燃烧气体通过涡轮膨胀时，它会使涡轮叶片旋转，旋转叶片带动压气机以吸入更多空气进行旋转。

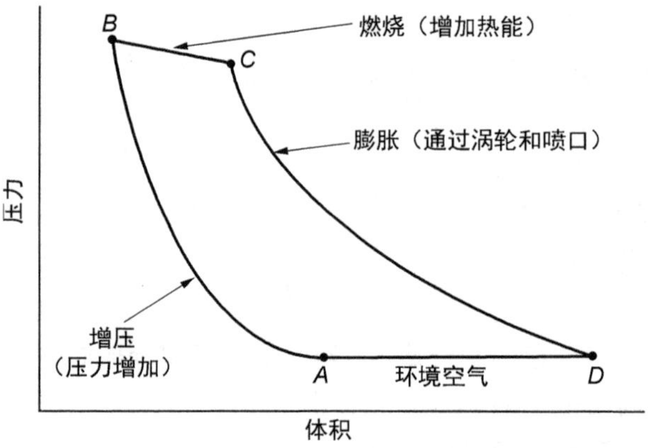

图 3.4.1　压气机与涡轮做功原理

压缩（图 3.4.1 中的 A 到 B）：当环境空气进入压气机时，压气机会对其进行压缩并增加其压力。压缩后，空气进入燃烧室（B 点）。燃烧（B 至 C）：当压缩空气进入燃烧室（B 至 C 线）时，喷油器喷射与空气混合的燃油。点火器点燃这种空气燃油混合物并增加其压力和温度。扩展（C 到 D）：在通过燃烧过程后，空气进入涡轮部分（C 至 D 线代表该过程）并膨胀。随着空气的膨胀，旋转涡轮叶片，涡轮叶片进一步旋转涡轮轴和压气机。

3.4.1　燃气涡轮效率

燃气涡轮的工作温度会影响其效率。如果温度越高，涡轮效率也会更高。然而，涡轮的入口温度依赖于涡轮叶片可以承受的热条件。在最大情况下，涡轮进气温度范围为 1 200~1 400℃。尽管如此，一些设计人员通过开发叶片覆盖层和冷却系统来防止涡轮零件受到热伤害，将入口温度提高到 1 600℃。压气机运行所需的功率，使单循环燃气涡轮的能量转换效率从 20%到 35%，即使是最高效的设计效率也只能到达 40%。发动机排气中残留大量热量，当排气离开涡轮时，排气的温度高达 600℃。

蒸汽轮机的发展比燃气涡轮早了许多年。因此，用于燃气涡轮的轴流式涡轮是蒸汽轮机技术的产物。轴流式涡轮现在被设计成具有高功因数，以获得较低的燃油消耗并降低涡轮的噪声，更低的燃油消耗、更低的噪声要求和更高的涵道比。高涵道比飞机发动机需要许多涡轮级来驱动高流量、低速风扇。轴流式涡轮与轴流式压气机类似，具有沿轴向进出的气流。在分析流量时，涡轮内有三个重要的状态点，它们位于尾喷管入口、转子入口和转子出口。气流速度是控制涡轮内流动和能量传递的重要变量，绝对速度(V)是相对于某个固定点的流体速度，通常平行于固定叶片。在分析穿过固定叶片的流动时，绝对速度很重要。当考虑穿过转子叶片的流动时，相对速度(W)是重要的，通常与旋转速度平行。矢量上相对速度定义为

$$\boldsymbol{W} = \boldsymbol{V} - \boldsymbol{U}$$

其中，$\boldsymbol{U}$ 是叶片的切向速度。

当雷诺数 ($Re = \rho UD/\mu$) 较高时，轴流式涡轮有高流量，同时也伴随着高效率。在当今新型先进涡轮中，轴流效率达到 92%左右，远高于径向流入涡轮，如图 3.4.2 所示。

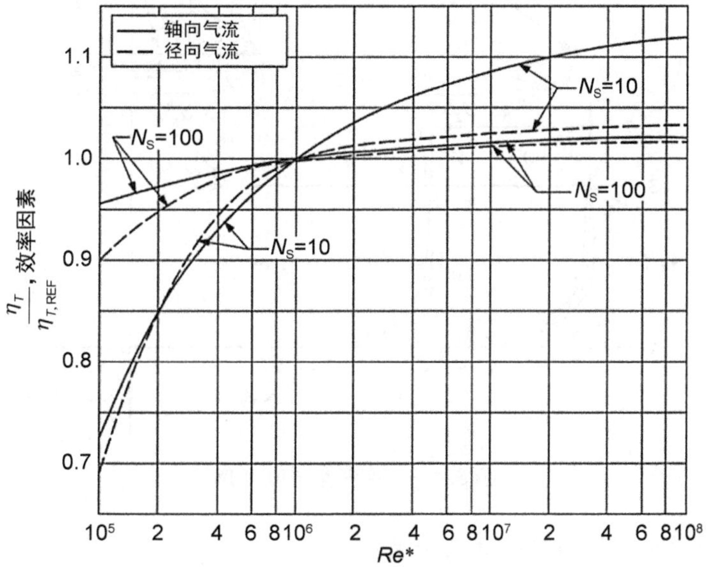

图 3.4.2 雷诺数对涡轮级效率的影响

轴流式涡轮的常见的术语和符号表示如下：

- 绝对速度：$V = V_{abs} = C$；
- 绝对速度的切向分量：$V_\theta = V_{\theta abs} = C_\theta$；
- 相对速度：$W_E = V_{E\ rel} = V_E - U_E$；
- 叶片速度：U。

图 3.4.3 中使用的下标 z 表示轴向速度，θ 表示切向分量。图中定义了两个角度：第一个角度是空气角 α，它是相对于切线方向定义的，α 表示离开涡轮叶片出口的气流方向，

在转子中，空气角 α 表示离开转子的绝对速度的角度；第二个角度是叶片角度 β，它是相对速度与切向形成的角度，是理想条件下（无入射角）转子叶片的角度。涡轮方程适用于轴流式涡轮中任何涡轮中的流动，可以写成：

$$H = \frac{1}{g_c}(U_3 V_{\theta_3} - U_4 V_{\theta_4})$$

其中，U 表示叶片速度；V_θ 表示绝对速度的切向分量。

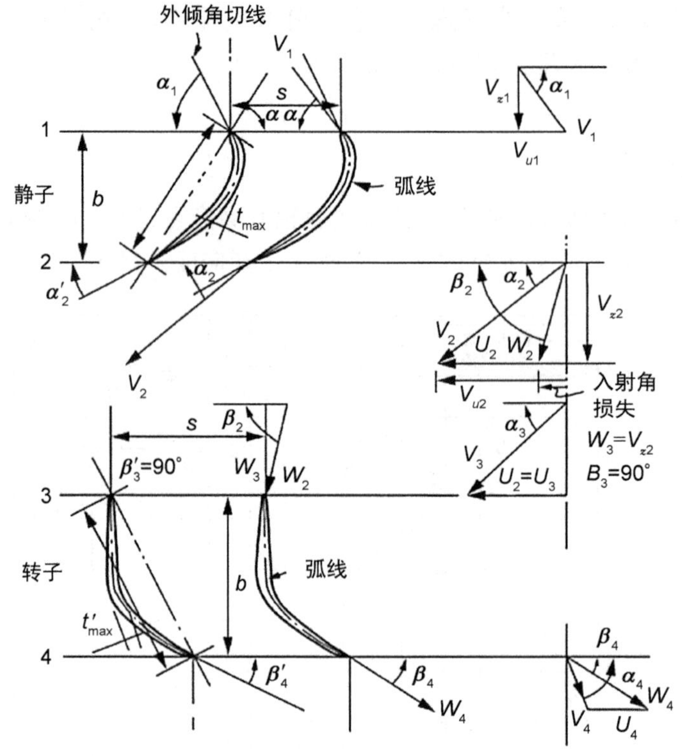

图 3.4.3　空气角与叶片角

它可以用绝对速度和相对速度来表示：

$$H_0 = \frac{1}{2g_c}[(V_3^2 - V_4^2) + (U_3^2 - U_4^2) + (W_3^2 - W_4^2)]$$

其中，U 表示叶片速度；V 表示绝对速度；W 表示相对速度；下标 3 和 4 分别为转子叶片入口和出口处的条件。对于正功率输出，这表明功率正在传输，入口处的叶尖速度和涡动速度组合必须大于出口处的叶尖转速和涡动速率组合。

高速气体撞击叶片，在叶片处运动气流的大部分动能转化为涡轮轴功。气流出口中的静压随着绝对速度的相应增加而减小。然后，转子中的绝对速度减小，然而，静压和相对速度保持不变。为了获得最大的能量传递，叶片必须以气体射流速度一半左右的速度旋转。两排或多排工作叶片有时与一个气流出口结合使用,以获得具有低叶尖速度和应力的叶轮。在工作叶片之间是导流叶片,用于将气体从一排移动叶片引向另一排。在这个涡轮中,工作被分解成不同的阶段。每一级都由气流出口和叶片组成,在此组合中,射流的动能被吸收到涡轮转子中,从而完成充分做功。离开工作叶片的空气进入下一组气流出口,焓进一步降低,速度增加,然后被相关的一排工作叶片吸收,如图 3.4.4 所示。

单级冲击式涡轮在相同叶片速度下运行时产生的功是反作用涡轮的两倍。因此,同样工作量的反作用涡轮的成本要高得多,因为它需要更多的级。通常的做法是在前几个阶段设计具有脉冲级的多级涡轮,以最大限度地降低压力,并随后设计 50%的反作用涡轮。由于叶片吸入效应,反作用涡轮具有更高的效率。

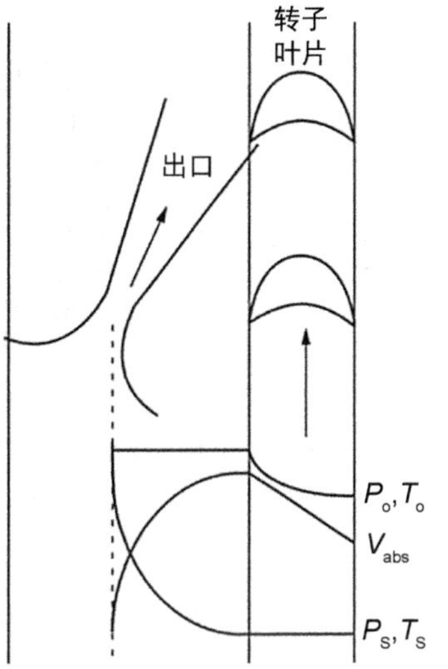

图 3.4.4　单级脉冲涡轮的示意图

3.4.2　涡轮组成

本节以 CFM56-7 系列发动机为例。涡扇发动机的涡轮组成主要包括：高压涡轮、低压涡轮、涡轮盘、涡轮叶片、涡轮轴等。

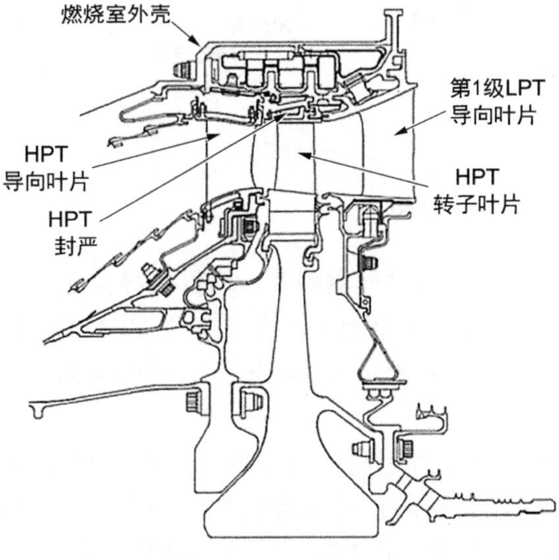

图 3.4.5　HPT 结构刨面图

1. 高压涡轮(HPT)

HPT 将来自燃烧室的气体动能转换为扭矩,以驱动 HPC。它位于燃烧室中,HPT 是一个单级空气冷却组件,主要包括 HPT 导向叶片、HPT 转子叶片和第 1 级 LPT 导向叶片等,如图 3.4.5 所示。

HPT 导向器将气流从燃烧室引导到 HPT 转子的叶片上,其角度将在所有操作条件下提供最大性能。HPT 导向器包括：21 个组导向器,每组导向器包含 2 个叶片、前/后支撑、外部固定密封,如图 3.4.6 所示。

21 个 HPT 导向器,如图 3.4.7 所示是由 2 个钎焊在内外平台上的叶片组成的组件。每个叶片都是一个金属铸造外壳,通过内部肋条分为前/后冷却室。叶片和涡轮盘由压气机出口压力(CDP)空气冷却,CDP 空气通过叶片内端和外端的插入件进入叶片内腔,空气通过叶片前缘的孔和后缘的气槽排出,叶片和平台由高强度镍基合金制成,叶片翼型和涡轮盘流道表面有保护涂层。导向器平台内侧和外侧有金属密封件,安装时用润滑脂固定到位,以防止空气泄漏。叶片后外部平台密封件由弹簧夹子推到机匣支架上。叶片后内部平台由内部支架支撑。

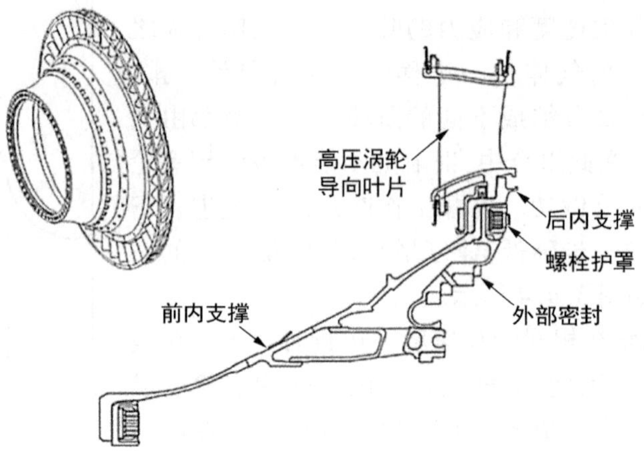

图 3.4.6　HPT 导向叶片

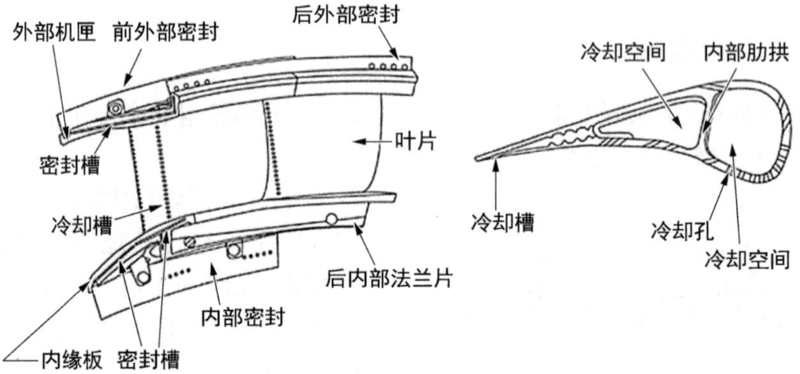

图 3.4.7　HPT 导向器结构图

HPT 导向器内部支架由镍基合金制成，承受大部分导向器载荷。内部支撑前法兰用螺栓固定在燃烧室内部壳体后的法兰上。内部支撑的一个组成部分是提供 HPT 转子冷却空气的诱导轮。导流叶片使空气能够进入诱导轮，同时防止污染物进入，内部支架法兰用螺栓固定在 HPT 导向器后内部支架上。

HPT 导向器内支撑法兰的后表面用螺栓固定在支撑后法兰的表面上。导向器的内部平台被气体压力推靠在内部支撑件上。W 形压力密封防止导向器组件和 HPT 叶片之间的冷却空气泄漏，密封护圈将压力密封固定在适当位置，组件通过 D 型头螺栓固定，后外部固定密封是由镍基合金制成的一体式密封圈，它有一个 4 级蜂窝密封，其中 3 个密封件与 HPT 转子密封齿相配合。这有助于保持适当的冷却气流和转子推力。第 4 个密封件的作用是阻尼热应力。

HPT 转子通过 HPT 导向器接收来自燃烧室的气流。导向器和转子将动能转化为 HPT 转子驱动 HPC 转子所需的扭矩。HPT 转子是一个由 CDP 空气冷却的单级组件，安装在核心发动机后部的燃烧室中，包括前轴、前转子空气密封、高压涡轮盘、高压涡轮叶片、后轴,如图 3.4.8 所示。

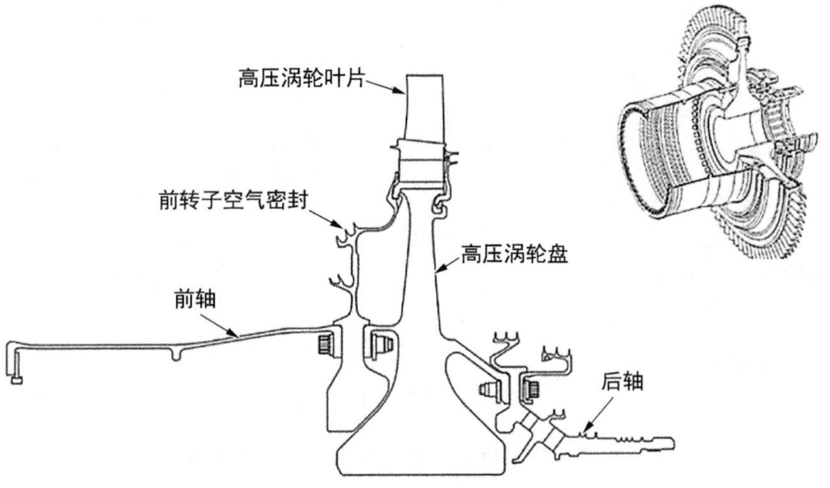

图 3.4.8　压气机转子和 HPT 转子之间的结构连接

转子前轴形成压气机转子和 HPT 转子之间的结构连接,支撑压气机转子的后端。它是由镍铬合金制成的。前轴法兰在 CDP 空气密封处用螺栓固定在 HPC 4~9 级线轴上,形成单芯转子。它在其内表面上装有一个阻尼套,以改变振动频率。在发动机装配线上和单元体维修时也安装了配重,用于平衡。正向旋转的空气密封提供了一个封闭的空腔,以将 CDP 空气引导至圆盘并通过涡轮转子叶片排出,用于冷却。它用螺栓固定在转子前轴和轮盘之间。它具有倾斜的齿,可减少通过密封泄漏的空气量。密封齿上涂有一层耐磨涂层。HPT 轮盘是一个锻造和机械加工部件,用于将涡轮叶片固定在单独的轴向燕尾槽中。涡轮盘的内部由压气机排出的空气冷却。它的外表面由 CDP 空气冷却。它的后表面由 HPC 第 4 级空气冷却。它的前面用螺栓固定在前旋转空气密封上,后面用螺栓连接在后轴上。

HPT 转子叶片安装在轮盘上的各个燕尾槽中(图 3.4.9)。它们由向前旋转的空气密封件固定在前部的适当位置,在后部,叶片由叶片护圈和密封圈固定,HPT 转子叶片由高温单晶镍合金制成,具有高强度重量比,有 80 个可单独更换的叶片,叶片安装时在其面上加工凹槽,以指示磨损程度并有助于内窥镜检查。它们由 CDP 空气内部冷却,CDP 空气通过叶片根部进入,并通过前缘、叶尖和后缘的孔排出。叶片有燕尾根部,可以滑入涡轮盘上的槽中。值得注意的是,只能手动安装和拆卸叶片,用任何设备将叶片轻轻敲入或从插槽中敲出都可能损坏涡轮盘。图 3.4.10 所示为涡轮叶片散热设计。

位于燃烧室后部大约 5 点钟和 8 点钟位置的内窥镜端口 S16 和 S17 用于检查 HPT 叶片的后缘。点火嘴端口 S10 和 S11 可用于检查 HPT 前部和燃烧室,如图 3.4.11 所示。

后轴通过 4 号轴承为 HPT 转子提供后部支撑。它用螺栓安装在制动盘后侧的法兰处,与后部空气密封连接在同一点上,该轴由位于低压轴上的 4 号滚柱轴承支撑,滑油通

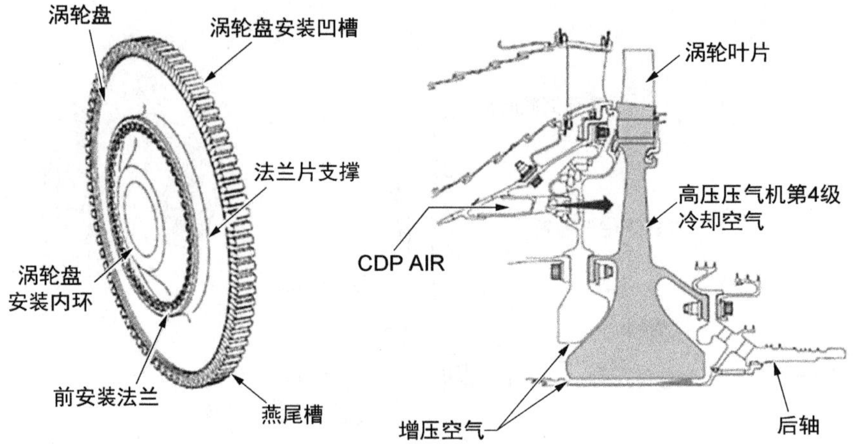

图 3.4.9　HPT 转子叶片安装在轮盘上的燕尾槽

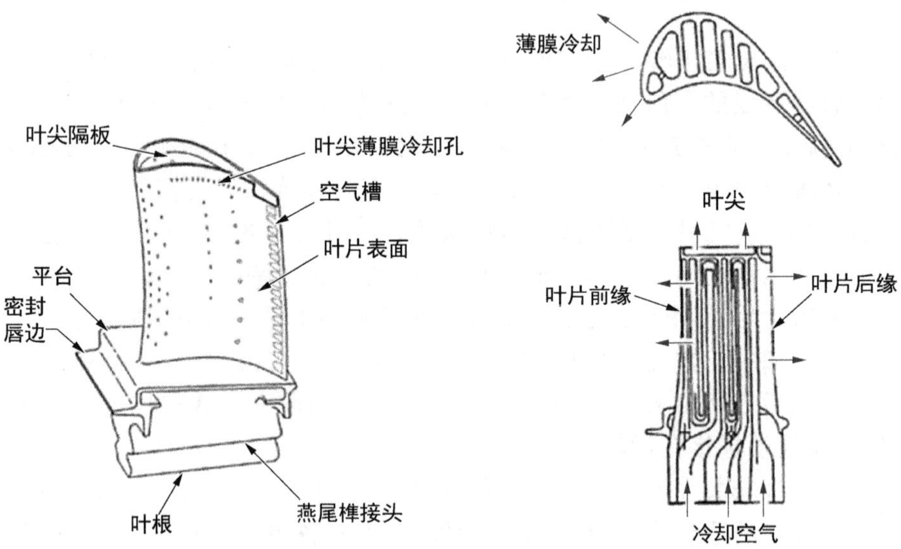

图 3.4.10　涡轮叶片散热设计

过 36 个径向和轴向孔进入,以便冷却 4 号轴承外圈。还有一些孔为压气机排出的引气提供通道,以冷却 LPT 并为压气机对后油底壳加压。

HPT 护罩和第 1 级 LPT 导向器组件(图 3.4.12)构成发动机核心部分,它位于燃烧室后端内部: HPT 护罩是 HPT 间隙控制机构的一部分,在整个飞行操作中使用 HPC 引气与 HPT 转子叶片保持紧密间隙控制,1 级 LPT 导向器将核心发动机排气引导到 1 级 LPT 叶片上,前法兰总成用螺栓固定在燃烧室的内表面上,后法兰在燃烧室和 LPT 静子前法兰之间用螺栓固定,HPT 护罩和 1 级 LPT 导向器组件包括: 空气冷却歧管、护罩/导向器支架、HPT 护罩支架、HPT 护罩、1 级导向器、内部固定式空气密封。空气冷却歧管循环来自 HPC 的 4 级和 9 级引气,用于 HPT 间隙控制和 LPT 导向器冷却,这是一种由镍铬合金制

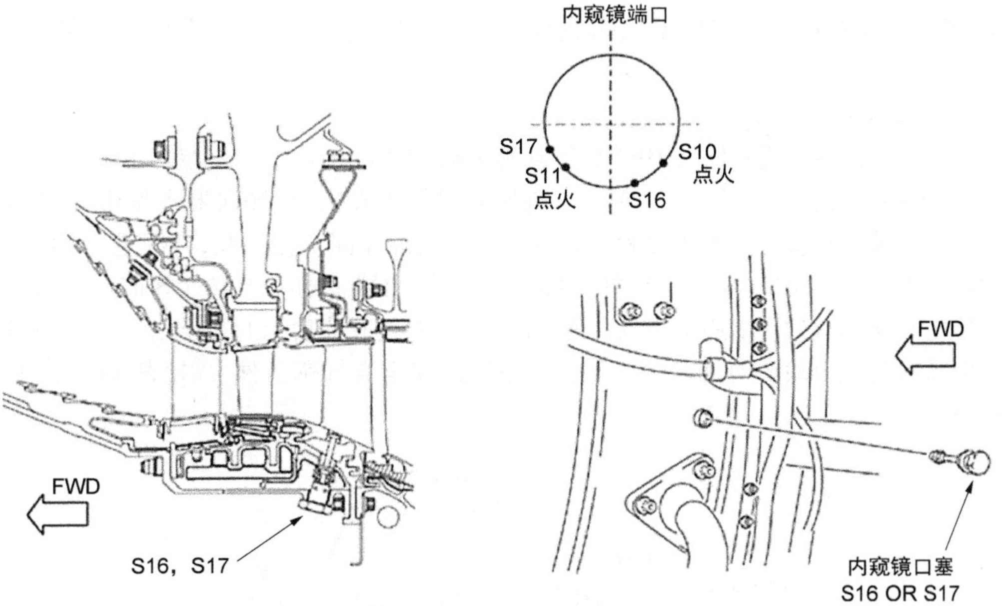

图 3.4.11　涡轮内窥镜口

成的钎焊制品，歧管由两个半环组成，上半环和下半环在 3 点钟和 9 点钟对开线法兰处用螺栓连接在一起，带垫片的衬套插入燃烧室，将引气供应至歧管外表面上大约 1 点钟和 7 点钟位置的 2 个孔。歧管内表面上有 3 根供气管，用于循环空气以冷却 HPT 护罩，从而进行间隙控制。小孔使空气能够吹到护罩支架上，然后，空气再循环到空腔中与 HPC 第 4 级空气混合。歧管后部周围的一系列孔从燃烧室形成的空腔中供应 HPC 第 4 级空气，以冷却 LPT 的第一级，护罩/导向器支撑组件构成 HPT 护罩和第 1 级 LPT 导向器组件的外壳，它是由镍铬合金制成的，它在其外表面为空气冷却歧管提供区域，并在内表面支撑 HPT 护罩和 LPT 导向器的平台。支架的前法兰用平头螺栓固定在燃烧室上，其后法兰夹在燃烧室和 LPT 静子前法兰之间压力密封安装在支架的后法兰和第 1 级 LPT 导向器之间。有 2 个内窥镜端口，通过其后部安装在大约 5 点钟和 8 点钟的位置，以便能够检查 HPT 叶片的后缘。同样在后部，有 96 个带衬套的孔，允许 HPC 第 4 级空气通过，以冷却 LPT 导向器。

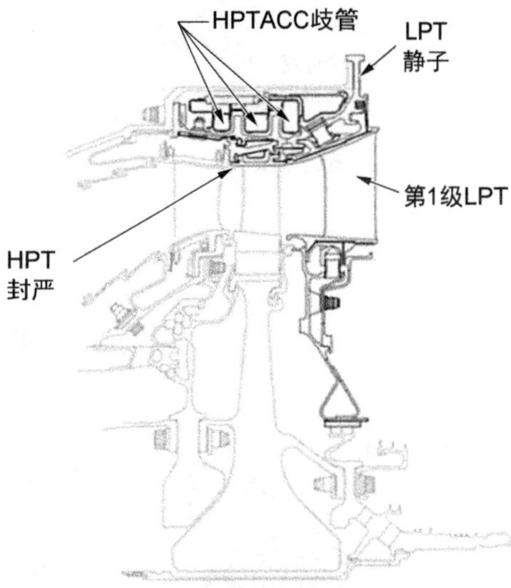

图 3.4.12　HPT 护罩和第 1 级 LPT 导向器组件

HPT 护罩有一个光滑的可磨损表面，可以承受叶尖摩擦并防止高温燃气的侵蚀，包括 42 个可单独更换的护罩，每个护罩都有自己的 C 形夹保持器，该保持器将护罩固定在吊架上的槽中。在整个发动机运行过程中控制机匣膨胀，以提高 HPT 效率。CDP 空气在导向器支架和机匣之间流动，用于冷却。在支架的内表面上安装了 3 个隔热板。

2. 低压涡轮(LPT)

LPT 导向器将高速气体从 HPT 引导到第 1 级 LPT 的叶片上。该组件由 24 个导向器组成，每个导向器有 4 个叶片，导向器以机械方式锁定在护罩/导向器支架中，防止 HPT 护罩固定夹轴向移动。空气密封和固定空气密封用螺栓固定在一起，并固定在 LPT 导向器的内部平台上。HPC 第 4 级冷却空气被引导到导向器中的冷却空气管道孔中，并且在导向器之间安装密封件以避免空气泄漏，冷却空气通过叶片后缘的孔排出，并通过叶片根部和内部密封件冷却 HPT 轮盘背面，空气还通过固定空气密封件，以冷却 LPT 转子(图 3.4.13)。

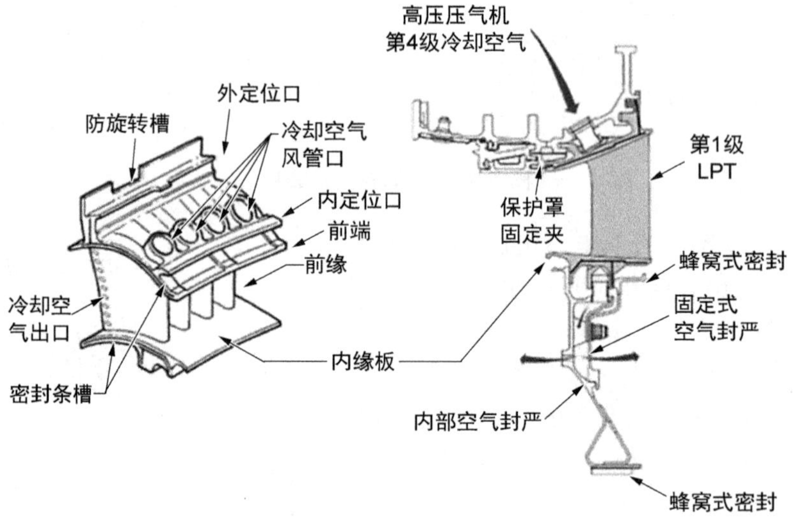

图 3.4.13　LPT 结构

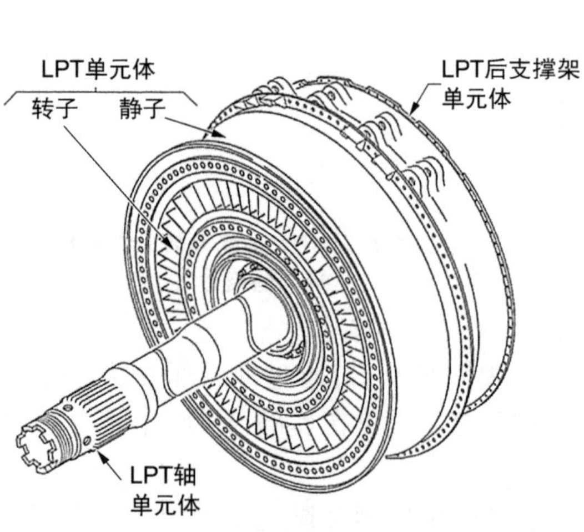

图 3.4.14　LPT 转子/静子

LPT 目的是改变来自 HPT 的气体压力和速度，是驱动风扇和压气机的机械动力单元，为 HP 和 LP 转子提供后部支撑，为发动机安装在飞机提供支撑。LPT 位于发动机后端，包括 LPT 转子/静子(图 3.4.14)、LPT 轴、LPT 后机匣。

LPT 转子/静子的目的是将来自 HPT 的气体动能转换为驱动风扇和压气机转子的机械功率。LPT 转子/静子位于 HPT 和 LPT 后机架之间，其前法兰安装在燃烧室的后法兰上，它的后法兰为 LPT 后框架提供了连接，其内部法兰固定在 LPT 轴上，它是一个4级轴流涡轮,由以下部件组成:静子组件和转子组件。静子组件提高了来自燃烧室的气体的速度,它由以下部件组成:LPT机匣、LPT冷却空气多支管和歧管组件、2~4级导向器组件,如图3.4.15所示。

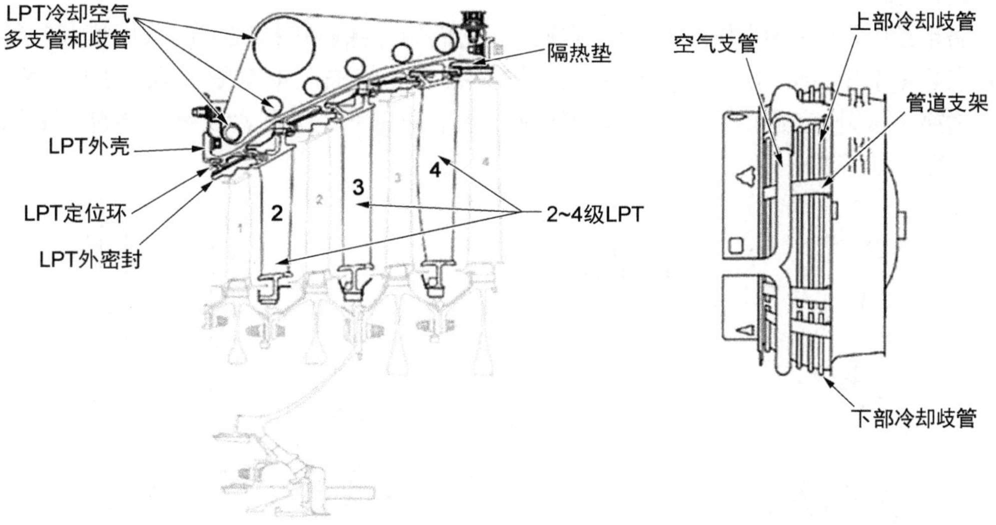

图3.4.15 LPT冷却空气管路

LPT机匣为静子组件提供支撑,由镍铬合金制成,其前法兰通过HPT护罩/导向器支撑法兰(也称为T形法兰)用螺栓固定在燃烧室的后法兰上。其后法兰为涡轮后机架的法兰提供附件,LPT机匣的外表面装有角架,用于固定空气冷却管和冷却歧管。它还有8个用于EGT测量的热电偶安装垫,以及位于5点钟位置的3个内窥镜端口。LPT机匣的内表面装有一块隔热垫和四块隔热板,内表面还有用于安装导向器和密封段的法兰。

2~4级LPT导向器的目的是提高来自HPT的空气的速度,并将其引导到LPT转子组件上,每个导向器由多个分段组成。分段的数量和每个分段中的叶片数量因阶段而异,扇形段安装在LPT机匣内的法兰上,通过堆叠获得稳定,所有级的堆叠基本相同:2级和3级导向器扇形段在导向器扇形段的后环上分别具有18个和20个等距的防旋转锁。4级LPT导向器总成由位于外部固定密封导轨上的销锁定。外部平台通过其后法兰上的另一个防旋转槽将隔热板固定到位。密封段安装在每个导向器之间,它们有一个可磨损的衬套面向转子叶片。每个密封段的前部都有一个整体式轨道夹,该轨道夹锁定在导向器外部平台和机匣法兰上。位于2级导向器前面的1级密封段通过导流罩支架固定在LPT机匣内的适当位置,4级密封段由LPT后框架锁定到位。

所有导向器组件均由镍合金制成,通过渗铝处理防止氧化。每个导向器的内部平台都有一个钎焊的整体内部固定空气密封。内部和外部平台的侧面都有槽,用于容纳密封板,密封板安装在每个节段之间,以防止空气泄漏。第2级导向器组件由18个节段组成,每个节段有6个叶片。其中每8个部分有一个孔,用于容纳测量EGT的热电偶。这8个部分中的一个位于5点钟位置,用于内窥镜检查,在两个阶段中位于5点钟的一个节段都有一个用于内窥镜检查的孔。第3级导向器组件由20个节段组成,每个节段有7个叶片。第4级导向器组件由22个节段组成,每个节段有6个叶片。转子总成位于LPT机匣内,分为4级。它由以下部件组成: 1~4级涡轮盘;1~4级旋转环;1~4级叶片;转子支架。

涡轮盘(图3.4.16)是由镍合金制成的。它们的外缘有机械加工的燕尾槽,转子叶片安装在燕尾槽中,不同阶段的插槽数量不同。它们的前法兰上有螺栓孔,用于安装旋转环。除第4级外,它们的后法兰都有螺栓孔,用于安装下一级圆盘及其旋转环,涡轮盘用D型头螺栓组装在一起。

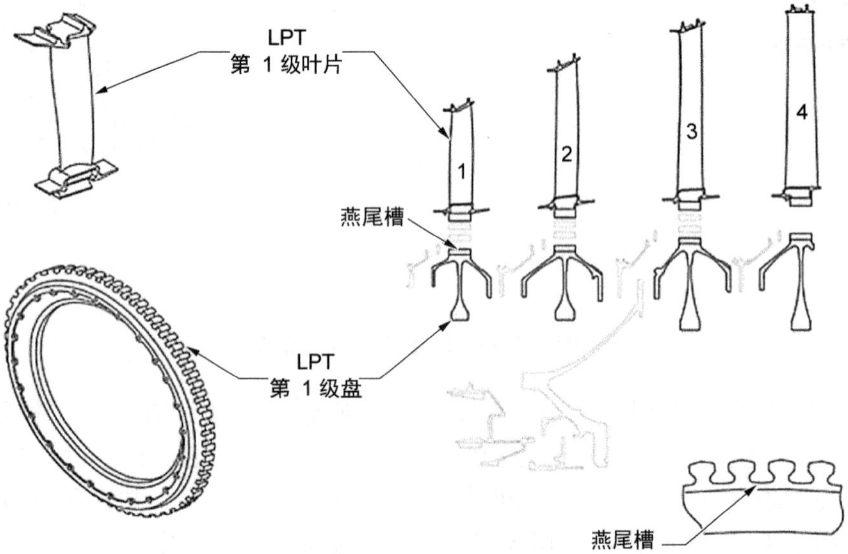

图3.4.16 LPT涡轮盘

涡轮旋转环的作用是控制LPT导向器和转子之间的气流。它们是由镍合金制成的环(1级旋转环除外)通过位于其前法兰上的孔安装在2~4级涡轮盘之间,除4级外,法兰具有机加工槽,以允许冷却空气通过叶片根部。除第1阶段外,涡轮环有2个密封齿,每个密封齿与钎焊在导向器的可磨损衬套摩擦。环外法兰的背面与一个挡圈配合,该挡圈将叶片固定在涡轮盘槽中的轴向位置。

LPT转子的4级具有由镍合金制成的叶片。仅在第1级和第2级,叶片外型通过渗铝处理防止氧化。叶片的数量因级而异: 第1级有162个叶片;第2级有150个叶片;第3级有150个叶片;第4级有134个叶片在每一级上,其中3个叶片的尖端都有一层硬涂层,用于摩擦静子密封段的蜂窝材料,每个叶片都有一个燕尾根部,可以滑入涡轮盘的燕尾槽中。仅在第1、2和3级上,在安装到叶片上之前,将抗磨护罩压在叶片根部,并在叶片的叶根部安装阻尼器。第4级叶片没有护罩或阻尼器,每个叶片的叶根部都加工有一个凸耳,当所有叶片并排安装在涡轮盘上时,这些凸耳形成一个凹槽,叶片挡圈插入其中,以防止叶片轴向移动。叶片固定环由螺栓固定在法兰上的旋转环固定到位。

转子支架为转子组件提供结构强度，并在组装好的涡轮盘和 LPT 轴之间提供机械连接。它还将转子外壳分为两个独立的空腔，它由镍合金制成，并有孔用于冷却和加压空气的循环。转子支架的外法兰夹装在第 3 级旋转环和第 3 级涡轮盘的前法兰之间。

在安装在第 3 级旋转环和第 3 级涡轮盘之间，转子支架配有以下部件：

（1）正向旋转支架密封件；

（2）正向旋转支承环，正向旋转支承密封件安装在转子支架后内法兰的表面上；

（3）正向旋转支撑环安装在转子支撑的前法兰的表面上。在转子支架配备了这些部件后，其后部内法兰用螺栓固定在 LPT 轴毂的表面上，从而在组装好的涡轮盘和 LPT 轴之间形成机械连接。

LPT 轴将低压涡轮的动力传输至风扇和压气机。4 号轴承还承担高压转子后部的径向载荷，并通过 5 号轴承承担低压转子后部的轴向载荷地位于高压转子系统内部，并连接风扇轴和 LPT 转子，通过 5 号轴承为 LPT 转子的后部提供支撑，该轴承将 LPT 转子固定在 LPT 框架内。它还通过中央通风管为发动机前后油底壳通风。

LPT 轴单元体（图 3.4.17）组件主要包括：LPT 轴、中央排气管、4 号滚柱轴承、5 号滚柱轴承。LPT 轴（图 3.4.18）由合金钢制成，将低压涡轮的扭矩传递给风扇和压气机。它以同心的方式安装在高压转子系统内部。LPT 轴的前端有花键，花键与风扇轴上的内齿轮部件啮合。它还有一个肩状突出部分，通过安装连接螺母固定在风扇轴的配合肩状突出部分上。肩状突出部分和连接螺母为 LPT 轴提供轴向固定。一个称为 D48 的机械加工垫片安装在轴和联轴器螺母之间，用于调整 LPT 的位置。LPT 轴的前端是由前中央通风管封闭的，中央通风管由固定夹锁定到位。4 号和 5 号轴承安装在轴的后端，位于一体式轮毂的两侧。轮毂的前面是涡轮转子支架。轮毂的背面固定着一个旋转的空气/滑油

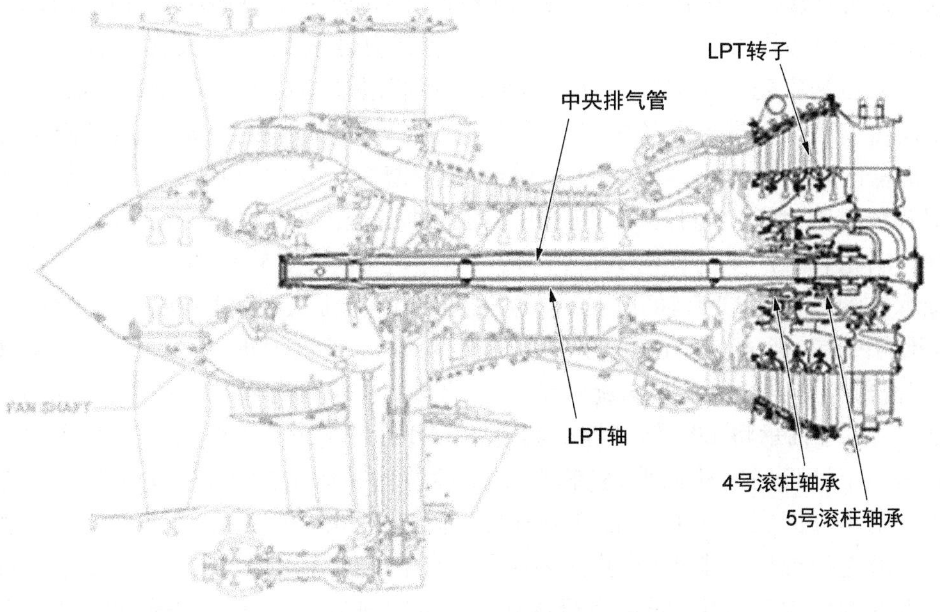

图 3.4.17 LPT 轴单元体

密封,该密封控制着通过 LPT 转子的空气循环,并通过一组与集油器和 5 号轴承支架配合的密封齿对油底壳加压。

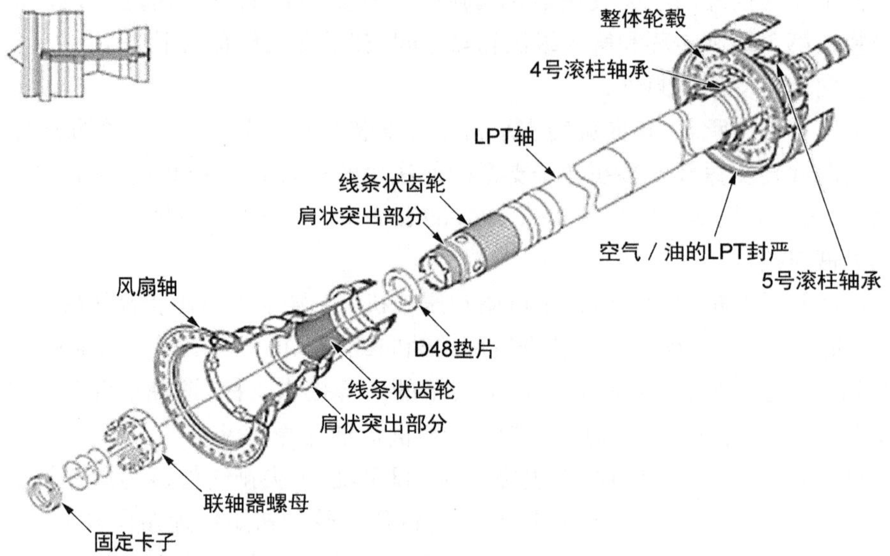

图 3.4.18　LPT 轴内部结构

中央通风管为发动机前后油底壳提供外通风。它由钛合金制成,以同心的方式安装在 LPT 轴内部。它分为两部分,中央通风管和后部通风管。中央通风管的后端穿过 LPT 轴的前部。它通过一个肩状突出部分和两个可扩展型支架固定在轴内。中央通风管的后端由 LPT 轴毂支撑。后通风管安装在中央通风管的后端内部。在将带外螺纹的锁紧螺母插入中央通风管并在其上安装一个锁紧螺母。螺母拧入中央通风管,使后通风管轴向固定。定位销保持其角度位置。离心式空气/油分离器安装在延长管的后部。它将蒸发的滑油从后油底壳增压空气中分离出来,并将润滑油输送至 4 号和 5 号轴承。空气/滑油分离器安装在后通风管的中央肩部上。它有一个内部法兰,通过螺母固定在管肩上。分离器的角度位置由其前端的槽固定,这些槽接合在中央通风管的后部。通风管的后端有两组密封齿,它们与 LPT 后机架的进油口盖内的可磨损涂层摩擦。4 号轴承承受高压涡轮转子产生的径向载荷,它是一个滚柱轴承,安装在 HPT 后轴和 LPT 轴之间。轴承外圈位于 HPT 后轴孔内。它的内座圈用螺栓固定在 LPT 轴整体轮毂的前面。4 号轴承内圈有一个凸肩,在滚柱出现故障时可作为紧急轴承。内座圈的前端具有密封齿,该密封齿与 4 号轴承正向旋转油封上的可磨损涂层摩擦,从而充当油底壳空气/油封之一。5 号轴承将 LPT 转子后端固定在 LPT 后框架内,并承受 LPT 产生的径向载荷。它是一个油阻尼滚柱轴承,安装在 LPT 轴整体轮毂的后部,可降低旋转组件的振动水平。轴承外圈安装在 LPT 后机架内的调整套中,滑油阻尼是通过在外座圈和调整套筒之间输送滑油压力来实现的,其内座圈安装在 LPT 轴的后端,5 号轴承由前部的挡圈和后部的固定螺母固定,固定螺母提供轴承的轴向固定,并通过铆钉销锁定在角度位置。

涡轮匣中的供油管将滑油输送至旋转的空气/滑油分离器,然后通过分离器和 LPT 轴之间的油道通过离心将滑油向前输送至5号轴承。滑油通过 LPT 轴和5号轴承内圈中的孔,润滑5号轴承的滚柱和外圈,剩余的滑油继续向前流动,通过 LPT 轴上的油道,润滑4号轴承的内座圈、滚柱和外座圈。LPT 后机匣是发动机的主要结构组件之一,位于发动机后部,它的前部用螺栓固定在 LPT 外壳的后法兰上,后部为排气出口和排气塞提供附件。该模块的主要部件有:

(1) LPT 后机匣;

(2) 5号滚柱轴承支架。

涡轮匣外壳上有发动机后部安装支架。它的内轮毂通过5号轴承支架承受 LPT 转子后部的载荷,并为其前后零件提供连接。

LPT 后机匣(图3.4.19)由镍合金制成。它由多边形外壳和内毂组成,内毂与16个与内毂相切的翼型支柱相连。支柱降低了热应力和机械应力,并固定了整流罩。一些支柱具有用于油管的内部通道:支柱10容纳4号和5号轴承的供油管;7号支柱容纳排油管;外壳排放管在8号支柱和9号支柱之间布线;5号轴承排放管布置在7号支柱和8号支柱之间。LPT 后机架有4个支架,用于搬运和安装在发动机存放架上,外壳有4个支架,用于将发动机安装在机身上。

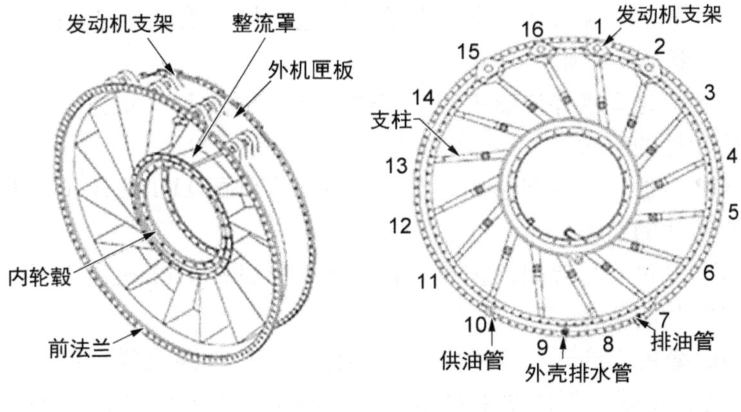

图3.4.19　LPT 后机匣

LPT 后机匣轮毂的前部有三个法兰,用于连接各种部件。

(1) 轮毂内法兰为5号轴承支架的外法兰提供附件,该轴承支架由钢合金制成。支架的内法兰上有一个调节套,用于将5号轴承外圈固定,并允许对轴承进行油阻尼。支架的前部有一个外壁和一个内壁,它们与位于 LPT 轴后部的空气/油封的密封齿相匹配,从而为后油底壳提供密封和加压。支架具有机械加工通道,用于将加压空气循环至进油盖,将油底壳空气循环至中央通风管,将油循环至排气管,并将油循环外座圈减振器。

(2) 整流罩提供保护,防止来自 LPT 转子后部的热量。它有槽可以在支柱周围滑动,并通过螺栓固定在轮毂后部的板锁固定。

(3) 轮毂外法兰为集油器的后法兰提供附件。集油器由钢合金制成,为后油底壳提供安全壳,其内部前法兰衬有耐磨材料,与旋转空气/油封的前密封齿配合,用于油底壳密封和增压。

LPT 后机匣轮毂的后部为各种部件提供附件,一些在 5 号轴承支架的中心部分,一些在 2 个法兰上。

(1) 5 号轴承支架的后部中心部分为进油口盖的前法兰提供附件。进油口盖由合金钢制成。它支撑 4 号和 5 号轴承的供油管,并有一个用于连接阻尼油管的接口。它具有外部管道,用于输送压气机排出的空气,以对油底壳后密封件加压。盖子的内套筒内衬耐磨材料,进油口盖的后法兰为镍合金阻火器提供附件。

(2) 阻火器是油底壳加压气流的出口点,旨在防止火焰传播到发动机排气系统中。

(3) 轮毂外法兰配有尾锥的安装螺柱,它是发动机机舱的一部分。

(4) 轮毂内法兰为法兰总成提供附件。法兰总成由镍合金制成,它封闭发动机后部。其中心部分容纳阻火器,其下部为外壳排水管提供通道。

低压涡轮的转子/静子组件需要定期进行线路维护检查,以识别缺陷,主要是转子叶片上的缺陷。导向器也可以进行检查,但能见度有限。有 5 个孔镜检查端口可用。它们的位置对应于配备有内窥镜孔的导向器 1~4 级。

(1) 端口 S16 和 S17 穿过 1 级导向器护罩。它们位于燃烧室的后部,大约在 5: 30 和 8: 30 点钟,用于检查 1 级叶片的前缘。

(2) 端口 S18 穿过 2 级导向器护罩。它位于 5 点钟的 LPT 机匣上,用于检查 1 级叶片的后缘和 2 级叶片的前缘。

(3) 端口 S19 穿过 3 级导向器护罩。它位于 5 点钟的 LPT 机匣上,用于检查 2 级叶片的后缘和 3 级叶片的前缘。

(4) 端口 S20 穿过 4 级导向器护罩。它位于 5 点钟的 LPT 机匣上,用于检查 3 级叶片的后缘和 4 级叶片的前缘。

4 级叶片的后缘可以通过位于 LPT 后机架上 8: 30 时钟位置的仪器凸台进行检查。不使用时,所有内孔镜端口都用塞子封闭。端口 S16 和 S17 配有带六角形头帽的长弹簧加载塞。端口 S18、S19 和 S20 配备有带有六角形头帽的短弹簧加载塞。

3.4.3 涡轮叶片冷却

涡轮部件安装在燃烧室之后,因此受到发动机中最高温度的影响。涡轮叶片直接处于这些令人难以置信的高温区。温度越高,循环效率越高,这意味着循环的效率极限由涡轮材料决定。目前最先进的材料只能提供一定的耐热能力,这使得叶片冷却至关重要。涡轮叶片的内部冷却已成为现代涡轮日益增长的功率需求不可或缺的条件,也是涡轮中可能超过材料熔点的较高气体温度的同义词。燃气涡轮中已经存在用于所有静态部件的冷却系统,但将其扩展到旋转涡轮叶片是一项艰难任务,该任务必须以比静态部件更复杂的平衡方式适应整个涡轮设计过程。图 3.4.20 总结了冷却涡轮叶片的环境,其中燃烧室温度较高,旋转产生强烈的机械振动。

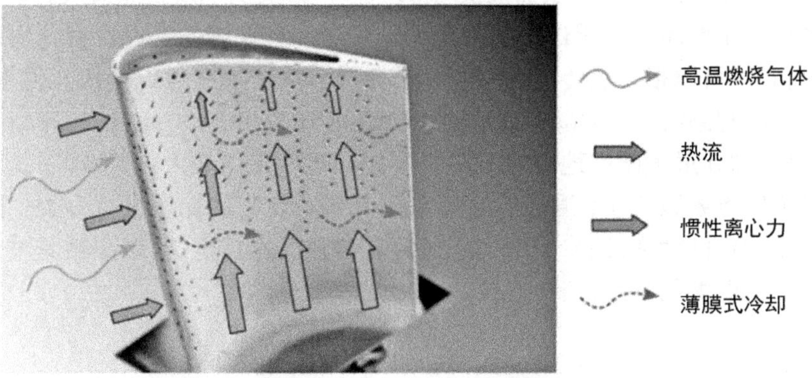

图 3.4.20　冷却涡轮叶片的环境

为了描述目前大多数发动机上可用的不同冷却系统,叶片结构模式如图 3.4.21 所示。起始点包括具有入口通道的叶片根部,该入口通道向叶片外型冷却系统提供从压气机中提取的相对冷的空气。然后这些冷空气流经一个或多个冷却通道,最终在涡轮主脉中排出。根据冷却空气流主要与叶片的外表面和内表面相互作用,可以使用两种类型的冷却:外部冷却和内部冷却。

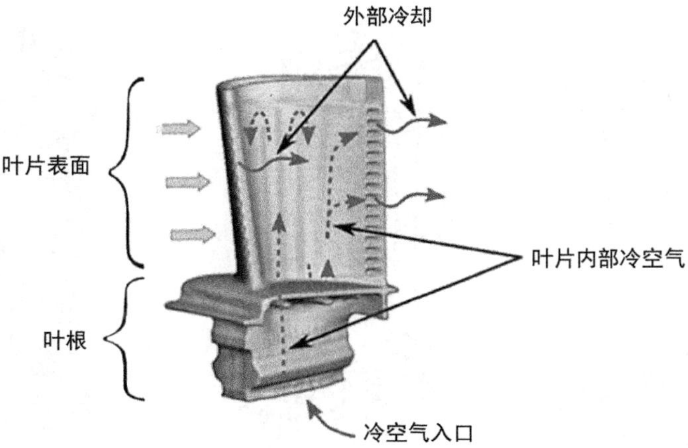

图 3.4.21　叶片结构模式

外部冷却的目的是保护暴露在高温燃烧气体中的外部叶片表面,可以使用两种技术:① 气膜冷却;② 对流冷却,这实际上是前者的一种广义形式。气膜冷却是在沿着暴露于高温环境的表面的一个或多个离散位置引入二次流体,不仅在流入的直接区域中,而且在该区域中保护该表面。在应用中,气膜冷却包括通过叶片翼型上的小孔从内部冷却系统喷出冷空气。尽管原理简单,但该技术面临大量参数,这些参数可能取决于流动特性、几何形状、叶片内壁特性等。

内部冷却主要是利用内部通道中的对流传热从叶片金属壁中提取热量来冷却。为了做到这一点,需要或多或少地从叶片金属中挖空复杂的通道。因此,内部设计可以从轮毂延伸到尖端的简单径向直平滑通道,到具有湍流的长蛇形通道。自 20 世纪 60 年代第一个冷却通道产生以来,研究人员已经研发了大型内部对流冷却结构,以改善热交换。

这些系统的主要原理是通过增加气流流动来增加交换表面。在没有任何冷却增强系统的情况下,它们可以根据热传递的增加而被分类。为了能够考虑任何几何形状,该参数通常被定义为冷却系统 Nusselt 数(Nu)与平滑通道 Nusselt 值(Nu_0)的比率。作为叶片冷却的主要目标,即在最大限度地减少压降损失的同时使传热最大化,冷却系统也可以根据将修正的通道摩擦系数 f 与平滑通道摩擦系数 f_0 进行比较的比率进行分类。热性能 η 用来量化粗糙度元件的效率,该参数考虑了压降和传热。根据定义,该参数是气体与金属温差与气体与入口温差的温度比:

$$\eta = \frac{Nu/Nu_0}{(f/f_0)^{1/3}}$$

现代燃气涡轮发动机的高压涡轮叶片和气流导向叶片使用非常复杂的内部空气冷却和外表面气膜冷却来保持安全的工作温度。叶片/导叶内部有蛇形(多道次)空气冷却通道,也有用于向气膜冷却孔供应空气的内部通道。制造这种结构的最实用的生产方法是熔模铸造。图 3.4.22 所示为 HP 涡轮叶片内部冷却原理示意图。

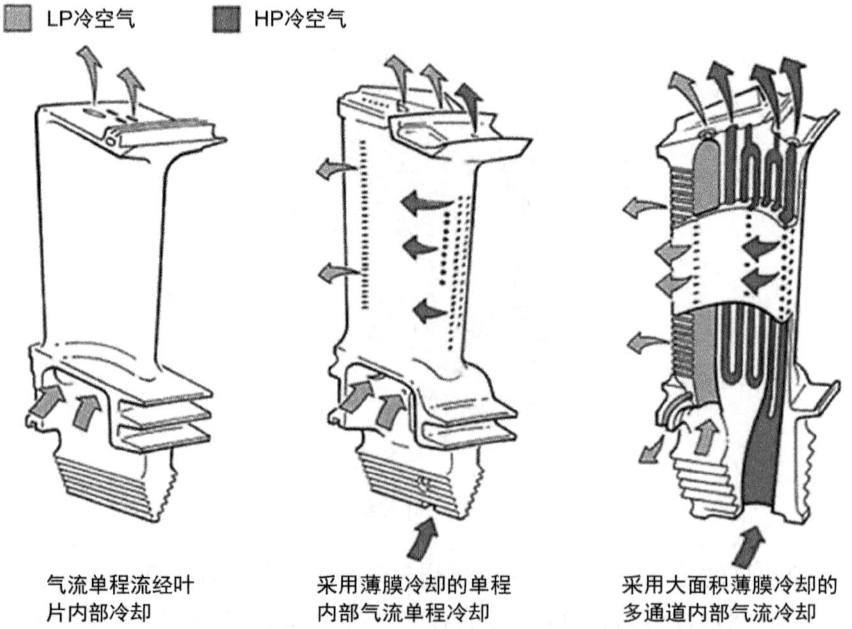

图 3.4.22　HP 涡轮叶片内部冷却原理

1. 对流冷却

对流冷却(图 3.4.23)的一个关键问题是确定叶片表面温度的边界条件。涡轮叶片因为涡轮对温度的变化至关重要。涡轮叶片有三种不同指示的冷却类型,所有这些都是为了确保金属保持在远低于燃烧室出口的温度。

为了找到涡轮叶片表面温度,需要分析对流传热,这意味着需要检查叶片表面附近

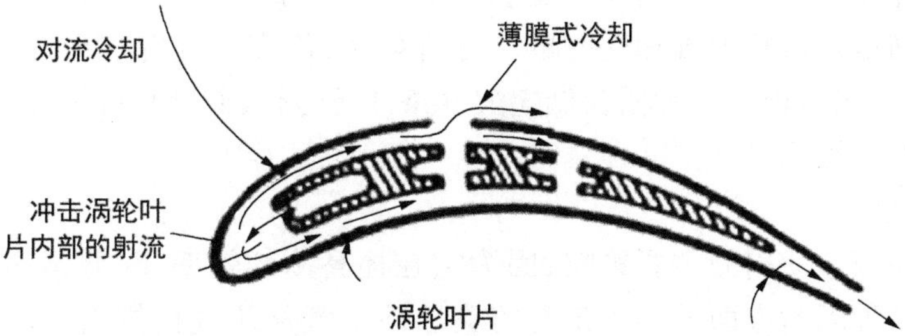

图 3.4.23　对流冷却

的流体运动(图 3.4.24)。在一个厚度 δ 区域,有一层薄薄的"气膜"慢慢移动流体通过其中大部分温差发生。在此层之外,T 大致均匀。因此热通量可以表示为

$$\dot{q} = \frac{\dot{Q}}{A} = \frac{k(T_w - T_\infty)}{\delta'}$$

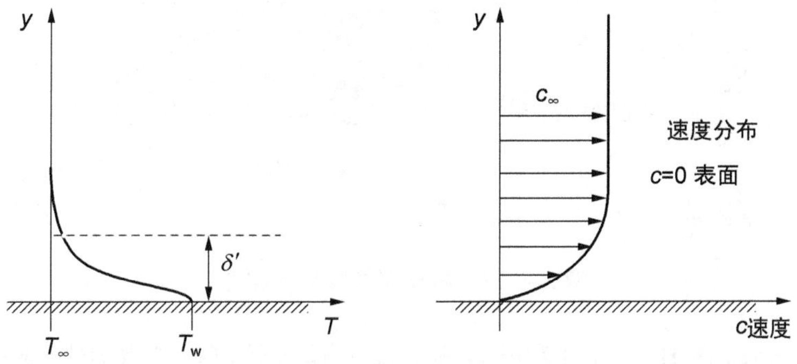

图 3.4.24　对流冷却下涡轮叶片表面气流速度与温度

2. 冲击导热冷却

实际涡轮叶片内部冷却管道的设置非常复杂,为了有效冷却,正在尝试使用具有不同几何形状管道的简化几何模型。通常冷却空气从叶片根部进入冷却管道,流经整个管道长度,最后从叶尖离开。完整的冷却过程是内部对流冷却。分析中考虑了孔半径为 2 mm 的圆形贯穿管和孔半径为 1 mm 的螺距为 6 mm 的螺旋管。本节给出了燃气轮机叶片和冷却通道的主要边界条件。这些参数与燃气轮机的实际运行条件相关联,对应于具有高温和高速特性的高压涡轮级。主流具有对流边界条件,热气的自由流温度为 1 561 K,热气的对流传热系数为 2 028 W/(m^2 · K)。冷却剂射流的空气温度为 644 K,质量流量为 90 kg/h。

前缘通过带膜冷却的射流冲击冷却,中间部分通过带局部膜冷却的蛇形肋粗糙通道冷却,后缘通过带后缘喷射的针翼冷却。现代燃气轮机的第一高压级在非常高的温度下运行,这需要复杂的叶片冷却系统来保证燃气轮机的高性能和效率,同时保持非常低的能量损失水平,尽管使用来自压气机的空气进行冷却。因此,需要一个精确有效能量方程计算冷却通道内的空气和叶片周围的气体的流动和温度场,以及通过热传导方程计算叶片

温度场。由于叶片内冷却通道的几何复杂性非常高,因此为空气、气体和叶片三个区域生成适合叶片的网格是极其困难和耗时的。尽管如此,许多涡轮叶片冷却模拟已经成功地进行了,尽管计算成本很高。叶栅在低速大气条件下运行,而叶片叶栅在出口马赫数接近1.0的高速条件下运行。

3. 气膜冷却

气膜冷却是当今使用的主要策略,因为它在提高冷却效率、降低循环效率、降低叶片寿命和强度等多种因素方面提供了最佳方案。冷空气从压气机排出,引导到涡轮叶片的内部管道,并通过叶片壁上的小孔排出,形成冷却射流(图3.4.25)。这沿着叶片的外表面提供了一层薄薄的冷空气,充当绝层。冷却膜冷却叶片的能力使用称为“冷却效果”的参数进行评估。当最大值为1时,冷却效率测量叶片表面温度与冷却液流动温度的接近程度。冷却效率主要受冷却液流动参数以及喷射几何形状的影响。

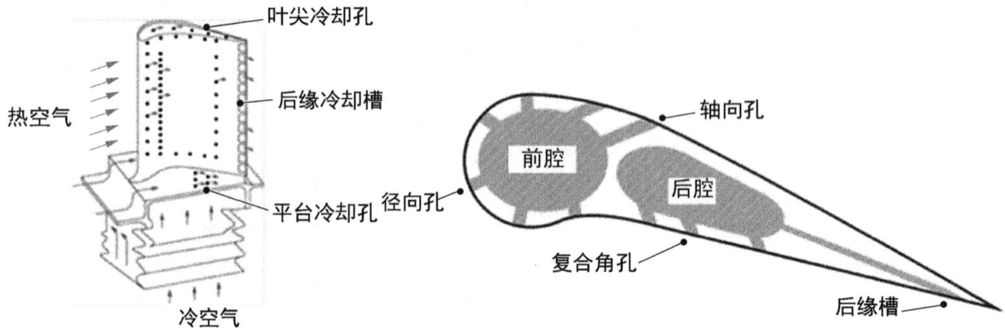

图3.4.25　高压涡轮叶片气流孔

为了缓解高温,在HPT叶片和叶片表面涂上具有较高熔点和较低导热率的隔热涂层。此外,先进的冷却系统也用于从内部和外部冷却叶片。外部冷却包括通过小孔将较冷的空气注入边界层,在叶片表面和热气之间形成保护膜。冷却空气从压气机中抽取,占总入口核心流量的很大比例(约25%)。冷却气流影响涡轮的空气动力学和热力学性能。

涡轮的设计面临着一项具有挑战性的任务,需要准确地确定冷却孔的位置、密度、图案、形状和尺寸,以最大限度地延长叶片寿命。孔的布置必须优化,以最大限度地减少对空气动力学效率的负面影响,同时最大限度地提高冷却效率。这项任务发生在叶片翼型设计的早期,当时还没有详细的CAD模型,或者带有冷却孔的详细网格的生成大大减缓了迭代设计过程。设计者希望将翼型与网格(通常为六面体)和冷却流分布分开,对单个级的通道数量进行了建模,并在不改变孔位置的情况下对翼型进行了微小的改变。相反,在不修改翼型几何形状的情况下移动孔并改变其尺寸。作为优化循环的一部分,对许多翼型和冷却孔配置重复该过程。有几种方法可以解释模拟中的冷却孔,这些方法因复杂程度和所寻求的精度而异。理想的解决方案是解决注入孔和相关的内部冷却通道和空腔。在详细设计阶段,当使用全共轭传热模拟捕捉、网格化和解析所有几何细节时,这种方法更常用。该解决方案是准确的,但对于早期设计来说,计算成本高且速度慢,因为早期设计的主要目标是执行多次迭代以最终确定翼型空气动力学设计，同时考虑冷却流对涡轮效率的影响，如图 3.4.26 所示。

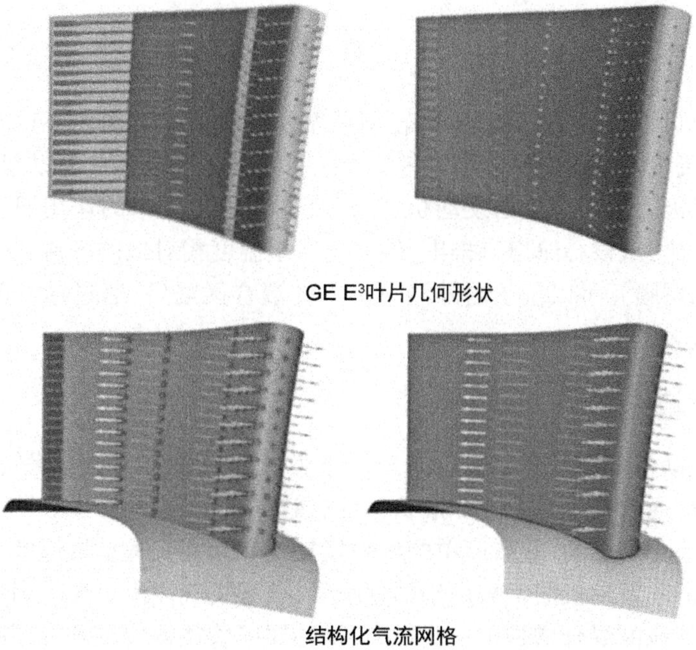

图 3.4.26　涡轮叶片冷却形式新设计示意图

该方法包括在壁边界上定义虚拟或网格独立的入口，以表征冷却流注入位置。目的是将几何图形和网格与孔分离，以便快速轻松地修改设计。设计者可以为每个域或网格区域定义多个注入区域。每个注入区域由具有相应流入条件的多个孔定义组成，这些流入条件通常在质量流入口边界中可用。无论哪种方式，如果指定的位置在给定的公差范围内，孔都会落在曲面上。

高效节能发动机 GE Energy Efficient Engine 用于比较表面注入和解析空穴注入方法。两级 HPT 由四排冷却叶片和叶片组成。这些孔具有不同的直径、流动方向和温度。生成了两个网格：一个是非结构化孔解析网格；另一个是没有孔印记的结构化空气动力学网格。这些网格用于比较三种配置：① 带有压印孔的解析网格和从入口注入的冷却流；② 通过表面注入带有孔的解析网格和冷却流；③ 通过表面注射无孔压印和流动注射的结构化网格。对三种配置的沿叶片压力侧壁的基于温度的流线进行了比较。流线在质量上是相似的，并且在流动路径之间几乎没有差异。对于相同的三种配置，压力侧的温度等值线也显示出一致性。情况①和②之间非常接近的匹配证明了当下面的孔口网格相同时表面注射方法的准确性。无论使用入口边界条件还是虚拟表面注入，结果都是相同的。结构化网格③上的温度等值线也与基线情况①相匹配，并表明表面注入方法捕获了单个冷却孔对热边界层组成的影响。冷却射流穿透的精度和薄膜冷却效果取决于网格分辨率，可以通过对结构化网格进行全局或局部网格细化来提高网格分辨率。表面和体积喷射冷却流方法在频繁发生几何形状变化的早期航空设计中很有用。它们与稳态、瞬态和谐波分析兼容,包括叶排相互作用。冷却孔是唯一定义和修改的,不会对几何体或网格产生影响。

3.5 尾喷管

飞机发动机可以产生前进的动力,轻型活塞发动机或燃气涡轮飞机发动机都有适合自己的尾喷管,飞机发动机的尺寸与其效率有关。虽然各种类型的发动机功能相似,但是喷管允许空气以极大的功率流出发动机,它以其在产生推力中的作用而被命名。内涵道产生高温的排气流,从核心舱出口排出,外涵道产生温度相对低的气流,从风扇舱排出,某些高速飞机上的尾喷管可以位于内外涵道出口的混合区之后,通过结合两种温度来防止发动机的噪声过大。

3.5.1 概述

所有飞机发动机都有一个尾喷管来产生推力。尾喷管位于动力涡轮的后端,是一种相对简单的装置,通常只是一个特殊形状、有高温热气流流经的管子。尾喷管有各种形状和尺寸,具体取决于飞机的用途,简单的涡喷发动机和涡旋桨发动机通常具有固定的几何收敛尾喷管,而涡扇发动机通常采用环形尾喷管,核心机气流出口与风扇气流在离开环形尾喷管时,两种气流的混合增强了一些推力,这种尾喷管往往比收敛形尾喷管所产生的噪声更小。加力涡喷发动机和涡扇发动机需要可变几何形状的尾喷管,在该尾喷管中空气流量首先汇聚到喷管最小面积的咽喉部,气流流过喷管咽喉部的前端处于亚声速状态,但在咽喉后端却是超声速状态。可变几何形状外形的尾喷管导致这种尾喷管比固定几何形状的尾喷管要重,但是与简单的固定尾喷管相比,可变几何形状尾喷管可在更宽的气流范围内保障发动机更高效地运行。

尾喷管气流流动的原理可以通过简单的物理来描述,轴对称的先收敛再扩张形状的喷管,忽略摩擦力的情况下,气流流动是隔热的。驻点压力 $P_{i\ \mathrm{injection}}$ 以亚声速气流在尾喷管中流动,在这种情况下,对于固定形状的尾喷管,根据 $P_{i\ \mathrm{injection}}$ 可以发现到几种流动状态,在设计上通常称为压力比:

$$\mathrm{NPR} = \frac{P_{i\ \mathrm{injection}}}{P_{\mathrm{amb}}}$$

虽然气流扩张是在先收敛后扩张形状的尾喷管上进行的,尾喷管的收敛形状可以被认为是先收敛后扩张形状的一个特殊情况。在这种情况下,尾喷管喉部的声波流动状态对应于适应的流动状态。

1. 尾喷管的材料特性

镍钢合金是大多数尾喷管的生产材料。这是由于它可以在高温下保持高强度,其高熔点可防止腐蚀和减小发动机故障率,这种材料在恶劣环境中还具有耐用性和可靠性。使用各种类型的镍合金,例如含有大量的镍合金的尾喷管(超过 94%的镍)。如果加热铝可能会变得更强;另一方面,在含有镍铜合金中的各种各样的机械结构中,具有更高的耐腐蚀性。它们可承受零度以下的温度，不会产生应力腐蚀开裂。此外，以耐高温、耐腐蚀性著称的镍铬高温合金，可以进一步增加钨和铌金属含量，这些含有不同合金的金属材料用于尾喷管。

2. 尾喷管的热处理

镍钢合金经过热处理程序以恢复应力。该过程可以恢复延展性并降低拉伸性能，将材料强化到其原始状态或可能更强的状态。在低温下进行应力均衡，以平衡冷加工材料中应力与机械强度的降低，当加热到704.444 4~1 204.444 4℃时就会发生退火，温度将保持一段时间然后冷却。退火消除了任何材料应力，降低了拉伸强度并增强了延展性。固溶退火是仅适用于某些合金的高温退火，使用426.666 7~871.111 1℃之间的热量来改变合金的溶解度，这种合金必须长时间保持在高温下才能进行此过程。

退火是将金属缓慢加热到一定温度，保持足够时间，然后以适宜速度冷却的一种金属热处理工艺。退火热处理分为完全退火、不完全退火和去应力退火。退火材料的力学性能可以用拉伸试验来检测，也可以用硬度试验来检测。许多钢材都是以退火热处理状态供货的，钢材硬度检测可以采用洛氏硬度计，测试HRB硬度（洛氏硬度测量法[HR]中的B级标尺），对于较薄的钢板、钢带及薄壁钢管，可以采用表面洛氏硬度计，检测硬度。

退火的目的在于：

(1) 改善或消除钢铁在铸造、锻压、轧制和焊接过程中所造成的各种组织缺陷及残余应力，防止工件变形、开裂；

(2) 软化工件以便进行切削加工；

(3) 细化晶粒，改善组织以提高工件的机械性能；

(4) 为最终热处理（淬火、回火）做好组织准备。

3. 尾喷管的热性能

镍钢合金经过热性能测试，发现它们像其他材料一样在吸热过程中膨胀。尽管它们由于熔点高而耐热，但会从20℃左右产生的热量膨胀到1 000℃。

合金不受天气影响，因为它的性能可以避免腐蚀和侵蚀。它们在低于0℃的温度依旧很坚韧，材料硬化使其没有因应力腐蚀开裂，这些材料都是在极端天气条件下进行测试的，并在安装在飞机发动机上之前进行热处理。尾喷管是发动机运行时受热最高的部件之一，还可以防止其在低温下结冰，保持发动机功能。

其制造过程为：首先退火用于制造镍钢合金和其他类似合金，在熔炉中1 648.888 9℃下熔化合金1 000 h；钢水通过快速冷却和加热按受控顺序退火，完成后应再加热4 h，然后再水冷却2 h，让材料在空气中冷却4 h之后，应在1 648.888 9℃下加热8 h，未完全钢水倒入铸件、钢坯和板材中，浇铸到模具中冷却4 h；此外，钢坯和板坯通过快速移动的传送带，冷却至93.333 3℃；通过加热辊轧坯料和板坯，以切断末端并烧掉缺陷，通过热压机将钢轧制成暗淡的表面，或通过一系列热压机和冷压机将其轧制成抛光表面。

飞机发动机的基本用途是产生推力以推动飞机前进。为了产生推力，飞机发动机在其出口处装有称为尾喷管的装置。在燃烧室中燃烧并通过涡轮进行膨胀后的高温和高压下的空气进入并汇聚到尾喷管,通过尾喷管膨胀并加速到非常高的速度,从而产生推力。当尾喷管压力比为 2 时,气流在尾喷管出口之外变成亚超声速。马赫数沿轴线(中心线)变化剖面的波动是由于弱激波的存在,在 x_d = 9 附近且通过中心线速度的急剧下降来表明,如图 3.5.1 所示。

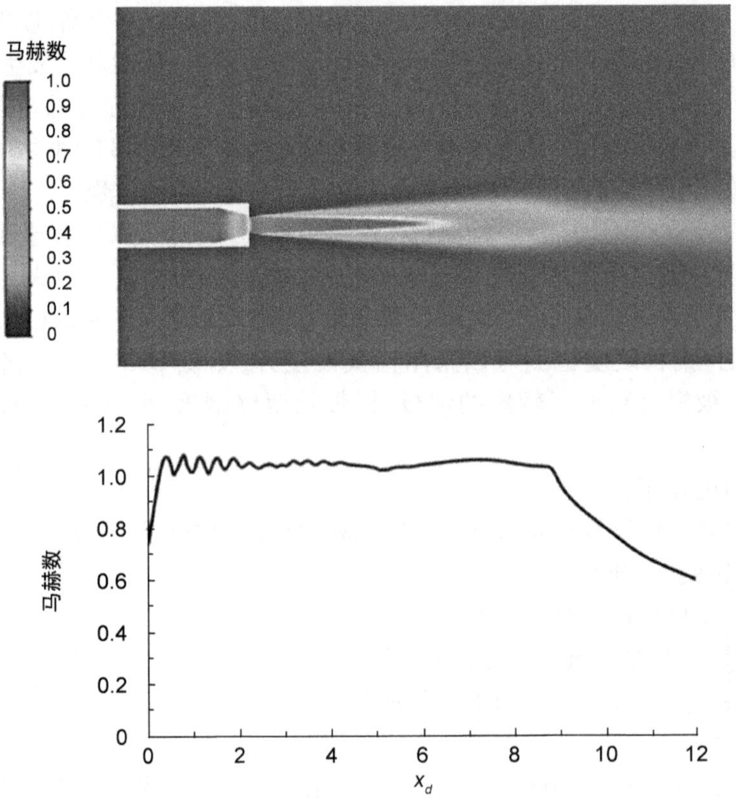

图 3.5.1　马赫数沿射流中心线随轴向距离的变化

流量系数(C_d)是无量纲质量流量,计算如下:

$$C_d = \frac{\dot{m}}{\dot{m}_{\text{ideal}}}, \ \dot{m}_{\text{ideal}} = \frac{p_0 m^* A}{\sqrt{T_0}}$$

式中,m^* 是阻塞质量流量,由下式给出:

$$m^* = \frac{p_0 A}{\sqrt{T_0}} \sqrt{\left(\frac{\gamma}{R}\right)\left(\frac{2}{\gamma + 1}\right)^{\frac{\gamma+1}{\gamma-1}}}$$

通过仿真,m^* 尾喷管出口处为 2.103 2 kg/s。使用上述公式并获得 m_{ideal},可以计算 C_d 为 0.955 5。实验得到的流量系数为 0.958 2。模拟和实验 1 之间的误差约为 0.2%,这表明两个结果之间非常接近。

3.5.2 噪声控制

根据我国《民用运输机场周围区域民用航空器噪声污染防控行动方案（2024—2027年）》《机场周围航空噪声监测技术规范》及飞机噪声认证要求，飞机发动机噪声抑制已成为最重要的研究领域之一。虽然机身产生的噪声是飞机整体噪声特征的一个因素，但发动机中的噪声主要来源风扇或压气机、涡轮和一级或多级气产生的排气气流，这些组件产生的噪声随着相对气流速度的增大而增加，排气气流噪声的变化系数大于压气机或涡轮的噪声，因此排气速度的降低比其他速度的等效降低具有更大的影响。排气气流噪声是由发动机排气与大气的剧烈混合引起，并受到排气气流与大气之间相对速度引起的作用而产生的。在排气出口附近产生的湍流会引起高频噪声（小涡流），而在排气口的后端，湍流会导致低频噪声（大涡流）。此外，当排气速度达到超声速时会形成冲击波，当混合速率加速或相对于大气的排气速度降低时，可以降低噪声水平，这可以通过改变排气气流的模式来实现。

压气机和涡轮噪声是由旋转叶片和固定叶片的压力场和湍流相互作用引起的。在喷气发动机内，排气射流噪声非常高，以至于在大多数运行条件下，涡轮和压气机的噪声微不足道。然而，由于更大的内部功率处理能力，低着陆进近推力会导致排气射流噪声下降，低压压气机和涡轮噪声增加。引入单级低压压气机可显著降低压气机噪声，因为整体湍流和相互作用水平降低。此外，燃烧室是发动机内的另一个噪声源。然而，由于它被“埋藏”在发动机的核心内，所以它没有主要的贡献。

前面提到，排气气流是飞机发动机噪声的主要来源。这可以通过调节更短的混合区域来抑制，如果会降低低频则可能会增加高频噪声，这些噪声会迅速被大气吸收，这时已到达听者的噪声超出了可听的范围，这是通过使用包含波纹或凸轮式噪声抑制器的尾喷管来增加排气与大气之间的接触面积来实现的。深波纹、波瓣或多波纹可最大限度地降低噪声水平，但性能会损失，需要限制波纹或波瓣的深度或数量。必须保持与基本尾喷管相同的总面积，因此在使用此方法时，可能必须增加噪声抑制器的最终直径，从而导致过度的阻力和重量。同样，降噪原则是减小排气速度，同时仍保持性能目标，最成功的方法是混合发动机内的冷热排气流，并通过单个尾喷管排出较低速度的气流。

全面噪声设计规则是基于最小化湍流水平，降低旋转叶片和固定叶片之间相互作用的强度及优化吸声装置的使用的需求。吸声装置材料可以将声能转化为热量，这些材料通常由蜂窝衬里支撑的多孔蒙皮组成，并在面板和发动机管道之间提供分离，为了获得最佳抑制效果，蒙皮和衬垫的声学特性与噪声特性相匹配，这些降低噪声材料的缺点是重量和表面阻力会有所增加，会导致整体油耗增加。但是它们确实提供了一种非常有效的噪声抑制技术。

3.5.3 尾喷管的结构形式

由于发动机提供给尾喷管的空气流量和膨胀比不断地发生变化，因此有必要对收敛扩张喷管的喉道面积和出口面积不断地进行调节，尽量避免过度膨胀或不完全膨胀现象的发生。在实践中发现除了收敛扩张喷管以外，采用带可调中心锥体的尾喷管或引射流尾喷管同样可以达到使气流收敛和扩张的效果。图 3.5.2 为 6 种尾喷管的示意图。

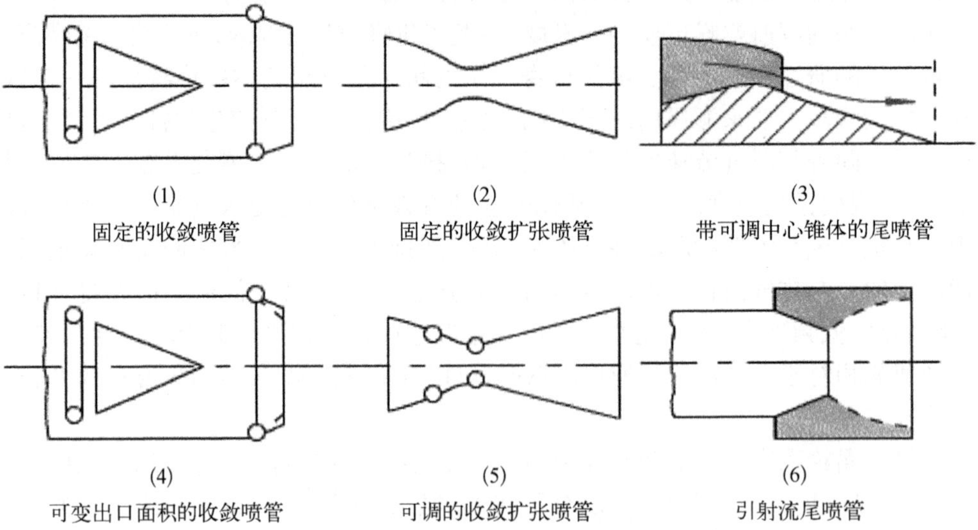

图 3.5.2　6 种尾喷管的示意图

（1）固定的收敛喷管（图 3.5.3）：构造简单，用于不带加力燃烧室的膨胀比较低的飞机发动机。

图 3.5.3　收敛喷管图

（2）固定的收敛扩张喷管：构造简单，但只能使用在特定工作状态，一般不用。

（3）带可调中心锥体的尾喷管（图 3.5.4）：由中心锥体和外壳组成，中心锥体表面和外壳间组成喷管的喉道，当膨胀比大于临界膨胀比时超声气流绕外壳唇口向外转折，经过一系列从唇口发出的膨胀波，使气流膨胀加速，并转向轴向。超声气流所能达到的最大膨胀面积为喷口横截面积 A_9，在一定的超临界膨胀比范围内，喷管能自动调节膨胀程度，减少推力损失，但其缺点是难以实现可靠的冷却。

（4）可变出口面积的收敛喷管：用于增压比较高和带加力燃烧室的发动机。有的发动机上安装具有消声装置的尾喷管或安装具有反推力装置的尾喷管，对垂直起落飞机用的发动机装有“转向喷管”，某些比较先进的军用歼击机装有“矢量喷管”和“红外隐身尾喷管”。为了更便于在高速飞行中对飞机进行操纵和控制，可以采用被称为“矢量喷管”的尾喷管(图3.5.5)，它可以使燃气流向上下左右不同的方向偏转一个可以操纵的角度，这样做可以使发动机不仅产生向前的推力，而且可以对飞机产生一个俯仰或左右偏转的力矩。矢量喷管的喷口形状可以是圆形或长方形。改变气流喷射方向可以用改变矢量喷管几何形状的方法，这种方法机械结构比较复杂。也可以采用另一股从压气机出口处引来的气流注入尾喷管喉部一侧来改变喷出燃气的流动方向。

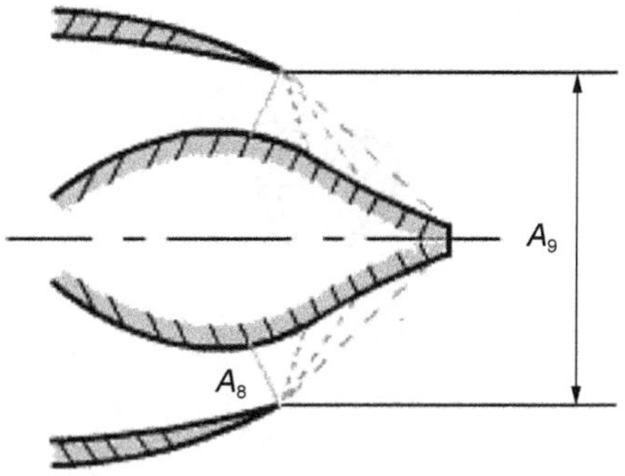

图3.5.4　带可调中心锥体的尾喷管

图3.5.5　推力矢量尾喷管

3.6　飞机发动机附件

飞机发动机附件主要包括：附件驱动系统、主轴承、封严、转子支承等。

3.6.1　附件驱动系统

在发动机起动时，附件驱动系统从发动机空气起动器传输外部动力，以驱动核心发动机。当发动机运行时，附件驱动系统提取部分发动机核心动力，并通过一系列齿轮箱和轴将其传输，以驱动发动机和飞机附件。对于维护任务，可以通过附件齿轮箱手动转动核心。附件驱动系统位于9点钟位置，由以下部件组成(图3.6.1)，本小节以CFM56系列发动机为例。

(1) 进口齿轮箱(IGB)，从HPC前轴获取动力；

(2) 径向传动轴(RDS)，将动力传输至分动箱；

(3) 传动齿轮箱(TGB)，用于重定向扭矩；

(4) 水平传动轴(HDS)，将动力从分动箱传输到附件齿轮箱；

(5) 附件齿轮箱(AGB)，支持和驱动发动机和飞机附件。

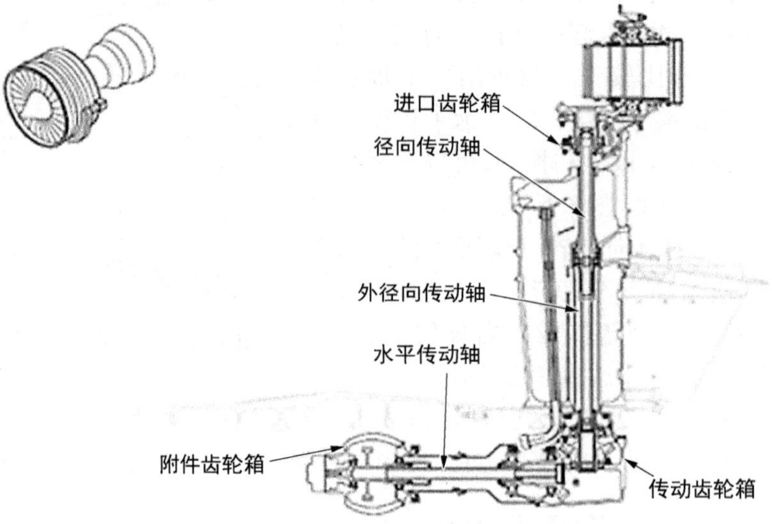

图 3.6.1　附件驱动系统

(1) 进口齿轮箱(IGB)。IGB 在 HPC 前轴和径向驱动轴之间传递扭矩。它还支撑发动机核心机的前端。它位于风扇框架油底壳中,并用螺栓固定在风扇框架后法兰的前侧。只有在发动机模块拆卸后才能看到。IGB 包含以下零件：水平锥齿轮(带联轴器/锁紧螺母);径向锥齿轮;3 号轴承(滚珠和滚柱);旋转空气/油封,如图 3.6.2 所示。

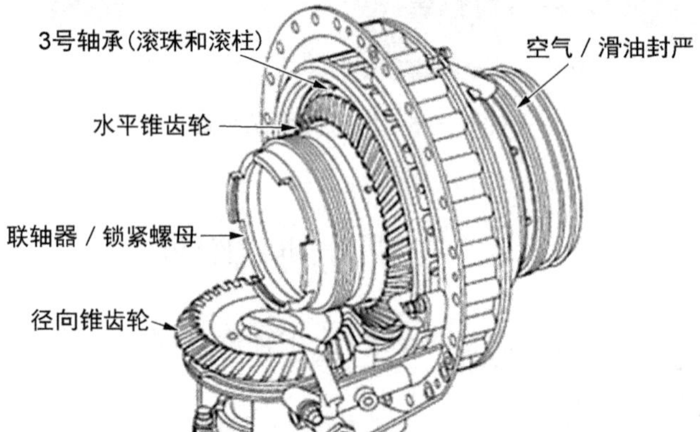

图 3.6.2　进口齿轮箱

水平锥齿轮与径向锥齿轮配合,为 TGB 组件提供旋转扭矩。它固定在 HPC 前轴上,并带有 3 号轴承内座圈。水平锥齿轮有 47 个齿。它通过花键连接到压气机转子前轴上,并通过联轴器/锁紧螺母固定在其上。联轴器/锁紧螺母的安装方式使其独立旋转,但其内螺纹将 HPC 前轴固定在水平锥齿轮上。该螺母还用于在发动机拆解过程中拔出发动机核心转子。螺母的外表面上有齿,以提供与前静止油封的密封,齿轮的外轴提供轴承的内座圈,后端有螺纹,用于安装旋转空气/滑油密封,该密封还用作 3 号滚珠轴承的锁紧螺母。径向锥齿轮有35个齿,它安装在1个滚珠轴承和2个滚柱轴承上,分别位于锥齿轮轮毂的两端,齿轮通过花键驱动径向驱动轴,径向驱动轴可从发动机外部拆卸,以便单独更换IGB。轴承和齿轮由通过前油底壳油歧管总成供应的滑油润滑和冷却,3号轴承总成由1个滚珠轴承和1个滚柱轴承组成。该组件安装在IGB壳体和水平锥齿轮之间,3号滚珠轴承作为核心发动机推力轴承,提供HPC转子前端的轴向定位,3号滚柱轴承位于滚珠轴承的正后方,径向定位发动机核心转子。轴承和齿轮由通过前油底壳油歧管总成供应的滑油润滑和冷却。旋转空气/油封提供前油底壳后端的密封,并充当3号轴承的锁紧螺母。两个后密封齿之间的孔允许油底壳加压空气通过。通过前密封齿下方的孔,滑油可以排入3号轴承腔,旋转空气/油封具有内螺纹,用于安装在水平锥齿轮上,其正面将3号轴承内圈锁定到位。

(2) 径向传动轴(RDS)。RDS(图3.6.3)将动力从IGB传输到TGB。总成安装在风扇框架10号支柱内的9点钟位置。它由1个内径向驱动轴和壳体、1个轴中轴承和1个外径向驱动轴及壳体组成。内部和外部RDS是中空的,由合金钢制成。外部RDS的一端是内部花键连接的,并与RDS的外部花键连接。内部和外部RDS总成的两端都是外部花键,并将IGB水平齿轮与TGB输入水平齿轮连接。中-长滚珠轴承可使RDS在其壳体中正确居中。其内座圈安装在RDS的中间位置,外座圈是RDS外壳的一部分。

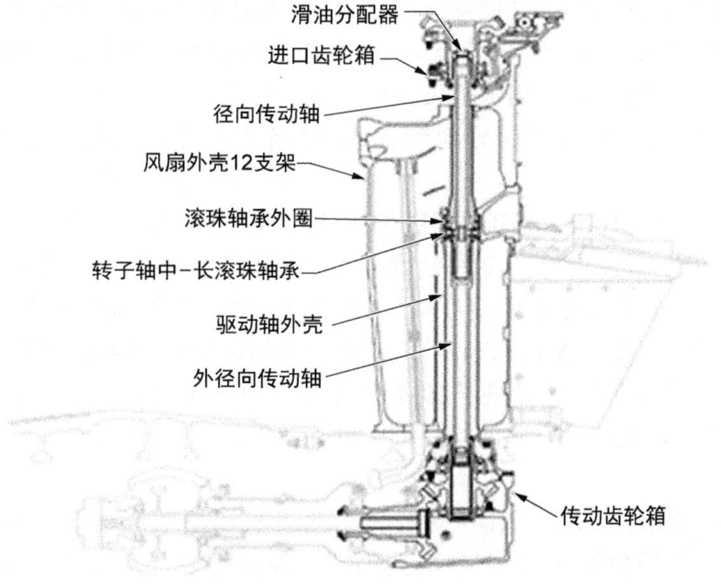

图3.6.3 径向传动轴

(3) 传动齿轮箱(TGB)。在RDS的驱动下,分动箱降低转速并通过水平驱动轴将扭矩从IGB重定向到AGB。它固定在风扇框架模块下方9点钟位置,由以下部件组成:分动箱壳体、输入锥齿轮、水平锥齿轮(图3.6.4)。

外壳是一个双壁铝合金铸件,以改善滑油清除。壳体的上部由一个轴承适配器组件组成,该组件接合在风扇框架护罩中的内部驱动轴壳体中。TGB外壳通过4个螺栓连接

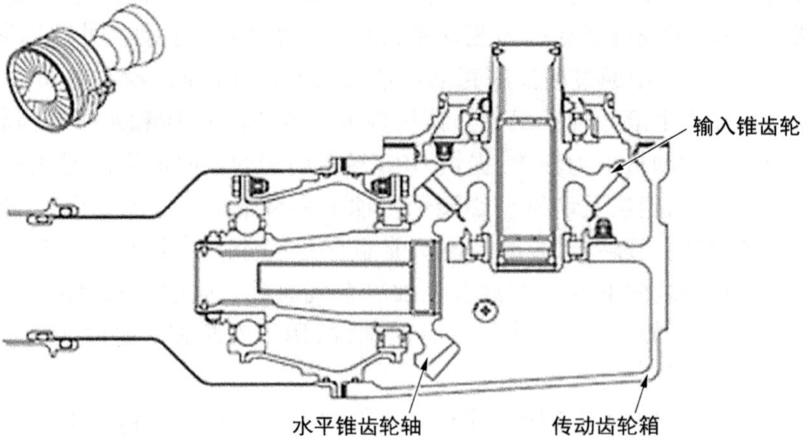

图 3.6.4　传动齿轮箱

到风扇框架护罩上。TGB 壳体有 3 个油喷嘴,用于润滑液位齿轮和轴承。TGB 的上部装有输入锥齿轮、轴承座、滚珠轴承和滚柱轴承。输入锥齿轮有 31 个齿。锥齿轮的孔在其上端用花键连接,并与外径向驱动轴接合,密封由内部安装在输入锥齿轮孔中的密封圈提供,喷油嘴将一股滑油直接喷到锥齿轮上。另一个喷油嘴向滚柱轴承喷射滑油。油分配器安装在锥齿轮内部,由螺锁系统固定,确保油分配和外部 RDS 的轴向保持。TGB 的水平部分包括输送管、套筒、水平锥齿轮、滚珠轴承和滚柱轴承,水平锥齿轮有 32 个齿,滑油喷嘴将 3 股滑油喷射到水平锥齿轮的各个零件中。油分配器安装在锥齿轮中,并通过螺锁系统连接,允许将油分配到轴承,锥齿轮的孔在其前端用花键连接,并与 HDS 相连。

(4) 水平传动轴(HDS)。HDS 提供 TGB 和 AGB 之间的动力传输。水平传动轴传动管由合金钢制成,并配有铝合金滑动套筒,传输管和滑动套筒容纳并保护 HDS 和水平齿轮轴组件,传输管用螺栓固定在 TGB 外壳上,滑动套筒确保通过夹具与 AGB 连接,传输管、水平锥齿轮支撑轴承和 TGB 壳体之间的两个 O 形环以及套筒和 AGB 后法兰之间的一个 O 形环为组件提供了必要的密封。HDS 由合金钢制成。它的两端用花键连接,并通过手动盘驱动齿轮驱动 AGB 齿轮。轴通过锁紧螺母固定在驱动齿轮中(图 3.6.5)。

(5) 附件齿轮箱(AGB)。AGB 支持和驱动飞机和发动机附件。AGB 总成安装在风扇框架左侧 9 点钟位置,由 2 个 U 形夹固定。外壳为铝合金铸件。AGB 由一个齿轮系组成,该齿轮系可降低和提高转速,以满足每个附件的特定驱动要求。AGB 的正面用于液压泵、IDG、起动机、手动曲柄传动、交流发电机。AGB 背面与 HDS 套筒相连,并为润滑装置、废滑油滤清器、HMU。一些附件通过快速连接/分离环安装在 AGB 上(图 3.6.6)。

齿轮组包含在 AGB 外壳中并且由驱动附件的齿轮轴组成。每个齿轮轴组件由一个由滚珠轴承和滚柱轴承支撑的正齿轮组成。它们由油分配器润滑,油分配器将喷油嘴供应到特定区域(轴承和花键)。AGB 的密封由磁性和弹簧加载型 2 种配置的碳密封提供。

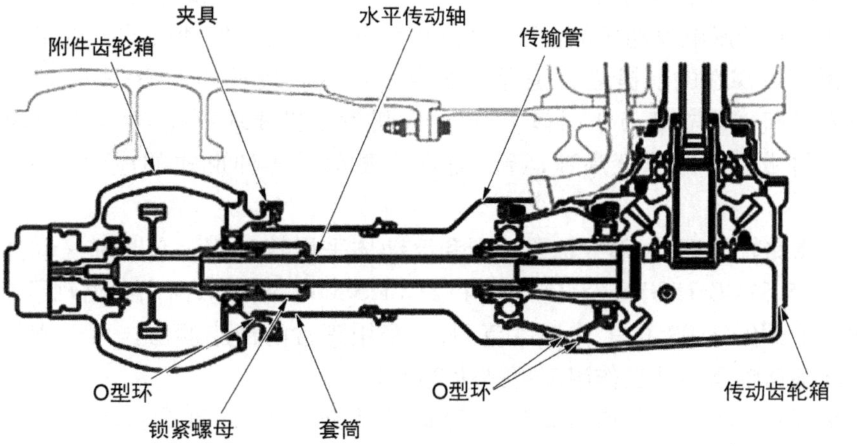

图 3.6.5 水平传动轴

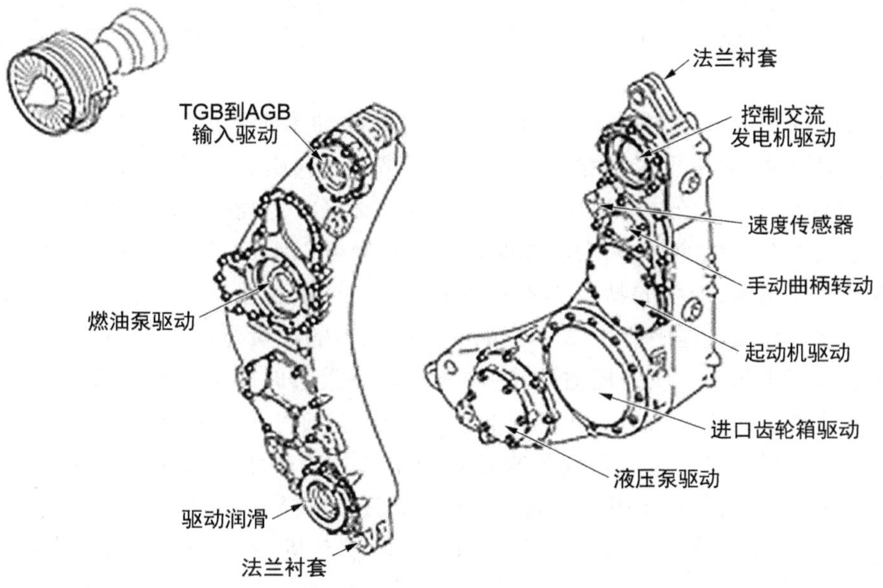

图 3.6.6 附件齿轮箱

磁性密封包括：1 个非磁性密封外壳，其中包含 1 个带抛光表面的磁化配合环和 1 个挡圈、1 个固定在旋转环中的旋转密封。此密封类型可用于 IDG、液压泵、燃油泵垫片。弹簧加载碳密封和带有抛光表面的旋转配合环组成。旋转配合环有 4 个凸耳，它们接合在齿轮轴轴承中的 4 个相应槽中。包含弹簧加载密封件的壳体确保旋转配合环的抛光面与碳密封元件之间的持续接触。此密封类型可用于 IDG、液压泵、燃油泵、起动机的驱动垫片。

3.6.2 主轴承

航空航天轴承在燃烧后由高温气体推动涡轮，涡轮由轴驱动。以飞机发动机的主轴承为例，主轴承是飞机发动机的关键部件之一。在高速、高温和复杂环境下运行，主轴承的质量和性能直接影响发动机的性能、寿命和可靠性。飞机发动机的关键指标之一是高可靠性。保证可靠性的前提之一是保证航空轴承具有较长的寿命——主轴承的寿命，军用飞机发动机要求在 3 万小时以上，民用飞机发动机要求更高，要上万小时。它们不仅要以每分钟数万转的速度高速运行，而且还要承受各种形式的应力挤压、摩擦和超高温。

（1）高碳铬轴承钢，大部分轴承套圈和滚动体采用特殊钢。套圈和滚动体由高碳铬轴承钢（GCr15 和 GCr15SiMn 及 ZGCr15 和 ZGCr15SiMn）制成。由高碳铬轴承钢制成的轴承一般适用于-40～130℃的工作温度范围，并采用正常的油脂润滑。可以满足通用机械的要求。高碳铬轴承零件工作温度可高达 250℃。

（2）渗碳轴承钢，套圈和滚动体由渗碳轴承钢制成，硬度为：套圈和滚动体均为 HRc60～64，一般适用于-40～140℃的工作温度范围，滑油可在较大的冲击和振动条件下使用，钢的热处理工艺很复杂。

（3）耐热轴承钢，耐热轴承钢，硬度为：套圈和辊子为 HRC60～64，钢球为 HRC61～65，在正常润滑的情况下，适用于工作温度为 120～250℃，如飞机发动机、燃气轮机等主轴工作条件。

（4）耐腐蚀轴承钢、套圈和滚动体均采用耐腐蚀轴承钢制成。硬度为：套圈和滚动体不应低于 HRc58，适用于水、硝酸、化学试剂等腐蚀性介质。气温为-253～350℃。

德国 FAG 航空航天公司和德国 MTU 航空发动机公司为涡扇发动机开发的滚珠轴承有可能显著减少发动机冷却中使用的油量。该部分可以帮助航空公司提高航班运营效率。与传统零件相比，轴承的特点具有极高的转速，轴承速度首次超过 40 000 mm/min。传统主轴轴承在起飞过程中产生 20 000 mm/min，轴承的油量可以减少到 6 L/min，而传统轴承的油量为 12 L/min。该公司估计，将功率损耗降低 25%每年可为全球节省 2 000 000 t 燃油。与全球燃油消耗量高达 230 亿吨的预测相比，这似乎只是杯水车薪，但在一个即使是个位数的燃油减少也能为运营商带来可观资金节省。轴承的节距直径为 168 mm。滚珠材料为氮化硅陶瓷，与传统轴承相比，可减少摩擦并减轻 13%的零件重量。内圈和外圈是钢，滚道采用双相硬化（表面氮化）高温钢。根据发动机设计，轴承可以安装在不同的区域。如果安装在涡扇发动机的高压转子上，轴承特别有利，滚珠轴承也可以安装在中压或低压阀芯上。在轴承获得认证之前，将进行地面和飞行测试。因此，认证工作将与新发动机计划一起完成。该轴承减少的燃油消耗和排放，减轻燃/滑油系统及更高的可靠性。

3.6.3 封严

封严用于密封基本空间，如起落架、机翼、发动机、机舱、门窗等，具有高度的灵活性和结构完整性，可阻止高温在发动机区域之间蔓延，确保引气不泄漏、液压系统不泄漏。这样最大限度地减少了发动机组件被污染并优化了系统性能，封严是作为一种有效且广泛应用的密封，浮环密封广泛应用于火箭发动机、航空发动压气机、涡轮等。浮环密封在高转速、高压差、大温度变化、高振动、转子轴的离心增长和动态轴偏移的条件下工作，这需要良好的防泄漏性能和可靠性。为保持其完整性，浮环通常安装在钢环中，由碳环制成，该环可以在转子上以适应振动，并调整碳环与转子之间的间隙，从而确保相对较低的泄漏。一种具有自调节间隙能力的浮环密封在运行过程中以小间隙运行，轴向密封面上的摩擦黏滑以及防旋转元件的旋转力矩相互作用。

轴承在工作过程中需要大量滑油来冷却、润滑，但要防止滑油漏入气流通道。另外，涡轮喷气通道中的高温燃气也不能向轴承腔泄漏，否则会对滑油有一定的影响。为此，应对轴承腔采取一定的封严措施，即把轴承的工作腔与外界的气流通道之间用封严装置隔开，这个靠封严装置与外界气流通道隔开的轴承工作腔称为轴承腔，也叫油槽。一个轴承腔内可以有一个或多个轴承。

轴承腔是个封闭的增压空间（图 3.6.7），有供油、回油和通风管路与它相连。封严空气可穿过封严而进入轴承腔内部，给轴承腔增压。轴承腔增压有利于轴承腔回油。为了保持轴承腔内有合适的压力，腔内的气体还得排出腔外。否则，若腔内压力太高，就会影响轴承腔的供油。为了保持轴承腔内、外有一定的压差，轴承腔一般都有个通风系统，其负责把轴承腔内的气体排出腔外。确定通风能力时，既要保持有足够的封严空气进入轴承腔，以保证封严效果，同时还应该保证用尽可能少的封严空气，以减少对发动机性能的影响。通风系统排出的气体中含有滑油，所以，这些气体要经过油气分离后，才能最终排到发动机体外。V2500 发动机有 3 个轴承腔，前轴承腔内包含有 1、2、3 号 3 个轴承，4 号和 5 号轴承各有自己的轴承腔，轴承腔封严常用的方法有迷宫式封严。

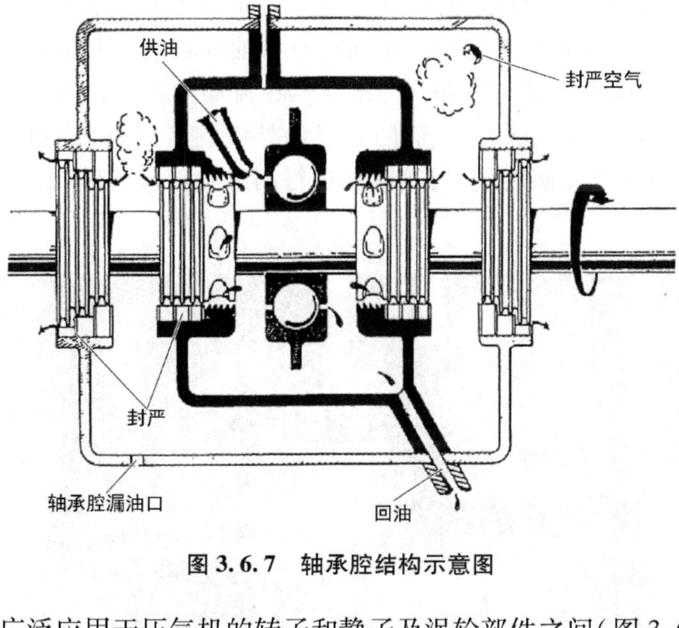

图 3.6.7　轴承腔结构示意图

迷宫式密封广泛应用于压气机的转子和静子及涡轮部件之间（图 3.6.8）。尽管迷宫式密封属于非接触式密封，但在许多特定条件下，不接触是不可避免的。旋转轴上的迷宫式封严通过离心运动以及受控流体涡流的形成来控制气流流过各种轴承腔室，从而提供非接触密封作用。在更高转速下，离心运动迫使滑油向外，从而远离油槽。如果迷宫式封

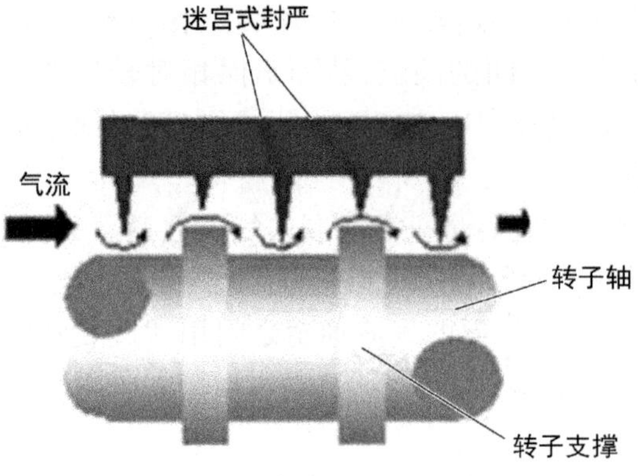

图 3.6.8　迷宫式封严

严的腔室设计正确,任何脱离主腔室的滑油都会被留在迷宫式封严的腔室中,在那里它会被迫进行类似涡流的运动。这起到防止滑油外溢的作用,也起到排斥任何其他流体的作用。迷宫式密封由多个刀刃组成,刀刃与转子的间隙很小(0.254~0.508 mm),具体取决于其位置。密封温度通常为704.4444℃或更低,迷宫式封严用于表面速度高达约457.2 m/s 的情况,迷宫式封严是间隙密封,因此具有高泄漏率。迷宫式封严用作轴密封和内部空气密封,用于密封叶片至转子级间的位置。

碳封严是一种接触性封严,它通常用于轴承腔和齿轮箱输出轴的封严。碳块环靠弹簧或其他方式产生的压力压紧在封严面上,碳块环静止不动,封严面是旋转的,且特别光滑。图 3.6.9 也称端面碳封严。碳封严通常需要滑油冷却接触面,因为在工作过程中,碳块与旋转面之间的摩擦会产生一定的热量。图中在旋转封严面上加工有专门的滑油通道,它的作用是把滑油送到封严接触面。图 3.6.10 是 V2500 发动机的 4 号轴承腔的碳封严结构。碳块环与封严端面为轴向接触,碳块环靠弹簧轴向加载在旋转封严面上。引自高压压气机出口的空气,经冷却后用来冷却轴承腔,并且冷却空气还起到辅助碳封严的作用。由于该轴承腔位于燃烧室内部,所以轴承腔的外表面有由绝热材料制成的隔热罩,其作用是减少对轴承腔的热辐射。在隔热罩与轴承腔壁之间是空心夹层,冷却空气在此夹层中流动,对轴承腔进行冷却。冷却空气在流动过程中,部分空气穿过碳块与旋转封严面之间的间隙进入轴承腔,从而防止滑油外流。专门有滑油通路把少许滑油送到碳块环与旋转的封严表面之间,对接触面进行润滑和冷却,以带走由于旋转而产生的热量。

图 3.6.9　PW4000 发动机低压涡轮叶片与鼓之间的碳封严

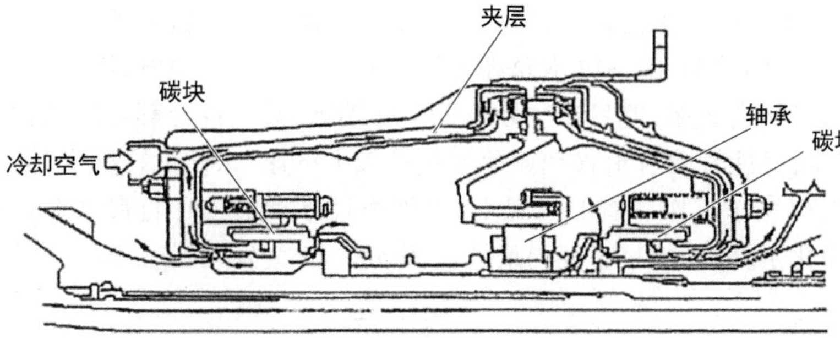

图 3.6.10　V2500 发动机轴承腔碳封严

气悬式碳封严是在碳块环的封严接触面上加工有凹槽,凹槽有不同形式。气悬式碳封严同样有端面封严和周向封严两种形式。当静止时,碳环靠弹簧加载在封严面上,起封严作用。由于碳块环上有凹槽,工作时随着封严面的旋转,在碳块环和封严面之间就会产生气体动压,并且气体动压还随转速升高而迅速升高。当转速达到一定值后,气体动压力克服作用在碳块环上的加载力,使碳块环与封严面间分离,而在封严面和碳块环之间生成一薄气膜,使碳块环悬浮在气垫上,实现非接触式气膜封严。除了上述封严外,还有液压封严和浮动环封严。液压封严用于两旋转件之间的封严,这种封严与其他封严不同之处是没有空气泄漏。在两个转轴之间形成一个环形腔,在内转轴上加工有篦齿。轴旋转时,由于离心力的作用,滑油在内、外轴之间的环形腔内形成一层压力油环。此油环的转速基本与外轴的速度一样,篦齿浸在油环内形成封严。压力空气被引到篦齿的外侧,这样篦齿内侧为轴承腔内的压力,外侧是封严空气的压力。封严空气的压力大于轴承腔内的压力。轴承腔内、外的压差靠油环液面高度来补偿。当油环旋转速度与外轴的旋转速度不同时,油环和轴之间就会产生摩擦而产生热量,造成滑油温度升高。若滑油温度太高就会造成滑油积炭而影响封严。为了控制此热量的多少,可采取一定的冷却措施,如在滑油环腔的外表面加工散热肋,以增加散热面积。从高压一侧引滑油进入液压封严,让滑油流过液压封严,也可起到散热作用。

飞机变速箱用于将主轴的转速从 26 000 r/min 降低到约 3 400 r/min,轴才可以驱动液压泵、发电机和空调压缩机等系统部件。为了密封齿轮箱内的滑油并防止其在轴进出齿轮箱的位置泄漏,大多数飞机齿轮箱都使用封严件。空气涡轮起动机通常使用与齿轮箱密封件中所使用的碳化硅或碳化钨动态封严密封材料相同的碳石墨,但滑动速度要高得多。这些空气涡轮起动机实际上是小型涡轮机,它们使用 APU 的引气来产生起动主发动机所需的动力。起动机的轴速度可以高达 180 000 r/min,或滑动速度约为 304.8 m/s,这几乎是声速。封严由飞机密封件制造商设计,带有楔块和气流通道,以产生空气动力学或流体动力学升空。用于飞机发动机和 APU 的主轴密封件,带有碳石墨初级环和碳石墨圆周密封环用于飞机发动机主轴密封件,以控制发动机内部的气流和燃烧气体流量。它们还密封主轴承中的滑油,使压气机轴和涡轮轴能够自由旋转。

3.6.4　转子支承结构

一般来说一根转轴至少要在两处有轴承支承,这样才能保持平衡。当有轴向载荷时,通常在两个支点中一处装滚柱轴承,另一处装滚珠轴承。发动机转子的支承也是这样,滚珠轴承限制转子轴向移动,滚柱轴承允许转子轴向自由移动。当然,当发动机转子比较长时,支点的个数可能会更多,但只在一处设置滚珠轴承,其他各处都是滚柱轴承,以保证转子既可轴向定位,又能轴向自由移动。承受负荷较大的滚 珠轴承一般安排在工作环境温度较低的区域,以利于工作。有的情况下,可把滚柱轴承的内环直接做在转轴上,这样既减轻重量,又简化了结构,减小了径向尺寸。图 3.6.11 为发动机轴承示意图。

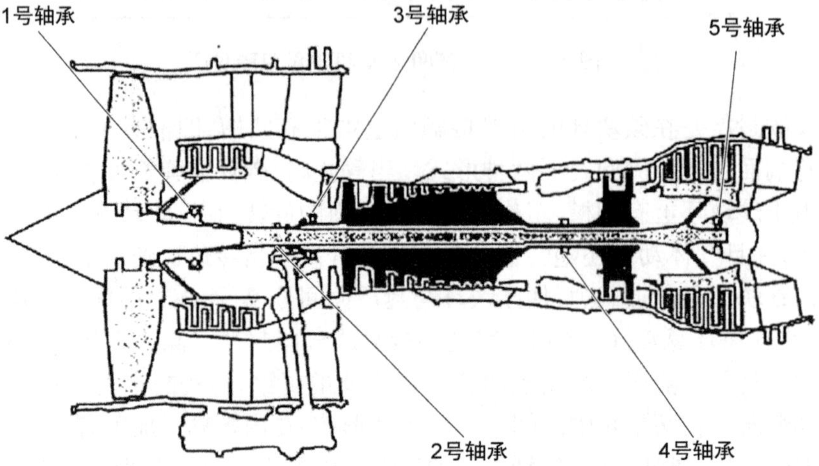

图 3.6.11　发动机轴承示意图

单转子和双转子发动机支承结构相对简单,而三转子发动机支承则较为复杂,单转子支承相对简单,一般采用三点支承方案,即压气机转子前后各一个轴承,涡轮转子前一个轴承。三个支点中,一个为滚珠轴承,其余两个为滚柱轴承。

图 3.6.12 中的双转子发动机是 V2500 涡扇发动机,可看到 2 个转子共用了 5 个轴承。其中低压转子较长,所以用了有 3 个轴承。1 号轴承为滚珠轴承,其余两个(2 号和 4 号)都是滚柱轴承。滚珠轴承装在喇叭形低压风扇短轴上,这样万一风扇轴断了,其可拽住风扇转子,避免风扇甩到发动机外面。

高压转子短,且压气机转子和涡轮转子间采用刚性联轴器连接,整个转子的刚性较好,所以只在压气机转子的前端 3 号轴承和压气机转子与涡轮转子之间装了 4 号轴承,其中 3 号轴承是滚珠轴承。两个滚珠轴承都在前轴承腔内的低温区。图 3.6.12 是罗罗公司的 RB211－535 系列三转子涡扇发动机。由于有 3 个转子需要支承,所以结构复杂些,轴承个数也多。总共有 8 个轴承,其编号顺序从前到后依次为 1～8 号。其中低压和中压转子各有 3 个轴承,高压转子上有 2 个轴承。在这些轴承中,3、4、5 号是滚珠轴承,其他都是滚柱轴承。

在低压转子上的三个轴承中,低压涡轮轴后端有一个轴承,风扇短轴上有 2 个轴承。风扇盘后面的 1 号轴承是滚柱轴承,短轴后端的 3 号轴承是滚珠轴承,它也是低压涡轮轴的前支承。这样万一风扇轴断裂,则风扇盘会飞出发动机。为此,在此短轴内部又加了个失效安全轴。此轴的目的就是,若风扇短轴断裂,它可拽住风扇,避免其飞出发动机。除 3 号滚珠轴承外,所有的轴承支承结构都类似,即外环支承在静子上不动,内环固定在轴

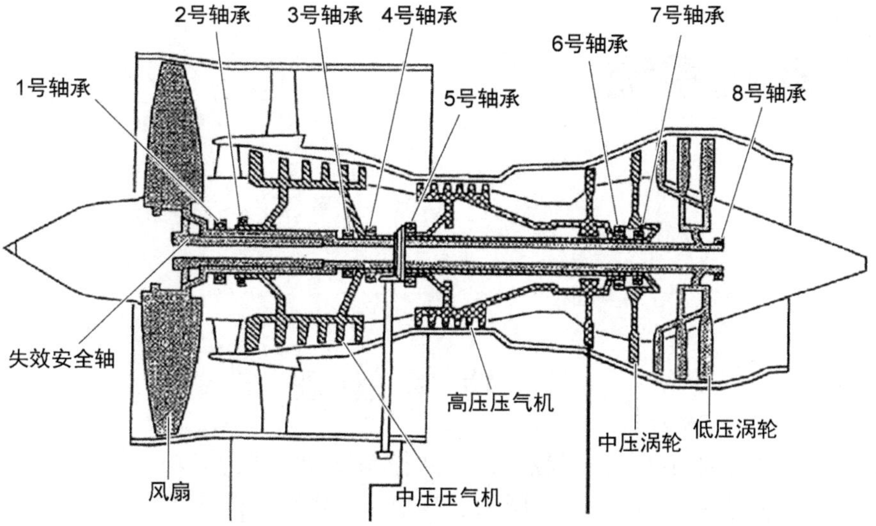

图 3.6.12　三转子发动机轴承布局

上，随轴旋转。3 号轴承的外环支承在中压转子上，内环支承在风扇短轴上，即内、外环都随轴转动，而且一个随低压轴转，另一个随中压轴转。一般把这种支承在两转轴之间的轴承称为中介轴承或轴间轴承。这种轴承的润滑冷却困难，轴承工作条件差，且装配复杂。采用中介支点可使承力框架数目减少，缩短发动机长度，而且通过这种布局，3 个转子上的 3、4、5 号止推轴承都集中在了一起，由一个承力框架支承。

在设计轴承支承结构时，为了改变转子的支承刚性，可采用弹性支承方案，即轴承不直接固定在承力框架上，而是经过一个刚性小、具有较大弹性的支座再固定到承力机匣上。采用弹性支承可以改变转子支承刚性，调节转子的临界转速，从而避免在发动机工作转速范围之内出现共振现象。另外，弹性支承的弹性变形还会吸收一部分振动能量，起到降低转子振动的作用。

思　考　题

1. 进气道最基本的要求是什么？
2. 外压式、内压式与混合式超声速进气道三者有什么差别？各有什么优缺点？
3. 超声进气道喘振是怎样发生的？它对发动机工作有什么不利影响？
4. 在轴流压气机中的空气通道究竟是收敛形还是扩张形的？
5. 轴流压气机级的增压比受哪些因素影响？
6. 轴流压气机喘振是怎样产生的？它对压气机和整台发动机有什么危害？
7. 涡轮中的高温气流通道究是扩张形还是收敛形的？
8. 在涡轮叶片中有哪些流动损失？
9. 燃烧室按结构形式可分为哪几类？各有哪些优缺点？
10. 尾喷管的功用是什么？

第 4 章 飞机发动机系统

4.1 功率管理

功率管理通过对油门杆的操纵输入的方式控制发动机推力。功率管理使用风扇转速(N1)作为推力设置参数,如图 4.1.1 所示。基于大气环境条件 EEC 计算 5 个风扇参考转速(包含:慢车、最大爬升/最大爬高、连续推力、最大起飞/复飞和最大反向推力),以获得适当的发动机额定值。本节主要以 CFM56 系列发动机为例。

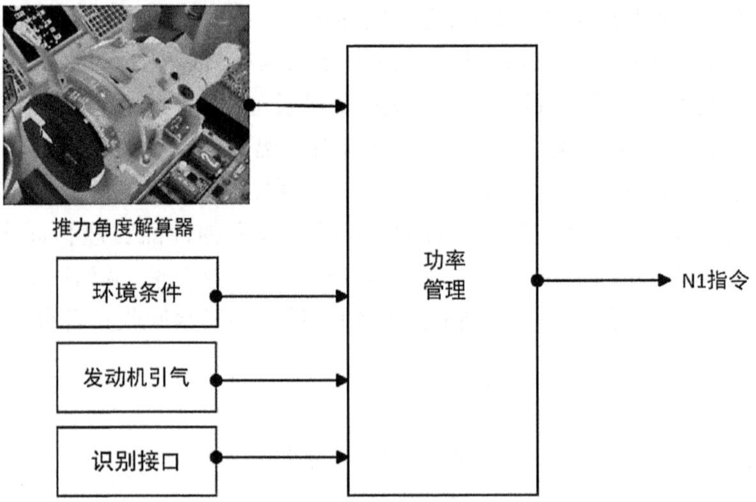

图 4.1.1 功率管理

EEC 包含 6 种不同类型的发动机模型可选额定值数据,其中一些具有推力选项。实际推力额定值数据通过选择发动机 ID 接口编辑设定。在海平面标准大气压下,推力额定值为:19 500 lb、20 600 lb、22 700 lb、24 200 lb、26 300 lb 和 27 300 lb(8 845.051 2 kg、9 344.002 8 kg、10 296.546 8 kg、10 976.935 3 kg、11 929.479 3 kg 和 12 383.071 7 kg)。发动机推力取决于进入发动机的空气质量及在发动机循环期间给予它的加速度。

4.1.1 推力设定计算

EEC 通过油门杆输入控制风扇转速,相当于发动机推力水平。油门操纵杆由驾驶员手动定位和自动油门自动控制。推力额定值计算 N1 的每个可用的位置,参考实际指令 N1 为通过油门杆的不同位置作为 TRA 的函数计算,如图 4. 1. 2 所示。

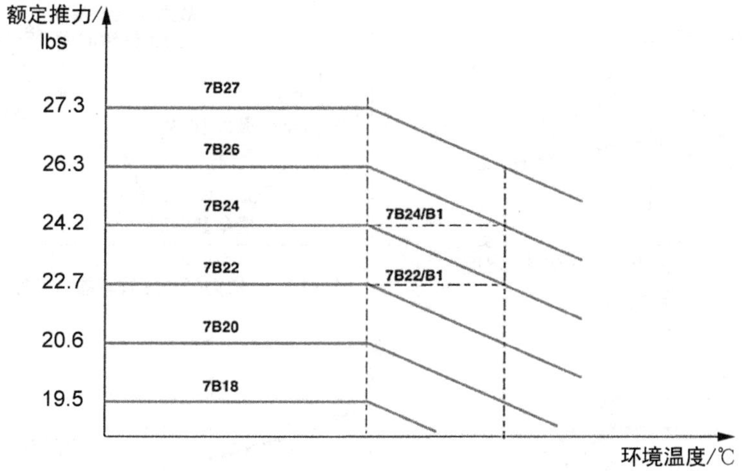

图 4. 1. 2　推力与环境温度关系

4. 1. 2　推力额定值 N1 计算

在当前飞行条件下,6 个基准推力额定值由 EEC 计算,用于电源管理控制、紧急保留/缓冲、最大起飞重量(maximum take-off weight, MTO)、最大连续时间(maximum continuous time, MCT)和最大爬率(maximum climb, MCL)的基线推力额定值均为发动机型号和机身类型,依靠的最大反推(maximum reverse, MREV)额定值和慢车 IDLE 参考值对所有发动机型号和机身类型都相同。

基线推力额定值计算如下:

(1) 紧急保留/缓冲(超增压);

(2) 最大起飞/复飞;

(3) 最大连续时间;

(4) 最大爬升;

(5) 慢车参考;

(6) 最大反推。

EEC 计算推力通过 N1 与 TRA 位置与每个额定值的设置相关联。MTO 是最高的额定推力值。在飞行包线范围内,起飞/复飞额定值用于较低高度的最大连续额定值,实际上是“最大额定功率”的两个版本推力。根据温度、压力、马赫数、引气等参数计算当下飞机的 N1,如图 4. 1. 3 所示。

(1) 温度: 提供的推力取决于外部空气温度(OAT)。通过设计发动机提供恒定推力,达到预先确定的 OAT 值,称为“角点”,在此之后,推力成比例地减小,保持恒定的 EGT 值。

(2) 压力: 随着高度的增加,推力将减小,在恒定转速下运行时,压力降低与空气密

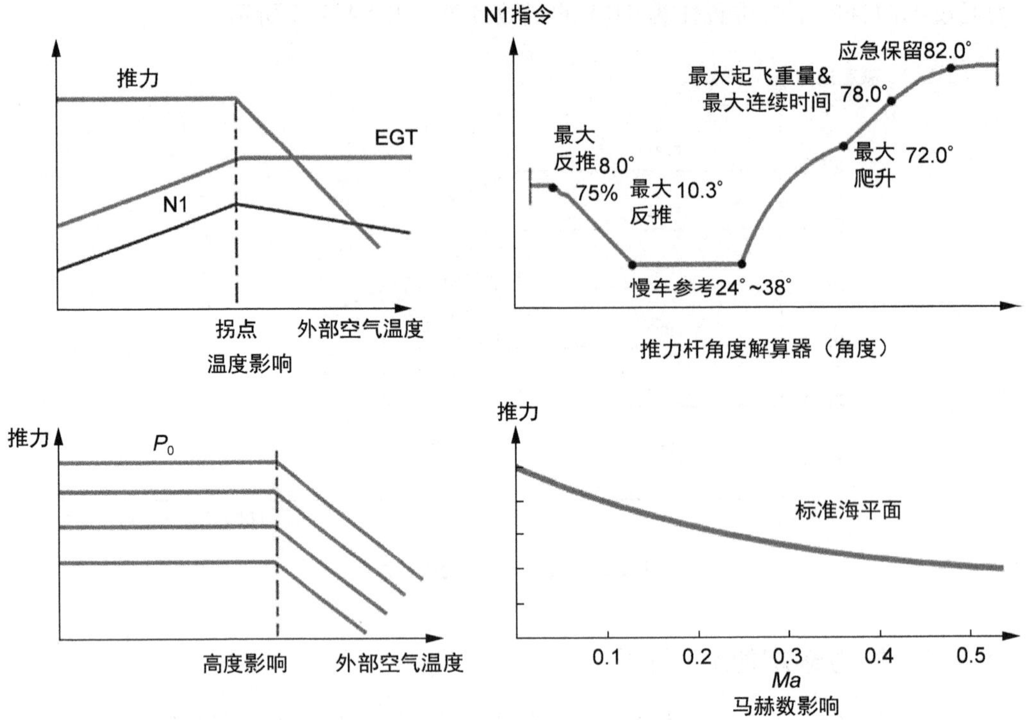

图 4.1.3　不同条件下的 N1 计算

度、气流流量和燃油流量有关。

（3）马赫数：当马赫数增加时，进入发动机的空气质量的速度发生变化，从而降低推力。为了确定风扇转速，EEC 根据静压、总压和 TAT 值计算马赫数。

（4）引气：考虑引气防冰，以便在有引气和无引气的情况下保持相同的 EGT 水平。

4.1.3　N1 转速调节

多余的推力裕度被纳入发动机额定推力计划。EEC 使用 N1 离散修正器来减少单个发动机之间的推力差异，如图 4.1.4 所示。在 EEC 内发出减少 N1 的指令，使 N1 实际速度减少了一定的百分比，在高涵道比发动机中，由于 N1 速度等于推力，因此可以匹配不同的推力输出。降低 N1 的修改参数值不会影响发送到驾驶舱内显示器的 N1 数值，因此，驾驶舱 N1 指示不受影响。N1 微调（或修改器）在发动机运行期间确定，并且 N1 微调功能仅在 3 900 r/min 之后可用。

如果实际 N1 速度在 N1 红线的 0.46%范围内，则 EEC 停止微调计算，海拔高度大于等于 15 000 ft（4 572 m）或如果马赫数大于等于 0.40 的时候，EEC 同样会停止微调计算。CFM56－7B 发动机有三种推力控制工作模式：正常推力控制模式和两种备用推力控制模式，这两种模式为大气数据惯性基准组件 ADIRU（air data inertial reference units）总压数据的丢失提供了容错功能。

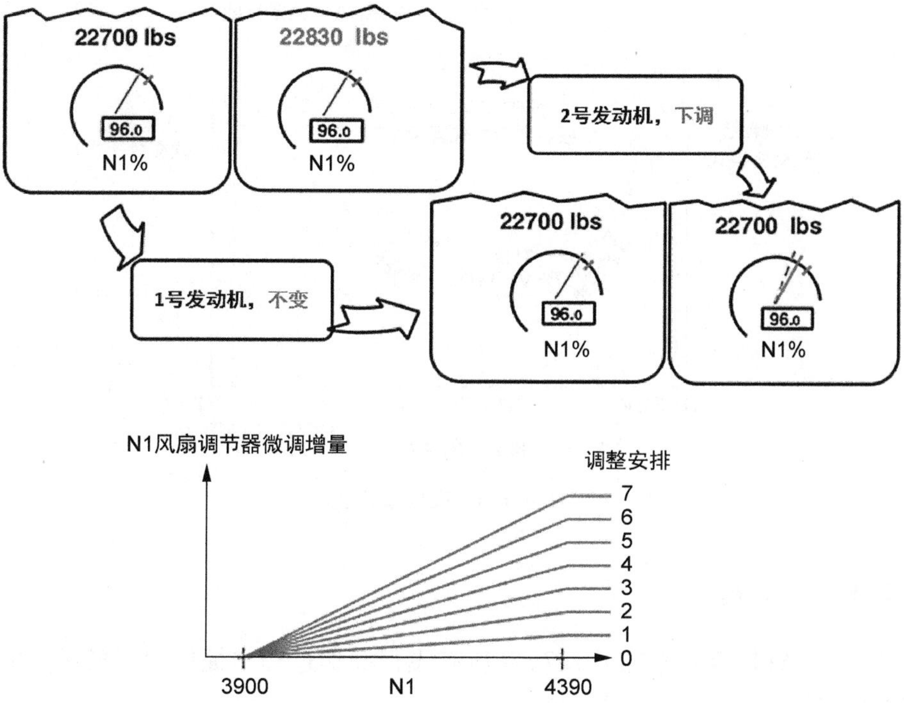

图 4.1.4　N1 转速调节

1. *软交替模式*

如果 EEC 失去 ADIRU 通信、P_T 空速管温度或者 ADIRU1 和 ADIRU2 之间存在不一致的时候，进入软交替模式（图 4.1.5），EEC 不再根据来自单个有效输入的 P_T 计算马赫数。在该模式下，使用最后一个有效的 Δ 温度值和当前 P_0 计算马赫数，由于 ADIRU 输入是通过 CDS/DEU（common display system/drive eletronics unit）发送到 EEC 的，所以两个发动机通常接收相同的数据集。因此，两个发动机同时切换到软模式。单个发动机唯一可以处于软模式的时间是发动机遇到数据总线故障。

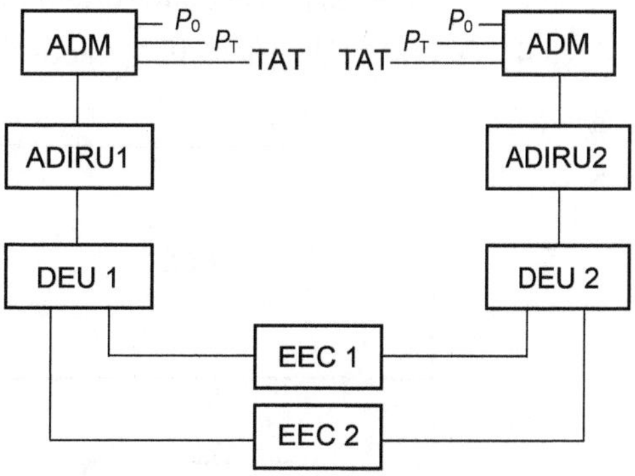

图 4.1.5　软交替模式

2. *硬交替模式*

如果油门操纵杆位于 MCL 位置，则 EEC 自动从软交替模式切换到硬交替模式（图 4.1.6）。硬备降模式可以通过机舱顶板上的 EEC 开关手动选择，在这种控制模式下，EEC 使用固定的 TAT 值（30℃）和 P_0 计算马赫数。在硬交替模式下，EEC 提供的最大 N1 数据大于或等于正常模式下的最大 N1 推力额定值。在热天运行期间，还可能会出现明显的超过最大推力。

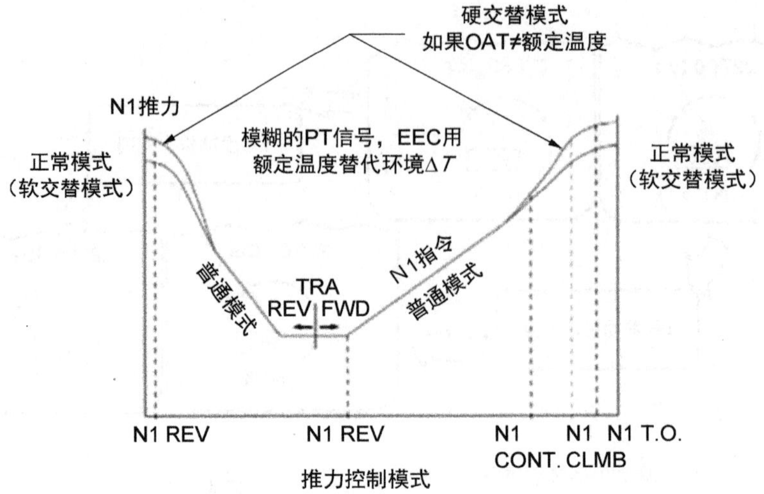

图 4.1.6　硬交替模式

4.1.4　A/T 系统

自动油门(A/T)系统(图 4.1.7)在所有飞行操作过程中提供油门操纵杆的自动定位。该系统包括：

(1) 飞行管理计算机(flight management computer, FMC)；

(2) 数字飞行控制系统(digital flight control system, DFCS)；

(3) 自动油门计算机(auto-throttle computer, ATC)；

(4) 2 个自动油门伺服机构(auto-throttle servo mechanism, ASM)。

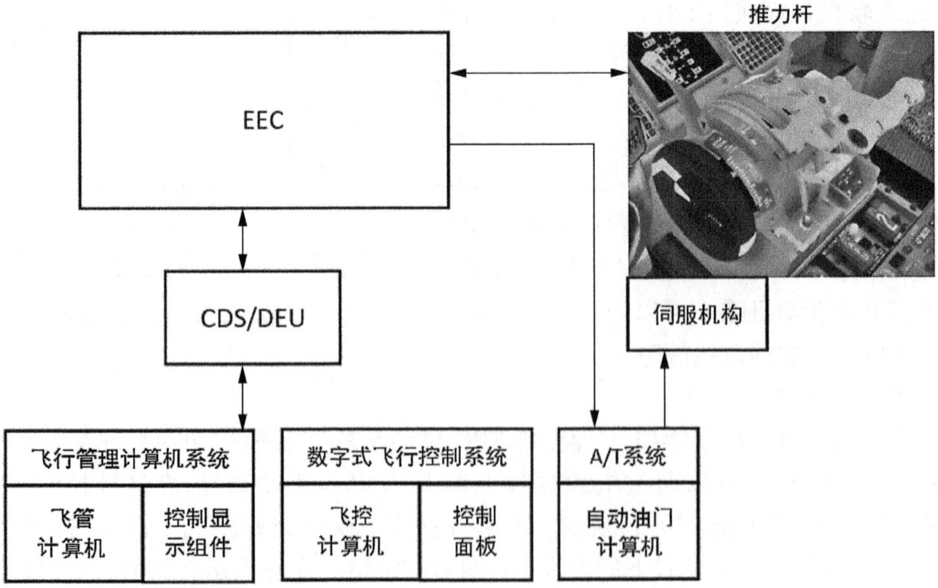

图 4.1.7　A/T 系统

1. 软交替模式

FMC 向自动油门计算机提供 N1 目标功率或目标空速，或者 DFCS 可以向自动油门计算机提供目标空速。当自动推力控制关闭时，自动油门计算机使用两个自动油门伺服机构定位两台发动机的油门杆，以获得 N1 目标功率或目标空速。

2. 硬交替模式

FMC 和 EEC 使用 ADIRU 参数计算推力。但是，与 EEC 不同，FMC 只能使用一个 ADIRU 的参数。这意味着，当 EEC 缺少 ADIRU 参数时，会切换到备用模式，但 FMC 仍然能够计算正确的推力。

为了实现对发动机的长期保护，有两种不同的方法可以减少推力。不同的发动机会有不同的额定推力。飞行员可以根据飞机发动机制造商的参考表选择较低的额定推力。FMC 使用假设温度法计算减少的 T/O(take off)。必须通过 CDU T/O 页面输入大于角点来计算 OAT。FMC 计算减少 T/O 的 N1，并相应地设置 N1。为减少 T/O 输入的 OAT 显示在 CDU 上。FMC 向 ATC 发送 N1 目标值，可在手动或自动油门模式下减少 T/O，如图 4.1.8 所示。

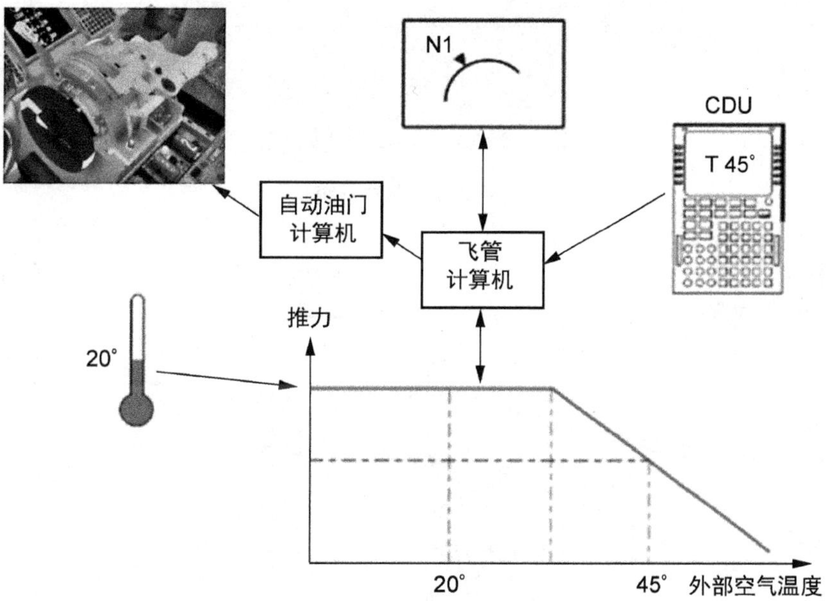

图 4.1.8　减推力起飞

4.2　燃油分配及控制系统

对于飞机发动机燃油分配及控制系统的描述主要分为两部分。本章为第一部分，描述飞机发动机燃油部件、燃油分配系统、机械式燃油控制系统和电子燃油控制系统。第 5 章为第二部分，主要描述 FADEC 系统对飞机燃油系统的控制。本节主要以 CFM56 系列发动机为例。

4.2.1 概述

如图 4.2.1 和图 4.2.2 所示，飞机燃油系统的功用是储存燃油，并保证在规定的任何

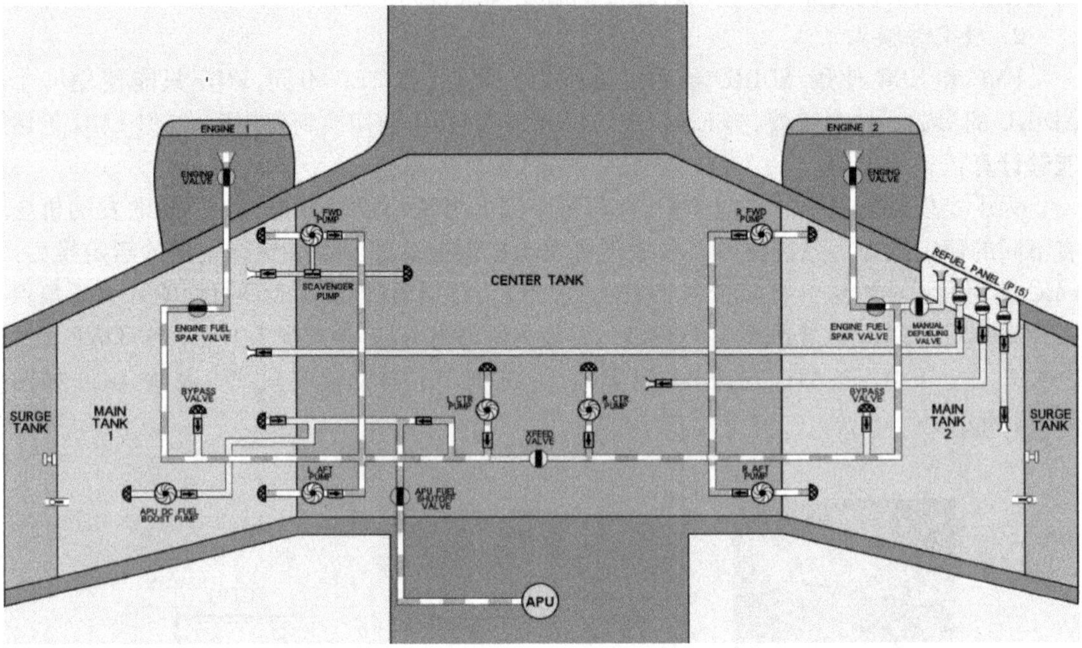

图 4.2.1 燃油系统

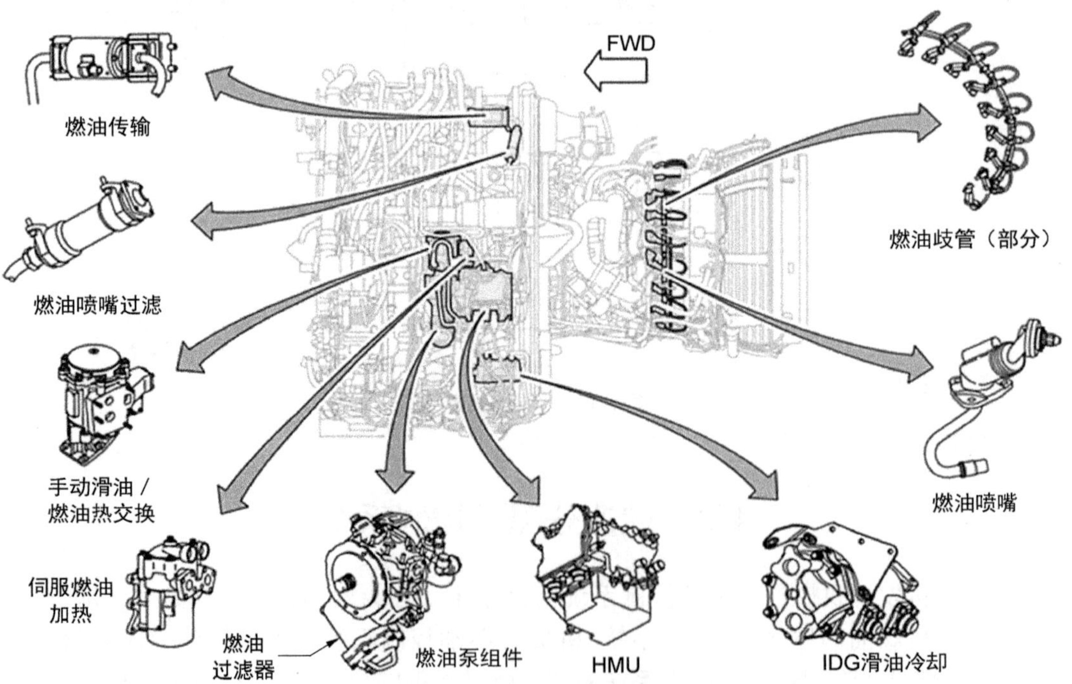

图 4.2.2 发动机燃油系统

状态(如各种飞行高度、飞行姿态)下,均能按发动机所要求压力和流量向发动机持续不间断地供油,此外,燃油系统还可以发挥冷却飞机上其他系统、平衡飞机、保持飞机重心于规定的范围内等附加功能。

航空燃油能产生化学能,在燃烧过程中转化为热能释放出来。发动机涡轮将该能量转化为推力。飞机发动机对燃油主要要求如下。

(1) 热值高,热值大小取决于燃油的碳氢含量。

(2) 充分燃烧,燃烧产物对发动机热端部件产生的不利影响要小,例如:腐蚀、烧伤、烧穿等。

(3) 对燃油系统的部件能起到一定的润滑作用且对部件腐蚀性小。

(4) 燃油冰点。燃油中出现冰末,会造成油滤堵塞和燃油系统故障。

(5) 饱和蒸汽压。在密闭条件中,在一定温度下与固体(或液体)处于相平衡的蒸汽所具有的压强称为饱和蒸汽压。同一物质在不同温度下有不同的饱和蒸汽压,并随着温度的升高而增大。纯溶剂的饱和蒸汽压大于溶液的饱和蒸汽压,对于同一物质,固态的饱和蒸汽压小于液态的饱和蒸汽压。100℃的水的蒸汽压等于一个大气压,温度越高,蒸汽压越大。蒸汽压是液体对气体的作用,也是气体对液体的作用,他们是相互作用的,同一温度下,只有一个饱和蒸汽压值。

(6) 挥发性。航空煤油是无色的透明液体,通常又称为燃油,专门用于燃气涡轮发动机。与汽油相比,其挥发性小,燃点高且低温流动性好。民航客机常用的航空煤油牌号为JET A、JET A－1 和 JET B。JET A 是基础型航空煤油,它的凝固点是-40℃。在油车和输油管道上,JET A 的标牌会用黑底搭配白色 JET A 字样,并配有黑色标识线。JET A－1(3 号喷气燃油)在民用客机中的运用最为广泛。JET A－1 在 JET A 的基础上发展而来,和 JET A 相比,凝固点比 JET A 更低,达到了-47℃,可以更好地适用于高空低温环境。它的铭牌用黑底搭配白色 JET A－1 字样,配有灰色标识线。JET B 是将航空煤油和汽油按照 7∶3 的比例进行混合,以获得更低的凝固点,是典型的宽馏分燃油。通常情况下,其凝固点可以达到惊人的-60℃。然而,由于其闪点低且处理危险性大,因此在现代民航飞机上禁止使用。其铭牌用黑底搭配白色 JET B 字样,标识线为黄色。

(7) 油气比。燃烧室中燃油和空气组成的混合气体中,油和气的质量之比,称为油气比。飞机发动机燃烧室内的工作体积是固定的,油气比就是燃烧室中燃油和空气组成的混合气体中,油和气的质量之比。

我国生产的航空煤油净热值每千克不小于 10 250 大卡,密度不低于 0.775 g/cm^3。喷气式飞机的飞行高度在 10 000 m 以上,这时高空气温为-60～-55℃,这就要求航空煤油在这样的低温下不能凝固。要求航空煤油的冰点指标不得高于这个温度范围,以便确保飞机在高空能正常飞行。航空煤油的馏程范围会影响发动机的起动性能和是否能完全燃烧,同时馏程情况与煤油本身的密度、低温性能有直接关系。航空煤油的黏度大小会影响发动机喷油嘴的工作情况和燃烧的质量。黏度太大,喷进发动机的油滴大,造成燃烧不完全,降低发动机的出力;黏度过小,使喷出的油雾角度大,射程近,会引起内部过热。由于对航空煤油要求严格,航空煤油多采用一次通过部分转化的工艺,在加工过程中采用共凝胶型催化剂,催化剂量装填多,分子筛含量少,芳烃饱和能力强,得到油品密度具有密度大、烟点高、热值高、芳烃低的特点。

4.2.2　燃油分配

飞机发动机的燃油供给涉及两个系统：一个是飞机燃油储存及供给系统；另一个式发动机燃油分配系统。发动机燃油分配系统的作用因飞机发动机制造商和型号不同存在一定差异，主要作用是：① 将燃油输送到发动机燃烧室；② 对发动机滑油进行冷却；③ 向发动机附件提供伺服作动所需的动力；④ 冷却整体驱动发电机的滑油。

如图 4.2.3 所示，燃油分配系统通常包括：燃油泵、燃油滤、燃油加热器、燃油调节与计量装置、燃油流量计、燃油管、燃油喷嘴等。

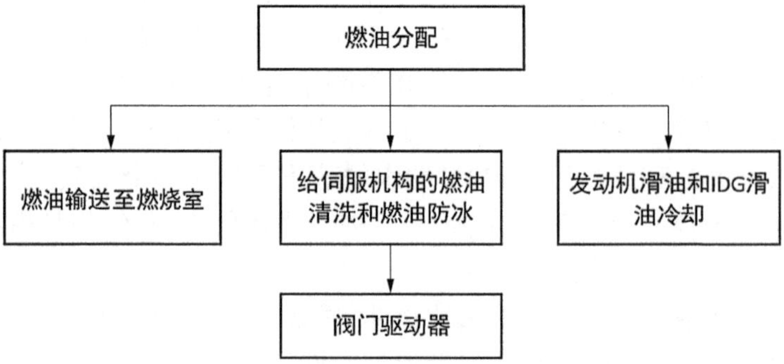

图 4.2.3　发动机燃油分配

来自飞机燃油系统的燃油通过燃油供应管路进入发动机燃油泵，经过泵后加压燃油进入 IDG 油冷却器和主油/燃油热交换器，以冷却 IDG 和发动机；然后返回燃油泵，在那里进行过滤、加压并分成两股燃油流；主燃油流经过 HMU 计量系统、燃油流量变送器和燃油喷嘴滤清器，然后被引导至 20 个燃油喷嘴；另一股燃油流向伺服燃油加热器，该加热器加热燃油以防止任何冰颗粒进入敏感的伺服系统；加热后的燃油流进入 HMU 伺服机构，然后被引导至各种燃油驱动部件；一条管路将 HMU 中未使用的燃油带回主油/燃油热交换器的入口，如图 4.2.4 所示。

4.2.3　燃油控制

发动机燃油控制与许多系统和部件有接口。与发动机其他系统和飞机系统之间有许多数字的和模拟的接口。EEC 使用模拟和数字的输入数据计算发动机燃油和控制输出操作发动机，这些数据给出发动机的状态。

燃油流量传感器发送燃油流量信息至 EEC，EEC 发送此信息至 DEU，DEU 然后与其他发动机参数一起显示燃油流量。EEC 使用从各种不同的发动机传感器的输入数据来计算发动机运转所需的燃油控制输出。这些发动机传感器有：T12（进气总温）、PT25（高压压气机进口温度）、T3（高压压气机出口温度）、HPTACC（high pressure turbine active clearance control）传感器、T49.5（第二级低压涡轮导向器温度）、P0（进口静压）、PS3（高压压气机出口压力）、T3 传感器、PS3 传感器、EEC 交流发电机、PT25 传感器和 HMU 均在发

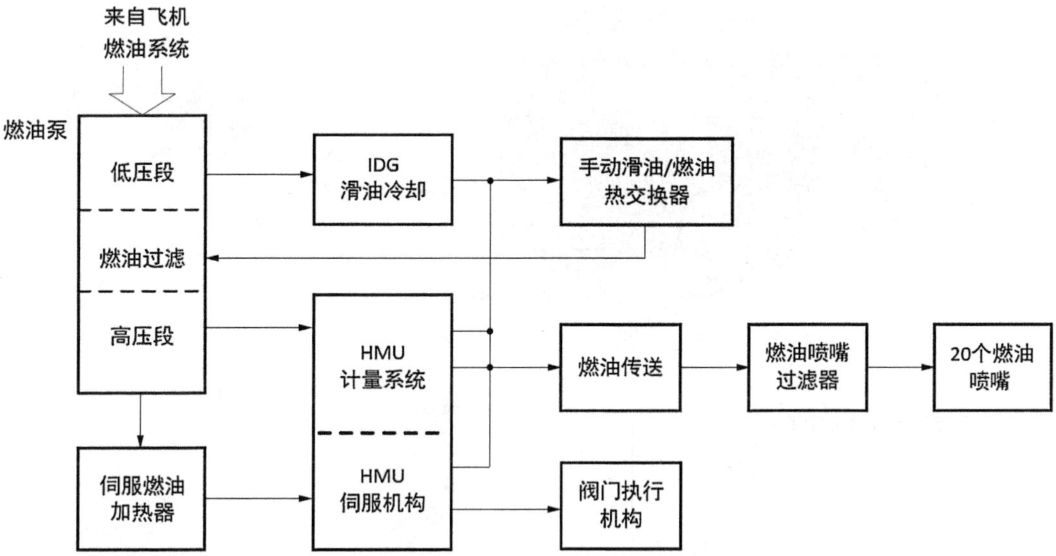

图 4.2.4 燃油分配路径

动机的左侧;EGT 电缆、TCC 传感器、ID 接口、EEC、T12 传感器在发动机右侧,如图 4.2.4 所示。

1. PT25 传感器

如图 4.2.5 所示,PT25 传感器包括一个外壳,两个金属铂元件和两个用于连接的电气连接器至 EEC。冲压空气压力管也包括在内,一个元件给通道 A,另一个元件给通道 B,两个供给数据至两个 EEC 通道的电接头,安装在风机舱中框结构中,位于大约在 7 点钟位置,其中 T25 温度传感器是 PT25 传感器的一部分,提供高压压气机入口温度至 EEC,用于燃油计量阀(fuel metering valve, FMV)、VSV、VBV、TBV、HPTACC 控制逻辑计算。为了实现监测,将 P25 冲压空气压力给 EEC,空气压力测量值直接输入到 EEC,并从压力信号转换为电信号。EEC 给 T25 传感器元件提供一个恒压的电源,元件改变与空气温度成正比的电阻,从金属铂元件的不同输出电压供至 EEC,EEC 测量在恒定的输出电压和传感器输入的电压之间的差值,EEC 把这差值转换为高压压气机进口的温度。PT25 双重温度传感器提供 HPC 进口温度数据给 EEC,EEC 使用 T25 温度组成控制以下部件:过渡的放气活门(TBV)、VBV、VSV。

2. T3 传感器

如图 4.2.6 所示,T3 传感器是由双金属(铬铝)传感器产生与温度成比例的电流(mA)。它位于燃烧室前,由两个封闭在同一个保护壳中的热电偶组成,通过刚性连接到接线盒,可容纳 2 个连接器并连接道每个 EEC 通道。T3 传感器测量第 9 级空气的温度(高压压气机排气口)并将数据发送至 EEC 用于燃油控制逻辑计算。数据还用于关键功能的控制逻辑,如 VSV 和 VBV,并且还在 HPTACC 控制逻辑中起到作用。

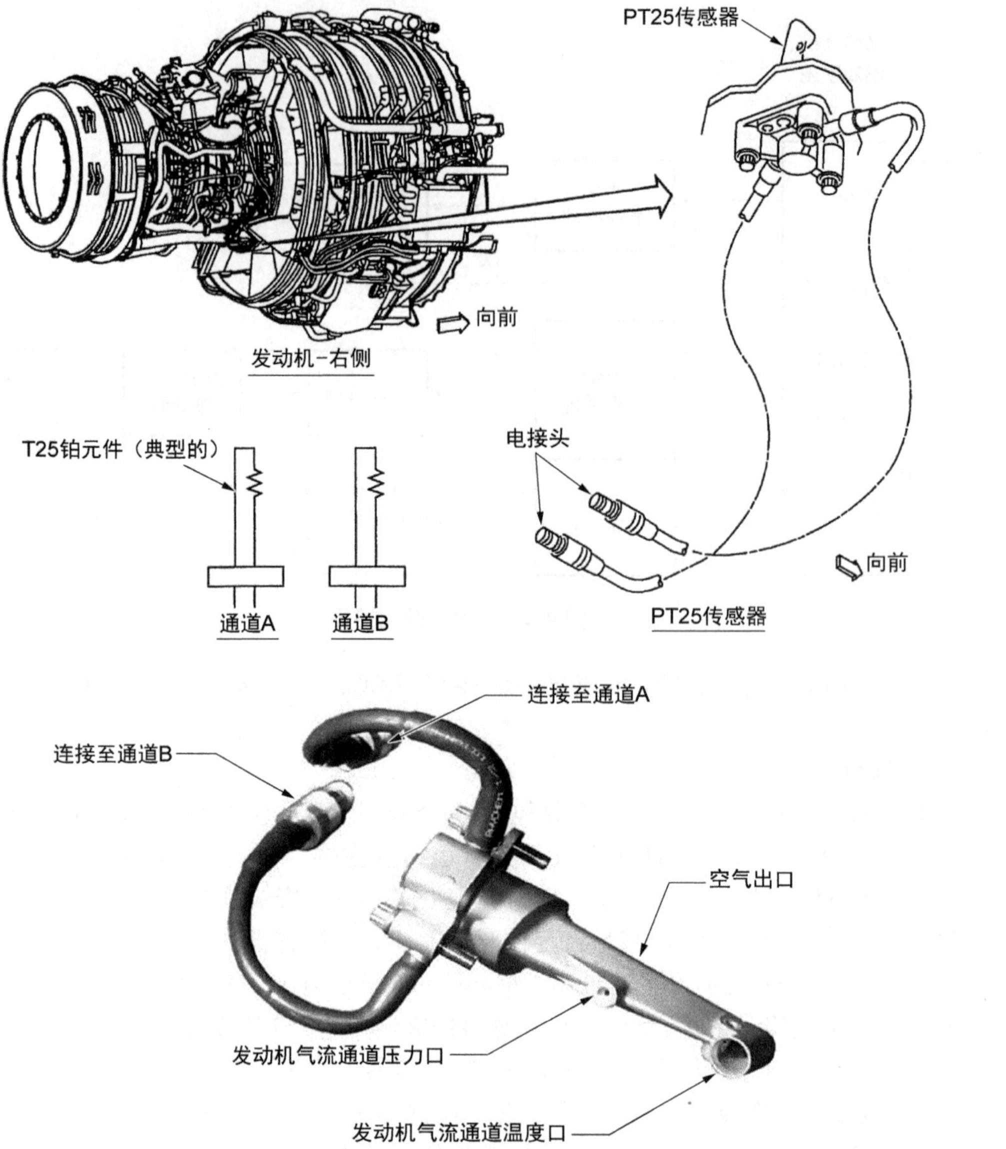

图 4.2.5　PT25 传感器

3. PS3 传感器

如图 4.2.7 所示，PS3 传感器向 EEC 提供 HPC 排气压力，用于燃油和发动机控制。PS3 静压传感器位于燃烧室处，位于 9 点钟位置，介于燃油喷嘴之间。

4. T12 传感器

如图 4.2.8 所示，T12 传感器作用是当飞机在地面时和起飞 5 min 后向 EEC 提供风扇进口总温数据。在飞行中和起飞后多于 5 min，EEC 使用以下数据来计算选定的总温：

（1）使用有效的 EEC 通道的 T12；

（2）使用备用的 EEC 通道的 T12；

（3）使用 ADIRU1 的空气总温；

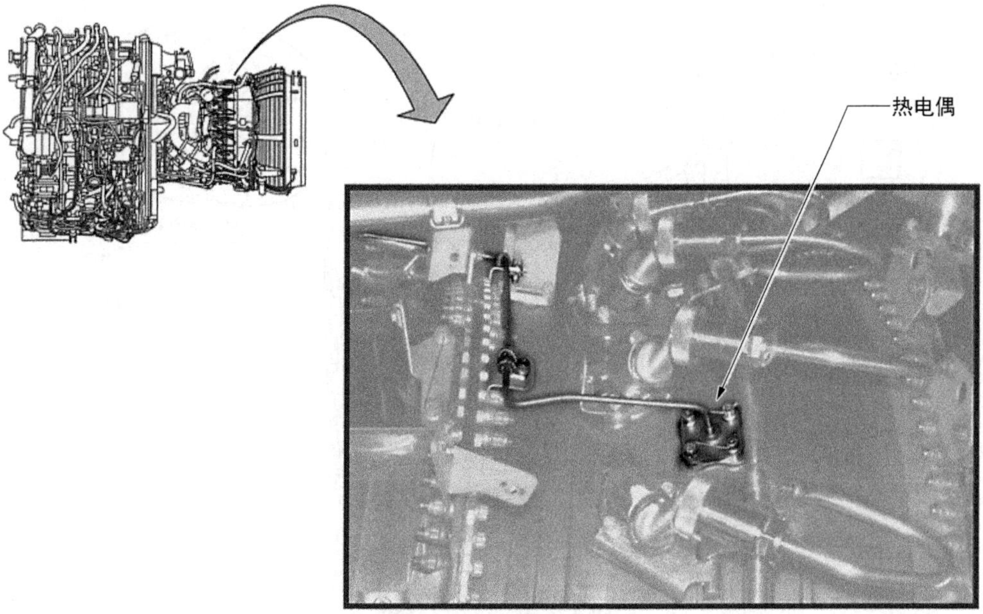

图 4.2.6　T3 传感器

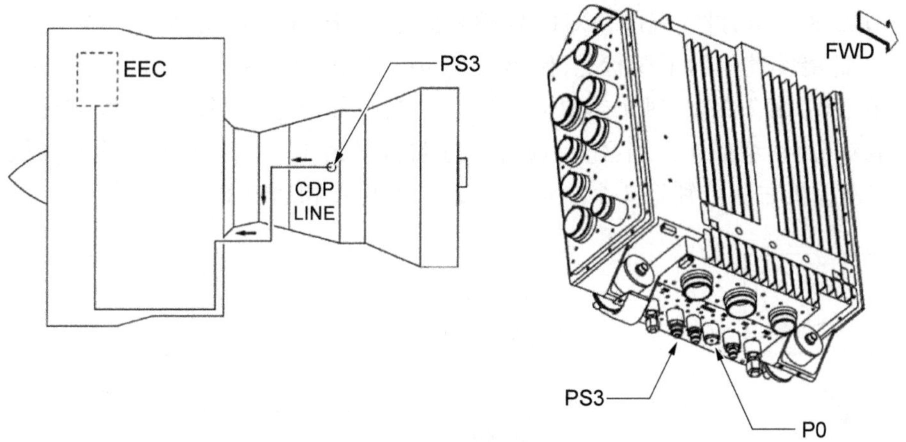

图 4.2.7　PS3 传感器

（4）使用 ADIRU2 的空气总温。

EEC 使用总温控制发动机推力管理、VBV、VSV 和低压涡轮间隙主动控制(LPTAC)。T12 传感器是在发动机进气整流罩的 10 点(面向发动机)位置。T12 传感器探头伸入风扇的进气道的气流中,在进气整流罩的右外侧上的检查口盖提供接近至 T12 传感器。两个电接头连接 T12 传感器至 EEC,接头是在进气整流罩内。在传感器组件内有两个铂元件,一个元件是送至通道 A 的,另一个元件是送至通道 B 的,EEC 供给 T12 传感器元件一个恒压的电源,元件电阻与空气温度成比例变化,从铂元件的不同电压的输出送至 EEC。EEC 测量在恒定的输出电压与从传感器输入电压之间的差值,EEC 把这差值转换为风扇进口温度,如图 4.2.8 所示。

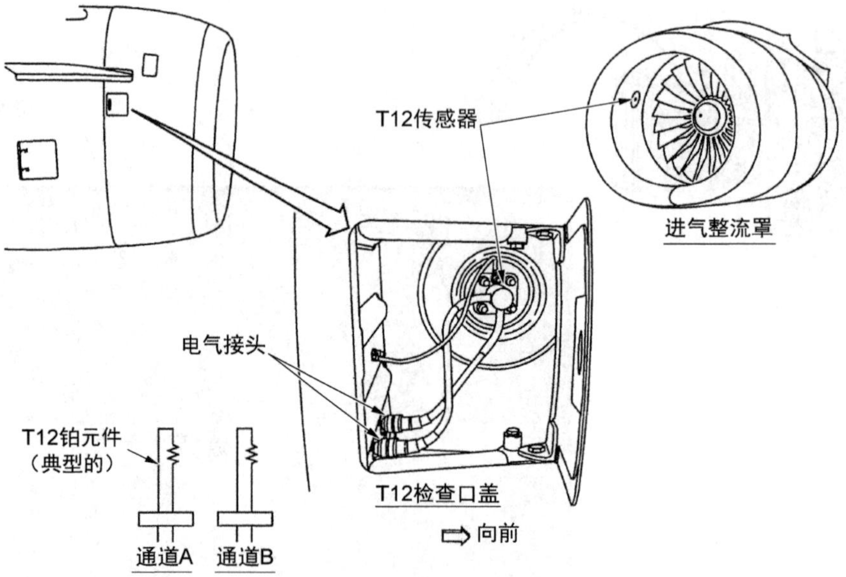

图 4.2.8　T12 传感器

5. EGT 传感器

如图 4.2.9 所示，排气温度（EGT）传感器系统位于 CFM56 发动机站位 49.5 处。该 EGT 值用于监测发动机的工作状况，传感系统包括 8 个热电偶探针，固定在 LPT 外壳上，探头浸入在 LPT 第 2 级中，每个热电偶产生一个电信号与感测探针的温度成比例。这个 8 个探针成对分组，组成 4 个扇区，在顺时针方向编号为 1～4。4 个扇区的测量值被发送到 EEC，在发动机右侧分别将 2 个测量值发送到通道 A 和通道 B。

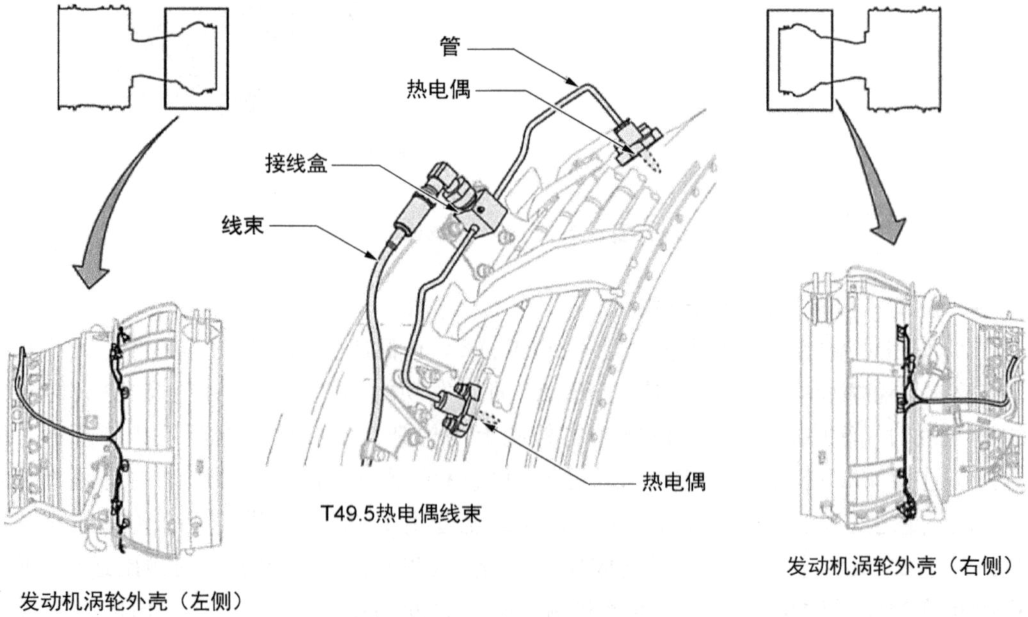

图 4.2.9　EGT 传感器

4.3 起 动 系 统

飞机发动机进入工作状态前先有一个起动过程,包括地面起动和空中起动。本节主要以 CFM56 系列发动机为例。

4.3.1 概述

起动系统(图 4.3.1)是用来使发动机从静止状态过渡到稳定的慢车状态,它包括带动转子由静止状态逐步加速到一定转速和向燃烧室供入燃油并点燃,形成连续的燃烧过程。起动系统通常包括起动机、起动燃油系统、点火系统、自动装置等部分。发动机在地面起动时必须依靠外界动力源,因为这时没有空气流过发动机,如果向燃烧室喷油点火只能将发动机烧伤,转子也不会动起来。只有达到一定转速后,燃烧室内的气流才能建立起稳定燃烧所需要的气流压力和温度。起动系统的功用是:在地面和空中自动起动发动机;在地面冷运转发动机;在起动过程的任意时刻中断起动。起动机是起动系统的主要部件,在发动机起动时带动发动机高压转子和发动机附件转动。

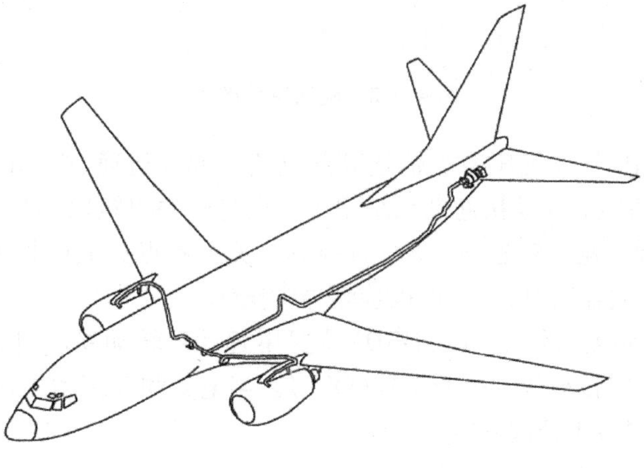

图 4.3.1　发动机起动系统

起动系统是以外部动力设备(起动机)带转发动机转子从静止状态加速,使进入燃烧室的气流达到一定流量,帮助点火后的发动机迅速加速到自加速状态。起动系统单独工作时用于发动机维护和检查。点火系统单独工作时,为防止发动机熄火,在发动机起动后的整个工作过程中,必要的条件下提供点火,熄火后的空中再点火(空中起动)。根据起动过程,带动发动机转子加速的动力来源不同,起动过程分为三个阶段:第一阶段是从起动机工作到燃烧室喷油点火;第二阶段是从燃烧室点火到起动机与发动机脱开;第三阶段是从起动机脱开到慢车转速。

飞机发动机起动系统使用气动动力带动起动机,起动机转动发动机的 N2 转子。气动动力来源主要来自 APU、地面气源单元(ground power unit, GPU)、正在运行的另一台发动机。通过驾驶舱开关、DEU、EEC 等部件控制发动机起动。

1. 起动系统组成

起动系统位于左侧发动机整流罩下方,包括:上进气管、起动活门、下进气管、起动机,如图 4.3.2 所示。

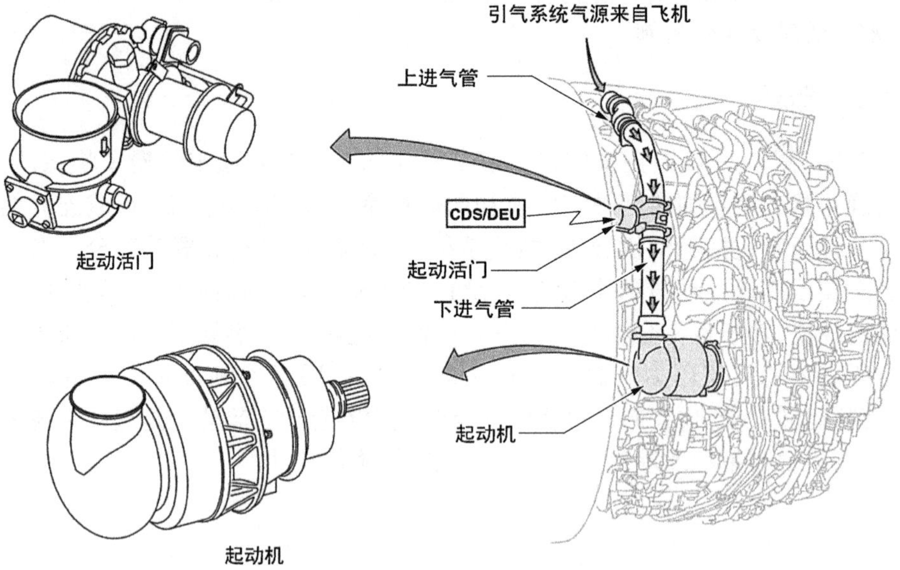

图 4.3.2　起动系统部件

当起动机阀通电时,空气压力被输送到起动机。起动机通过 AGB、TGB、IGB 提供驱动 HP 转子所需的扭矩。发动机起动系统用于提供足够的扭矩以将高压转子加速到燃烧室点燃,直至自维持加速运转速度。EEC 在起动、关车和点火期间控制发动机。EEC 命令 FMV 供油和给点火器通电,它还可以检测异常操作。

当把发动机起动电门放在地面(GRD)位置用起动机转动发动机,如图 4.3.3 所示。在起动机脱开后,电门自动移到关断位置(OFF)。当电源和气压动力可用时,把起动电门放在 GRD 位置时,发以下情况:

(1) EEC 收到起动信号;

(2) APU 收到发动机起动信号;

(3) 起动活门打开和气动起动机转动发动机;

(4) 在飞行中当可以使用风车起动发动机的时候,此时不需要起动机,机组使用飞行(FLT)位置起动发动机;

(5) EEC 发出指令;

(6) 在起动过程中 EEC 保护发动机。在一次起动过程中当 EEC 发现发动机的参数是超过极限时,EEC 就关断至发动机的燃油供给。

2. 起动机

如图 4.3.4 所示,发动机起动机用于加速高压转子(N2),以进行起动和维护操作。起动机是一个单级轴流空气涡轮,在 8 点钟位置用“V”形联轴器夹持在 AGB 的前面。安装法兰上设有定位销,用于将起动机准确定位到发动机上。AGB 的滑油用于冷却和润滑

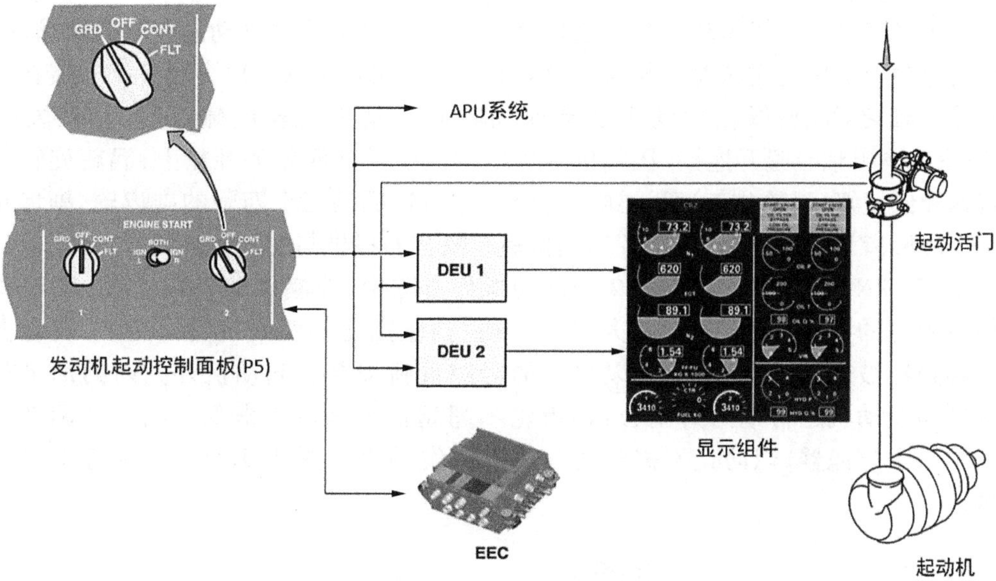

图 4.3.3　起动系统控制逻辑

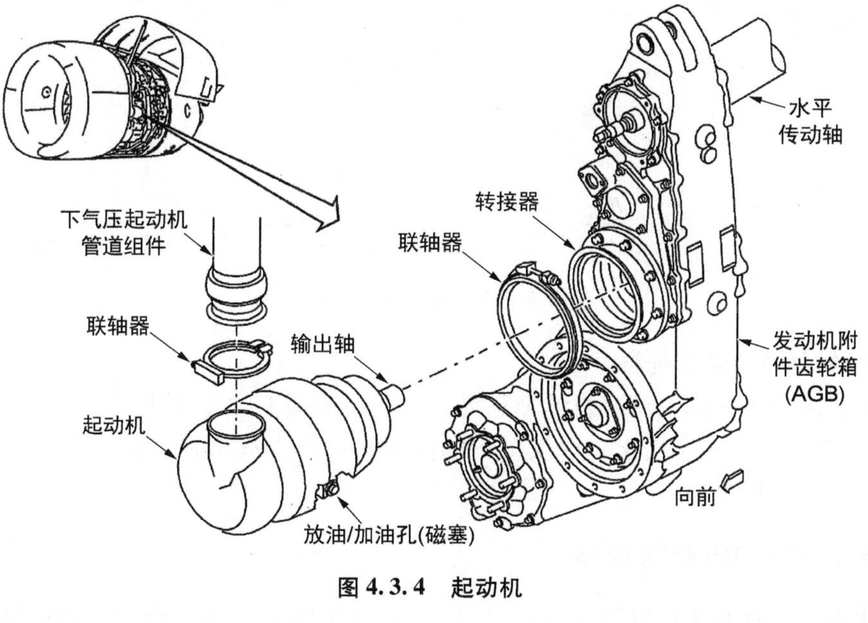

图 4.3.4　起动机

起动机的关键部件，排放/填充口设有磁性塞，用于收集润滑剂中的金属颗粒，安装新的起动机需要添加少量滑油(300 ml)。

气动起动机有一个进气道和一个静子外壳组件，该组件包含以下主要元件：

(1) 涡轮叶轮，包括静子和转子；

(2) 减速齿轮组；

(3) 离合器总成；

（4）输出轴。

加压空气进入空气起动机并到达涡轮部分，涡轮部分将空气动能转化为机械动力。这种高速动力输出通过减速齿轮组转换为低速和高扭矩运动。离合器系统安装在齿轮组和输出轴之间，确保在发动机起动期间将涡轮动力传输到输出轴，并在发动机（N2）驱动输出轴时脱开连接，压气机将压缩空气引导到涡轮的叶轮上，涡轮旋转产生高转速和低扭矩，涡轮排气通过尾喷口排出，主齿轮驱动三个匹配的副齿轮，副齿轮驱动一个环形齿轮，从而降低速度并增加扭矩。离合器提供与发动机的接合，最高可达脱离速度（55%N2）。在高达55%N2的起动操作过程中，外座圈驱动内座圈，同时离合器保持固定的角度位置。当N2大于55%时，内座圈比外座圈旋转得更快，离合器分离。离合器被轻微预加载，允许以最小的齿隙重新接合。起动机外壳内的油泵在起动顺序和发动机运行期间为离合器、齿轮和超越轴承提供润滑剂。润滑油调平口中安装了一个过滤器，以防止不需要的碎屑进入发动机。图4.3.5所示为起动机运行原理。

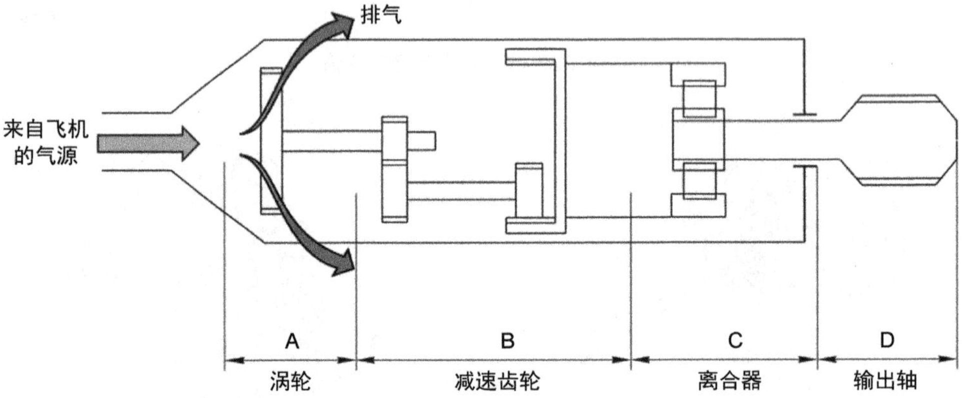

图4.3.5　起动机运行原理

3. 控制起动的驾驶舱接口

发动机起动控制的电源来自传输总线。驾驶舱顶板上的发动机起动面板（P5），有两个发动机起动开关、一个用于2台发动机的开关和一个点火选择开关。有两个节流阀位于控制台推力手柄下方。

4.3.2　发动机起动程序

先将点火选择开关设置为IGN L（点火L）或IGN R（点火R），以确定使用哪种点火装置起动。然后将发动机起动开关置于GRD位置。流程如下：

（1）向APU发送引气信号；

（2）SAV（STARTER AIR VALVE）被激励，SAV打开，“START VLV OPEN”指示灯点亮；

（3）N2增加；

（4）滑油压力增加；

(5) N1 开始旋转(FLA);

(6) 在 N2 为 25%或更高的情况下,将发动机节流阀上移至慢车位置;

(7) 根据选定的点火器(L 或 R),点火开关接通;

(8) 燃油已送达燃烧室;

(9) "发动机阀门关闭"指示灯熄灭;

(10) 燃油流量增加;

(11) EGT 增加。

起动过程中,需要注意起动时 N2 至少需要 20%,才能进入起动第一阶段。在 N2 为 55%时,起动机与 N2 脱开,发动机起动开关自动回到 OFF 位置,"START VLV OPEN"(起动 VLV 打开)灯熄灭。当发动机转速增加到慢车时,监测所有发动机参数(N2、N1、EGT、滑油油压、燃油流量等),起动操作流程如图 4.3.6 所示。

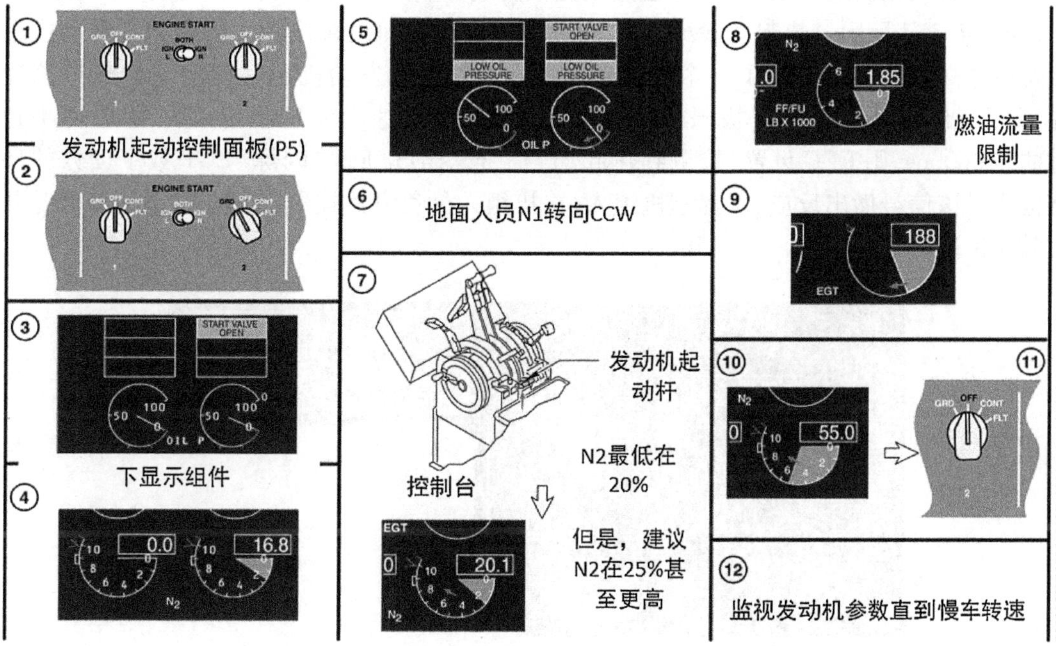

图 4.3.6　起动操作流程

4.3.3　起动控制

在气动和电力可用的情况下,当发动机起动开关置于 GRD 位置时,会发生以下情况:

(1) EEC 接收一个起动信号;

(2) CDS 为保持电磁阀通电,使起动开关保持在 GRD 位置;

(3) APU 接收来自 CDS/DEU 的发动机起动信号;

(4) CDS 使起动阀电磁阀通电;

(5) 起动阀打开;

(6) 引气的气动压力被输送到起动机,从而使发动机转动。

在起动机脱开速度(N2 为 55%)下,CDS/DEU 保持电磁阀断电,发动机起动开关自动返回到断开位置。起动阀电磁阀断电,起动阀关闭。当发动机起动开关置于 CONT(连续)位置时,系统在选定的点火器上设置连续点火。当发动机起动开关置于 FLT 位置时,系统在两个点火器上设置连续点火。

1. 地面起动保护

在初始加电时,EEC 根据飞机状态可以选择增强型手动或手动起动模式。增强型手动设置是用于地面发动机起动的标准模式,具有自动起动功能,具体包括:

(1) 热起动检测和保护;

(2) 湿起动保护;

(3) 过温保护。

2. 发动机热起动

在地面发动机起动期间,EEC 通过设置检测到的热起动信号对异常高的 EGT 做出反应,如图 4.3.7 所示。热起动检测使用 EGT 增加的特性曲线来检测即将起动的发动机温度是否过高。该曲线提供了一个热起动 EGT 边界,否则发动机正常起动不会超过该边界,并且始终低于起动 EGT 极限(725℃)。该曲线是 N2 速度和 EGT 的函数,如果 EGT 超过曲线 360 ms,则 EEC 设置"检测到热起动"信号。CDS 通过"闪烁"EGT 数字读数的环绕框来对该信号做出反应,以提醒机组人员,机组人员负责监控即将到来的热起动情况并对其做出反应。

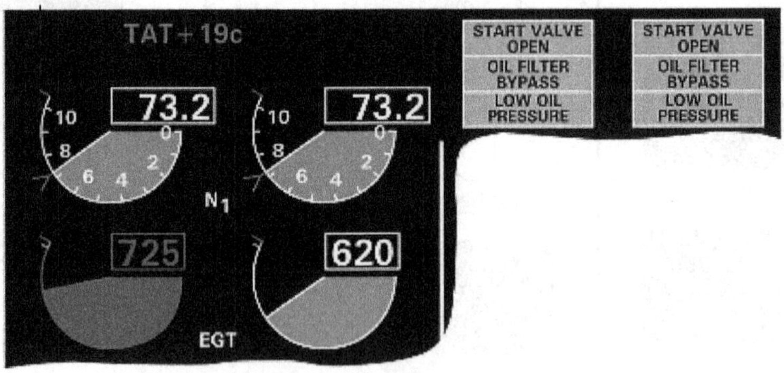

图 4.3.7 热起动指示

当达到 EGT 极限时,EEC 将切断燃油流量供给和点火电源。显示屏将继续闪烁,直到起动操纵杆返回到切断位置。

3. 发动机湿起动

如果发动机起动操纵杆移到慢车位置后,EGT 在 15 s 内(如果 TAT 小于或等于 2℃,则为 20 s)没有增加超过 42℃,则 EEC 停止发动机起动。EEC 停止燃油流量供给,关闭点火电源并终止发动机起动。EEC 保留信息以便在 CDU 上显示,如图 4.3.8 所示。

4. 飞行中起动

机组人员将发动机起动开关置于飞行高度(FLT)位置,进行风车起动。如果发动机超出风车起动限制,CDS 在发动机 N2 数字指示器上方显示消息交输引气起动(X -

BLEED start)。机组人员必须将起动开关设置在 GRD 位置,以打开起动阀,重新接通起动机,如图 4.3.9 所示。

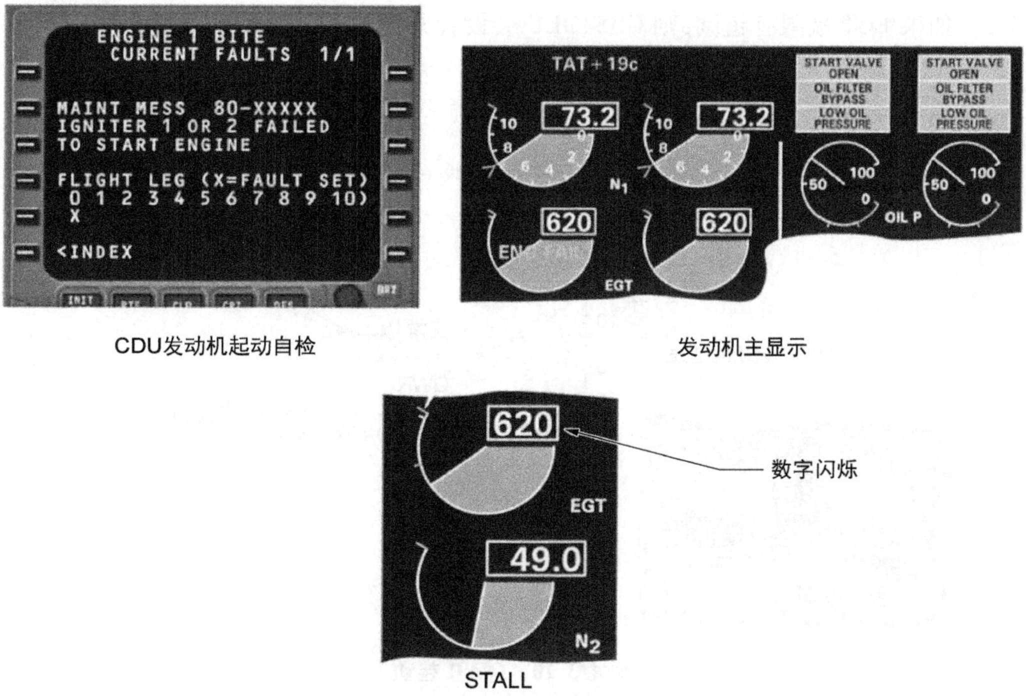

图 4.3.8　湿起动

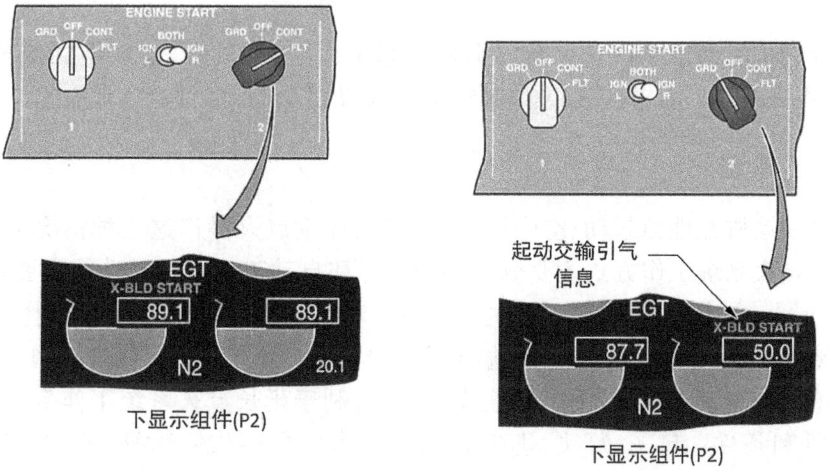

图 4.3.9　空中起动

5. 飞行起动保护

EEC 输出 EGT 起动红线限值,CDS 将其显示为 EGT 显示器上的径向刻度标记。EGT 起动红线限制取决于起动的不同分类,当核心机转速降至 50%以下时,EEC 起动计时器。

重新点火的时间取决于海拔高度，如果 EEC 在达到定时器限制之前检测到重新点亮，则起动被归类为快速风车起动（quick windmill relight，QWR）。EGT 限制设置为 950℃。如果时间超过 QWR 定时器限制，则起动被归类为正常飞行中起动。EGT 极限设定为 725℃。如果 EGT 极限有超调，则 CDS/DEU 会设置并记录 EGT 超调，如图 4.3.10 所示。

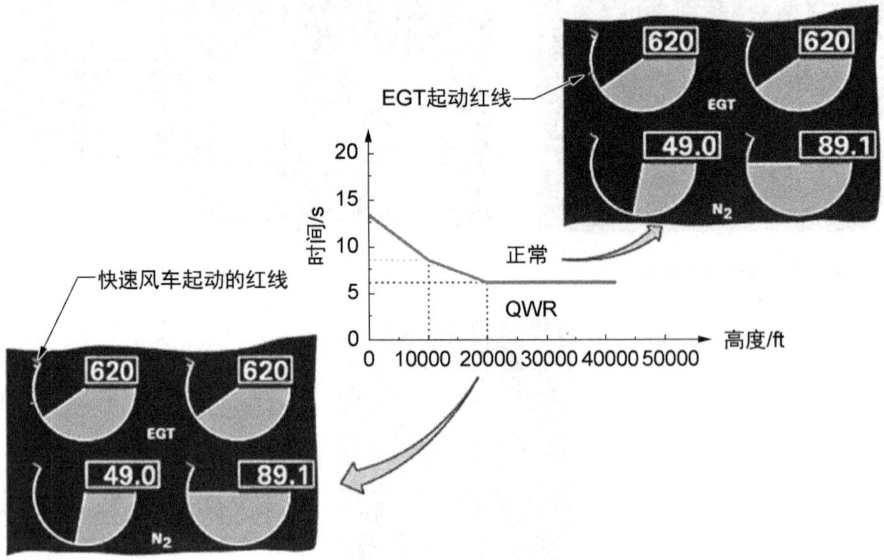

图 4.3.10　QWR 起动

4.4　点 火 系 统

飞机发动机起动系统和点火系统本是一起工作，互有联系，也有将二者合为一个系统，即起动点火系统。本节主要以 CFM56 系列发动机为例，将二者分开描述。

4.4.1　概述

当飞机发动机在地面起动、空中熄火后起动、连续点火操作这三种情况下，涉及点火系统工作。点火系统工作方式主要分为手动选择和自动工作。手动选择主要包括：地面点火、连续点火、空中点火；自动工作主要是在自动点火的情况下，在手动选择中：① 地面点火用于地面起动发动机，常以高值输出；② 连续点火用于某些飞行阶段和条件下工作，以便一旦熄火能自动再点燃，常以低值连续输出，利于延长点火系统工作寿命，连续点火的飞行阶段和条件：起飞、复飞、进近着陆和恶劣气象（结冰、大雨、雪、气流不稳等）；③ 空中点火用于发动机空中熄火后，点火系统再工作，空中起动发动机，也称再点火，常以高值点火电能输出。而自动点火在现代飞机上，当出现发动机喘振时，自动接通高值点火；在接通防冰时，自动接通低值点火。1 号发动机点火系统从 1 号交流传输汇流条和交流备用汇流条接受 115 V 交流电。EEC 有一个内部电门控制给点火激励器的 115 V 交流电。点火激励器将 115 V 交流电变成 15 000~20 000 V 直流电，送给点火电嘴。点火电嘴在燃烧室内放火花。2 号发动机点火系统从 2 号转换汇流条和交流备用汇流条接收交流电。

飞机发动机配备双点火系统，以点燃燃烧室内的空气/燃油混合物。它位于发动机风扇机匣右侧 5 点钟位置。安装用在 CFM56－7B 上的点火激励器如图 4.4.1 所示。

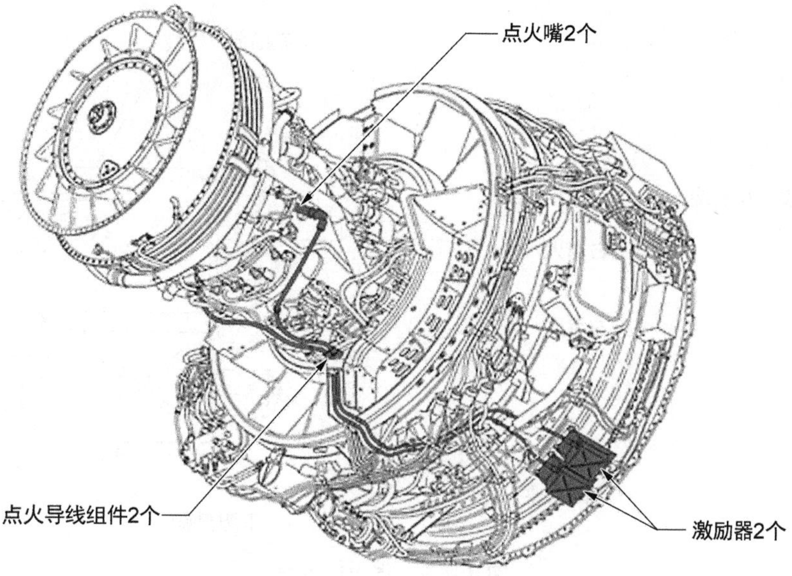

图 4.4.1　点火系统

点火系统有两个独立的电路，主要包括：① 2 个点火励磁机；② 2 个点火导线组件；③ 2 个点火器。

点火激励器位于发动机风扇机匣左侧，分为 1 号和 2 号两个点火激励器。来自空调备用和传输总线的电力提供给点火励磁机并转换为高压电压脉冲。这些脉冲通过点火发送引线至点火塞尖端，产生火花。点火励磁机为电容放电型，使用 115 VAC 产生高压脉冲以通电火花点火器。点火激励器将此低电压输入转换为重复 18 kV 高压输出脉冲 2 个点火激励器在 5 点钟安装在风扇机匣上。安装在减震器上的铝制防护罩吸收器和接地，包围电励磁机组件。外壳密封，确保正确操作，无论环境条件如何。为了防止发动机振动，部件采用机械或硅固定水泥。

4.4.2　点火系统部件

1. 点火激励器

如图 4.4.2 所示，点火激励器安装在发动机的核心机或风扇机匣上。如果点火激励器安装在核心机上，则点火引线很短。较短的高压电缆使得激励器和点火嘴之间的能量耗损较小，由此损坏电缆而引起短路的可能性较小，如 V2500。特别注意的是，激励器如果安装在高压压气机机匣的外部，并且在非常温暖的环境下运行，就必须进行空气冷却。为了引导激励器外壳周围的冷却空气，激励器周围安装有冷却罩，通过由激励器冷却罩流向点火引线的风扇气流来进行冷却。如果点火激励器安装在风扇机匣上，激励器周围的空气温度会更低，激励器冷却装置也就没有必要，如 CFM56－7B。当安装于此位置时，点火引线的长度会比安装在核心机上更长。这些长的点火引线通常只在核心机区域冷却。

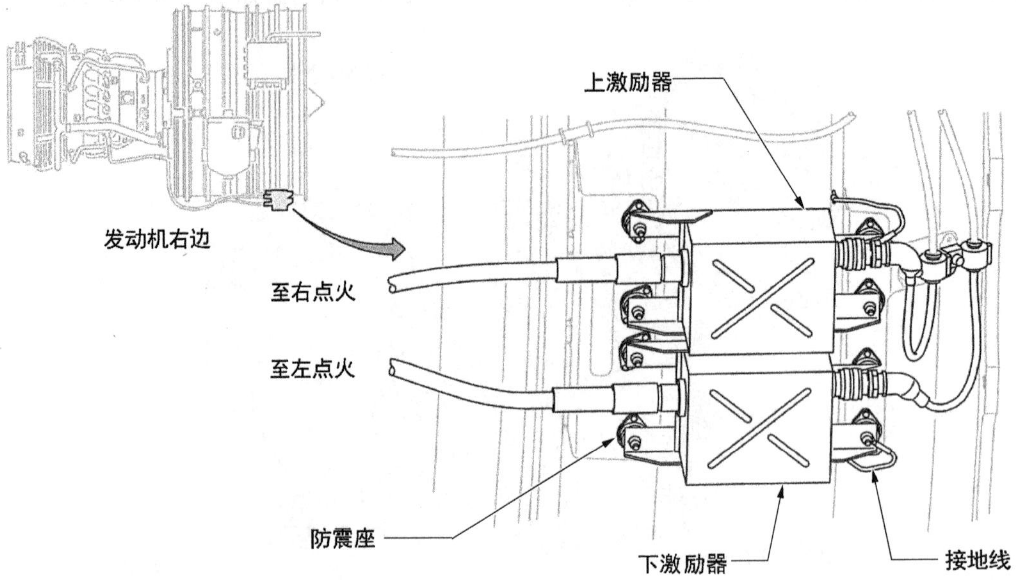

图 4.4.2　点火激励器

点火励磁机电路包括：输入电路；整流器和存储电路；放电电路。

对交流输入电压进行整流，然后储存在电容器中。在放电电路中，设置了一个火花来击穿当电容器充电时，产生高电压规则速率的电压脉冲。输入电压为 105～122 VAC（115 V）、380～420 Hz（400 Hz）。输出电压为终端 14～18 kV 的点火导线。

2. 点火导线

如图 4.4.3 所示，两条点火导线由 14 号导线组成，电缆内带硅橡胶绝缘的铜导线镀锡铜编织物和镍外编织物。导线从点火激励器向下布线至（面向发动机）6 点钟位置的空气歧管，它们位于发动机核心机下方并连接至点火器。两根点火导线总成是相同的并且可以互换，每个连接一个点火激励器至一个点火嘴。

3. 点火嘴

点火嘴（图 4.4.4）位于燃烧室内，位于 4 点钟和 8 点钟位置。它们提供起动或关闭所需的电火花用于保持燃烧。

两个点火嘴由一个中心电极组成通过氧化铝与外壳绝缘。这个点火嘴螺纹连接到带垫片的螺纹适配器上连接到燃烧箱，并用锁线连接到固定器。尖端处的表面间隙释放高电压、低电压或低电压产生点火的电脉冲能量。压气机气流在插头上方和护罩下方，靠着插头排出发动机壳体。半护罩连接到插头上借助于单个软管夹，在安装点火器之前，应添加少量石墨应在与螺纹连接的螺纹上涂抹润滑脂点火器衬套位于燃烧室凸台中。

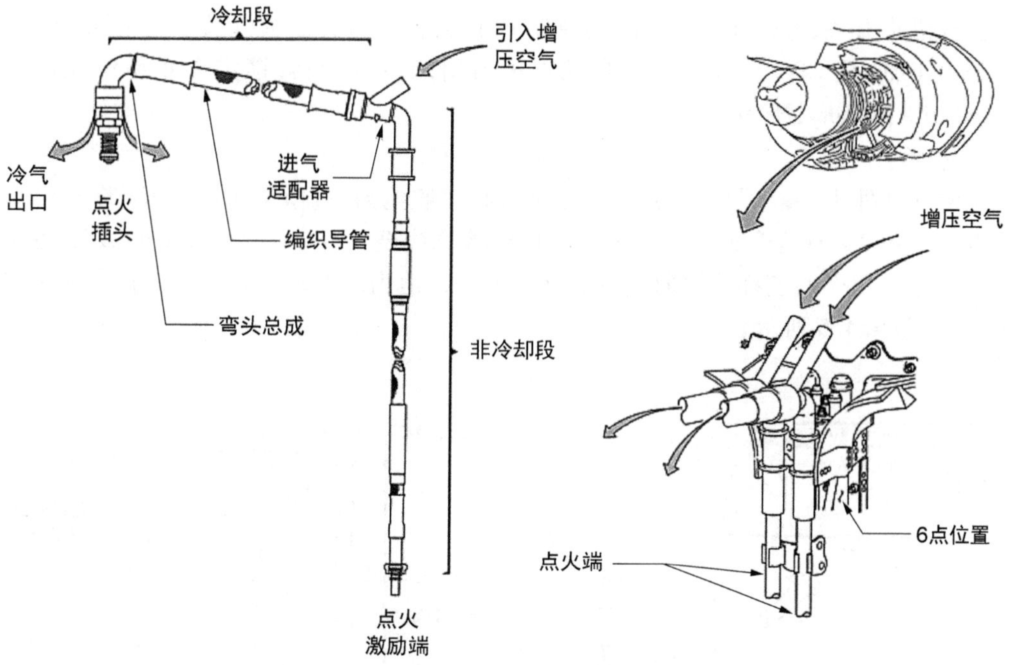

图 4.4.3　点火导线

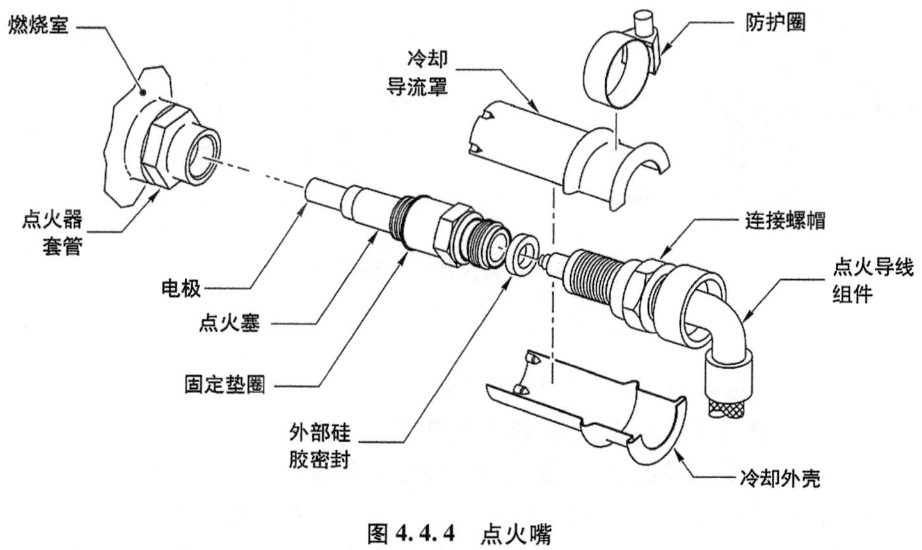

图 4.4.4　点火嘴

4.4.3　点火控制

点火系统通过点火选择开关、发动机起动开关、起动操纵杆、EEC 这四种方式控制发动机点火。EEC 使用内部继电器控制开关(每个通道一个开关)“打开”或“关闭”两个发动机点火器(左和右)。当机组人员用在驾驶舱操作发动机起动和点火选择器开关指令

EEC“ON”时，EEC 打开点火开关。然而，当检测到非指令减速或启用了自动点火功能，则 EEC 打开点火开关，进行起飞和着陆的时候 EEC 会自动打开点火开关。在 EEC 通电时，EEC 通过 DEU 从 CDS 获取离散的自动点火启用，EEC 将配置锁定在非易失性存储器(non volatile memory，NVM)中。

1. 电源

当起动杆处于“慢车”档时，点火系统从飞机接收电力。115 VAC/400 Hz 通过 EEC 提供给 IGN 1 和 2。有两个独立的电源：A/C 传输总线至 IGN1 和给点火 2 的 A/C 备用总线。EEC 中的每个通道都能够通过点火继电器切换适当的 115 VAC 电源来控制两个点火激励器，如图 4.4.5 所示。

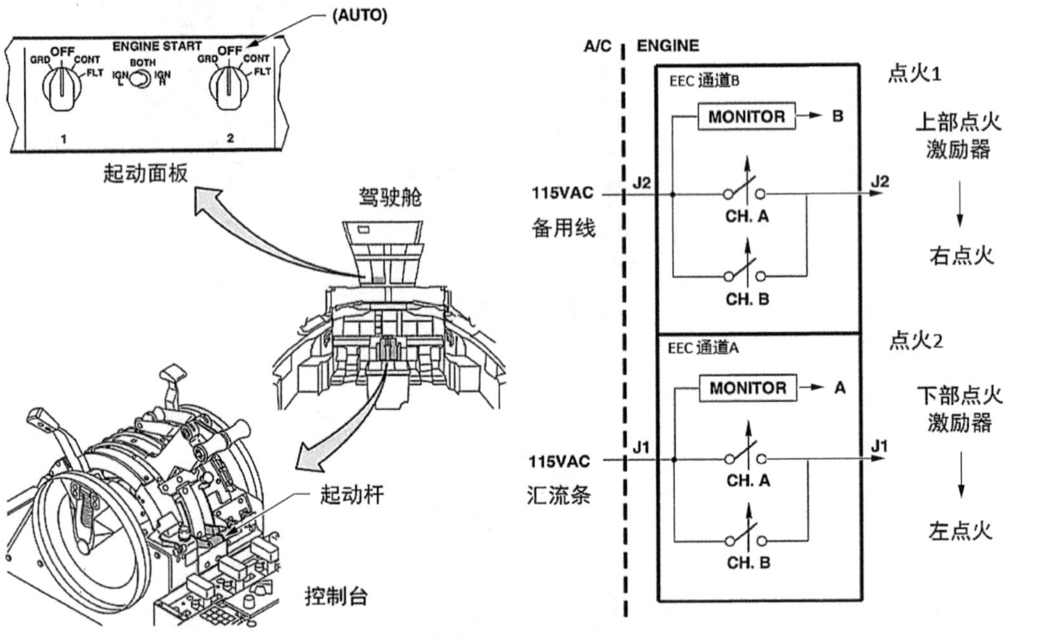

图 4.4.5　点火系统控制逻辑

2. 点火设置

点火系统有三个选择器位置，如图 4.4.6 所示：

(1) IGN L(左侧点火器操作)：仅选择左侧点火系统；

(2) IGN R(右侧点火器操作)：仅选择右侧点火系统；

(3) BOTH(两个火花点火器都工作)：选择左侧和右侧点火系统。

机组人员可以选择 IGN L(点火左)、IGN R(点火右)或 BOTH(两者都选择)。标准操作程序要求机组人员手动将发动机连续起动时的点火选择从左点火改为右点火；反之亦然。通过这种方式，每个点火器接收到大致相同的工作时间，并且每两台地面发动机起动一次，就可以检测到点火系统故障。

发动机起动开关：

(1) GRD，选择的 IGN(1 或 2)可以在地面或飞行中激活以起动；

（2）OFF（关闭），除非 EEC 检测到熄火情况，否则不点火；

（3）CONT（连续），选择的 IGN（1 或 2）可以在地面或飞行中激活，以实现连续点火；

（4）FLT（飞行时间），开关 2 IGN（点火）位置，用于风车起动，无论选择器起动什么，都可以转动。

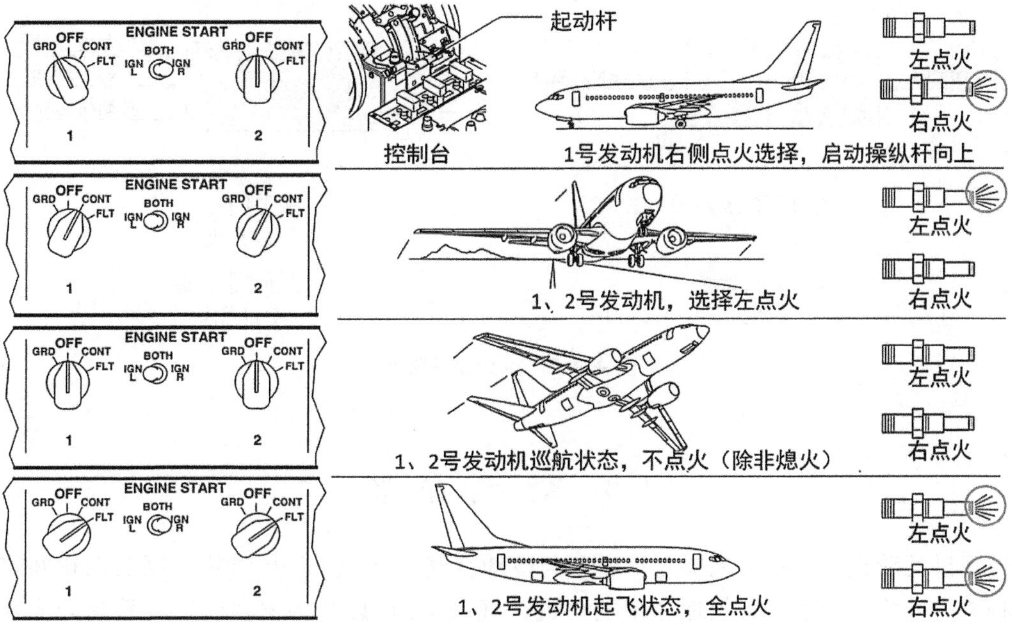

图 4.4.6　点火系统设置

3. 发动机自动点火

发动机运转时，起动开关通常选择为 OFF（断开）或 AUTO（自动）（如果安装了 AUTO 选项）。如果发动机运行时发动机在慢车转速以上运行，EEC 检测到未指令的 N2 减速（减速率，比正常减速计划高 300 r/min）或者 EEC 检测到不可持续的 N2 转速（N2 介于 50%和 56.8%之间），只要出现上述 2 种情况，则 EEC 会自动起动 2 个点火器 30 s（无论选择开关的位置如何）。

当襟翼未升起或发动机防冰选择打开时，EEC 会打开选定的点火器。当机翼襟翼伸出时，打开点火器会增加其使用量并缩短其寿命，因此需要额外的 EEC 逻辑来在不需要或无效时保持点火器电源关闭，如图 4.4.7 所示。

如果出现以下情况，所选点火（1 或 2）将被激活：

（1）N2>20%；

（2）PS3<175 PSIA（点火器点火压力极限）；

（3）TRA>50°或飞行中的飞机；

（4）发动机防冰选择开启或机翼襟翼未在高度<18 000 ft（5 486.4 m）时升起。

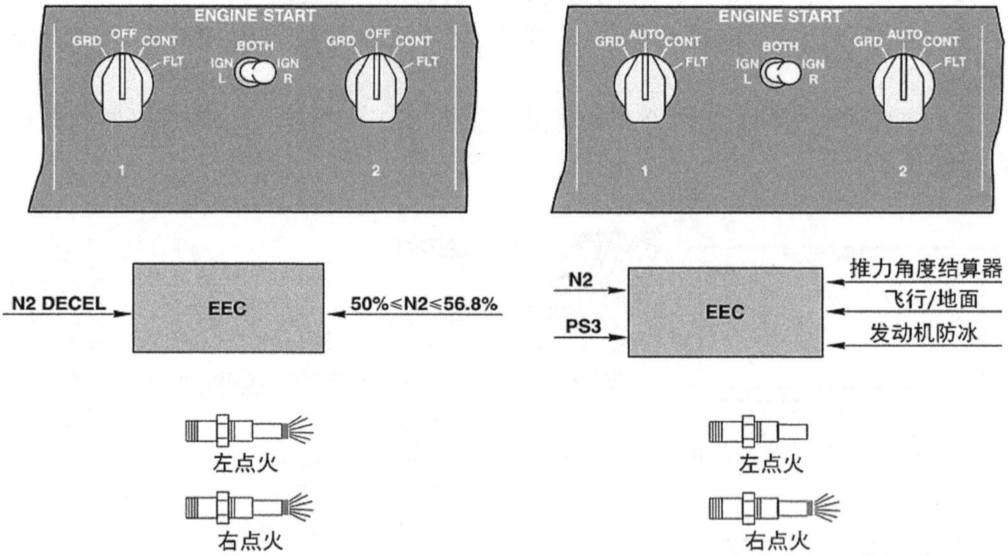

图 4.4.7　点火系统控制

4.5　空气系统

飞机发动机空气系统主要是指所有与冷却空气、封严空气、压气机控制及涡轮间隙控制相关的系统。为了更有效地介绍发动机空气系统，有必要将发动机空气系统分成发动机冷却分系统、压气机控制分系统、涡轮间隙控制分系统。

该系统功能用于发动机方面：发动机内部和附件装置的冷却、轴承腔封严、平衡轴承的轴向载荷、压气机防喘振控制、控制涡轮叶片的叶尖间隙、发动机防冰、发动机起动等。该系统功能用于飞机方面：座舱环境控制、机翼防冰、探头加温等。气流可从风扇、压气机的中间级、高压级引出；从辅助动力装置的引出；从地面气源引出气流。本节主要以CFM56系列发动机为例。

4.5.1　发动机冷却分系统

发动机冷却分系统可分为内部冷却和外部冷却。内部空气系统覆盖了除了通过气路的主气流之外的所有发动机内部气流，除了用于内部冷却外，还用于内部封严、压力平衡。空气系统冷却功用主要是降低部件温度，使之可以在超过其材料限制的温度下工作；控制温度分布均匀，避免温度梯度，防止出现因温度不匀产生的热应力；控制热膨胀，改善发动机效率。

1. *内部冷却*

如图 4.5.1 所示，发动机需要内部冷却的主要区域有燃烧室、涡轮、轴承。燃烧室冷却的原因：燃气温度太高（1 800～2 000℃），不适于进入涡轮导向器叶片。涡轮冷却的原因：发动机材料的耐温极限，涡轮盘温度分布不均匀，通过冷却进行间隙控制。在超过材料限制的温度下工作；防止热应力疲劳及不可控的膨胀率和收缩率；控制涡轮间隙，提高发动机性能；延长涡轮导向叶片和涡轮叶片及盘、轴的寿命。高压涡轮导向器和叶片冷却的方法有单通道、多通道内部对流冷却、冲击冷却、外部气膜冷却等方法。涡轮盘和轴承冷却主要采用双层壁结构轴承座，引入压气机空气，进入其中的空腔进行循环冷却。冷却空气还提供轴承滑油腔的封严和增压，阻止内部滑油腔的滑油向外泄漏。发动机的附件也会产生大量的热，包括发电机、点火导线，这些附件需要冷却空气。

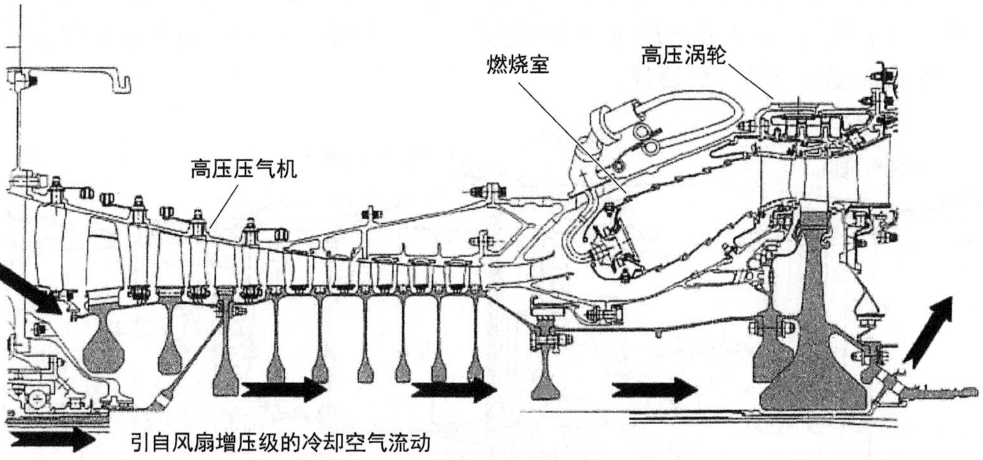

图 4.5.1　发动机内部冷却

对于第一级涡轮，使用的是来自燃烧室的二次流空气。这股气流的冷却空气直接进入位于燃烧室后面的导向叶片。为了冷却转子叶片，冷却空气直接穿过静止的燃烧室机匣的旋流器，流向旋转的高压涡轮。为了使转子内的冷却空气到达第一级转子叶片，大多数设计会在旋转空气封严和高压涡轮盘之间使用腔室。冷却空气穿过腔室后会径向地流向叶片根部并进入叶片内部。

对于第二级涡轮叶片的冷却，使用从压气机末级引出的冷空气。在封严后，这些气流流经燃烧室机匣的内腔，然后穿过第一级涡轮盘的孔进入涡轮盘腔，并且流经转子叶片的冷却通道。第二级涡轮导叶的冷却空气来自比较靠前的压气机级，而第一级涡轮导叶的冷却空气则来自比较靠后的压气机级。空气通过涡轮外部安装的管路引至静子。某些发动机在巡航的时候关闭部分阀门，减少冷却空气消耗以降低油耗。在巡航飞行阶段，燃气温度要低于高推力状态。在涡轮转子的前后端部，需要封严转子和静子结构之间的间隙。这时就可以使用篦齿型封严结构。这种类型封严的空气来自燃烧室机匣内环和高压转子。

内部空气的气流很大一部分是用于发动机高温转子部件的冷却。以双转子发动机为例，对转子部件的冷却需求从高压压气机开始，空气从高压压气机前端或者后几级的位置进入高压转子轴承腔。在转子鼓筒内，对着转子后端的空气流同时冷却高压涡轮转子叶盘根部。冷却气流离开高压转子，再用于冷却低压涡轮盘之后离开轴承腔进入主流。为了发动机部件实现合适的冷却效果，需要从压气机引入合适的温度和压力的空气来达到冷却目的。在压气机末级，来自主空气流的空气可以进入高压转子和燃烧室机匣之间的空腔。为了防止主空气流的泄漏，通常在高压转子和燃烧室机匣之间安装封严件，称为推力平衡封严件。

2. 外部冷却

外部冷却（图 4.5.2）是指通风整流罩和发动机机匣间的外部区域。典型的发动机整流罩下面的区域分成两个舱：风扇舱和核心舱。外部冷却系统确保发动机机匣和在风扇舱和核心舱的所有部件足够的冷却。系统也防止可燃蒸汽在发动机舱聚集。两个舱由隔框和防火密封隔开，每个舱分开的冷却和通风。风扇舱由外部冲压空气冷却和通风。核心舱通常由风扇空气冷却和通风。

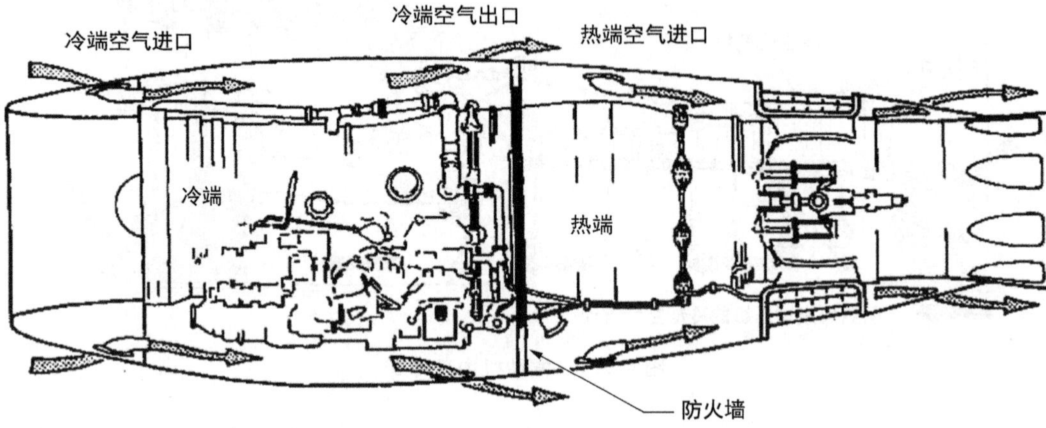

图 4.5.2　发动机外部冷却

4.5.2　压气机控制分系统

压气机稳定性控制，在压气机转速保持不变的情况下，由于某种原因进入压气机的空气流量减少，造成叶轮进口迎角过大，在叶背处发生气流分离的现象叫失速。由叶片失速引起的，发生在压气机轴线方向上的低频率高振幅的气流振荡现象称为喘振。依据压气机出口压力的下降率或转子的减速率来判断。一旦探测出发生喘振，自动打开 VBV，VSV 叶片向关的方向上调节，瞬时减少供油，提供高能高值点火，使发动机从喘振状态恢复过来。常出现喘振的阶段：起动、加速、减速和反推。图 4.5.3 所示为压气机控制部件。图 4.5.4 所示为压气机控制逻辑。

可变几何控制系统设计用于在所有运行条件下保持令人满意的压气机性能。压气机控制系统由 EEC 指令，并通过 HMU 液压信号进行操作。该系统包括：

(1) VBV 系统，位于压气机下；

(2) VSV 系统，包括位于 HPC 的第一级内的 IGV 级。

目前民用飞机发动机上大多采用 VBV 和 VSV：控制部件、作动部件、反馈部件。

1. 可变放气活门（VBV）

在低速时，低压压气机提供的空气流量大于高压压气机所能接受的流量。为了建立更合适的气流，在压缩空气和 HPC 之间的主气流轮廓上安装了 VBV，如图 4.5.5 所示。

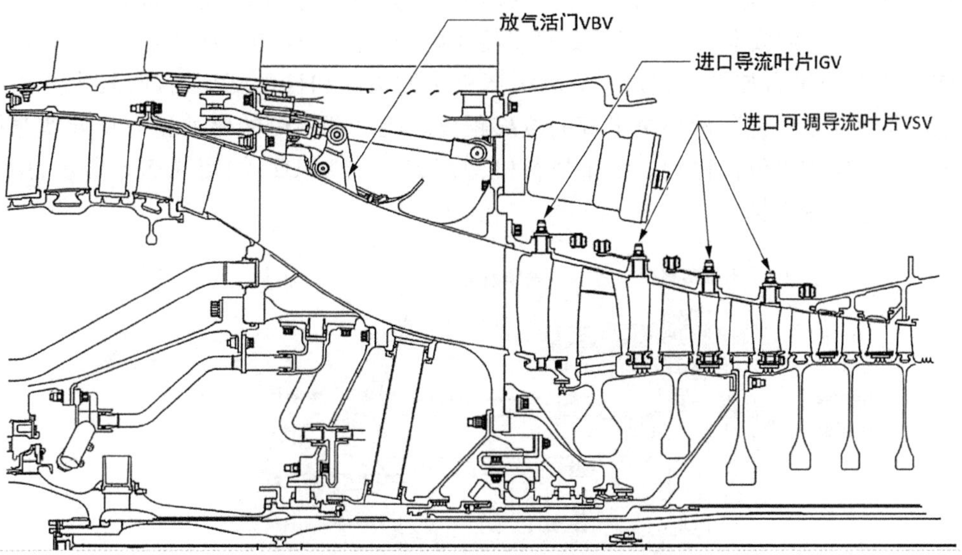

图 4.5.3　压气机控制部件

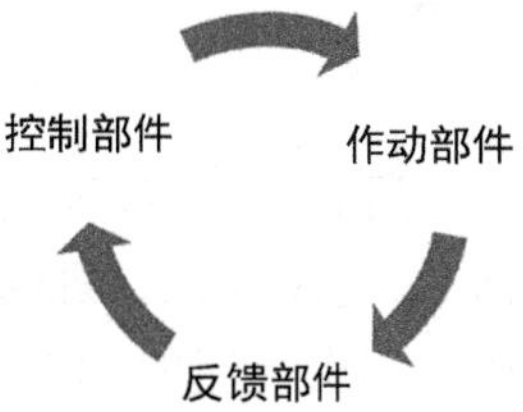

图 4.5.4　压气机控制逻辑

在低速时，它们完全打开，并将部分压缩空气排放空气排入二次气流，防止 LPC 失速。高速时，VBV 关闭。VBV 系统的目的是调节从 LPC 排放到 HPC 入口的空气量。为了消除瞬态条件下 LPC 失速的风险，VBV 系统将空气从一次气流旁路到二次气流。该系统位于 12 支柱轮毂周围，由以下部件组成：

（1）2 个 VBV 驱动器，包括 LVDT；

（2）1 个作动环；

（3）12 个摇臂；

（4）12 个放气门。

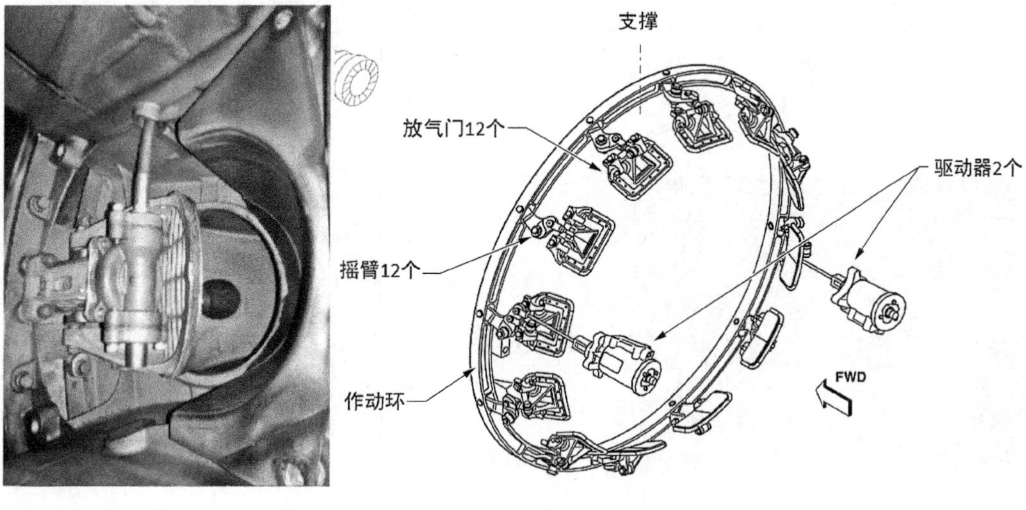

图 4.5.5　VBV

两个 VBV 驱动器是可互换的,并提供移动作动环和位于风扇框架周围的 12 个放气门所需的液压。它们安装在支架上,支架连接在风扇框架内径的背面 4 点钟和 10 点钟位置。HMU 的燃油压力被输送到每个双动执行机构的头部和杆的端口,接收较大压力的端口将决定移动方向。燃油量将决定杆的位移距离。驱动器头侧的燃油压力将导致系统放气门向关闭或高功率位置移动。每个执行机构都有一个 LVDT,如图 4.5.6 所示,用于向 EEC 提供实际位置反馈。

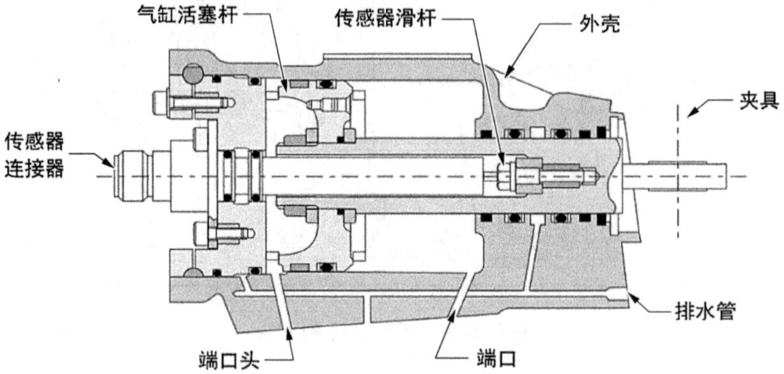

图 4.5.6　LVDT

所有 12 个放气门都通过摇臂组件连接到作动环上。其中两个放气门有一个较长的摇臂,连接到执行机构的 U 形夹上。当驱动器移动时,作动环打开或关闭放气门,以控制排入二次气流的 LPC 空气量,如图 4.5.7 所示。

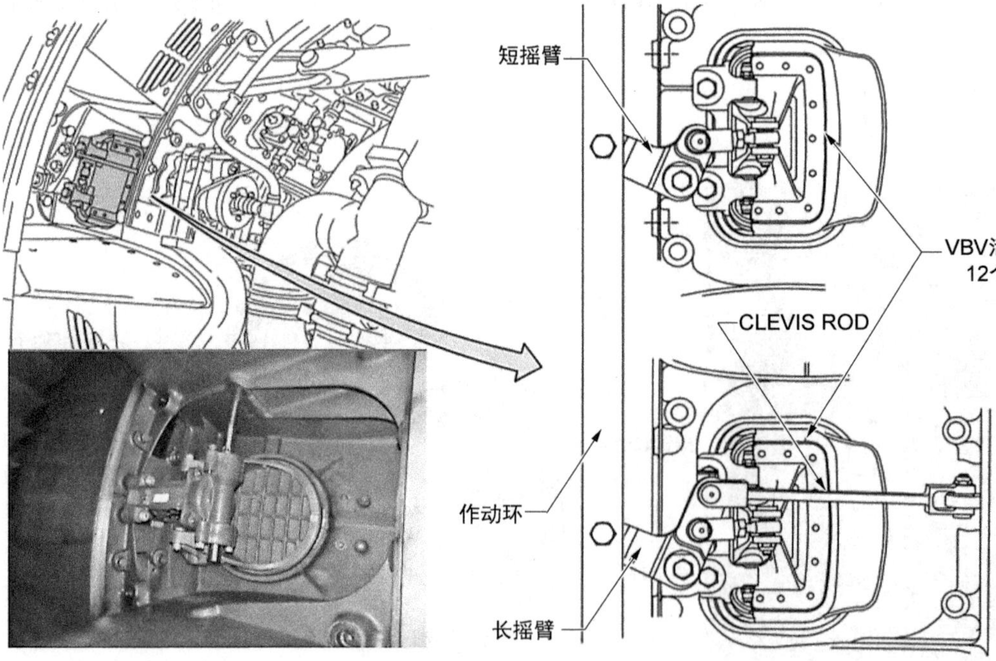

图 4.5.7　VBV 活门

EEC 使用飞机和发动机数据来安排 VBV 活门驱动器的位置。当 EEC 确定了 VBV 活门驱动器的位置时，它发送一个命令信号来移动 HMU 内的伺服阀，该伺服阀发送伺服燃油压力来移动两个 VBV 驱动器中的作动筒。每个驱动器都有一个 LVDT，EEC 使用这些传感器的反馈来监测执行器的位置。右手侧 VBV 驱动器上的一个 LVDT 向通道 A 发送电信号，左手侧的另一个向通道 B 发送电信号。VBV 随着 N1 速度的增加而开始闭合，并在 80%N1 速度以上完全闭合。EEC 命令 VBV 门在以下过程中打开：

（1）发动机快速减速；

（2）潜在结冰条件。

EEC 计算 VBV 开合信号。此计算使用：

（1）风扇转速（N1、T12）；

（2）风扇入口总温度（T12）；

（3）核心机速度（N2、T25）；

（4）核心机入口温度（T25）；

（5）静压（P0）；

（6）油门杆解算器角度（TRA）；

（7）VSV 位置逻辑。

EEC 根据 N2 速度和 VSV 的位置计算基本 VBV 位置。然后，根据实际 N1 速度和计算值之间的差异，对该位置进行微调。当发动机在反推模式下运行时，对应于 TRA 位置的加法器也在打开方向上相加，如图 4.5.8 所示。

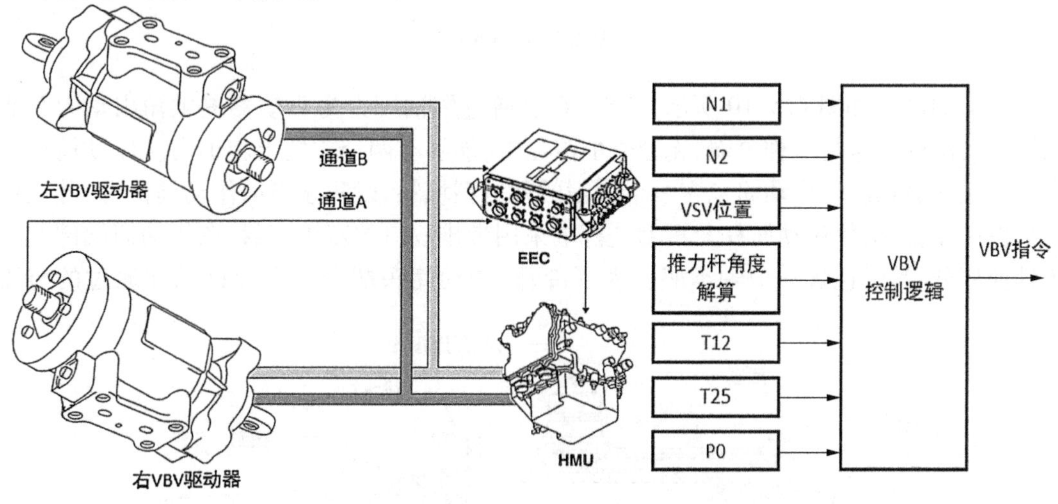

图 4.5.8　VBV 控制

2. VSV

HPC 配备有一级 IGV 和三级 VSV，如图 4.5.9 所示。驱动系统改变叶片的方向，为叶片前缘的气流提供正确的入射角，从而改善 HPC 失速裕度。VSV 系统将 HPC 静子叶片定位到适当的角度，以优化 HPC 效率。它还提高了发动机瞬态运行期间的失速裕度。VSV 位置由 EEC 使用各种发动机参数计算，必要的燃油压力由 HMU 专用伺服阀提供。

VSV 系统位于 HPC 的前部,HPC 外壳两侧的一系列驱动器和曲拐组件。该系统包括:

(1) 2 个液压驱动器;

(2) 2 个反馈传感器,安装在驱动器中;

(3) 2 个摇臂组件;

(4) 4 个作动环(分成两半);

(5) 可变静子级,位于 HPC 外壳内;

(6) IGV;

(7) VSV 阶段 1-2-3。

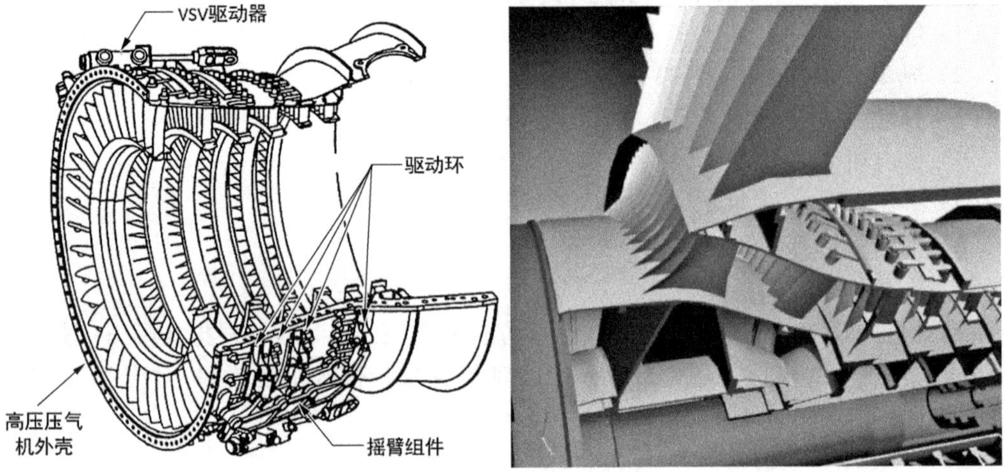

图 4.5.9　VSV

VSV 驱动器如图 4.5.10 所示。VSV 系统通过燃油压力为驱动器提供输出动力和驱动器杆的位移。这是一种单端、无套管的液压缸,能够在两个方向上施加力。作动筒行程由内部止动器控制。作动筒包含一个带帽的预成型填料,以防止横向作动筒泄漏,并提供一个擦拭器,以确保作动筒杆无污垢。杆端采用带排放口的双级密封,在作动筒端部有一个延伸部分,其中包含一个轴承座。为了冷却,作动筒头端有一个允许燃油通过的节流

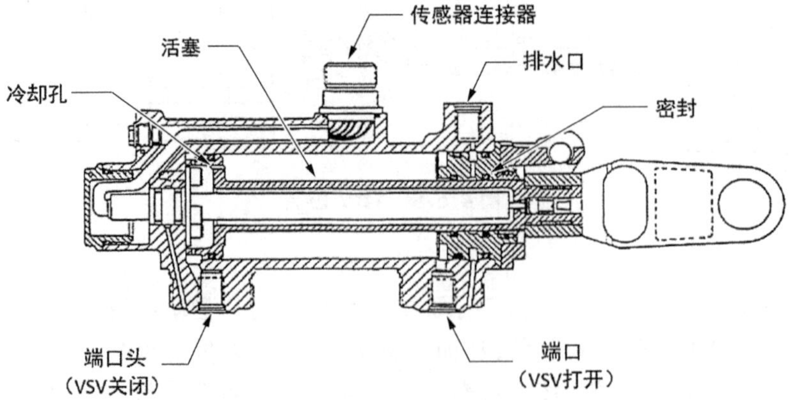

图 4.5.10　VSV 驱动器

孔。每个驱动器都有一个旋转可变差动传感器(RVDT),用于向 EEC 提供实际位置反馈。

VSV 联动器如图 4.5.11 所示。每个 VSV 驱动器通过 U 形夹连杆和摇臂组件连接到主杆。叶片致动环通过从动杆连接到曲轴箱总成中的主杆。连接在压气机机匣分界线上的半驱动环绕压气机的水平轴线沿圆周旋转,驱动环的运动通过叶片驱动器传递到各个叶片。

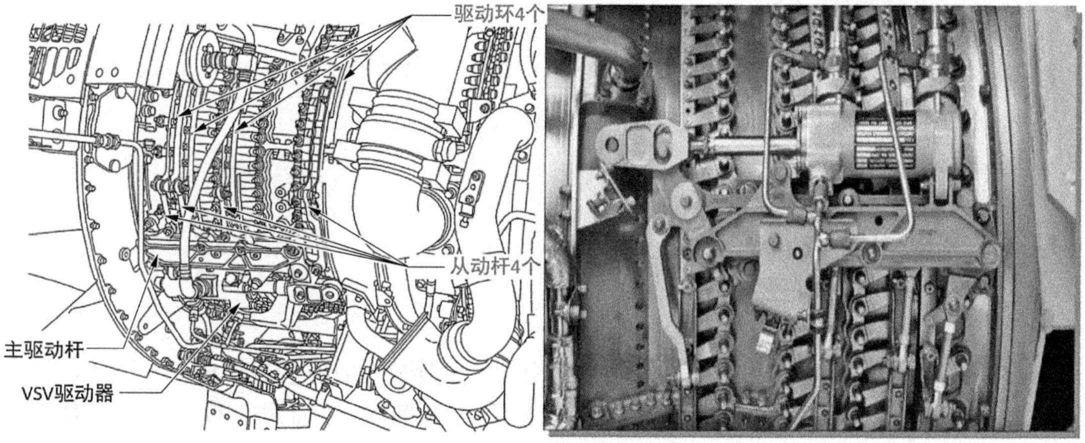

图 4.5.11 VSV 联动器

VSV 位置传感器如图 4.5.12 所示。位置传感器是 RVDT,由两个绕组组成,一个固定,一个可移动。可移动绕组与驱动器杆一起平移,产生的电压是驱动器行程 VSV 位置的函数。根据传感器信号,EEC 计算适当的 VSV 驱动器位置。位于 HPC 壳体上 2 点钟和 8 点钟位置的两个驱动器移动 4 个致动环,以改变叶片的角位置。两个 RVDT,一个驱动器,将 VSV 位置传输至 EEC 以关闭控制回路。右侧反馈传感器连接到通道 A,左侧反

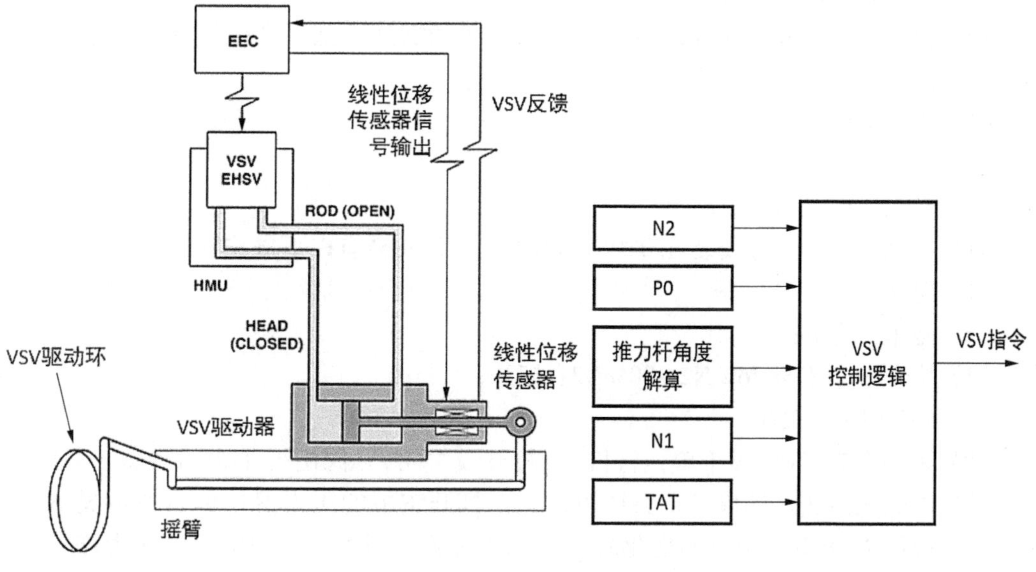

图 4.5.12 VSV 位置传感器

馈传感器连接至通道 B。

VSV 系统控制。EEC 使用以下方法计算 VSV 需求信号：

(1) 修正后的 N2 速度(N2)；

(2) 静压(P0)；

(3) 油门杆解算器角度(TRA)；

(4) 风扇转速(N1)；

(5) 大气总温(TAT)。

根据修正后的 N2 速度和高度来安排 VSV 位置。根据以下情况进行调整：

(1) 发动机状况(快速加速/减速)；

(2) 稳定状态；

(3) 瞬态条件(缓慢加速/减速)；

(4) 环境结冰条件；

(5) N1 和/或 N2 超速情况。

3. TBV

如图 4.5.13 所示，TBV 系统改善了发动机起动和快速加速过程中 HPC 的失速裕度。使用发动机输入参数，EEC 逻辑计算何时打开或关闭 TBV，以通过 TBV 歧管将 HPC 第 9 级引气输送至 LPT 1 级导向器。TBV 系统包括：TBV(位于 HPC 壳体上的 6 点钟位置)和 TBV 歧管。

TBV 是一种两位燃油驱动蝶阀，由以下部件组成：

(1) 作动器；

(2) 一个 9 级空气蝶阀；

(3) 2 个 LVDT 电传连接器；

(4) 热屏蔽；

(5) A 燃油歧管安装法兰。

TBV 包括一个与蝶阀相连的线性驱动器。驱动器连接到一个燃油端口衬垫上，该衬垫有三个孔：

(1) 燃油排放；

(2) Pcr 至杆端；

(3) Pcb 或 Pc 至头端。

两个电气连接器直接安装在 TBV 驱动器上。TBV 会有以下操作：

(1) 起动；打开；

(2) 慢车：关闭；

(3) 从慢车加速至 76%N2~80%N2：打开；

(4) 80%以上：关闭。

TBV 是一个蝶形阀，属于单执行机构(打开或关闭)。阀门处于常闭状态。通向开启室的燃油供应压力通过端口 Pcr 保持恒定。在打开室中的压力保持恒定的情况下，关闭室中的燃油压力(Pcb 或 Pc)的变化决定了阀的位置。当关闭室中的燃油压力增加时，蝶阀会关闭气流。当关闭室中的燃油供应压力降低时，驱动器活塞向打开位置移动。活塞

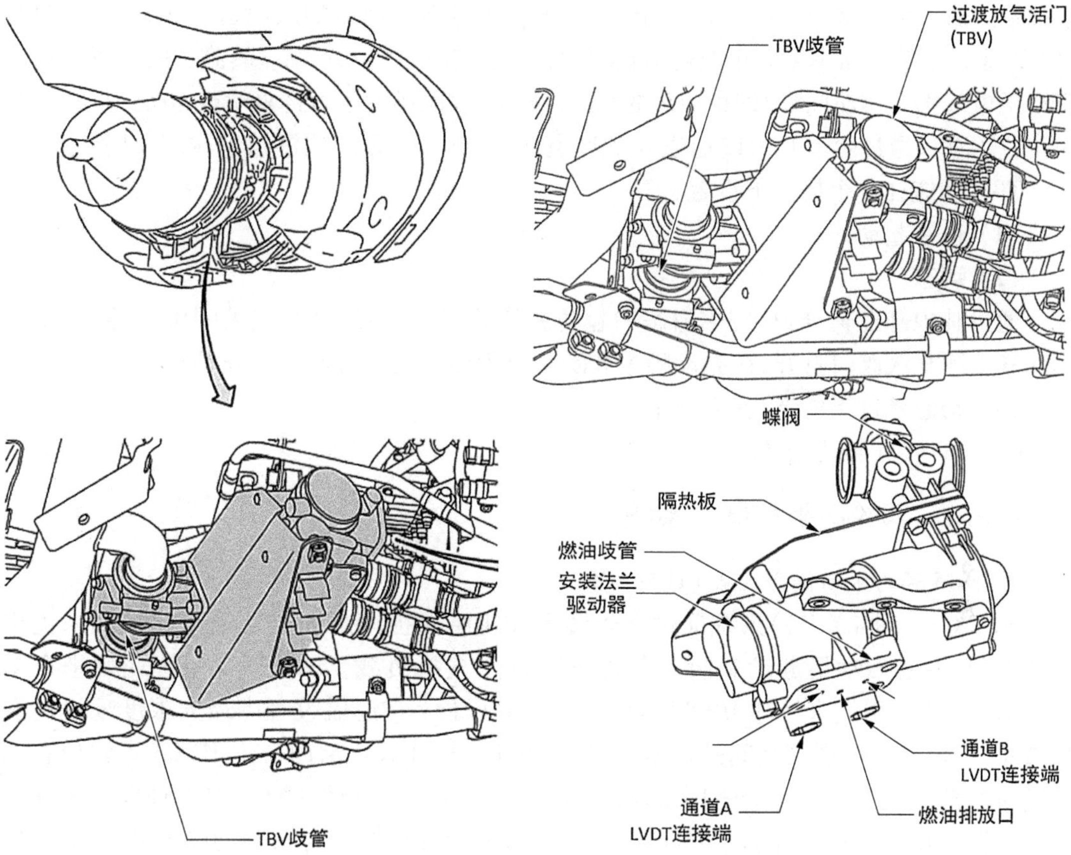

图 4.5.13　TBV

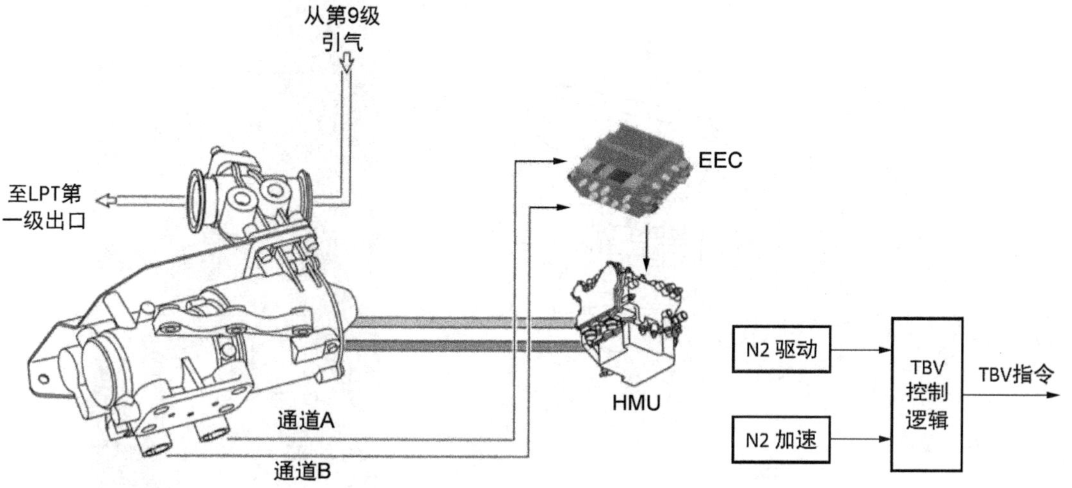

图 4.5.14　TBV 控制

包含一个用于横向活塞燃油流的节流孔,提供驱动器冷却。提供排水口,以将任何流体泄漏通过轴封输送至排水口。阀门位置由 EEC 通过连接到驱动器的双通道 LVDT 进行监测。LVDT 提供与蝶形阀门位置相对应的反馈信号。在故障保护位置,活塞转到关闭位置。来自 EEC 的电气指令移动伺服 HMU 内部的阀门。HMU 伺服燃油压力将驱动器移动到打开或关闭位置。EEC 通过两个 LVDT(通道 A 和通道 B)监测 TBV 系统位置,如图 4. 5. 14 所示。

TBV 功能在 2 个模式下设置:

(1) 正在起动;

(2) 瞬态。

通过其内部逻辑,EEC 使用瞬态和起动放气活门,使活门打开或关闭位置,同时还使 HPTACC 第 9 级阀门打开,在起动顺序和瞬态过程中活动将考虑以下发动机参数:

(1) 瞬态条件下的 N2 加速度;

(2) N2 实际起动条件。

4. 5. 3 涡轮间隙控制分系统

1. 高压涡轮主动间隙控制(HPTACC)

HPTACC(图 4. 5. 15)系统通过涡轮转子和机匣保护罩之间的主动间隙控制来优化 HPT 效率,并在发动机起动和瞬态条件下降低压气机负载。HPTACC 系统使用来自第 4 级和第 9 级的引气来冷却 HPT 护罩支撑结构,以便:在巡航过程中最大限度地提高涡轮效率,还使节气门爆裂期间的峰值 EGT 最小化。HPTACC 活门位于 HPC3 点钟位置的发动机芯部分上。这是一个闭环系统,使用活门位置作为反馈。EEC 将各种发动机和飞机传感器信息考虑在内并制定时间表。位于 HPT 围带支撑结构右侧的热电偶为 EEC 提供温度信息。为了将护罩的温度控制在所需水平,EEC 计算活门位置计划。然后,该活门

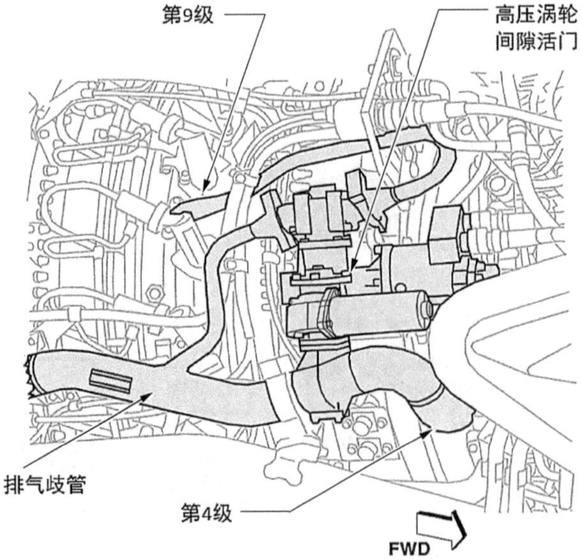

图 4. 5. 15 HPTACC

位置由 EEC 激活通道发送至 HMU 内的 HPTACC 电液伺服器(electro-hydraulic servo valve, EHSV)。伺服器调节发送给 HPTACC 活门的燃油压力。连接到驱动器的两个 LVDT 传感器向 EEC 提供位置反馈信号,并且 EEC 改变活门位置,直到反馈符合计划要求。

如图 4.5.16 所示,HPTACC 活门是一种燃油和齿轮操作顺序阀,主要由 9 级空气活门组成。如下所示：

(1) 4 级空气活门；

(2) 2 个阀门各有 1 个驱动器；

(3) 2 个 LVDT 传感器；

(4) 燃油歧管安装法兰；

(5) 4 级进气管。

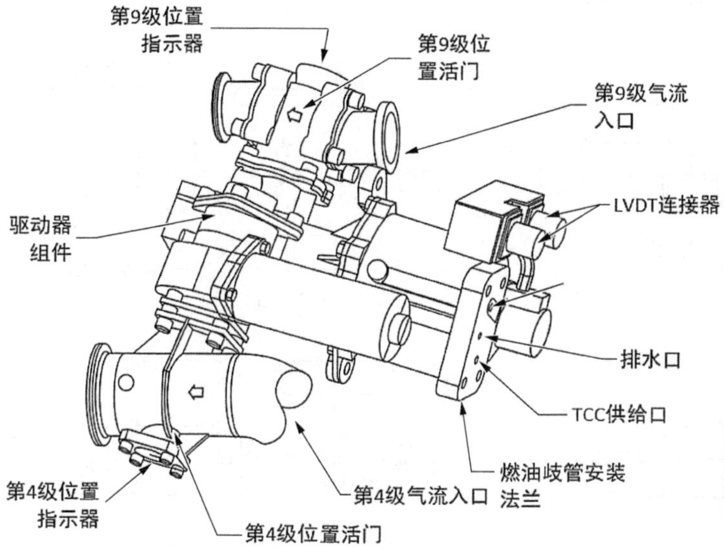

图 4.5.16　HPTACC 活门

HPTACC 活门具有集成的双蝶形活门,由单个驱动器驱动,该驱动器接收来自 HMU 伺服器的燃油压力。每个蝶形活门都控制自己的专用压气机级空气。这两股气流在活门下游混合,并通过 HPTACC 排放歧管输送到 HPT 护罩支架的 6 点钟和 12 点钟位置。来自 HMU 的燃油压力指令进入涡轮间隙控制(TCC)供应端口处的活门。中间压力施加在活门驱动器的另一侧。活门上有一个排放口,用于将任何燃油泄漏引导至排放系统。可以通过视觉指示器检查活门的位置。

HPTACC 活门包括一个 4 级活门和一个 9 级活门,其中一个驱动器可移动两个活门。执行机构为活塞式执行机构。HMU 将伺服燃油输送到活塞的头部或杆侧。两侧都有齿轮齿的轴与活塞相连。轴上的齿在一侧连接到 9 级活门的齿轮,在另一侧连接到 4 级活门的一个齿轮。每个活门的蝶形轴都连接到正确的齿轮上。当活塞移动时,轴也会移动。这会导致每个活门的齿轮和蝶形活门转动,从而导致活门打开和关闭。活门模式有 5 种 HPTACC 活门模式。

（1）发动机关闭，无空气：驱动器完全缩回。4 级蝶形活门和 9 级蝶形活门关闭。这是发生 EEC 或 HMU 故障时的故障安全位置。

（2）低流量第 9 阶段：EEC 将执行机构设置为 8%的延伸。第 9 级活门使低流量的空气流向 HPT 护罩支架。第 4 级活门完全关闭，HPT 间隙高。

（3）高流量第 9 级：EEC 将执行机构设置为伸出的 37%。第 9 级活门完全打开。第 4 级活门完全关闭，HPT 间隙最大。

（4）混合：EEC 计算的驱动器位置在 38%和 99%之间。这设置了第 9 级和第 4 级空气比，以精确调整 HPT 间隙。

（5）第 4 级：执行机构完全伸出。第 9 级活门完全关闭，第 4 级活门完全打开，HPT 间隙最小。

图 4.5.17 为 HPTACC 工作原理图。

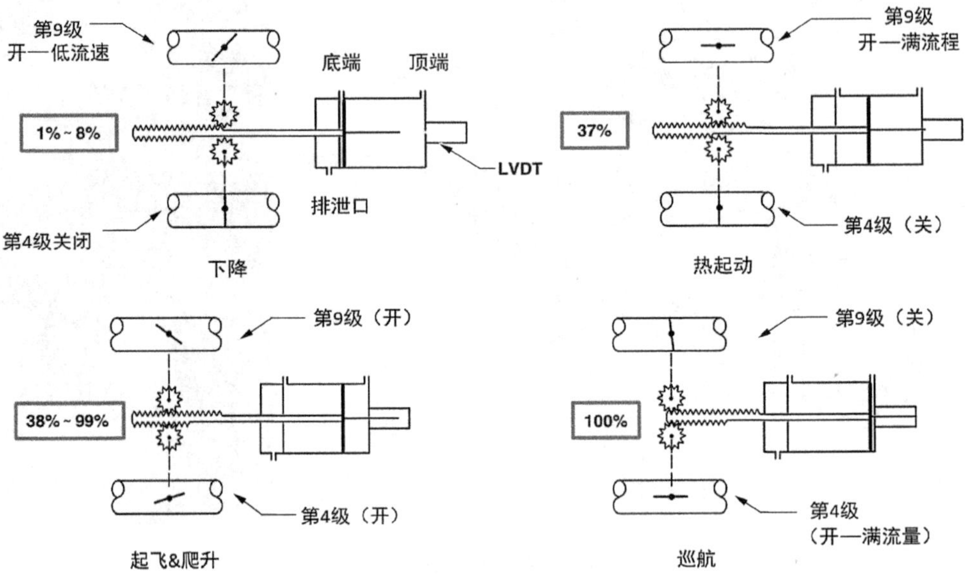

(a)

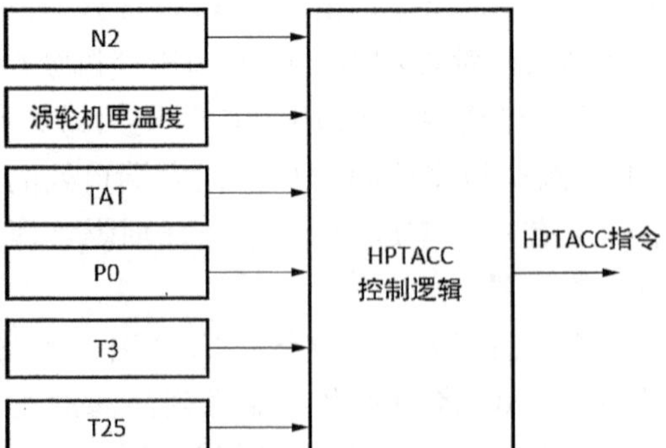

(b)

图 4.5.17　HPTACC 工作原理

EEC 计算 HPT 间隙需求，使用：

（1）N2（高压转子转速）；

（2）TC（涡轮匣温度）；

（3）TAT（总温）；

（4）P0（静压）；

（5）T3（CDP 温度）；

（6）T25（压气机进口温度）；

（7）TBV 信号。

EEC 使用 N2、TAT 确定 HPT 转子的状态和气流中可用的空气。根据 P0、N2、T3 设置热膨胀的理论需求和间隙调整。使用 N2、T3、T25、TC 和 TBV 信号建立阀门位置。

2. 低压涡轮主动间隙控制（LPTACC）

如图 4.5.18 所示，LPTACC 系统在发动机运行期间使用风扇排气来冷却 LPT 机匣，并控制 LPT 转子与静子之间的间隙。还通过监测 EGT 来保护涡轮壳免受过热的影响。这确保了 LPT 在所有发动机额定值下的最佳性能。LPTACC 系统是一个闭环系统，通过阀门和歧管调节输送到 LPT 机匣的冷却气流。LPTACC 阀位于发动机芯部分的 4 点钟位置。LPTACC 系统包括：

（1）进气道（未显示）；

（2）LPTACC 活门；

（3）1 个空气管道和歧管；

（4）LPT 外壳冷却管。

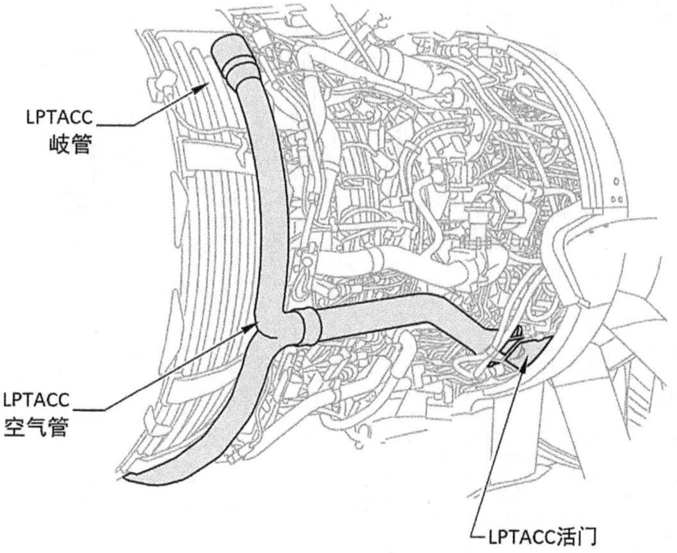

图 4.5.18　LPTACC 系统

LPTACC 阀安装在 HPC 的 4 点钟位置是一个燃油操作调制阀，由以下部件组成：

（1）2 个 RVDT；

(2) 燃油歧管安装法兰-执行机构;

(3) 蝶阀。

LPTACC 控制通过 LPTACC 歧管到达 LPT 机匣的风扇排气量。LPTACC 阀有一个燃油操作的活塞阀,HMU 将伺服燃油输送到驱动器中的杆或活塞头侧。执行机构控制蝶阀的位置。蝶阀控制流向 LPTACC 歧管的风扇气流。两个 RVDT 向 EEC 发送蝴蝶位置信号。LPTACC 有一个排放口,用于排放从驱动器轴封泄漏的燃油。可以通过视觉指示器检查阀门的位置。

根据 EEC 的算法,与阀门位置需求成比例的电信号首先发送到 HMU 内的 EHSV。伺服阀将电信号转换为燃油压力,并将其发送至 LPTACC 阀。在 LPTACC 阀内,执行机构驱动安装在气流中的蝶阀。蝶阀的位置决定了进入歧管和冷却管组件的排气量。RVDT 传感器内置于阀门中,将阀门位置作为反馈发送至 EEC,以便与位置需求进行比较。如果阀门位置与需求不匹配,则 EEC 通过 HMU 发送命令,改变阀门状态,直到两个条件相等。外壳的膨胀或收缩使 LPT 转子护罩相对于 LPT 转子定位。护罩和转子之间的间隙越小,比燃油消耗量的提高就越大。

图 4.5.19 所示为 LPTACC 工作原理图。

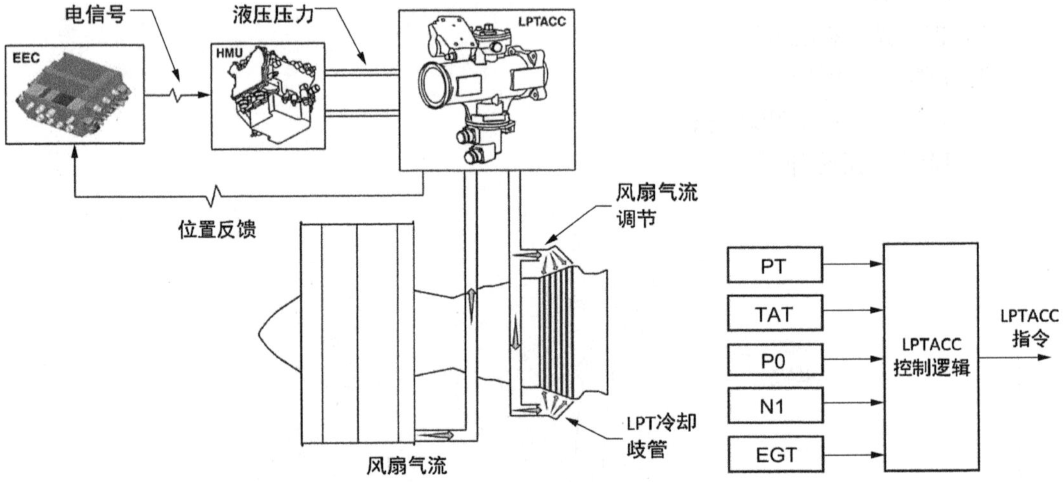

图 4.5.19　LPTACC 工作原理

EEC 使用以下数据来控制风扇排气蝶阀位置:

- 总压(PT);
- 静压(P0);
- 总温(TAT);
- N1 转速;
- 排气温度(T49.5)。

HMU 燃油压力移动 LPTACC 阀中的驱动器。执行机构中的两个 RVDT 传感器将信号分别发送通道 A 和通道 B,向 EEC 提供阀门位置反馈。

4.5.4　液压机械组件(HMU)

如图 4.5.20 所示,HMU 从 EEC 发送到液压压力的信号以致用于发动机控制的各种驱动器。HMU 位于 8 点钟位置,并连接到燃油泵总成的后侧。

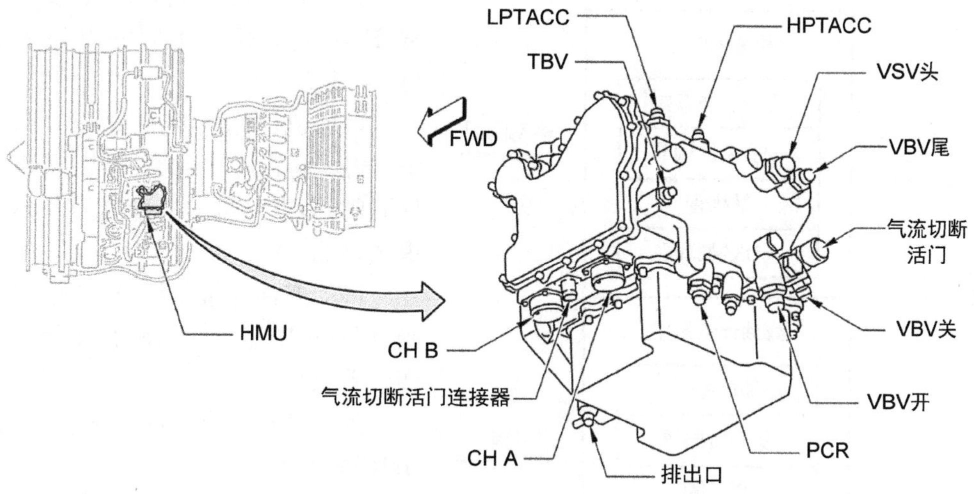

图 4.5.20　HMU

HMU 的功能(图 4.5.21):

(1) 提供燃油压力的内部校准;

(2) 测量燃油流量;

(3) 提供燃油切断和燃油歧管的最低压力水平;

(4) 提供 N2 超速保护;

(5) 为各种发动机燃油设备提供正确的液压动力源。

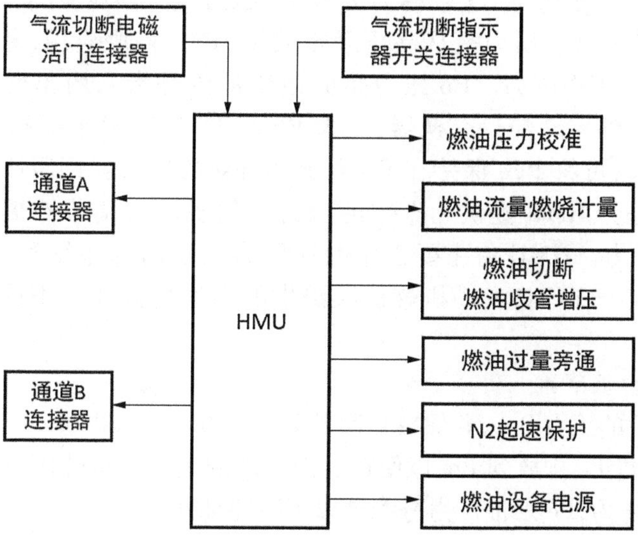

图 4.5.21　HMU 功能

HMU 拥有：

(1) 连接到 EEC 通道 A 和 B 的两个电气连接器；

(2) 关闭指示开关和 A/C 之间的电气连接；

(3) 关闭电磁阀和 A/C 之间的电气连接。

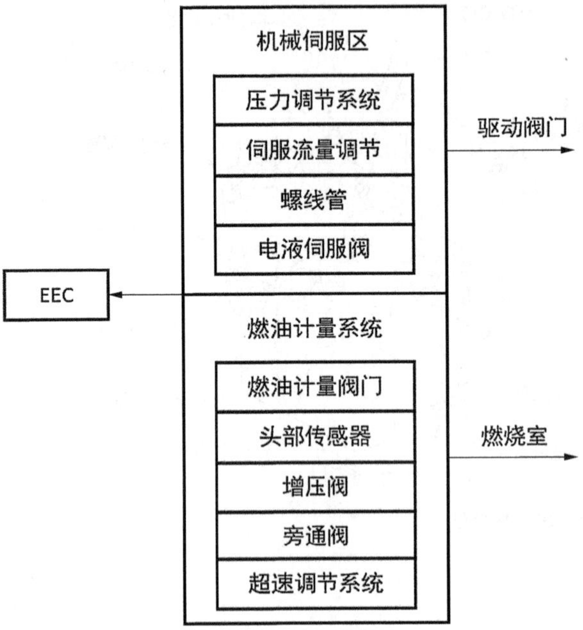

图 4.5.22 HMU 组成

为了管理和控制发动机系统和设备，HMU 包含两个不同的内部子系统（图 4.5.22）：

(1) 机械伺服区，包括压力调节系统、伺服流量调节系统、电磁阀和电液伺服阀，为发动机的各种阀门和驱动器提供燃油；

(2) 燃油计量系统，包括燃油计量阀、压头传感器、增压阀、旁通阀和超速调节器系统。

为了实现所有不同的发动机功能，HMU 配备了：

(1) 6 个 EHSV，用于控制：FMV、VSV、VBV、TBV、HPTACC、LPTACC；

(2) 1 个用于关闭电磁阀信号生成的电磁阀(S)（该电磁阀不受 EEC 控制，而是由 A/C 主操纵杆控制）；

(3) 1 个旋转变压器(R)，用于跟踪 FMV 位置；

(4) 2 套开关（一套用于超速调节器，一套用于加压和切断阀）。

HMU 由来自燃油泵 HP 级排出的两个燃油压力 Ps 和 Psf 提供。在某些操作条件下，一些燃油压力可能被旁通，这被称为 Pb。Ps 压力是从高压泵排放到 FMV 系统，最大 Ps = 7 060.23 kPa。Psf 压力是从高压泵排放到 HMU 伺服应用，通过伺服燃油加热器，这用于作动器的工作压力。Pb 压力是旁通燃油流是指未用于燃烧和伺服机构的多余燃油。它返回到主燃油热交换器，最大 Pb = 1 827.11 kPa。Pcb 止回阀是一种弹簧加载的活塞式阀，可将 Pcb 保持在 Pb 以上 10 psi 的压力。伺服压力调节器是压力调节系统的目的是为 HMU 提供工作燃油压力。伺服压力调节器提供 Pc、Pb、Pcr 和 Pcb 所需的燃油压力。HMU 将主要工作燃油压力用于内部系统和驱动伺服机构，为了执行不同的功能，HMU 将发动机燃油泵提供的燃油划分并对不同的内部系统部件调节。

1. Pc 伺服压力调节器

Pc 是指调节后的压力 Pcb，并保持在高于 Pcb = 2 068.43 kPa，Pc = Pcb+2 068.43 kPa。调节器控制 Psf 或将 Pc 排放到 Pb，以便在后面所需的整个流量范围内保持恒定的压差，并补偿变化的 Pb 压力，Pc 燃油压力分配给以下这些部件：

(1) 压力调节器；

(2) 燃油计量阀;
(3) LPTACC－EHSV;
(4) HPTACC－EHSV;
(5) 速度伺服阀。

2. Pcr 伺服压力调节器

Pcr 压力被调节为高于 Pcb 的恒定值,Pcr＝Pcb+1 034.21 kPa。Pcr 调节器的功能与 Pc 调节器相同,但预加载校准为 1 034.21 kPa。Pcr 燃油压力分配给以下这些部件:

(1) 活塞积分器;
(2) LPTAC 阀;
(3) HPTACC 阀;
(4) TBV。

3. 电液伺服阀

EEC 和 HMU 控制 6 个电动液压伺服阀(EHSV):

(1) 燃油计量阀(FMV);
(2) 瞬态放气阀(TBV);
(3) 高压涡轮主动间隙控制(HPTACC);
(4) 低压涡轮主动间隙控制(HPTACC);
(5) 可变放气活门(VBV);
(6) 可调静子叶片(VSV)。

EHSV 将 EEC 电气输入更改为伺服系统的液压输出。然后,伺服系统将阀门或驱动器操作到正确的位置。该位置由 EEC 通过 LVDT、RVDT 或解析器接收的反馈信号进行控制。扭矩马达转换来自 EEC 的电信号输入,以通过滑阀调节液压伺服输出。四通 EHSV 用于控制 FMV、VSV 和 VBV 流量调节器,其他伺服系统使用三向 EHSV,每个 EHSV 都是一个由扭矩马达操作的两级阀。EHSV 的第一级是流体放大器,第二级是滑阀。第一级流体放大器响应来自转矩马达开关的输入操作第二级滑阀,转矩马达开关接收来自 EEC 的命令信号。流体放大器将高压燃油引导至将燃油输送至滑阀一侧的端口。反馈弹簧将滑阀保持在空挡位置,滑阀将伺服压力引导至驱动器位置,如图 4.5.23 所示。

4. 流体放大器

在零位滑阀两侧的燃油流量相等。当 EEC 命令扭矩电机重新定位流体放大器时,扭矩电机中的电枢偏转以定位喷嘴。喷嘴可以将燃油流量定向到滑阀的一侧,从而导致伺服输出发生变化。机械反馈弹簧确保电枢、喷嘴和滑阀在滑阀移动后返回零位。

5. VSV 和 VBV 流量调节器。

发动机 VBV 和 VSV 由 4 向 EHSV 操作。Psf 被提供给 EHSV,用于输送到 VBV 和 VSV 驱动器。Psf 也通过 EHSV 的第一级供应,以定位第二级滑阀。EHSV 的滑阀将 Psf 引导至 VBV 驱动器的开口端或闭合端,或 VSV 驱动器的头端。当 Psf 引导到 VBV 驱动器一端时,另一端通过滑阀排放至 Pcb。

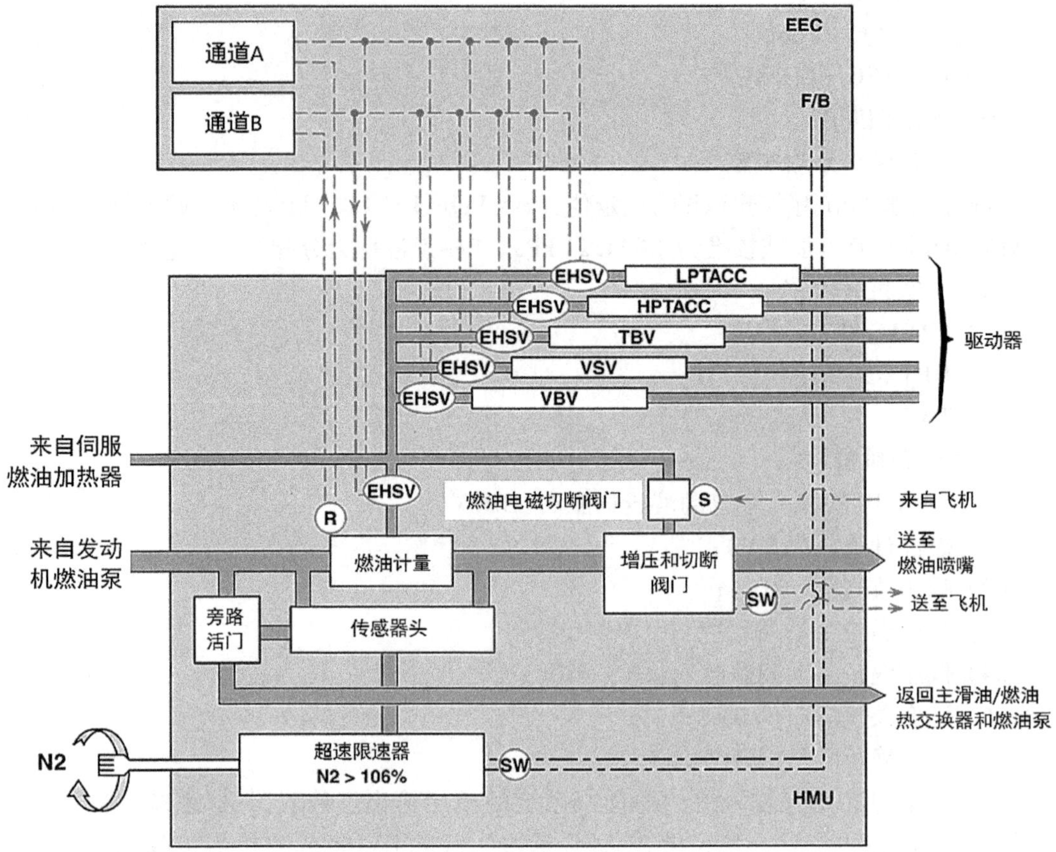

图 4.5.23 HMU 功能

6. 间隙控制伺服流量调节器系统。

发动机 LPTACC 阀和 HPTACC 阀由三通 EHSV 操作。Pc 被供应给 EHSV,用于输送到 LPTACC 和 HPTACC 阀的头端。Pc 也通过 EHSV 的第一级供应,以定位第二级滑阀。每个 EHSV 控制阀头端的压力。EHSV 滑阀将 Pc 引导至阀的头端,或将头端排放至 Pcb,阀门始终配有 Pcr。当驱动器被命令伸出时,EHSV 中的滑阀被定位为向阀的头端供应 Pc。Pc 使活塞移动到阀的 Pcr 上,驱动器伸出。阀门的 Pcr 返回 Pcb。Pcr 返回路径经过 Pcr 伺服压力调节器。

当命令驱动器缩回时,EHSV 中的滑阀在头端排出 Pc。Pcr 阀使活塞靠着减压阀门头端上的压力和驱动器缩回。TBV 也由一个 3 向 EHSV 操作:

(1) 当断电时,EHSV 向 TBV 提供 Pc;

(2) 当被激励时,EHSV 向 TBV 提供 Pcb。

图 4.5.24 显示了构成 HMU FMV 部分的部件,主要包括:

(1) FMV 及其 EHS;

(2) 头部传感器;

(3) 旁通阀门;

（4）超速调节器；

（5）加压和切断阀以及切断电磁阀。

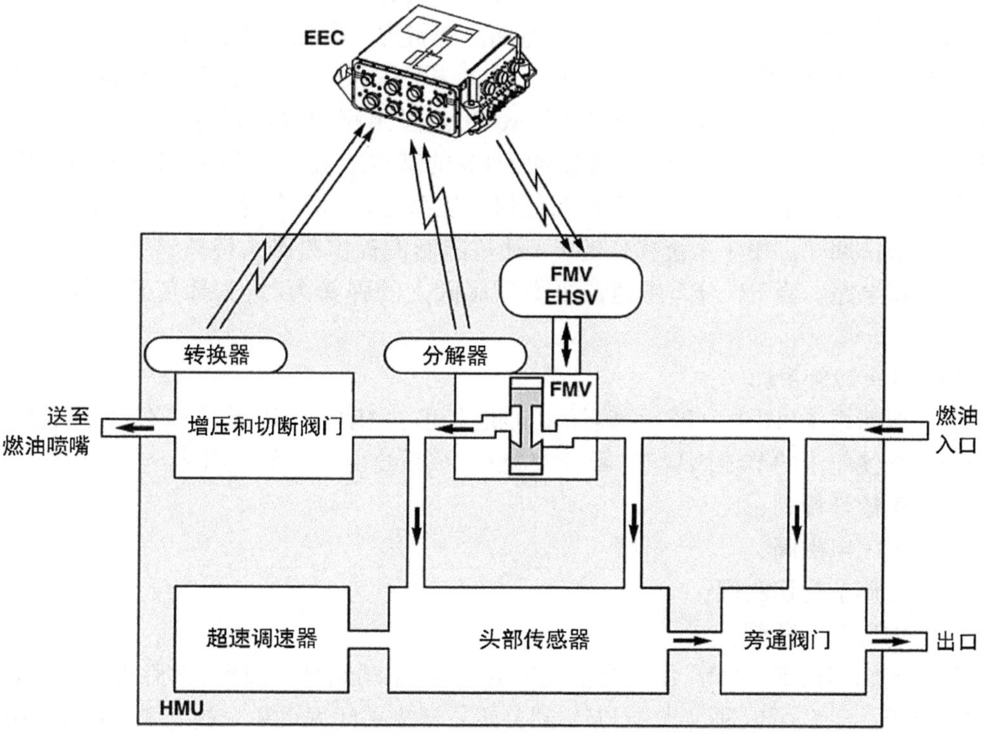

图 4.5.24　HMU　燃油计量部分

7. HMU 燃油计量系统

燃油是在 Ps 压力下供应的。HMU 根据燃油喷嘴所需的 P22 压力及 P1 和 P2 压力（FMV 上游和下游压力）起作用。多余的燃油被旁通（Pb），以调节所需的下游燃油流量。

8. 燃油计量阀

FMV 由 EEC 通过 EHSV 控制，以确保将正确数量的燃油输送至燃油喷嘴。HMU 燃油计量系统包括：

（1）燃油计量阀（FMV）；

（2）FMV 解析器；

（3）旁路调节系统；

（4）EHSV。

EEC 命令 FMV 通过 4 向 EHSV 移动，以修改计量的燃油流量。分解器为 EEC 提供与 FMV 位置成比例的电反馈信号，以实现闭环控制。有两个解析器连接到 EEC。一个用于通道 A，另一个用于信道 B。然后，EEC 逻辑控制发动机运行的计量燃油流量。旁通阀通过在 FMV 中保持高于 P2 55～60 psi 的恒定压降，确保 FMV 燃油流量与 FMV 面积成比例。

9. 旁通阀和压力传感器

旁通阀和压力传感器一起工作,以保持计量阀 P1 - P2 的压差。旁通阀由两个阀门组成;一种比例阀,在积分阀中操作。两个阀门都在关闭方向上由弹簧加载。阀门定位响应于阀门一侧的 P1 和另一侧的 P2 之间的差加上弹簧力。阀门操作会改变通过积分阀旁通的 P1 燃油量。积分器旁通阀操作较慢,该阀建立了基本孔口,用于使 P1 燃油旁通超过维持 P1 - P2 差所需的量。燃油旁通路径是从 P1 经过阀侧的端口到达 Pb。压头传感器定位积分器旁通阀,以建立将多余燃油旁通至 Pb 的基本节流孔。P2 通过限制器被提供给头部传感器并且被指定为 P2P。P2P 在任何时候都与 P2 相同,除了在超速调节期间和旁路或关闭条件期间。用于系统操作的 Psf 通过限制器提供给磁头传感器和积分器旁通阀的伺服操作电路。当 P1 - P2 差速器平衡伺服阀上的弹簧力时,头部传感器伺服阀处于零位。

10. 燃油切断系统

燃油切断系统(图 4.5.25)可确保发动机关闭。发动机可以通过 EEC 命令关闭,或者飞行员将驾驶舱中的节流阀置于“断开”位置。该系统由以下部分组成:

(1) 燃油计量阀;

(2) 关闭电磁阀;

(3) 可调节的切断阀;

(4) 加压和切断阀。

将节流阀切换到“切断”位置会使线圈通电,将驱动到打开位置,然后将 Psf 连接到加压和切断阀。EEC 可以通过指令 FMV 到关闭位置来关闭发动机。这将 P1 端口连接到加压和切断阀的弹簧侧,然后关闭以切断对燃烧室的燃油供应。EEC 指令停机,Psf 或 P1 被连接到可调节的切断阀,从而改变提供给压力传感器和旁通阀的压力。

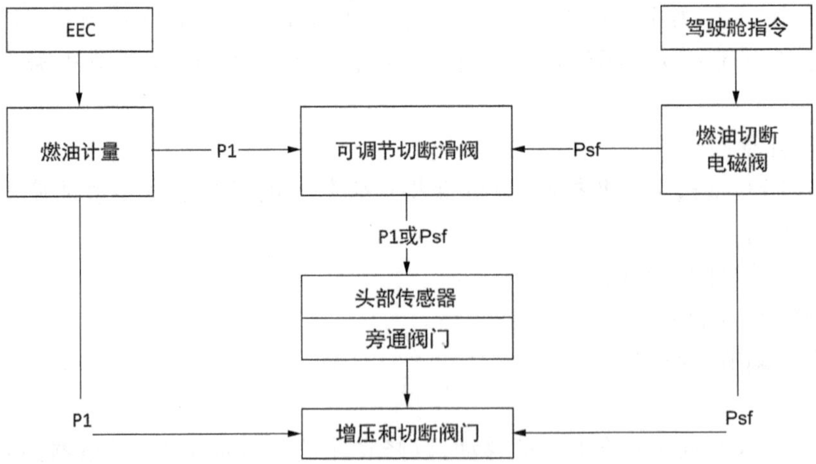

图 4.5.25 燃油切断系统

11. 根据 EEC 指令关闭发动机。

在发动机停车期间,计量阀中的端口处于打开状态。P1 通过该端口关闭电磁阀,关闭电磁阀向加压和关闭阀的弹簧侧及关闭阀的活塞端供应 P1。施加到加压和关闭阀弹簧侧的 P1,加上活塞弹簧力,将加压和关闭阀门移动到关闭位置。施加在切断阀活塞上的 P1 使该阀克服弹簧力移动,以改变阀的排气。在关闭位置,关闭阀关闭通向压力传感器的 P2 供应路径,并将压力传感器 P2P 侧排出至关闭阀中间压力。由于发动机停车时间的原因,P1 的衰减在停机后较慢。压力传感器检测到的高 P1 打开压力传感器伺服阀,积分器旁通阀弹簧侧的伺服操作压力降低。P1 将比例旁通阀和积分器旁通阀都移动到打开位置。P1 被旁路到 Pb。发动机停车后,不再向 HMU 供应燃油,弹簧力将积分器和比例旁通阀移动到关闭位置。

4.6　排 气 系 统

排气系统(图 4.6.1)作用是将涡轮排出的燃气以一定的速度和要求的方向排入大气,产生推力。对涡喷发动机,涡轮后排气流产生全部推力;对涡扇发动机,风扇排气产生主要推力,涡轮排气产生部分推力;对涡桨发动机,排气流产生的推力更少,主要是靠螺旋桨产生拉力。

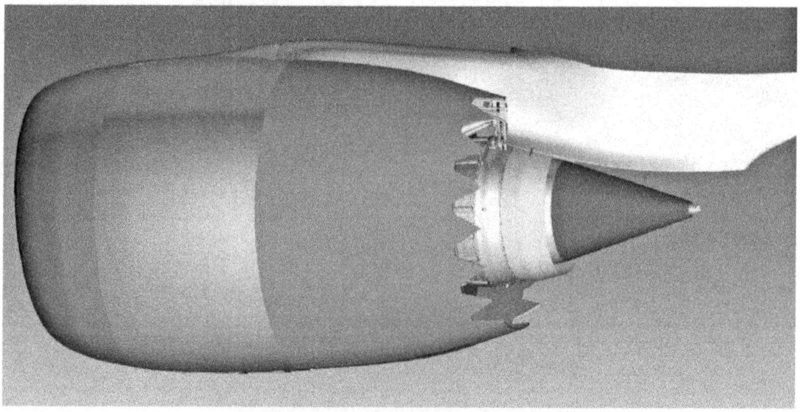

图 4.6.1　发动机排气系统

4.6.1　概述

从涡轮出来的排气流,因有高速旋流,为了降低摩擦损失,通常将排气锥和外壁之间的通道设计为扩散的形状,气流流速降低、压力升高。涡轮后部支柱对气流进入喷管之前整流,避免旋涡损失。从发动机涡轮流出的燃气以 228.6~365.76 m/s 的速度进入排气系统,由于高速气流会产生很大的摩擦损失,所以气流的速度要通过扩散加以降低。这可以通过将排气锥和外壁之间的通道面积不断加大来实现。排气尾锥将燃气从涡轮后的环形变成圆形向后流动,排气尾锥的中心孔是发动机滑油通气用的,将气体释放到外界空气的地方。由于高温燃气流离开涡轮时存在残余的漩涡速度,所以还会产生附加损失,为了减少这些损失,在排气装置中的涡轮后部支柱设计成能将气流在流入喷管之前先行扭直的功能。

内外涵发动机有两股气流喷入大气,即低温的外涵空气流和高温的涡轮出口燃气流。在低涵道比发动机,两股气流由混合器掺混,混合器能使外涵的空气流与涡轮排气流混合,保证两股气流充分混合。在高涵道比发动机中,两股气流通常分别排出,也可以将两股燃气流聚合到一个公用的组件(即整体式尾喷管)之中。这种尾喷管使气流在喷入大气之前先部分混合。涡扇发动机排气系统分内外涵两股排气:低温的外涵空气流和高温的内涵燃气流。涡扇发动机的混合排气,常用在低涵道比发动机上,即长外涵,两股气流由内部混合器充分混合后排出,有利于降低噪声。分开排气用于高涵道比发动机上,即短外涵,两股气流排出后于外界大气中混合。排气系统大致分类为涡轮排气和反推装置。

4.6.2 涡轮排气系统

涡轮排气系统为涡轮喷气排出提供一个出口。系统增加涡轮排气速度以增加发动机推力,如图 4.6.2 所示。

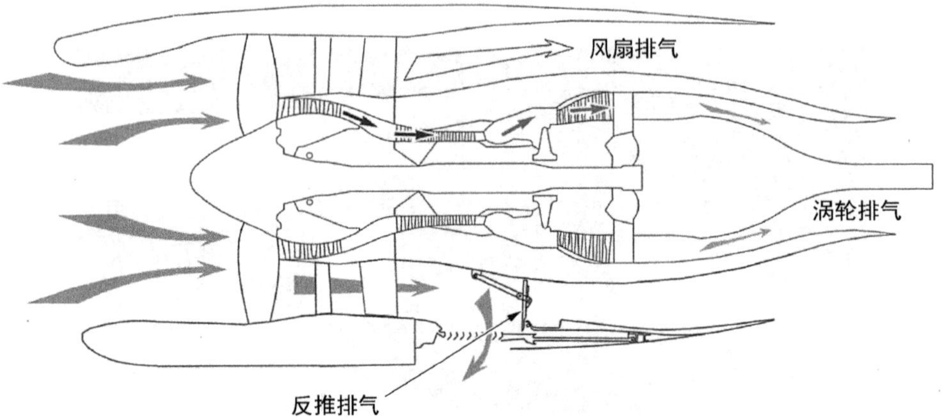

图 4.6.2 涡扇发动机涡轮排气

涡轮排气系统使用一个喷管和一个锥体控制涡轮排气的方向。排气喷管控制涡轮排气流的外侧边缘。尾喷管连接在发动机涡轮机匣上。排气锥体控制涡轮排气流的内侧边缘。锥体连接至发动机涡轮机匣上,锥体和喷管是用镍合金制造的。排气喷管使用篦齿式密封装置,螺栓连接密封装置至内套筒。整流罩帮助平滑风扇的排气流的内侧边缘,铆钉连接整流罩至内套筒。喷管隔流片控制覆盖喷管组件的风扇排气的气流。

(1) 排气喷管:排气喷管组件控制涡轮排气流的外侧边缘。后部还控制风扇排气的内侧边缘。一个定位销在涡轮匣上(面向发动机)约 12 点位置(图 4.6.3)。

(2) 排气锥体:排气锥体组件控制涡轮排气流的内侧边缘。在排气锥体后端的一个孔通气至环境大气。排气锥体组件上有后锥体,螺栓连接后锥体至发动机涡轮排气机匣(图 4.6.4)。

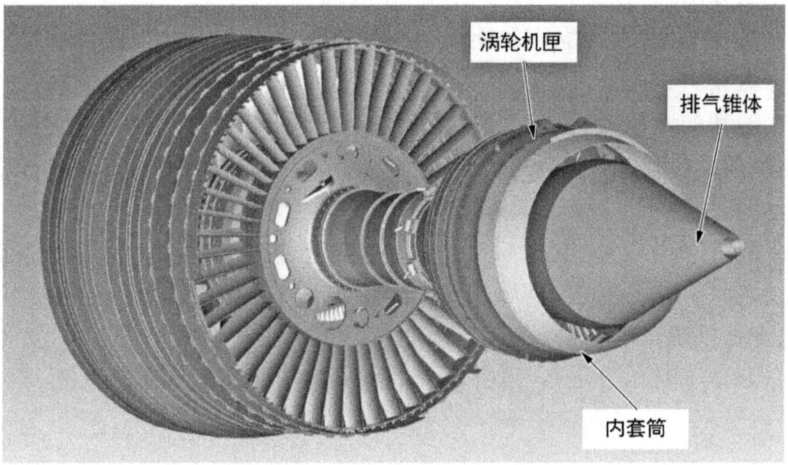

图 4.6.3　发动机排气喷管

图 4.6.4　发动机排气锥体结构示意图

4.6.3　消音措施

飞机发动机的排气噪声是对喷气发动机和低涵道比涡扇发动机,因排气流速度的较高,所以噪声的主要来源是尾喷气流。对高涵道比发动机,因排气速度较低,因而排气噪声较小,整个发动机噪声水平也较低,主要噪声源是风扇和涡轮。排气噪声的来源主要是: ① 喷出的高温高速燃气与外界大气混合所产生的噪声;② 空气进入进气道和流过发动机时产生的噪声;③ 发动机的振动所产生的噪声。前者是主要的噪声源。对于涡扇发动机,消声的部位包括进气整流罩内壁面、风扇机匣内壁面、尾喷管内壁面。

降低噪声的方法：

（1）降低喷气速度，因为噪声的能级与喷气速度的八次方成正比，所以降低一点速度就可以大大降低噪声；

（2）改变振动的频率，因为噪声的传播与振动的频率有关，高频振动很容易被大气所吸收，所以高频振动传播的距离不远，而低频振动不容易被大气所吸收，所以低频振动传播的距离较远，利用这个原理，降低频振动变为高频振动；

（3）采用消声降噪装置（图 4.6.5），多孔型喷管、瓣形喷管、波纹形内部混合器（低涵道比涡扇发动机）等，增大排气流（噪声源）与外界空气的接触面积，改变噪声从低频音为高频音，以达到降低噪声的目的；

（4）吸声材料（图 4.6.6）：沿外涵道内壁，采用吸声垫，吸收声能，将声能转变成热能。

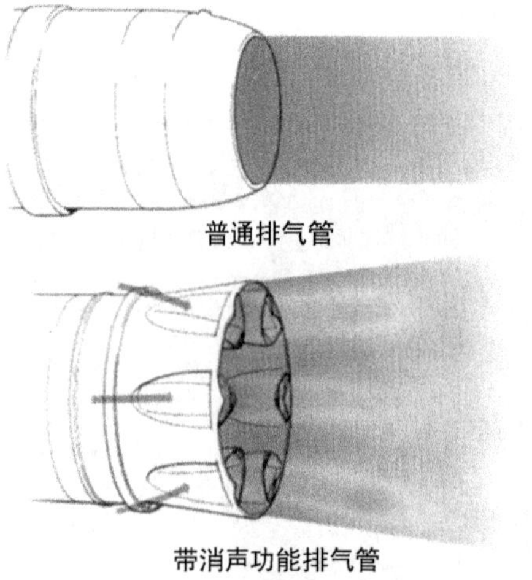

(a) 消声功能排气管（内涵道）

(b) 消声功能排气管（外涵道）

(c) 螺纹型排气管

图 4.6.5　发动机排气消声降噪

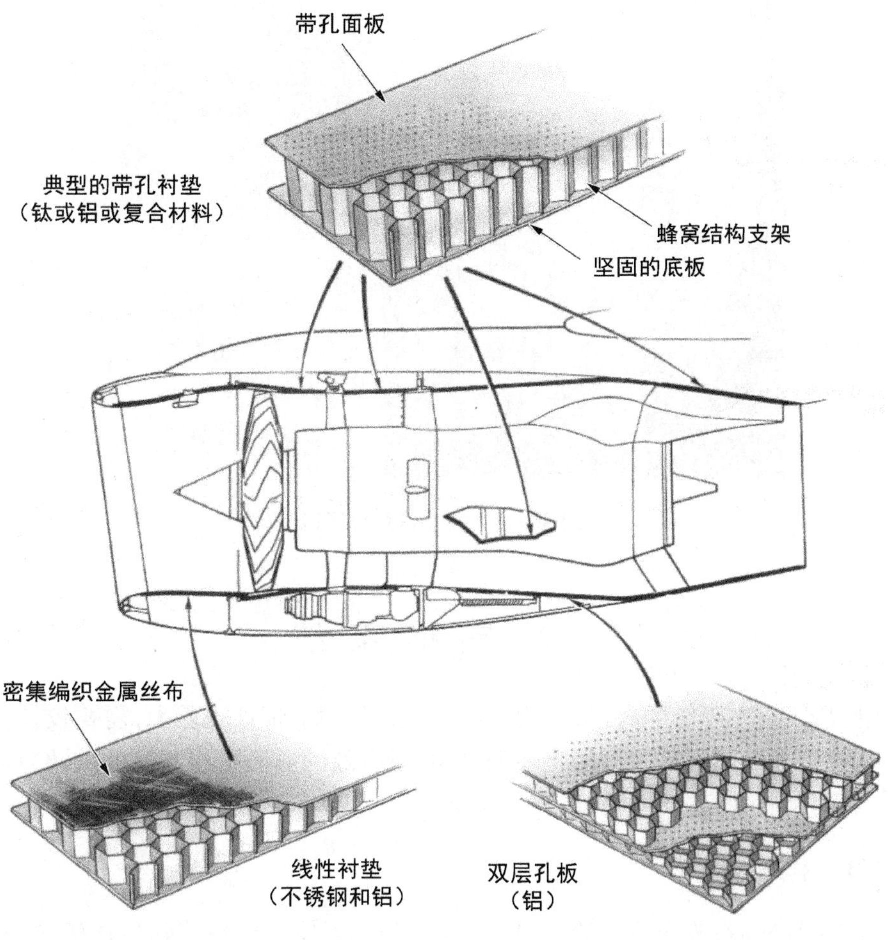

图 4.6.6　发动机吸声材料

4.6.4　发动机危险区域

飞机发动机工作时危险区主要有三部分（以 V2500 和 CFM56 为例，如图 4.6.7 所示）：一是进气道危险区，是发动机前半径约 15 ft（4.572 m）的半圆，也就是能直接将人吸入发动机的地方；二是排气危险区，它位于发动机的后端，这里会产生危险的高温高压气体，能影响其后至少 100 ft（30.48 m）的扇形区域；三是噪声危险区，飞机发动机的噪声高达 140 dB，长时间停留能对人听力产生损害，以进气道为圆心大概半径 20 m 的范围，都属于噪声危险区。

飞机发动机在发动机外部整流罩和 AMM 手册上均明显的标有危险区域标识，目的是保证机务人员的安全，必须要严格按照规章作业。

图 4.6.7　发动机危险区域

4.7　反推系统

现代民用飞机在降落的时候,因为体型大,重量太重,惯性也就大,需要较长的滑跑距离。刹车、扰流板等增阻措施只能是辅助作用,最有效的方法是将原本提供动力从尾喷管出去的气流,导向为斜着向前喷出,产生反推力。

4.7.1　概述

用于飞机触地后,改变喷气的方向, 产生反推力, 使飞机在着陆后比较快地减速,以缩短飞机着陆后的滑跑距离。

1. 反推的要求

反推系统一般要求最大反推力至少能达到最大正推力的50%。其原理是通过反推装置,将排气流反向,即向前偏转一定的角度(45°~60°),产生反推力。反推操作需要飞机在地面或离地小于10 ft(3.048 m);有28 V直流电源;灭火手柄在正常位;液压压力足够;反推杆拉起,反推工作状态由驾驶舱指示灯显示。

反推系统改变风扇排气方向,以帮助在飞机着陆后或中断起飞(RTO)时减小飞机速度。反推系统有两个手柄,T/R1是1号发动机的(左),T/R2是2号发动机的(右)。每个反推都包括左右两个反推门,每个反推门有一个移动衬套,向后移动产生反推力,衬套同时工作,但每部分是独立的,三个液压执行机构移动反推套筒,旋转的柔性轴可以保证液压执行机构的收放速率相同。反推(T/R)系统包括下列子系统: 反推系统;反推控制系统;反推指示系统。

2. 反推的使用

飞机着陆后,将油门收到慢车再拉起反推手柄,打开反推力装置,产生反推力。

飞机的滑跑速度降低，当飞机滑跑速度将低到接近 80 mil/h(约为 40 m/s)，关闭反推力装置，不再使用反推力装置。反推力装置使用不当，会造成超温，当飞机滑跑速度很低时，反推力装置仍在工作，则会造成排出的燃气又重新被吸入发动机，从而造成喘振。

4.7.2　反推的形式

对于高涵道比发动机，只将风扇气流反向，形式主要有阻流门-格栅式、枢轴门型、抓斗式反推器等；对于涡喷发动机和低涵道比发动机，将热燃气流或内外涵混合气流反向，形式主要有蛤壳形折流门、铲斗门型（戽头式门），如图 4.7.1 所示。

图 4.7.1　飞机发动机反推的多种形式

4.7.3　反推的控制

当飞机离地面小于 10 ft(3.048 m)时，可以展开反推装置。飞行控制计算机(FCC)和无线电高度表操纵的继电器提供飞机高度信息。一个空中传感继电器供给空/地逻辑，每个反推装置控制活门组件控制展开或收入它们的反推装置的液压动力，每个组件包含控制液压流至反推装置液压执行机构所需的电气的和液压的部件。在飞机上有两个反推装置控制活门组件，每个反推装置一个。反推杆操纵自动油门组上的电门，电门控制以下部件的信号：发动机附件组件(engine accessory unit, EAU)；同步锁定装置；控制活门组件。

EAU 的主要作用是控制反推的操纵，EAU 提供内测试设备(built in test equipment，BITE)，以查找控制系统的故障。EAU 在每个移动衬套上装有两个反推接近传感器用于控制反推。EAU 也与反推指示系统连接，控制反推灯。一个同步锁定装置连接至在每个反推装置的下部的液压执行机构，为了使同步轴转动，同步锁定装置必须是松开的。同步锁定装置也是一个人工传动机构，做维修操作时，使用同步锁定装置人工地移动反推装置平移套筒。

推力杆为机组人员提供发动机反推的已展开或未展开的触觉指示。互锁是防止机组人员将反向推力杆移动到反向慢车位置之外，直到 EEC 检测到两个反推套筒已展开超过 60%，并给互锁电磁阀通电，解除互锁。推力杆互锁仅影响反向推力杆的操作，一旦反向推力杆返回正常收起位置，无论反推器的位置如何，都可以向前推进推力杆。然而，EEC 将推力指令限制为慢车，直到反推收起。互锁由电磁阀操作，互锁电磁阀直接从飞机 28 VDC 电源接收电力。

EEC 通过基于平移套筒和 TRA 位置将电磁阀的低侧接地来完成电路以打开互锁。当 TRA 处于慢车 Rev，且两个平移套筒的展开位置都大于 60%时，EEC 关闭电路并给联锁装置通电，允许反向推力杆运动到完全反向位置。当 TRA 处于前推力指令位置且两个平移套筒的展开度均小于 40%时，EEC 断开电路并使联锁断电，从而阻止反向推力杆运动(图 4.7.2)。

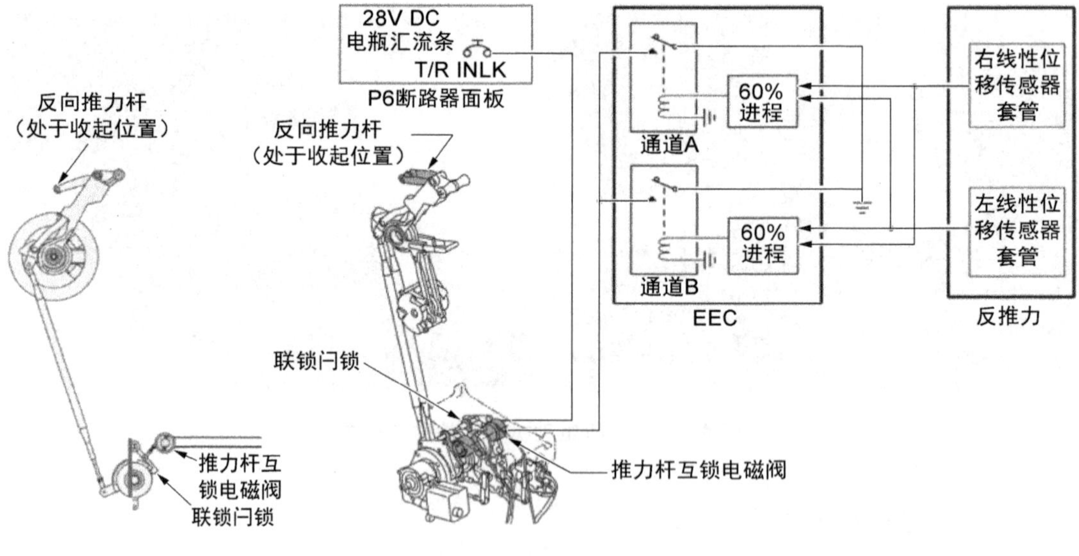

图 4.7.2　反推控制

慢车反推和慢车反推卡位。TRA 24°~38°都是慢车区间，其中 TRA 36°~38°是前推力慢车，TRA 24°~36°是反推力慢车。反推手柄过了慢车反推卡位(TRA 24°)以后，再往后拉反推手柄，N1 会从慢车开始增加(图 4.7.3)。

在驾驶舱中，反推指示系统提供以下指示(图 4.7.4)：CDS 上的反推信息；P5 后顶板上的反推灯(图 4.7.5)；在控制显示组件上的 LVDT 数据。

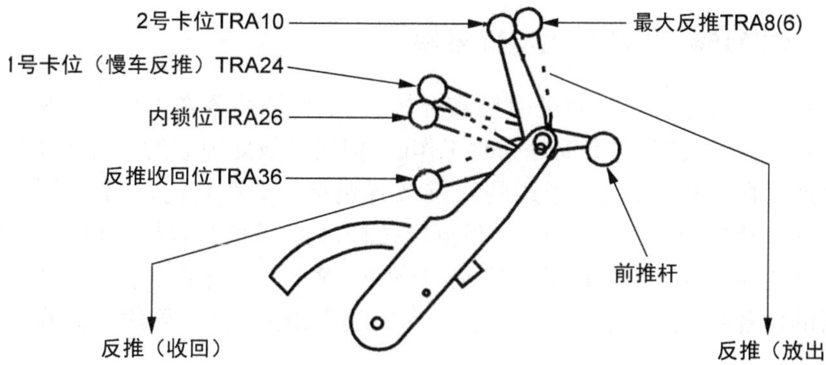

图 4.7.3　反推卡位

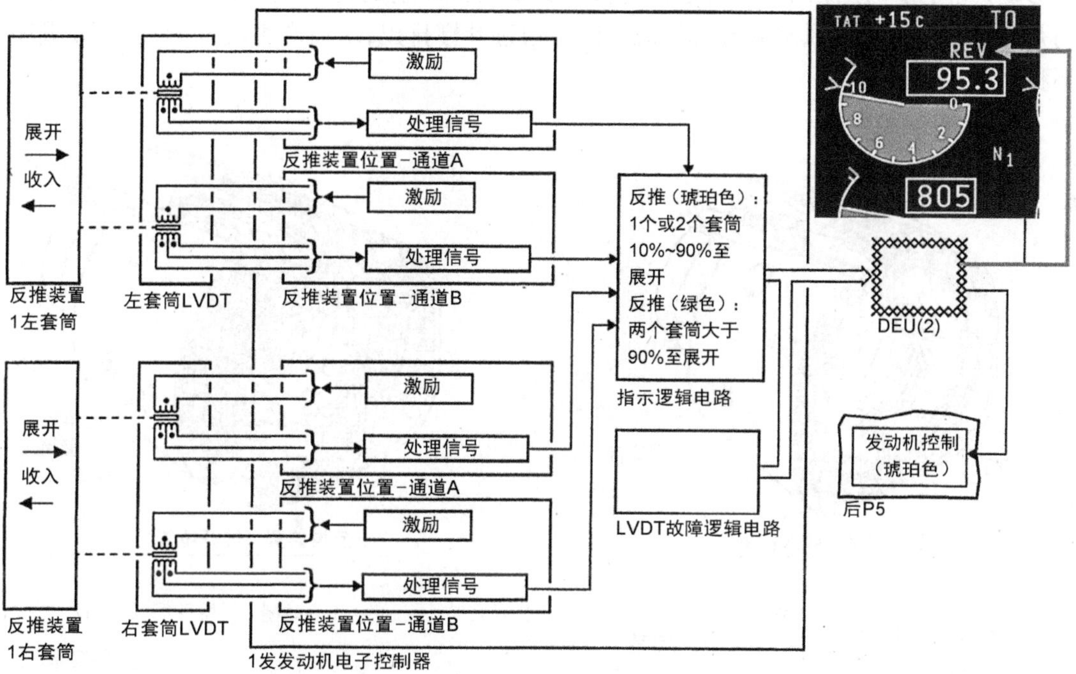

图 4.7.4　反推指示

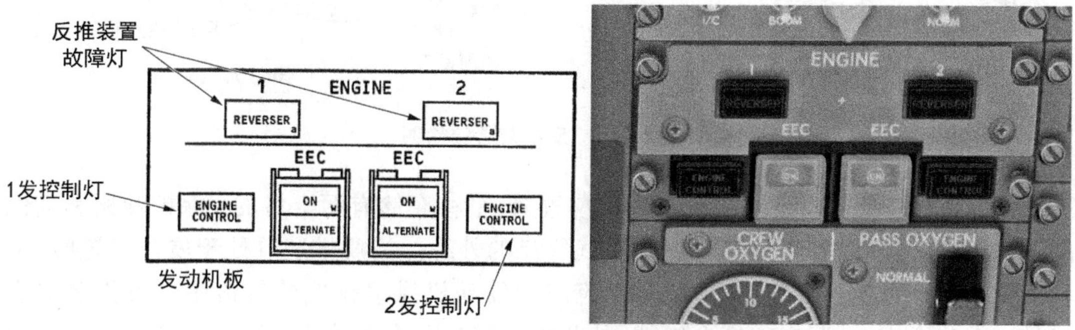

图 4.7.5　P5 后顶板上的反推灯

4.7.4 CFM56－7 发动机反推系统

反推装置的设计包括可平移的套筒和叶栅,每个反推装置在涡扇发动机左右两边各有半个可平移的套筒,这两个套筒是同时工作的,但又是彼此独立的。每个半边反推装置由 4 个铰链连接到支柱上,每个半边的反推装置包括：平移套筒;3 个液压执行机构和 2 个同步轴;6 个叶栅;5 个阻流门;5 个阻流门拉杆;1 个反推装置执行机构;扭矩盒;3 个检修门;上/下滑动组件。当套筒处于完全向前的位置时,套筒处于收入位置。当套筒处于完全向后的位置时,套筒处于展开位置。套筒具有滑动组件,可使套筒在滑轨上前后移动。

反推装置控制系统使用液压执行机构让平移套筒移动,在反推展开操作期间,套筒向后移动,此时每个阻流门拉杆将阻流门移动到发动机风扇的排气气流(外涵道)中。阻流门是通过改变发动机风扇的排气气流方向并通过叶栅排出,从而产生反推力,但是叶栅是不移动的(图 4.7.6)。

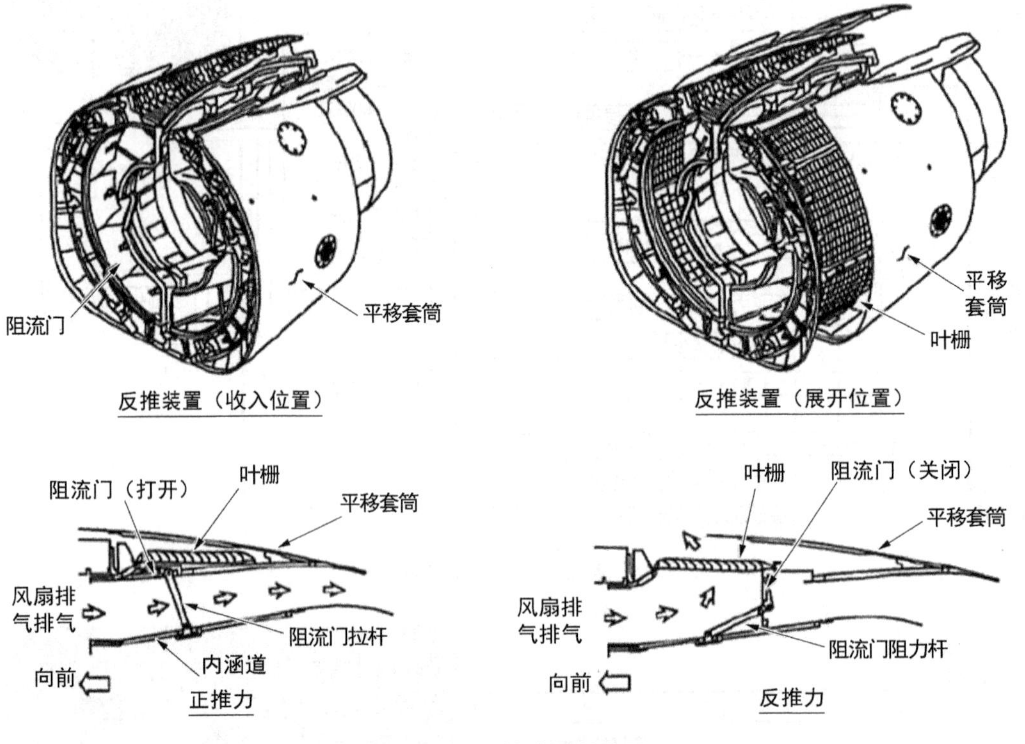

图 4.7.6　反推装置结构图

(1) 平移套筒：当反推装置在收入位置时,平移套筒有两个目的：保护叶栅和其他的发动机内部部件;控制发动机风扇排气气流的外缘。当反推装置处于展开位置时,平移套筒有两个目的：露出叶栅;移动阻流门到发动机风扇排气的气流中。反推装置套筒是一个包含内/外蒙皮的符合组件,外蒙皮功能是形成发动机整流罩的空气动力外形和保护发动机内部组件,内蒙皮是发动机外涵道的外壁,阻流门和隔音板是组要组成部件。

（2）液压执行机构和同步轴：液压执行机构负责反推装置的展开和收入操作，移动平移套筒。同步轴使液压执行机构以相同的速度伸出和收回，同步轴还允许手动操作液压执行机构。每半个反推装置拥有 3 个液压执行机构，在反推装置展开时伸出，在反推装置收入时收回。每半个反推装置有一个执行机构锁，执行机构解锁后，同一侧的液压执行机构才可运行，在执行机构锁上有线性位移传感器（LVDT）。手动解锁装置可以解锁执行机构锁，通过手动移动反推装置套筒。执行机构锁在每半个反推装置顶部，连接到扭矩盒和平移套筒。打开发动机风扇整流罩并移动平移套筒后可以见到液压执行机构。液压执行机构和伸出（展开）压力端口、收回（收起）压力端口、万向节组件、同步轴和连接组件相连接（图 4.7.7）。

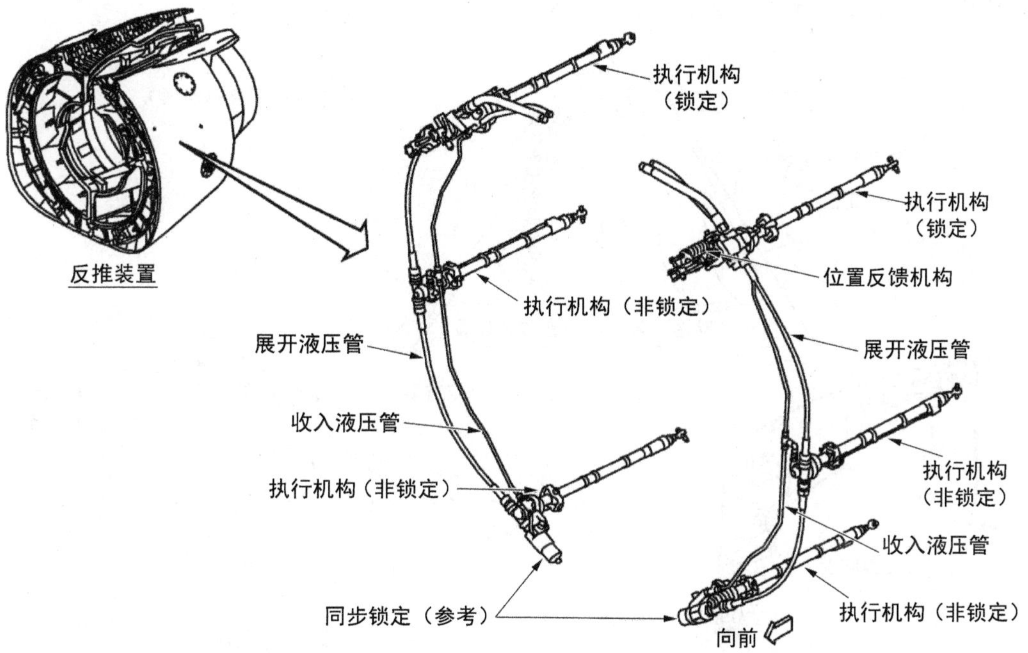

图 4.7.7　液压执行机构盒同步轴

（3）叶栅组件：叶栅组件为反推装置提供结构强度，在反推装置展开过程中，叶栅负责引导发动机风扇排气的方向。每个反推装置有 12 块叶栅组件，由碳纤维环氧复合材料构成。

（4）阻流门和阻流门拉杆：阻流门属于平移套筒的一部分，在反推装置展开操作过程中，阻流门可以改变发动机风扇的排气方向，当反推装置在收入位置时，阻流门拉杆将阻流门转到风扇外涵道的内壁与风扇外涵道融合，每个平移套筒有 5 个阻流门，由石墨环氧树脂制造而成，阻流门上有 2 个连接件，与平移套筒内部前端相连接，阻流门连杆一端连接阻流门，另一端连接至反推装置安装座上，通过编号可识别折流门的位置。在反推装置展开操作过程中，平移套筒向后移动时，使阻流门转入发动机风扇外涵道，从而改变发动机风扇排气方向并通过叶栅流出，这样就使发动机产生反推力。

(5) 开启反推装置的执行机构：可以通过反推装置的执行机构打开整个反推整流罩(半个)，每台发动机有2个开启反推装置的执行机构，可以将反推整流罩打开约45°。每个反推装置的执行机构位于反推整流罩前部的上面，其上端连接整流罩，其下端连接在风扇框架的延申环上。打开风扇整流罩就可看到反推装置的执行机构，该机构组件包括：液压筒、连杆、机械锁环、附件接口、缓冲机构。连杆约30.5 cm，附件接口是用来连接手动泵所需要的执行机构。打开反推装置有两个方法，最好是使用液压泵，其次才是人工手动打开。在反推整流罩打开后，通常会在反推装置执行机构的连杆放置安全销，它是一种安全装置。

(6) 克鲁格襟翼导流片和整流罩：克鲁格襟翼导流片在机翼内侧前缘(克鲁格)襟翼内侧，整流罩在反推装置顶部。导流片靠近反推装置的顶部，整流罩正好在导流片的后面，螺栓连接整流罩至反推装置(图4.7.8)。

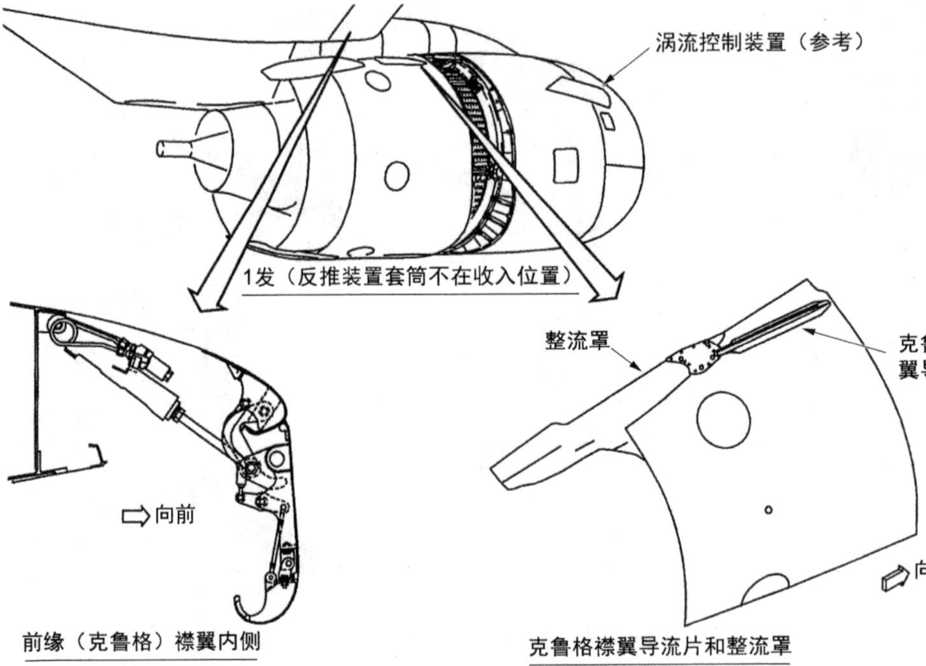

图4.7.8 克鲁格襟翼导流片和整流罩

(7) 反推装置控制系统控制发动机反推的展开和收入：反推力装置控制系统通过控制液压动力和电力以实现控制反推装置平移套筒的展开和收起。该系统使用24/28V直流电源和反推力杆位置实现反推控制。当飞机离开地面小于3.048 m (10 ft)时，可以展开反推装置。FCC和无线电高度表通过空地传感器供给空/地逻辑给飞机提供高度信息。每个反推装置控制活门组件通过控制液压流至作动筒实现反推展开或收入的控制。在飞机上有两个反推装置控制活门组件，在2个反推装置上各有1个，在每个平移套筒上的同步轴来确保套筒在形同的速度下工作，只有在同步轴转动时执行机构才能工作。EAU通过平移套筒位移传感器的信号使用反推自动收入逻辑实现反推收入控制。

反推展开操作,当在驾驶舱内拉起反推杆时,A/T 使同步锁定装置通电以及发送一个预位信息至反推装置控制活门组件;反推装置控制电门发送一个展开信号至反推装置控制活门组件,同时输送液压压力至执行机构使平移套筒向后移动。

反推收入操作,当在驾驶舱内放下反推杆时,反推装置控制电门撤掉给反推装置控制活门组件的展开信号,EAU 自动收入电路工作,A/T 电门发送一个预位信号和一个收入信号,通过 EAU 至反推装置活门组件,该组件输送液压压力至执行机构,使平移套筒收入,在 18 s 后同步锁定装置恢复锁定(图 4.7.9)。

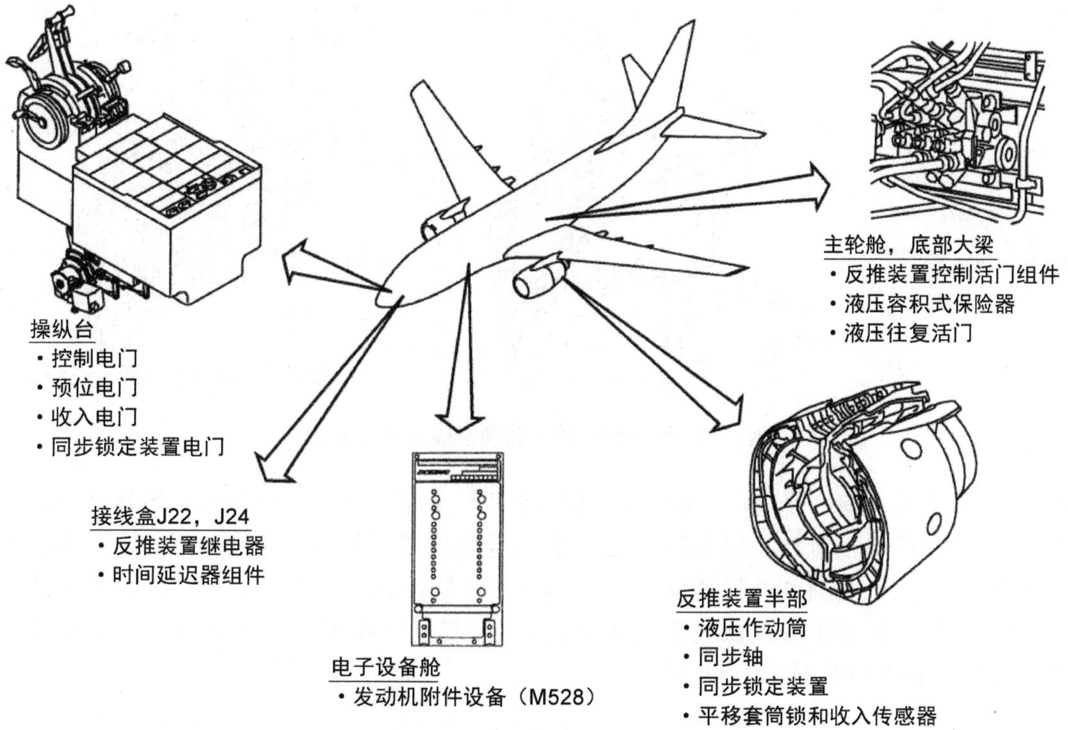

图 4.7.9　反推装置控制系统

(8) 预位、收入和同步锁定装置电门：预位和收入电门控制预位和收入信号至反推装置控制系统。系统使用这些电门控制至反推装置的液压动力。同步锁定装置电门控制至控制同步锁定装置电路的电源。这些电门都是在 A/T 电门组内,位于驾驶舱中央操纵台的下面,一共有有两个电门组,它们在两个自动油门伺服机构之间。预位电门供给电源至在反推装备控制活门组件内的 2 个预位电门,每个反推装置一个电门;2 个收入电门供给电源至 EAU 收入逻辑电路;同步锁定装置的 2 个电门供给电源至反推装置同步锁定电路,每个反推装置一个电门。当移动反推杆时,反推杆拉起,此时通过一系列的机械传动机构,使 A/T 电门组的凸轮随曲柄转动,从而运行这些电门(图 4.7.10)。

(9) 控制电门。在反推装置展开操作中,控制电门供给电源至在反推装置控制活门组件内的展开电磁线圈。控制电门有两个,每个反推装置有一个电门,控制电门是在推力

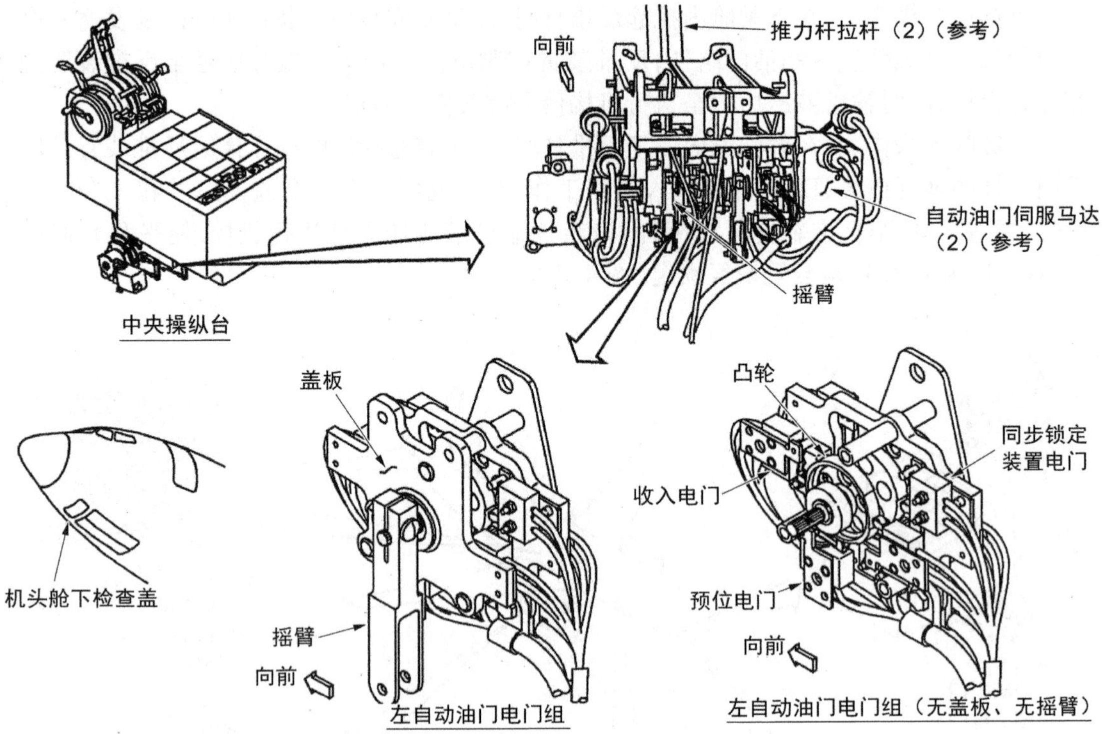

图 4.7.10　预位、收入和同步锁定装置电门

杆内，每根推力杆有一个电门，为接近这电门必须拆下推力杆旁边的盖板。当转动反推力杆时，推力杆凸轮轴转动。当提起反推杆时，凸轮轴使滚子组件和拉杆向下移动。控制电门弹簧压缩并开动控制电门，环绕拉杆的弹簧保持拉杆和滚子组件靠住凸轮。当压下反推杆时，拉杆和滚子组件返回它们的正常位置，控制电门弹簧松弛和电门返回至收入位置。反推控制电门如图 4.7.11 所示。

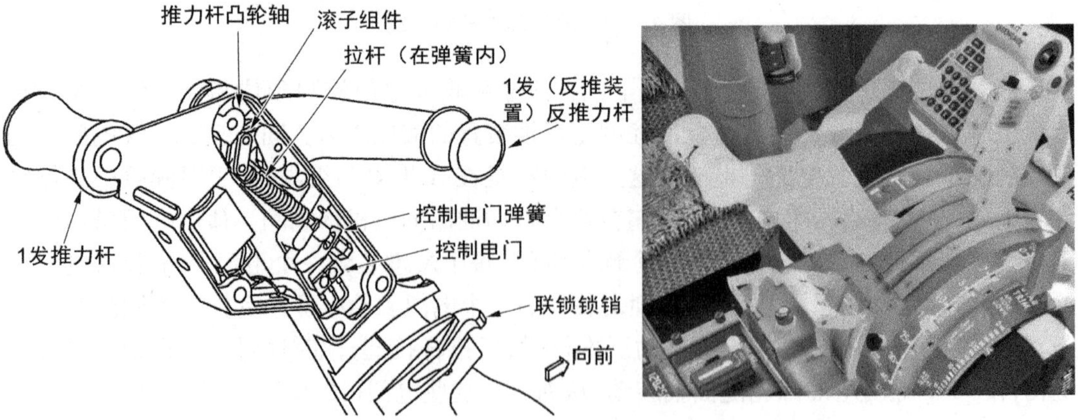

图 4.7.11　反推控制电门

（10）反推装置套筒锁接近传感器。反推装置套筒锁接近传感器供给一个液压作动筒锁定/松开信号到 EAU。EAU 使用此信号用于这些功能：正常的反推装置收入控制；自动再收入控制；故障逻辑和故障指示；故障隔离。

传感器是在反推装置锁定机构的筒端。打开风扇整流罩可接近传感器，每个反推装置锁定机构有一个套筒锁接近传感器，因此，每个反推装置平移套筒有一个传感器，每个传感器有两个输出电平：一个是锁定位置的电平；另一个是松开位置的电平，传感器是一个接近式传感器。EAU 为传感器提供激励信号，当执行机构的手动解锁操作杆接近目标位时，EAU 检测到传感器输出发生很大变化。在反推装置准备运行的情况下，当液压执行机构解锁时，通过手动解锁操作杆并移动至传感器目标位，然后使操纵杆保持在该位置，直到套筒完全收入并锁定液压执行机构。

（11）反推装置套筒收入接近传感器。反推装置套筒收入接近传感器（图 4.7.12）供给一个收入/非收入信号至 EAU。EAU 使用此信号用于以下功能：正常的反推装置收入控制；自动再收入控制；故障逻辑和故障指示；故障隔离。

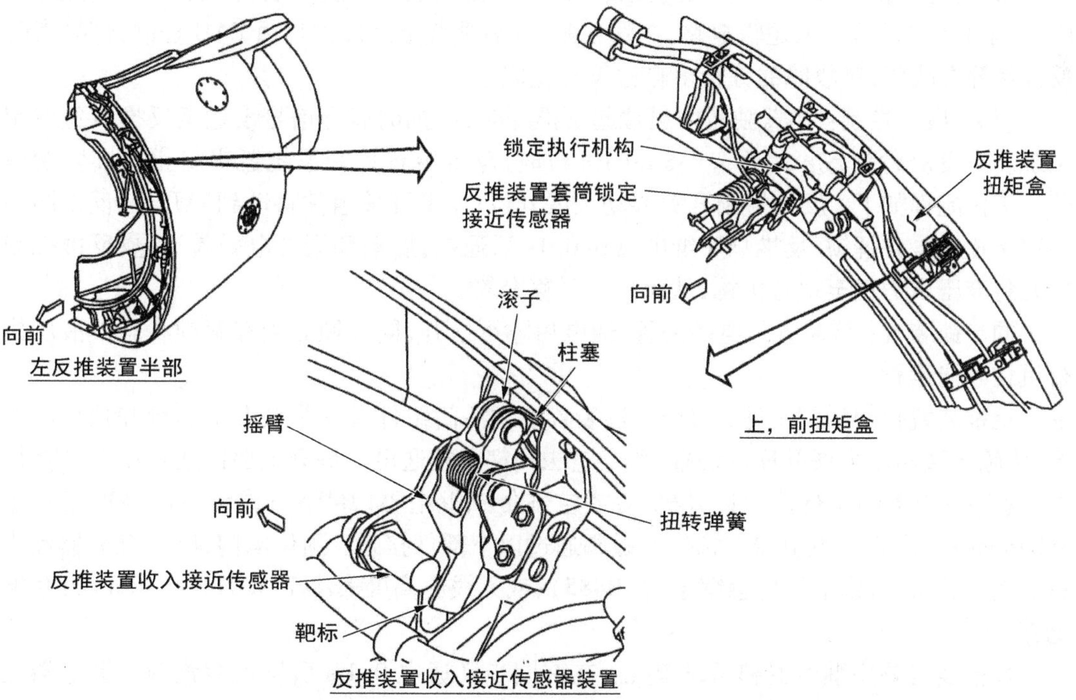

图 4.7.12　反推装置套筒收入接近传感器

传感器位于反推装置扭转弹簧前面，摇臂组件也是在反推装置扭转弹簧前面。每个反推装置套筒有一个传感器和它的目标位。每个传感器有两个输出电平，一个是收入位置的电平，另一个是非收入位置的电平。当接近传感器的目标位时，传感器的输出改变，当平移套筒在收入位置时，使传感器远离目标位。EAU 给传感器提供激励信号，当传感器靠近目标位时，EAU 探测到传感器输出一个很大的变化量，当平移套筒在反推装置展开操作中离开收入位置时，传感器靠近目标位。随着反推装置平移套筒向后移动，扭转弹簧提供一个与柱塞力相反的力至摇臂;摇臂转动并传感器靠近目标位,在靠近目标位的位置停留直至套筒返回收入位和柱塞使摇臂转动为止。当传感器离开目标位,传感器的输出才会停止变化。

(12) 同步锁定装置。同步锁定装置有两个用途: 当没有反推装置展开信号时,锁住同步轴防止液压驱动器的操作;液压驱动器的人工传动。同步锁定装置连接至在每个反推装置上的下液压驱动器的顶端。同步锁定装置是一个在正常的反推操作中需要电源开动的机械锁。同步锁定装置有一个电接头。人工传动是在底部,使用人工传动脱开锁定机构。当使用人工传动时,电源不总是需要的。在没有电源的情况下,同步锁定装置在锁住位置且同步轴不能转动。反推装置液压驱动器不能操作,在反推装置展开操作中,内部的电磁线圈通电并且同步锁离合器脱开(松锁)。同步轴是自由转动的,液压驱动器能够操作。在收入指令后 18 s,同步锁定装置电线线圈断电。这保证平移套筒有充足的时间移动至收入位置。

(13) 发动机附件装置(EAU): EAU(图 4.7.13)的功能包括: 控制反推装置自动再收入操作;对反推装置控制系统的故障分析;控制驾驶舱内 P5 后舱顶板上的反推灯。EAU 内含有自动再收入逻辑电路,在驾驶舱 P5 后顶板上的反推灯由 EAU 控制,灯亮表明反推系统有故障,对故障的分析由自检设备完成。

(14) 展开控制: 在驾驶舱内当拉起反推杆时,反推的展开信号发送至反推装置控制系统。当飞机离地高度大于 3.048 m(10f t)时,反推装置控制系统逻辑阻止反推装置展开。工作流程如下: 反推控制开关移动至展开位;A/T 开关组件移动到展开位;反推同步锁定装置通电并解锁;反推顺序继电器在 0.1s 后通电;启动和展开电磁阀通电;反推控制单元将液压压力送至执行机构,从而打开平移套筒。

同步锁装置: 该装置是电控装置,通电后才可松开,同步锁必须在解锁状态下液压执行机构才能运行。

反推装置控制活门组件: 每个反推装置控制活门组件有一个展开电磁阀和预位电磁阀,为输送液压动力展开反推装置,两个电磁阀都必须通电。展开电磁阀通过以下部件接地: 顺序继电器和飞行控制计算机 A;或空气传感继电器(R485);或无线电高度表小于 3.048 m(10 ft)的 B 继电器。预位电磁阀通过以下部件接地: 预位电门;顺序继电器和飞行控制计算机 A;或空气传感继电器(R485);或无线电高度表小于 3.048 m(10 ft)的 B 继电器。

反推装置顺序继电器和延时单元: 在右同步锁通电 0.1 s 后反推装置顺序继电器通电,在展开电磁阀和预位电磁阀通电和输送液压动力到反推装置之前,需要给同步锁时间解锁。反推装置顺序继电器通过延时单元接地。

飞行控制计算机(FCC): 当飞机飞行高度小于 3.048 m(10 ft)或更低时,飞行控制计算机 A 和 B 分别为反推装置 1 和 2 发送接地信号。

其他电气设备面板(J22 和 J24): J22 位于前起落架轮舱左侧,J24 位于前起落架轮舱右侧,反推装置 2 号控制系统位于 J24 中。

展开控制说明图如图 4.7.14 所示。

(15) 收入控制: 在驾驶舱内放下反推杆时,一个收入信号发送至发推装置控制系

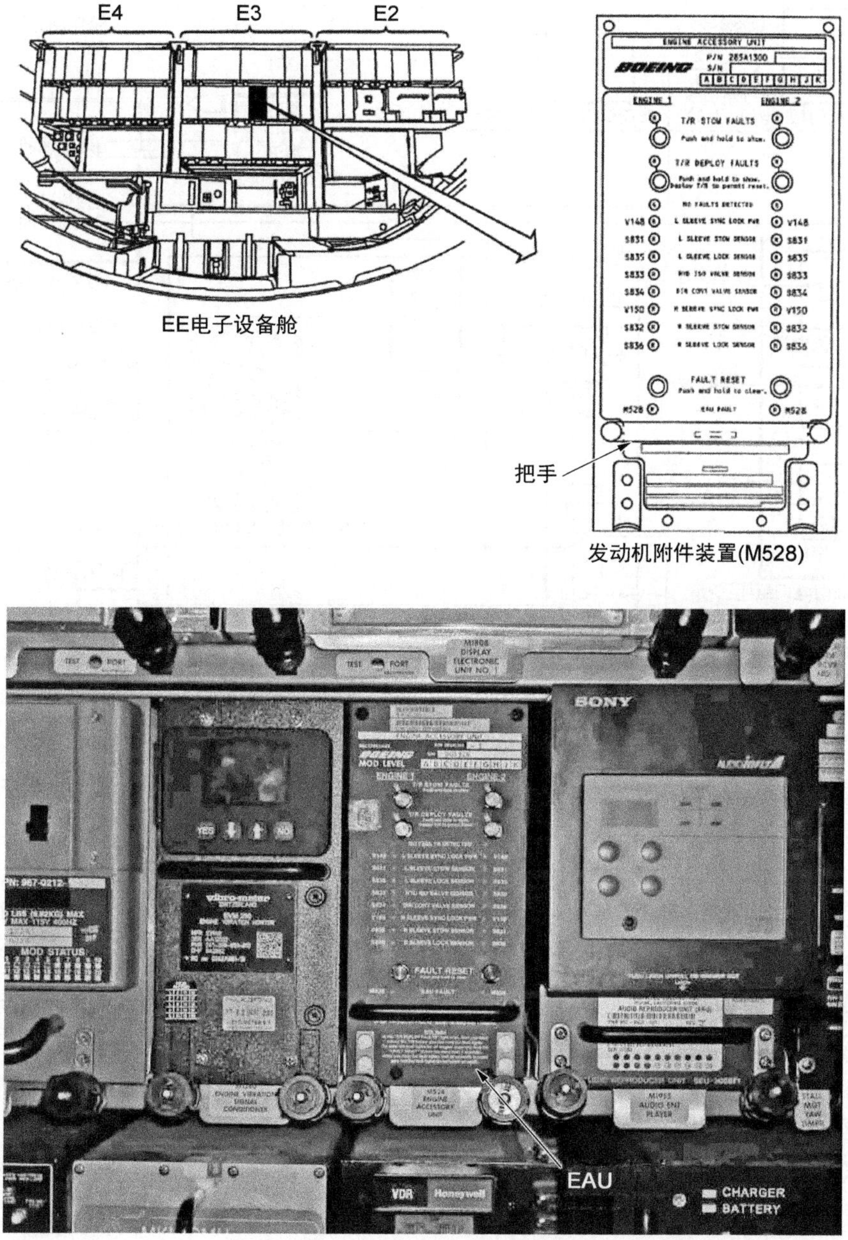

图 4.7.13　发动机附件装置(EAU)

统,A/T 开关移动到收起位置,收入信号发送至 EAU,收入电磁阀通电,展开电磁阀断电,反推装置控制活门组件输送液压油至液压执行机构,收入发动机反推平移套筒,在收入电磁阀和预位电磁阀 10.5 s 后断电,18 s 后同步锁进入锁定状态。

同步锁装置：同步锁需要通电解锁,它必须解锁后,反推装置的液压执行机构才可运行,在反推收入操作期间,同步锁保持通电。

反推装置控制活门组件：每个反推装置控制活门组件有一个收入电磁阀和预位电磁

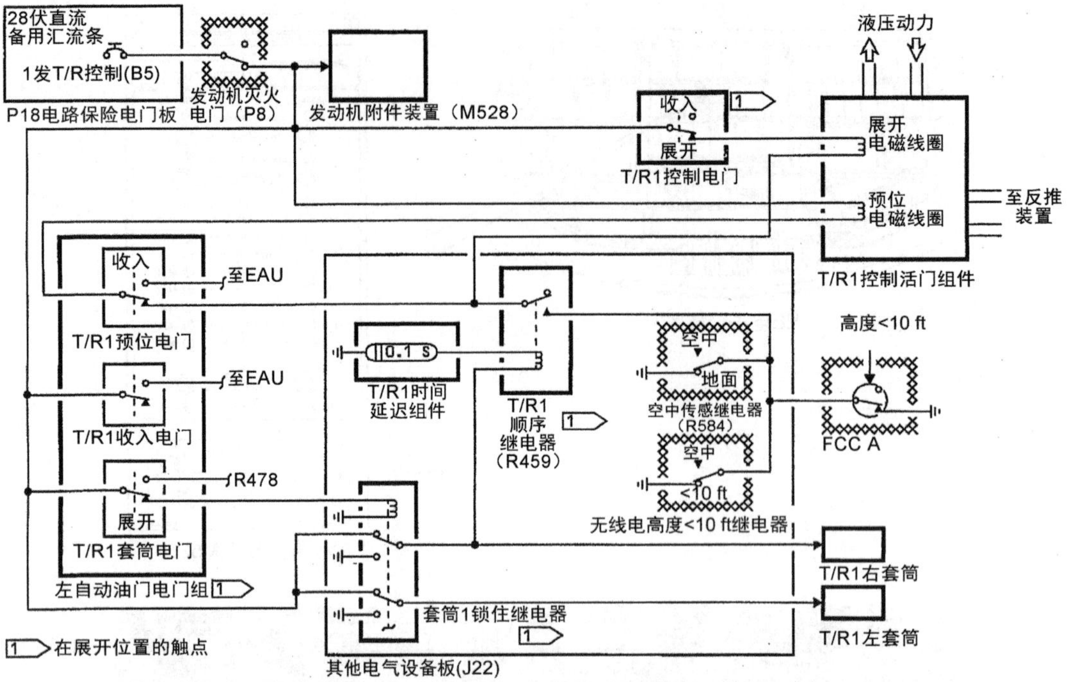

图 4.7.14　展开控制说明图

阀,为输送液压动力展开反推装置,两个电磁阀都必须通电。收入电磁阀通过反推装置 1 和 EAU 逻辑电路的备用总线获取直流电源。

当 EAU 接收到复位信号时,收入逻辑输出停止,在正常操作下,在将反推力杆向下压到收入位置 10.5 s 后。在没有逻辑输出的情况下,收入电磁阀和预位电磁阀断电,停止提供给发动机反推装置执行机构的液压流。在发推装置收入指令发出之后,如果 EAU 的已解锁套筒或 10.5 s 没有反推收入信号,则逻辑输出保持不变。如果反推装置套筒位移传感器依旧反馈为解锁状态或未收入状态,则 EAU 复位开关不动,复位信号没有输出。

反推装置控制活门组件控制液压执行机构的液压动力用于反推的展开和收入操作。液压系统 A 为反推装置 1 提供液压动力,液压系统 B 为反推装置 2 提供液压动力,如果液压系统 A 或 B 发生故障,备用系统通过梭阀提供备用液压动力。当预位电磁阀通电并且反推装置活门组件有液压动力时,与预位电磁阀相邻的液压控制阀在弹簧的作用下移动,液压油通过该阀流向液压隔离阀(HIV),给方向控制阀(DCV)提供液压动力,液压油通过打开反推装置执行机构杆手动切断。当把反推力杆放到收入位置时,预位电磁阀和收入电磁阀暂时通电,展开电磁阀断电,与其相邻的液压控制阀返回正常位置。

收入控制说明如图 4.7.15 所示。

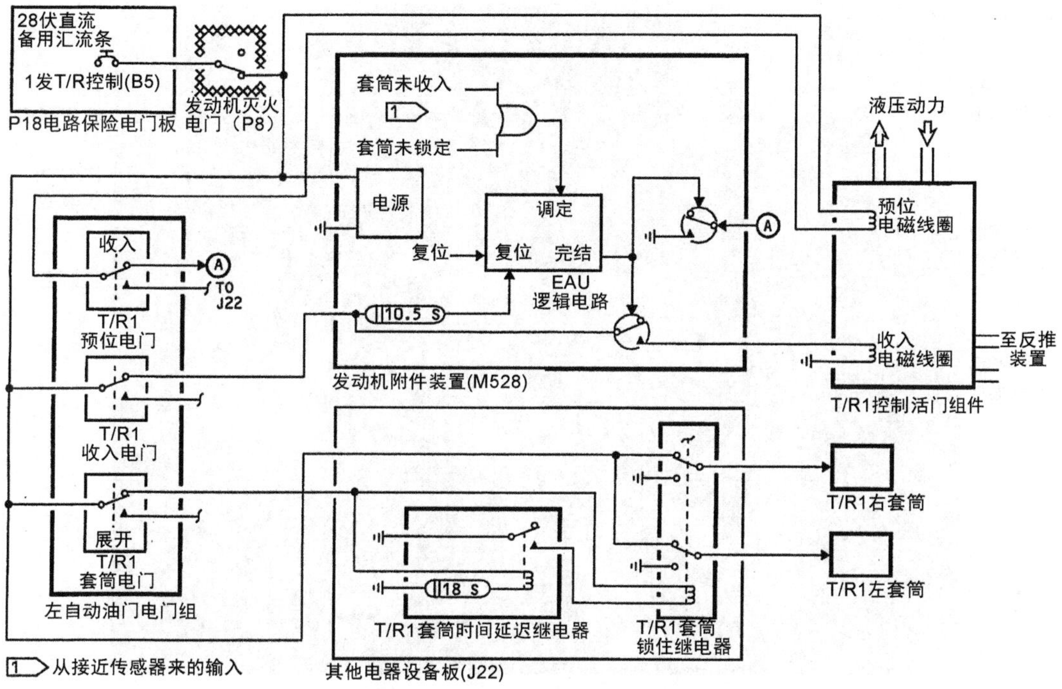

图 4.7.15　收入控制说明图

4.8　指 示 系 统

电子指示系统将发动机的指示、系统的监视以及向驾驶员告警的功能组合在仪表板上安装的一个或几个阴极射线管上。相关参数以刻度盘形式显示在屏幕上，而数字式读数、警告、注意事项和建议信息则以文本方式显示。参数显示一般有 3 种不同类型：表盘指针型、移动的垂直条型和经典的电机械指示器。各型指示器有参数的限制值，有颜色标记。

发动机指示系统（图 4.8.1）由通用显示系统（CDS/DEU）组成。发动机配备了传感器，用于监测温度、压力、速度、振动、燃油流量。信息在显示单元上生成，用于在整个工作范围内的正常条件下运行发动机，或向机组人员和维护人员提供警告信息。

4.8.1　指示系统组件

飞行控制面板中的发动机指示系统包括：中央仪表板（P2）、前电子面板（P9）、控制台、后电子面板（P8）、遮光面板（P7）、前顶面板（P5）、后顶面板（P5）。

1. *中央仪表板（P2）*

中央仪表板上的发动机指示系统由上部中央 LCD 显示单元组成。新一代波音飞机的驾驶舱内装有发动机指示及机组警告系统（EICAS）。它通过两个阴极射线管显示参数和状态，并辅助以灯光、音响，有的还与发动机备用指示器相配合。EICAS 及其与飞机、发

图 4.8.1　发动机指示系统

动机接口的装置一起将推力管理、发动机控制、状态监视、故障诊断、信息显示、事件存储等综合在一起。EICAS 允许选择不同的页面，检查飞机及其系统的工作状态。这不仅减轻驾驶员的工作负担，从而改善飞行操作条件，也给地面维护人员在发动机及系统监控方面带来好处。

2. 前电子面板(P9)

如图 4.8.2 所示，前电子设备面板上的发动机指示系统包括：下部中央 LCD 显示单元(下 EICAS)、2 个控制显示单元(MCDU)。

如图 4.8.3 所示，飞机发动机指示器与发动机系统接口并提供以下数据显示：N1、N2、EGT、防冰指示、燃油流量、燃油消耗量、滑油压力、滑油温度、滑油量、发动机振动值、液压压力、液压量、机组人员警报信息、自动油门限制信息、推力模式、总温。

与发动机状态有关的参数：EPR、EGTN1、N2、N3、FF(燃油流量)、振动值、滑油参数等在 EICAS 上显示；发动机的工作状态如燃油滤堵塞、旁通活门即将打开、燃油加热器工作等信息在 EICAS 上显示；EEC 故障、监控器故障、放气活门控制装置故障等也将在 EICAS 上显示。由推力管理计算机选定的推力基准值、极限值、推力实际值及其进展状态均可在 EICAS 上清晰读出。

3. 遮光面板(P7)

如图 4.8.4 所示，遮光面板上的发动机指示系统由主警示灯组成。

4. 前顶面板(P5)

如图 4.8.5 所示，前顶面板上的发动机指示系统包括：

图 4.8.2　前电子面板(P9)

图 4.8.3　发动机指示器

(1) 发动机指示灯,包括发动机活门开关指示灯、燃油滤清器旁通指示灯;

(2) 发动机防冰系统;

(3) 发动机起动系统;

(4) 发动机起动起动开关、点火选择。

5. 后顶面板(P5)

如图 4.8.6 所示,后顶面板上的发动机指示系统包括:

(1) EEC 开关;

图 4.8.4　遮光面板(P7)

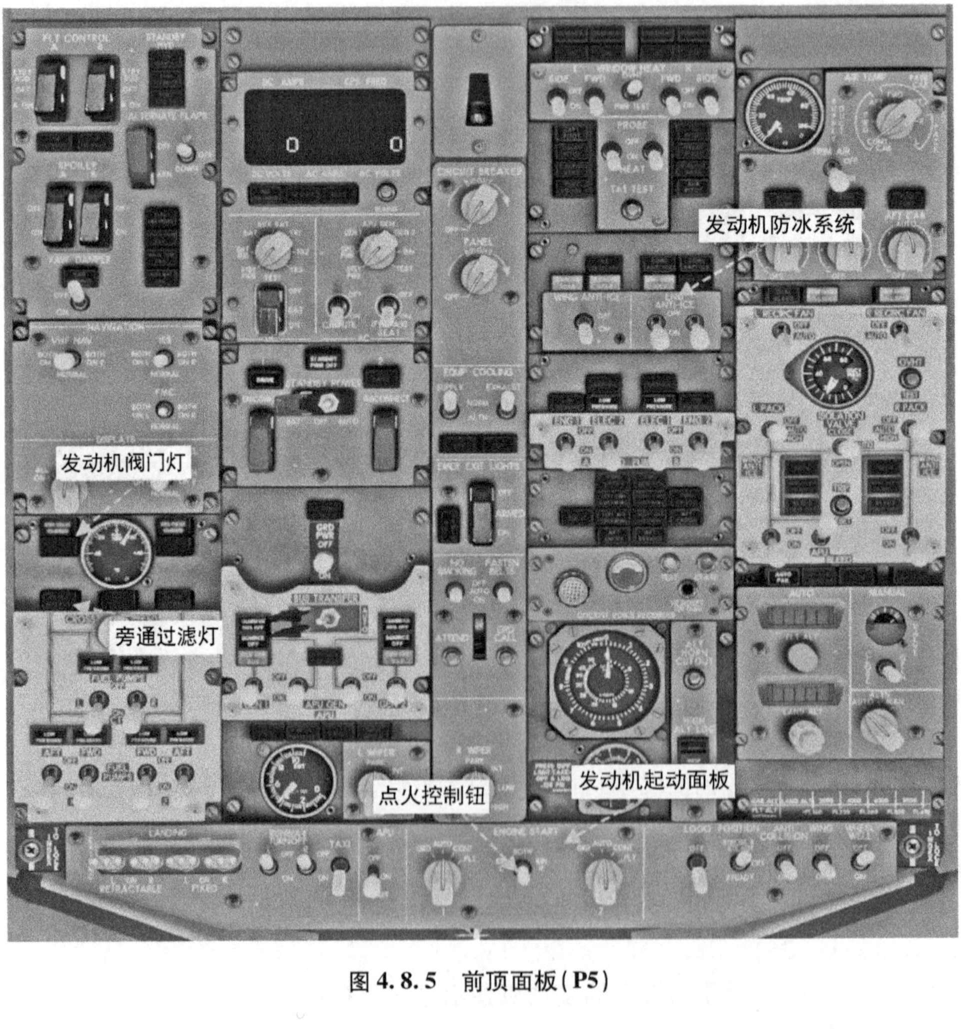

图 4.8.5　前顶面板(P5)

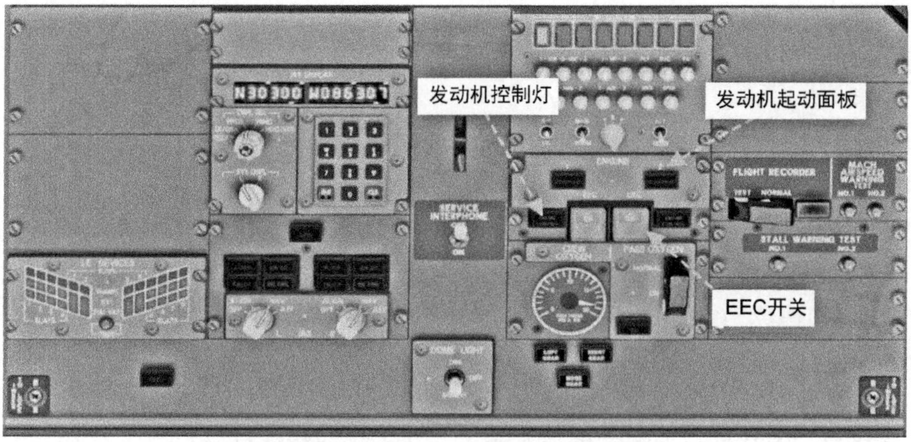

图 4.8.6　后顶面板(P5)

（2）反推故障指示灯；
（3）发动机控制灯；
（4）ALTN 灯。

4.8.2　指示系统警报信息

1. *发动机数据显示*

发动机显示屏显示发动机数据(图 4.8.7),主要包含：自动油门限制信息、推力模式、TAT、N1、EGT、N2、燃油流量/使用的燃油量、机组人员警报信息、油压、温度和油量、发动机振动、液压压力和液压量。

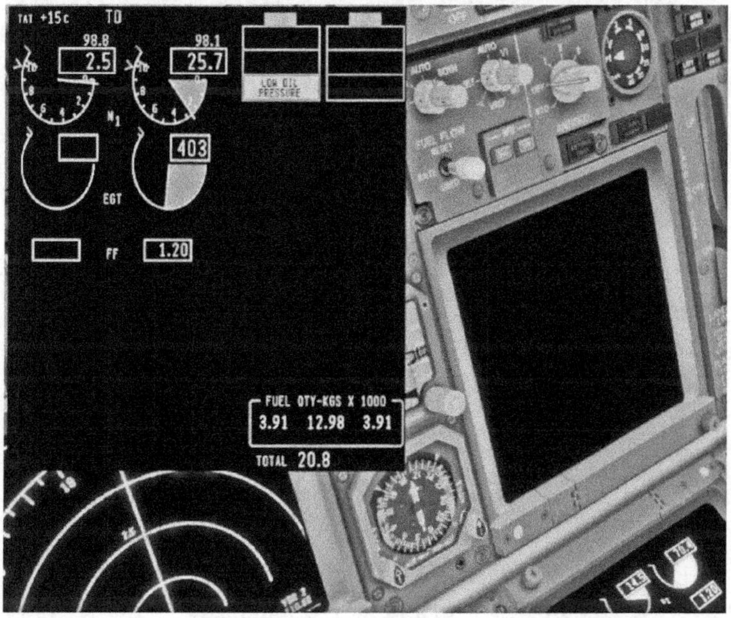

图 4.8.7　发动机数据显示

2. 其他数据显示

当自动油门(A/T)计算机设置 N1 参考时,自动油门限制信息显示。主要有七种推力模式:

(1) TO(起飞);

(2) R－TO(减推力起飞);

(3) CLB(爬升);

(4) R－CLB(减小推力爬升);

(5) CON(连续);

(6) CRZ(巡航);

(7) GA(复飞)。

空气总温(TAT)显示为数字指示。图 4.8.8 为其他数据显示。

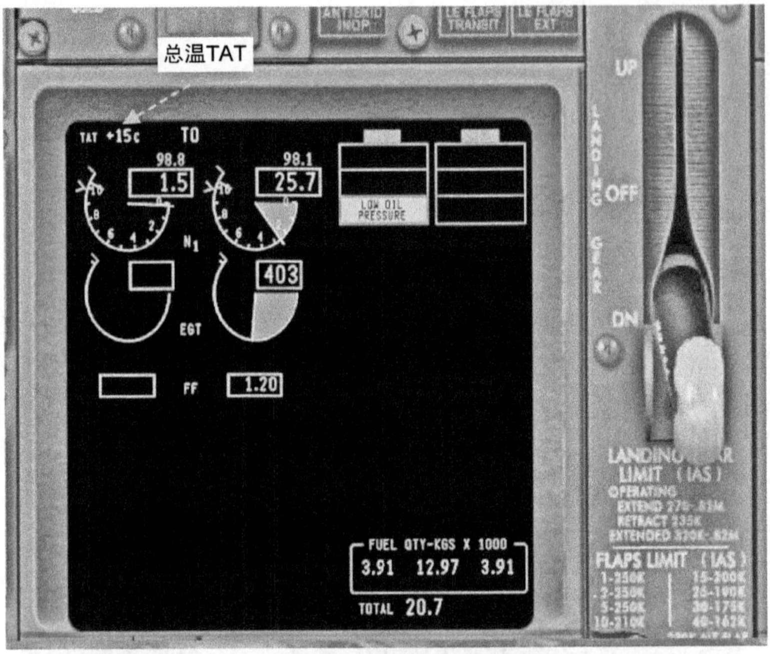

图 4.8.8　其他数据显示

3. 机组人员警告信息

以下是每个发动机的三条机组人员警告信息(图 4.8.9):

(1) 起动阀打开;

(2) 滑油过滤旁通;

(3) 滑油压力低。

N1 指示(图 4.8.10):N1 值同时以数字指示和模拟指示显示。在正常操作范围内,数字和模拟指示为白色。如果 N1 值达到红线限制,则数字和模拟指示为红色。N1 指令扇区显示在模拟刻度上。它显示指令推力和实际推力之间的差异。参考 N1 读数显示在 N1 指示上方。参考 N1 也显示在 N1 模拟量表上。可以通过 N1 设置控制来设置参考 N1 值。推力

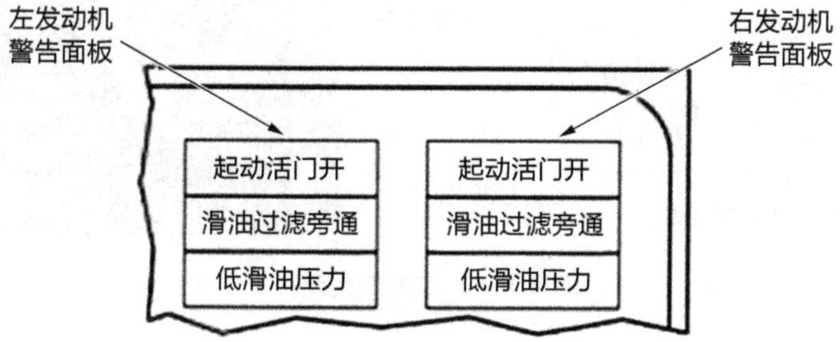

图 4.8.9　机组警告信息

反向操作时出现推力反向消息。如果显示推力反向信号，将取代发动机的参考 N1 读数。

反推灯（图 4.8.10）：在正常的 T/R 收起操作过程中，反推灯亮 10.5 s。如果 T/R 控制系统部件在收起过程中发生故障，反推灯将保持亮起。该灯一直亮着，直到收起故障消失。如果 T/R 控制系统部件出现故障，则在展开过程中，反推灯会立即亮起。指示灯一直亮着，直到展开问题得到解决并且 EAU 复位。

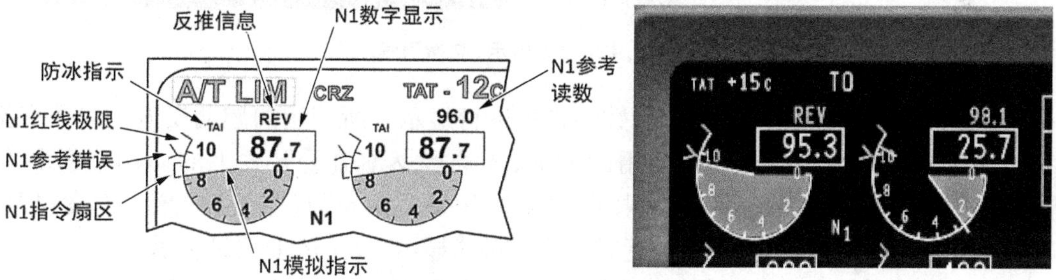

图 4.8.10　N1、反推指示

REV 消息：REV 消息显示在 CDS 上发动机 N1 指示灯的正上方。每个 T/R 显示一条消息。当 T 形接头的两个套筒均为琥珀色时，信息显示 T/R 在到展开位置的行程的 10%到 90%之间。当 T 的两个袖子都是绿色时，信息显示为绿色 T/R 是到达展开位置的行程的 90%以上。

发动机控制灯：每个发动机的 P5－68 面板上都有一个琥珀色的 ENGINE CONTROL（发动机控制）指示灯。此灯亮起表示发动机严重故障或 T/R LVDT 故障。

EGT 指示（图 4.8.11）：发动机排气温度指示以数字和模拟两种方式显示。在正常操作范围内，数字和模拟指示为白色。如果 EGT 值达到琥珀色波段限制，则数字和模拟指示为琥珀色。如果 EGT 值达到红线限制，则数字和模拟指示为红色。当存在以下条件时，EGT 热起动限制显示：

（1）飞机在地面上；

（2）发动机关闭；

（3）消防开关未打开。

N2 指示（图 4.8.12）：N2 值同时显示数字和模拟指示。在正常操作范围内，数字和

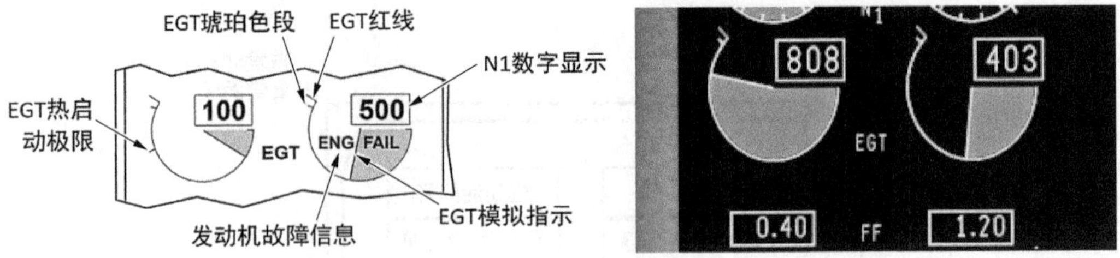

图 4.8.11　EGT 指示

模拟指示为白色。如果 N2 值达到红线限制,则数字和模拟显示为红色。

交输引气起动信息(图 4.8.12):交输引气起动信息显示在 N2 数字指示上方。

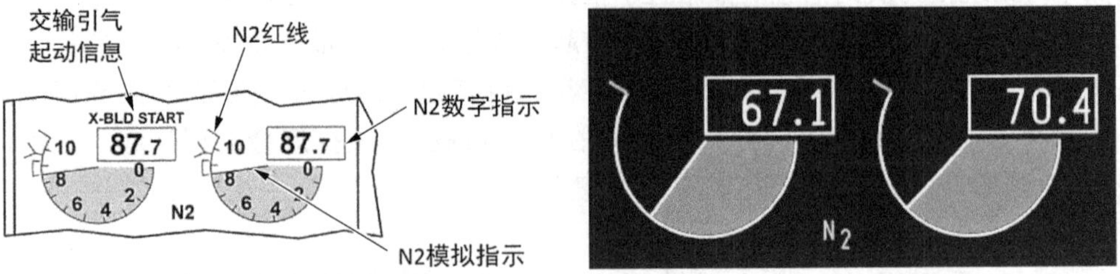

图 4.8.12　N2 指示、交输引气

燃油指示:燃油流量通过模拟和数字指示进行显示。所使用的燃油仅显示为数字指示。通常显示燃油流量。要显示使用的燃油,请选择燃油流量开关上的 used(使用)位置。要将使用的燃油重置为零,请选择燃油流量开关上的 reset(重置)位置。刻度、指针和数字读数都是白色的。燃油量以模拟和数字形式显示,位于燃油流量指示下方。

滑油指示(图 4.8.13):滑油指示主要有:滑油压力、滑油温度、滑油量。

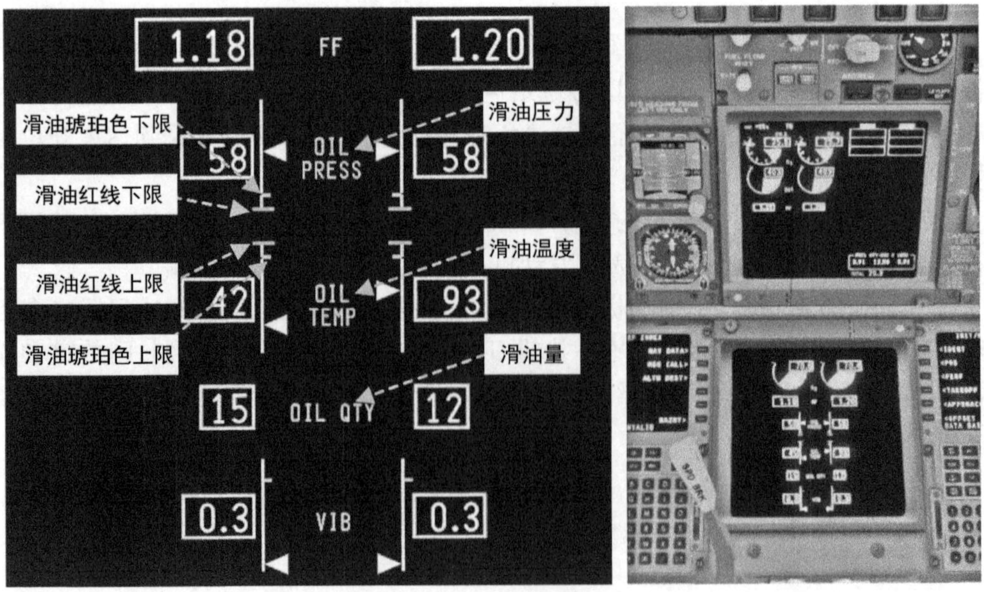

图 4.8.13　滑油指示

（1）滑油压力：滑油压力显示为模拟指示。在正常操作范围内，标尺和指针为白色。当油压处于琥珀色波段下限（低于 89.6319 kPa）时，刻度和指针为琥珀色。当油压处于红线下限时，刻度和指针为红色。滑油压力低会显示“LOW OIL PRESS”（滑油压力低）信息，该信息会闪烁 10 s，然后持续显示。

（2）滑油温度：滑油温度显示为模拟指示，单位为摄氏度。在正常操作范围内，标尺和指针为白色。当滑油温度处于琥珀色波段上限时，刻度和指针为琥珀色。当滑油温度处于红线上限时，刻度和指针为红色。

（3）油量：滑油量显示为数字百分比指示。读数和方框为白色。100%的油量相当于一个装满的油箱，即约 18.2 L。最小可读百分比为 9.4%。

发动机振动指示：发动机振动指示显示为模拟值。刻度和指针为白色。

4. 振动监测显示

发动机振动系统（图 4.8.14）包括：N1 转速传感器、N2 转速传感器、1 号轴承振动传感器、风扇机匣/压气机外壳垂直振动传感器（FFCCV）、机载振动监测（AVM）信号调节器。N1 和 N2 转速传感器将数据发送至 EEC 进行内部逻辑计算，发送至 DEU（1 和 2）进行指示并发送至 AVM 信号调节器。1 号轴承振动传感器和 FFCCV 也向 AVM 信号调节器发送数据用于振动分析。加速度计对振荡运动作出响应，并且具有高度定向性。低信号强度需要特殊屏蔽的引线，牢固支撑以避免和防止外部感应信号。信号调节器需要将加速度计输出处理为飞行甲板显示的可用强度。它放大模拟信号并将其传送到 DEU 和飞行数据采集组件（flight data acquisition unit, FDAU）。AVM 系统使用 N1 转速、N2 转速和振动数据并将其提供给信号调节器。信号调节器将放大的数据作为模拟信号提供给 DEU 和 FDAU。最高振动信号以单位显示在中央上部显示器（P2）上。图 4.8.15 为发动机振动监视工作原理。

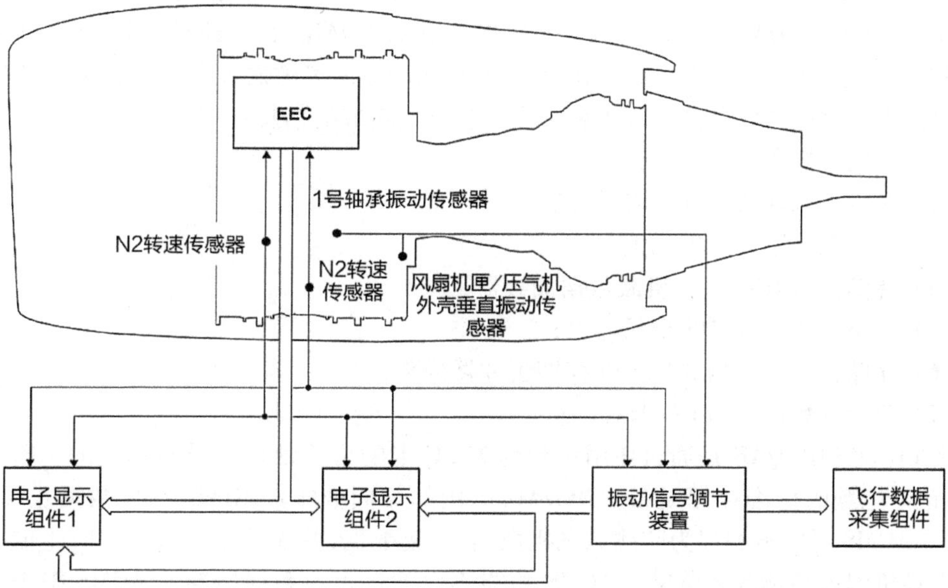

图 4.8.14　发动机振动系统

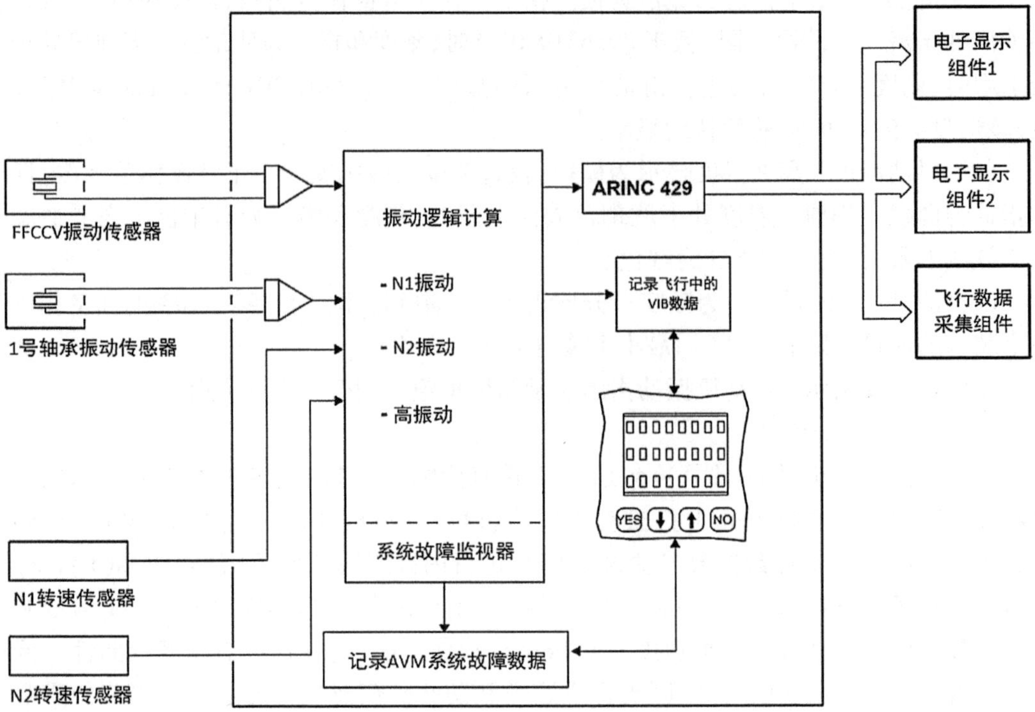

图 4.8.15　发动机振动监视工作原理

4.8.3　飞机状态监测系统

飞机状态监测系统(ACMS,图 4.8.16)是飞行数据采集与管理系统(FDAMS)中的一个子系统。FDAMS 集成了 ARINC 717 数字飞行数据采集单元(digital flight data acquisition unit, DFDAU)、ACMS、数字 ACMS 记录器(DAR)和快速访问记录器(QAR)。ACMS 旨在从机载飞机 ARINC 429 DITS 数据总线和专用离散输入中收集数据。ACMS 根据用户的需求对这些信息进行分析和排序。它分发生成的信息:

(1) 驾驶舱打印机上输出;

(2) 通过飞机通信寻址报告系统链接;

(3) 显示在控制显示单元上;

(4) 转储到 ARINC 615 机载数据加载器;

(5) 记录在数字 ACMS 记录器上;

(6) 存储在 ACMS 的非易失性存储缓冲器内部;

(7) 存储到数据转储 PC 卡。

在 FDAMS 中,QAR 是通过使用一种称为 PC 卡的可移动存储设备集成的。PC 卡是 PC 笔记本电脑的标准存储设备。DFDAU 可用的相同数字(ARINC 429)数据也可用于 ACMS。ACMS 可以被编程为监测该飞机数据,收集数据,并在发生某些事件时生成报告,例如发动机温度超标或硬着陆。ACMS 功能不仅配备了一系列标准的 ACMS 报告,用于执行大多数维护和操作相关的事件检测,还可容纳多达 80 个完全可重新配置的 ACMS 报表，每个报表都具有用户定义的触发算法，用于检测感兴趣的独特事件。ACMS 及其易于编程的事件触发和数据收集功能使航空公司能够根据自己的数据监控和收集需求配置 FDAMS。

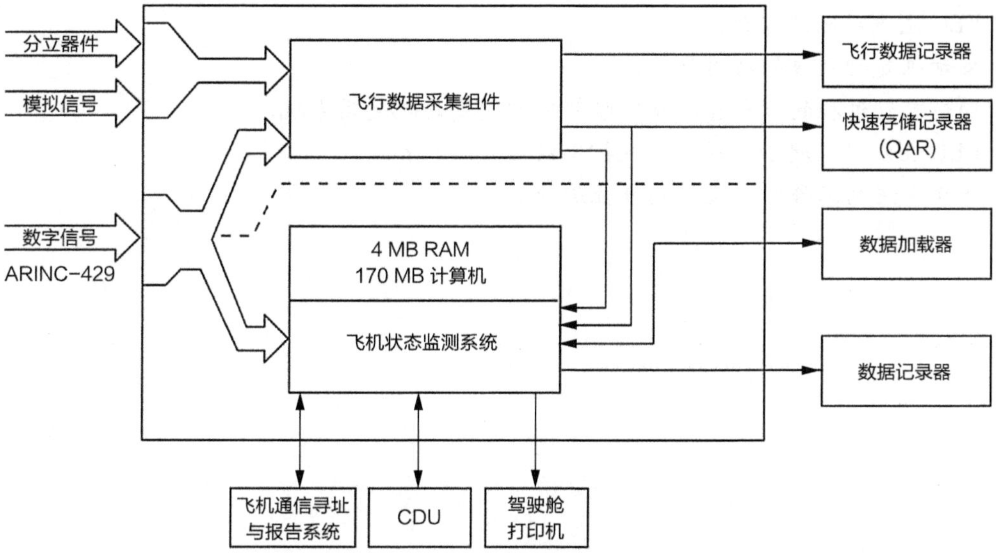

图 4.8.16　飞机状态监测系统

思　考　题

1. 简述发动机空气系统冷却功能分类及冷却区域。
2. 外部空气系统的冷却方法有哪些？
3. 高压涡轮导向器和叶片冷却的方法有哪些？
4. 发动机防喘措施有哪些？
5. 发动机常出现喘振的阶段是什么？
6. VBV 的工作原理是什么？VSV 的工作原理是什么？
7. HPTACC 工作原理是什么？LPTACC 工作原理是什么？
8. 发动机引气防冰的位置在哪里？
9. 介绍正向推力和反推力的控制。
10. 介绍发动机反推原理。
11. 涡轮排气系统的目的及原理是什么？
12. 发动机反推装置组成及目的是什么？
13. 反推展开控制原理是什么？
14. 高涵道比发动机的噪声源及减低噪声的方法有哪些？
15. 发动机监控的参数有哪些？
16. 造成 EGT 较高的状况有哪些？

17. 简述发动机燃油和控制系统的分类及功用。
18. 发动机燃油和控制系统至发动机的接口?
19. EEC 与发动机系统和部件接口功用是什么?
20. EEC 通道的工作原理是什么?
21. EEC 主要功能是什么?
22. 发动机起动系统的功用是什么?
23. 简述起动过程的三个阶段及哪些部件控制发动机起动系统。
24. EEC 在发动机起动中的作用及控制流程是什么?
25. 点火系统的工作方式及控制流程是什么?

第 5 章
飞机发动机控制系统

5.1 发动机控制系统的主要任务

发动机控制系统的主要任务是在稳态、加速和减速工况下计量输入燃烧室的燃油流量，系统必须实现上述任务以维持飞机所需的发动机推力水平。为了防止超限的发生，系统的限制功能将确保发动机在转速、温度和压力的限定范围内工作。发动机燃油和控制系统的子系统的功能也会被超控以避免超限。

5.2 转速和推力控制

飞机发动机控制系统中，发动机的转速和推力是需要控制的两个重要参数，最简单的控制系统即是转速控制系统。只要推力杆角度固定不变，则转速将保持不变。典型的固定转速控制系统的应用是 APU。如果飞机发动机由转速控制系统进行控制，则其推力将会随大气密度的变化而改变，因此飞行员必须重新调节推力杆位置以保持所需的推力不变。所以以推力为控制目标的控制系统最适合飞机发动机的操控，由此，飞行员可以直接选择飞行所需的推力，而控制系统则保持这一推力不变。

5.2.1 转轴转速控制

在转速控制系统中，转轴(或转子)转速是主控参数。燃油控制单元(FCU)通过转速调节器将转轴转速调节至推力杆所设定的值。为了计算燃油流量，FCU 按照特定发动机的燃油需求函数工作。基于 N2 转速的双轴发动机的燃油需求函数如图 5.2.1 所示。

图 5.2.1 中包括以 N2 为横坐标的稳态燃油需求图和两条限制线(喘振限制线和熄火限制线)。加速燃油流量必须在稳态需求线和喘振限制线之间，而减速燃油流量必须在稳态需求线和熄火限制线之间。

为了调节燃烧室进口的油气比，FCU 至少需要压气机进口温度和压气机出口压力作为输入，并附带 N2 转速和推力杆输入，通过这些输入可以进行简单的转速控制。

转速控制系统中 FCU 的输入信号如图 5.2.2 所示。

作为燃气涡轮发动机中的控制单元，FCU 必须包含一些最基本的功能，这些功能被划分在 FCU 的功能区域中。以液压机械 FCU 为例，为了构成转速控制装置，其必须包含以

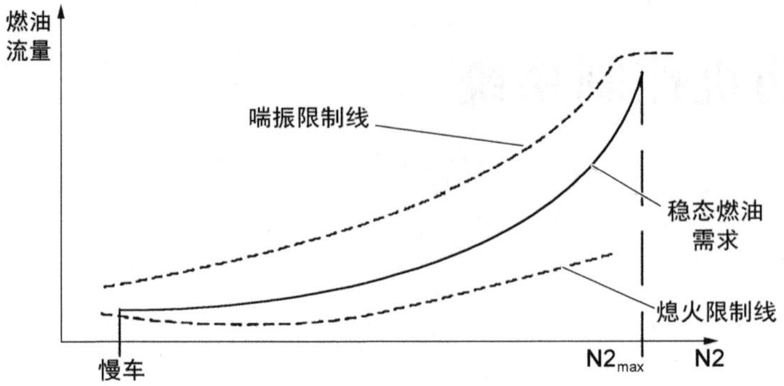

图 5.2.1　发动机燃油需求曲线

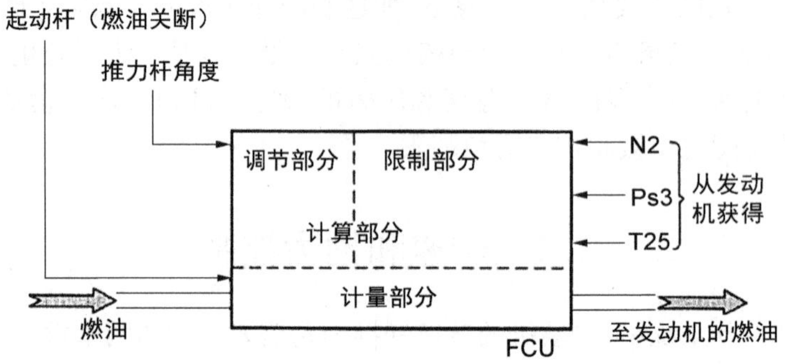

图 5.2.2　转速控制系统中燃油控制单元的功能区域

下 3 个部分：燃油计量部分、调节部分、限制部分。

控制单元的计算部分由调节部分和限制部分构成。其结构中燃油计量阀由计算部分得到的控制压力驱动。为了调节转轴转速，调节部分的飞锤调节器收到来自推力杆的目标转速，并控制燃油计量阀的开度以保持或调节至目标转速。调节部分的控制信号经由限制部分得到修正，以限制燃油计量阀的开闭速率。

5.2.2　推力控制

推力控制系统的主控参数与发动机的推力直接相关。该参数可以是 N1 转速或 EPR 为参考。选用哪个参数取决于不同发动机制造商的设计理念。一般来说，GE 公司和 CFM 公司选用 N1 转速，而罗罗公司和普惠公司则选用 EPR。如果选用 N1 作为主控参数，控制系统需要根据大气密度的改变调节 N1 转速，以保持通过发动机的空气流量不变。为此，控制系统需要风扇进口处的大气密度信息。

这种控制系统是基于高压转子的转速控制系统，并增加了风扇进口参数的密度修正。密度修正需要的输入参数是风扇进口的压力和温度。但这种系统对大气密度的改变，只能调节高压转子转速。以 CFM56 - 3 为例，液压机械控制的输入信号如图 5.2.3 所示。

该系统是 N2 控制系统，因为 N2 是唯一的转轴转速信息。由于两个转轴转速之间的

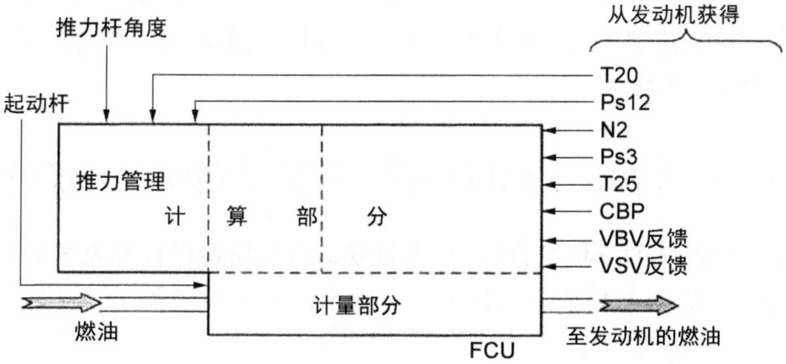

图 5.2.3　带推力控制功能的双轴发动机 FCU 的输入

匹配会随着发动机退化而变化,且如果控制单元仅控制 N2, 则 N1 实际转速会在推力设置对应的目标 N1 附近上下相差数个百分点。为了精确控制空气流量和推力,有必要将低压转子转速 N1 精确地控制在所需推力对应的目标值。在使用液压机械 FCU 的控制系统中,除选用 N2 控制的 FCU 外,还增加了电子监控单元用作 N1 控制器,以解决 N1 的稳态误差问题。以 CF6－80C2(PMC 版)或 CFM56－3 为例,这种监控单元即是功率管理控制器(PMC)。

如果控制系统使用 EPR 作为主控参数,则通过保持 EPR 为定值达到推力不变,并同时确保了发动机的空气流量不变。选用 N2 控制的 FCU 被选用 EPR 控制的电子监控单元超控。这种 EPR 控制方法使用在不同版本的 JT9D－7R4 和 RB211－524 上。

图 5.2.4 设计依据推力杆角度控制发动机推力关系的结构图。

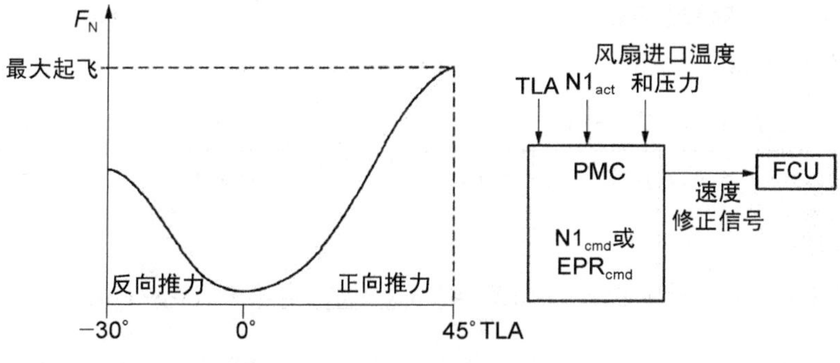

图 5.2.4　推力杆角度和所需推力的关系在整个飞行阶段均保持固定

在图 5.2.4 所示的控制系统中,推力杆角度(TLA)和所需推力的关系是固定的,PMC 计算得到对应的 N1 目标值或者 EPR 目标值。飞行员只需选择一个 TLA,即可得到相应的推力。由于控制系统无法直接控制推力,监控单元会根据实际大气条件计算出所需推力对应的主控参数值(N1 或 EPR)。这个计算结果被称作 N1 目标值或 EPR 目标值。而这种计算功能被称作推力管理。在 GE 公司和 CFM 公司的发动机上,功率管理控制器 PMC 作为控制单元。PMC 将 N1 实际值和 N1 目标值进行比较。若存在误差,PMC 会超控 FCU 的速度控制,通过改变 N2 转速使得 N1 实际值与 N1 目标值相同。在使用 EPR 的系统中，监控单元的工作原理与前者相似，只是比较值改为 EPR 实际值和 EPR 目标值。

上述的推力控制系统实例是使用液压机械控制系统的最后一代设计，之后研发的发动机均采用电子控制系统。

5.3 发动机液压机械控制系统数学建模与性能分析

为了便于进行系统的分析与设计，首先将发动机液压机械控制系统的每个元件动态方程式用传递函数表示，然后按各元件输入与输出信号的传递关系，绘出系统结构图，如图 5.3.1 所示。

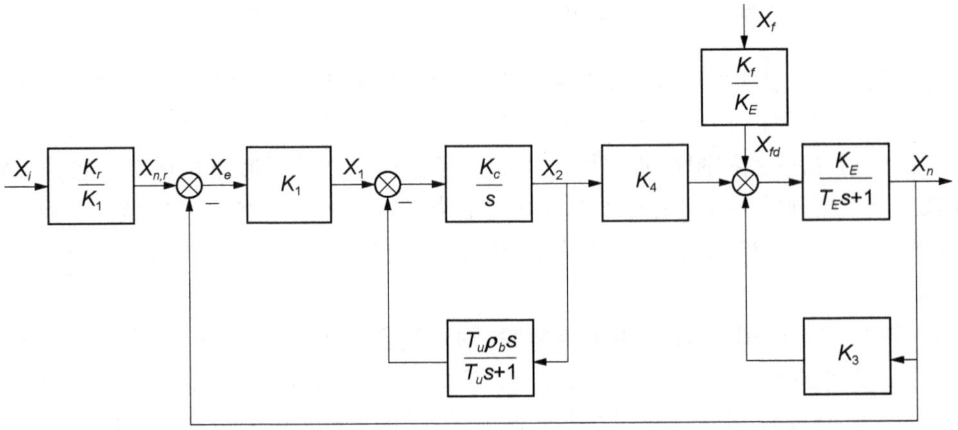

图 5.3.1　等效单位反馈转速控制系统的结构图

1. 控制系统闭环传递函数

由图 5.3.1，可得

$$X_n = \frac{K_1K_cK_4K_E(T_us+1)}{s[T_us+(1+K_cT_u\rho_b)](T_Es+1)}(X_{n,r}-X_n) + \frac{K_E}{T_Es+1}X_{fd} + \frac{K_{fd}}{T_Es+1}X_n \quad (5.1)$$

将式(5.1)整理，得

$$(a_0s^3+a_1s^2+a_2s+a_3)X_n = (b_0s+b_1)X_{n,r} + s(b_2s+b_3)X_{fd} \quad (5.2)$$

或

$$X_n = \frac{b_0s+b_1}{a_0s^3+a_1s^2+a_2s+a_3}X_{n,r} + \frac{s(b_2s+b_3)}{a_0s^3+a_1s^2+a_2s+a_3}X_{fd} \quad (5.3)$$

式中，

$$a_0 = T_ET_u$$
$$a_1 = T_E + T_u + K_c\rho_bT_uT_E - K_3K_ET_u$$
$$a_2 = 1 + K_1K_cK_4K_ET_uu + K_c\rho_bT_u - K_3K_E - K_3K_cK_ET_u\rho_b$$
$$a_3 = K_1K_cK_4K_E$$

$$b_0 = K_1 K_c K_4 K_E T_u$$
$$b_1 = K_1 K_c K_4 K_E$$
$$b_2 = K_E T_u$$
$$b_3 = K_E(1 + K_c T_u \rho_b)$$

当干扰量不变,只考虑系统输入量时,系统的传递函数:

$$W_r(s) = \frac{X_n}{X_{n,r}} = \frac{b_0 s + b_1}{a_0 s^3 + a_1 s^2 + a_2 s + a_3} \tag{5.4}$$

当系统输入量不变,只考虑干扰量时,系统的传递函数为

$$W_f(s) = \frac{X_n}{X_{fd}} = \frac{s(b_2 s + b_3)}{a_0 s^3 + a_1 s^2 + a_2 s + a_3} \tag{5.5}$$

2. 系统稳定性

系统的特征方程为

$$a_0 s^3 + a_1 s^2 + a_2 s + a_3 = 0$$

系统稳定性判据很多,当利用古尔维茨判据时,系统的稳定条件为

$$a_0 > 0,\ a_1 > 0,\ a_2 > 0,\ a_3 > 0,\ a_1 a_2 - a_0 a_3 > 0$$

3. 控制系统稳态性能分析

控制系统的稳态误差是系统控制准确度的一种量度,是控制系统性能的一项重要指标。在飞机发动机控制系统中,由于发动机的外界条件经常变化,系统要在频繁的干扰输入下工作,因此,对干扰输入量的系统稳态误差分析尤为重要。稳态误差经常是指在各种不同的干扰作用下,当系统恢复稳定时,输出量的给定值与实际值的偏差。但作为系统稳态性能分析,仍讨论系统输入及干扰输入两种情况下的稳态误差。

假设系统的干扰输入为零,即 $X_{fd} = 0$, 误差传递函数为

$$W_{r,e}(s) = \frac{X_e}{X_{n,r}} = \frac{X_{n,r} - X_n}{X_{n,r}} = 1 - \frac{X_n}{X_{n,r}} = 1 - \frac{b_0 s + b_1}{a_0 s^3 + a_1 s^2 + a_2 s + a_3} \tag{5.6}$$

式中, X_e 是当干扰量输入为零时,系统误差 $e_n(t)$ 的拉氏变换。由上式得

$$X_e = W_{r,e}(s) X_{n,r} = \left(1 - \frac{b_0 s + b_1}{a_0 s^3 + a_1 s^2 + a_2 s + a_3}\right) X_{n,r} \tag{5.7}$$

利用终值定理,可求系统对单位阶跃输入的稳态误差:

$$e_{n,r} = \lim_{t \to \infty} e_n(t) = \lim_{s \to 0} s X_e(s) = \lim_{s \to 0} s\left(1 - \frac{b_0 s + b_1}{a_0 s^3 + a_1 s^2 + a_2 s + a_3}\right)\frac{1}{s} = 1 - \frac{b_1}{a_3} \tag{5.8}$$

因 $a_3 = b_1 = K_1 K_c K_4 K_E$, 所以 $e_{n,r} = 0$。

假设系统参考输入为零,即 $X_{n,r}=0$,系统对干扰量的误差传递函数为

$$W_{f,e}(s)=\frac{X_e}{X_{fd}}=\frac{X_{n,r}-X_n}{X_{fd}}=-\frac{X_n}{X_{fd}}=-\frac{s(b_2s+b_3)}{a_0s^3+a_1s^2+a_2s+a_3} \tag{5.9}$$

式中,X_e 是当系统输入为零时,系统误差 $e_n(t)$ 的拉氏变换。由上式得

$$X_e=W_{f,e}(s)X_{fd}=-\frac{s(b_2s+b_3)}{a_0s^3+a_1s^2+a_2s+a_3}X_{fd} \tag{5.10}$$

同理,可求系统对单位阶跃干扰的稳态误差

$$e_{n,f}=\lim_{t\to\infty}e_n(t)=\lim_{t\to\infty}sX_e(s)=0 \tag{5.11}$$

系统的开环传递函数为

$$G(s)=\frac{K_1K_cK_4K_E(T_us+1)}{s[T_us+(1+K_cK_u\rho_b)][T_Es+(1-K_3K_E)]} \tag{5.12}$$

系统为Ⅰ型系统。由此可知,系统对单位阶跃输入的稳态误差为零。对单位斜坡输入的稳态误差为常数。

5.4 控制器参数选择与系统性能计算

5.4.1 控制器参数选择

在规定了系统的性能指标和选定系统的结构方案并获得描述系统动态特性的结构图后,即可着手进行控制器参数的选择和系统性能计算工作,通过 PID 校正确定控制器的参数。

初步设计控制系统时,首先应根据性能指标要求选择测量元件和带反馈校正装置的放大器参数。参数的选择凭设计人员的经验和参考已有样机的同类型元件进行。本例中,选取 K_1、K_c、T_u 和 ρ_b 作为调整系统性能的参数。表 5.4.1 中列出了两组调整参数的选择值。系统中不可调整参数为油泵参数 $K_3=1.0$、$K_4=1.0$;发动机参数 $T_E=0.9\text{ s}$、$K_E=0.23$。将各元件及发动机参数代入式中的各系数公式中,求得的系数值也列于表 5.4.1 中。

表 5.4.1 调整参数及闭环传递函数系数值

方案	调整参数				系数							
	K_1	K_c	T_u	ρ_b	a_0	a_1	a_2	a_3	b_0	b_1	b_2	b_3
Ⅰ	15.7	0.21	1.24	1.0	1.12	1.73	2.76	1.74	2.16	1.74	0.65	0.66
Ⅱ	5.5	2.4	0.7	1.2	0.63	3.05	6.27	6.9	4.83	6.9	0.37	1.58

5.4.2 系统性能计算

根据表 5.4.1 的两组调整参数进行系统性能计算。

1. 稳定性

两种方案的系数 a_0、a_1、a_2、a_3 大于零，且

$$a_1a_2 - a_0a_3 = 2.83 > 0 \quad （方案Ⅰ）$$

$$a_1a_2 - a_0a_3 = 14.78 > 0 \quad （方案Ⅱ）$$

故两种方案的系统都是稳定的。

2. 频域分析

系统的开环频率特性为

$$G(j\omega) = \frac{2.89(1.24j\omega + 1)}{j\omega(0.982j\omega + 1)(1.89j\omega + 1)} \quad （方案Ⅰ）$$

$$G(j\omega) = \frac{4.8(0.7j\omega + 1)}{j\omega(0.23j\omega + 1)(1.89j\omega + 1)} \quad （方案Ⅱ）$$

作开环对数幅频曲线图，如图 5.4.1 所示。

可以看出，方案Ⅰ和方案Ⅱ的对数幅频特性对应图中曲线 1 和曲线 2。由曲线可得方案Ⅰ的截止频率 $\omega_{c1} = 1.36\ \mathrm{rad \cdot s^{-1}}$，计算得到方案Ⅱ的截止频率 $\omega_{c2} = 1.7\ \mathrm{rad \cdot s^{-1}}$。计算得到方案Ⅰ的相角裕度 $\gamma_1 = 27.4°$，方案Ⅱ的相角裕度 $\gamma_2 = 45.9°$。这种结构的系统，幅值裕度 $h \to \infty$。

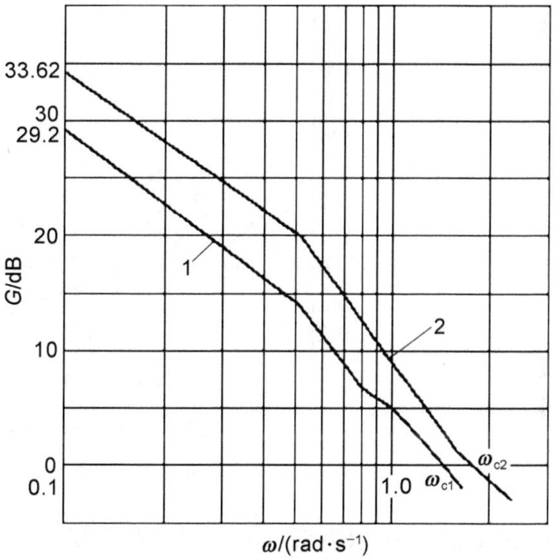

图 5.4.1　系统的开环对数幅频特性

频率分析的结果表明，方案Ⅰ的相角裕度偏小，不能满足动态性能指标。方案Ⅱ的相角裕度在 45°~70°范围内，可满足规定的性能指标。如果系统设计规定的是时域性能指标，还必须进行时域分析法检查。

3. 闭环系统的时域响应

闭环系统的仿真结果如图 5.4.2 所示。

比较仿真结果可以看出，不带速度反馈校正的闭环系统，过渡过程品质很差（见曲线 3），调节时间及最大超调量都将远远超过性能指标要求；带速度反馈校正的系统，当参数选择为方案Ⅰ时，过渡过程品质虽有较大提高，仍不可能满足规定性能指标要求（见曲线 1）。方案Ⅱ的参数选择，增大了开环总增益，使系统灵敏度提高，响应加快，同时减小反馈时间常数 T_u 和增大反馈系数 ρ_b，使反馈作用加强，提高系统的相对稳定性，响应曲线见曲线 2。

图 5.4.2(a) 所示为系统的单位阶跃输入响应曲线，当 $t \to \infty$ 时，系统输出 $\bar{n}$ 达到 1。

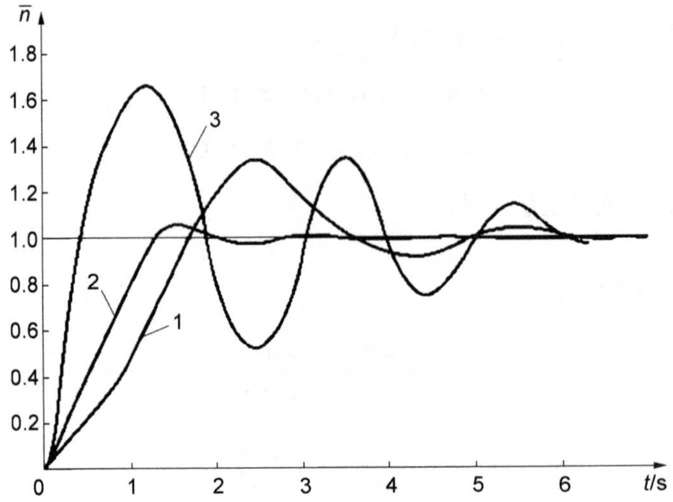

(a) 系统的单位阶跃输入响应曲线

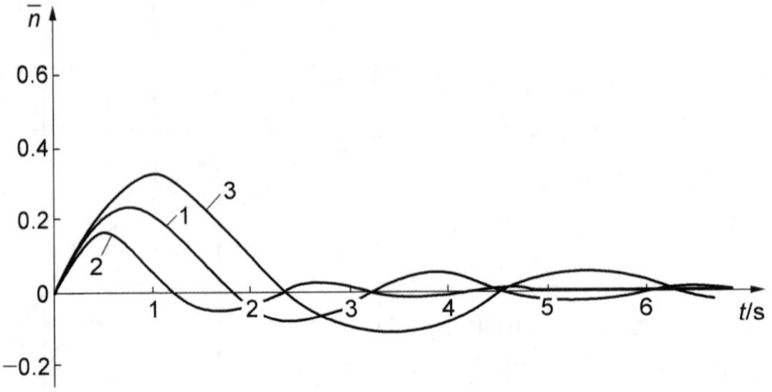

(b) 系统的单位阶跃干扰输入响应曲线

图 5.4.2　系统的闭环时域响应曲线

1：方案Ⅰ　2：方案Ⅱ　3：不带速度反馈校正

图 5.4.2(b)所示为系统的单位阶跃干扰输入响应曲线，当 $t \to \infty$ 时，系统输出 $\bar{n}$ 重新回到零，转速保持不变。

依据常理，发动机的动态特性随发动机的工作状态和飞行条件改变而改变。高空低速飞行并且发动机在低转速状态工作时，发动机的动态特性最差。因此，在完成设计状态下的系统性能分析检查后，必须在各种飞行条件下，对发动机的各种工作状态进行系统仿真，并按性能指标定量检查仿真结果。若性能不满足要求，应重新调整参数值，直至满足性能指标要求为止。如果调整参数值仍不能达到要求，应重新修改校正装置结构或重新设计。

思　考　题

1. 发动机对控制的基本要求是什么？

2. 什么是稳态控制、过度控制和安全限制？
3. 发动机加速、减速和空中受到什么限制条件？
4. 发动机控制系统怎么分类？
5. 高涵道比涡轮风扇发动机被控参数是什么？
6. 低涵道比涡扇发动机上选择 EPR 作为被控参数的优点是什么？
7. 发动机 MEC 的被控参数有哪些？
8. 发动机 PMC 的被控参数有哪些？

第 6 章 飞机发动机电子控制

6.1 概　　述

6.1.1 飞机发动机电子控制技术发展概况

近数十年来,许多国家都大力开展了采用电子控制装置作为飞机发动机核心控制器的研究工作,并取得了巨大的进展。美国等国家的第一代飞机发动机 FADEC 采用了双列直插式器件;第二代采用了表面安装式器件;第三代 FADEC 系统则将发动机控制器与飞行控制器综合,或将发动机控制器与飞行控制器、武器系统控制器综合,以实现飞行/推进系统综合控制和火力/飞行/推进系统综合控制。FADEC 的研究成果已经成功地应用于型号中。例如,美国研制的 F15 飞机和 PW1128 发动机的高度综合的飞行/推进系统数字式电子控制系统。

美国等国家已经完成了用 FADEC 系统取代机械液压式控制系统的换代工作,正在进行智能 FADEC 系统的研究与验证工作;俄罗斯也在尝试 АЛ－31Ф 发动机的 FADEC 控制系统的升级试飞工作。表 6.1.1 列出了有关发动机采用电子控制器的情况。

图 6.1.1 给出了飞机发动机控制器的发展过程与趋势。

表 6.1.1　采用电子控制器的发动机

发动机型(代)号	飞机型(代)号	装机时间	电子控制器类型
J47	B－36,B－47	1954 年研制	模拟电子
奥林巴斯 593	协和	1976 年	模拟电子
PW2037	B－757－200	1984 年	数字电子
F100－PW－200	F15,F16	1985 年	数字电子
M88－P2	阵风	1986 年试车	数字电子
飞马	鹞式 GR－5	1986 年	数字电子
F404－GE－400D	F18	1987 年	数字电子
PW4000	A310	已投入使用	数字电子
EJ200	EFA	20 世纪 90 年代末	数字电子

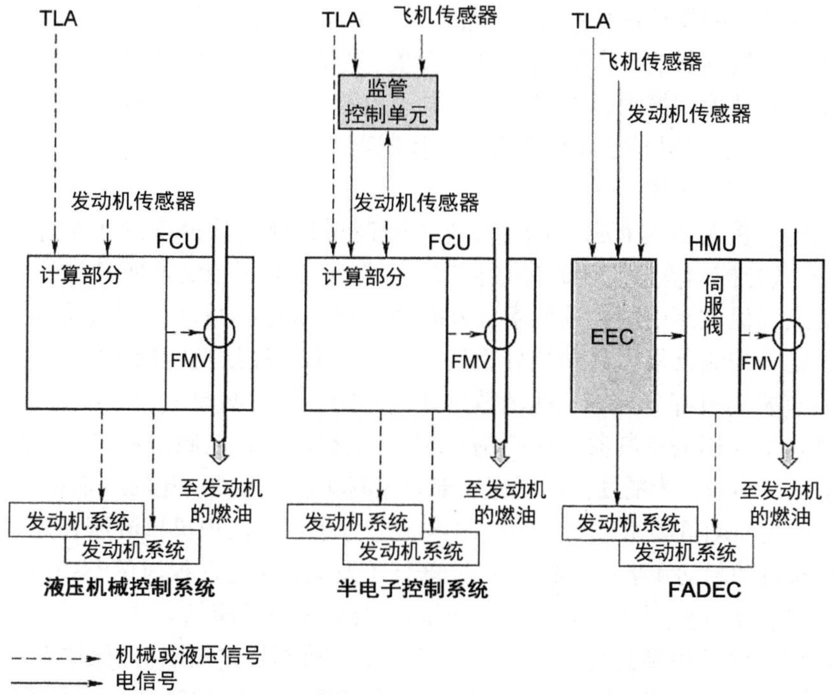

图 6.1.1　飞机发动机控制器的发展过程与趋势

6.1.2　航空电子控制器的类型

飞机发动机电子控制器分为模拟式电子控制器和数字式电子控制器。

1. 模拟式电子控制器

模拟式电子控制器是用模拟式电子元器件按系统设计要求组成的控制计算装置，可以用它取代或部分取代机械液压式控制器控制发动机。20 世纪 70 年代，英国与法国联合研制的协和号飞机上的奥林巴斯 593 发动机即采用了模拟式电子控制器，俄罗斯的 SU27 飞机上的 АЛ－31Ф 发动机控制系统中部分采用了模拟式电子控制器。与机械液压式控制器比较，模拟式电子控制器可以实现更多的控制功能，从而使发动机性能得以提高；模拟式电子控制器大多数元器件具有通用性，设计时可以选择，不需要专门研制，这使系统设计变得简单，而且可以缩短研制周期；模拟式电子控制器内运行的信号为连续的电信号，信号的传递比机械液压信号更容易实现，使得系统结构简化；模拟式电子控制器工作时，组成控制器的元器件同时工作，并行运行，计算速度很快。因此，相对于机械液压式控制器，模拟式电子控制器在发动机控制中的应用标示了发动机控制技术的发展。但是与数字式电子控制比较，模拟式电子控制器的电路确定后，其运行特性也就确定了，因此调整控制规律、控制算法或控制器参数需要更换电子元器件或重新设计运算电路，不便于系统调试；模拟式电子控制器电子元器件本身的误差、性能衰退与老化等因素对控制精度与控制效果有较大的影响；模拟式电子控制器不具有对运行过程中信息的记录功能，使系统维护受到很大限制，不能实现先进飞机发动机控制系统可维护性要求；受电子元器件特性与功能、控制器结构及控制器逻辑判断功能电路较复杂等因素的限制，模拟式电子控制器不可能实现复杂的发动机控制规律、先进的控制模式和控制算法。

模拟式电子控制器的缺点限制了它的发展，只是在 20 世纪 70 年代少数型号的飞机发动机应用了这种控制技术。随着数字式电子控制器的出现和在飞机发动机控制中的成功应用，模拟式电子控制器已被数字式电子控制器所取代。

2. *数字式电子控制器*

数字式电子控制器具有强大的计算能力和逻辑判断与数据存储功能，控制器的控制规律、控制模式与控制算法均由程序软件实现。数字式电子控制器所具有的能力和特点，使它能满足发动机控制中的各项要求，因而，新一代飞机发动机均采用了数字式电子控制器。数字式电子控制器根据其功能分为具有发动机部分控制功能的数字式电子控制器和 FADEC。具有发动机部分控制功能的数字式电子控制器是数字式电子控制器发展的初期阶段在发动机上应用的控制器。在控制系统中，机械液压式控制器承担主要的控制任务，而数字式电子控制器作为辅助控制器完成部分控制功能。发动机尾喷口面积数字式电子控制器就是仅控制发动机尾喷口面积的控制器。它与尾喷口面积机械液压式控制器比较，增加了空中停车自动起动和半自动起动功能，降低了发动机工况转换时的空中停车率，增加了涡轮出口温度监控功能，使发动机推力有所增加，耗油率有所降低。

发动机电子监控控制器可以监控发动机重要参数不超过极限值，保护发动机，使之工作时处于安全可靠的状态，还可以更为精确地保持需要的发动机推力。具有发动机部分控制功能的数字式电子控制器，还可以记录系统运行过程中的数据，根据对数据的分析，判断发动机运行情况和故障情况，提高系统的可维护性。应急备份控制器也是实现发动机部分控制功能的控制器。它的作用是当主控制器出现故障时，由应急备份控制器控制发动机，保证飞机安全返回。应急备份控制器可以是电子式控制器，也可以是机械液压式控制器。

全权限数字式电子控制的“权限”是指控制器的控制能力和控制范围，全权限控制就是利用数字式电子控制器的能力完成控制系统所规定的全部任务，也就是实现全功能、全过程、全工况的控制。全权限数字式电子控制是当前发动机控制的发展方向，新一代飞机发动机均采用了全权限数字式电子控制器。

6.2 全权限数字式电子控制系统

FADEC 系统所具有的功能是在整个飞行包线范围内，在确保发动机安全工作的前提下，尽可能实现无操作限制地控制发动机，产生所需的推力或轴功率，以满足飞行要求。

6.2.1 主要技术要求

1. *功能要求*

全权限数字式电子控制系统对于不同类型的发动机，其功能也有所不同，一般具有的主要功能如下。

(1) 控制功能。地面和空中起动过程控制；加速（或遭遇加速）或功率增加过程控制；稳态控制；加力接通与切断以及加力稳态控制；减速或功率减小过程控制；失速和防喘控制；矢量喷管控制；叶尖间隙控制；防冰控制；多发动机之间的协调控制等。

（2）监控功能。最小供油量限制；最大转速（或换算转速）限制；最高温度限制；压气机出口总压限制；输出功率限制；燃油、滑油压力监视等。

（3）其他功能。故障诊断与容错控制；运行参数记录与存储；与飞控计算机、火控计算机、地面检测仪的通信；与飞行员的信息交换；在多发动机飞机中，与其他发动机控制器的信息交换；对起动机的控制及与起动机控制系统的信息交换；发动机监测数据、维护报告的输出；在分布式控制系统中，各分布节点间的相互通信等。

2. 性能要求

对 FADEC 的性能要求即稳态性能和动态性能要求。在整个飞行包线内，飞机发动机在 FADEC 的控制下应具有良好的动态与稳定性品质，包括动态过程时间短、超调量小、由某一状态过渡到另一状态的过渡平稳、发动机各部件负荷变化速率在允许范围内；稳态控制精度高；抗干扰能力强；具有良好的保护功能，以避免发动机出现超温、超转、超压等情况，即使受某些因素的影响，出现了工作参数超限的危险情况，也能够在最短的时间内使发动机恢复至正常工况；工作及存储环境条件符合要求；还应具有良好的操纵性。

3. 可靠性要求

飞机发动机 FADEC 系统必须能承受闪电雷击、电磁干扰，能够在规定的高温、低温以及盐雾环境条件下工作，必须具有防火、防爆、防核辐射的能力和能够承受发动机的强烈的振动及飞机机动飞行产生的离心力的作用。在研制 FADEC 系统的全过程中，应始终把系统的可靠性要求放在首位，系统的可靠性是系统正常运行的前提。可靠性是指产品在指定的工作环境和条件下、在指定的时间内完成指定功能的能力。

可靠性指标多以平均无故障时间（MTBF）来描述。目前先进军用飞机发动机 FADEC 系统的 MTBF 一般为 1 000～2 000 h，民用飞机发动机 FADEC 系统的 MTBF 一般为 30 000 h 以上。MTBF 需要积累大量的实际使用数据和通过大量的可靠性试验才能得到。提出系统可靠性要求的目的是，在设计中，为系统中各种各类部件、组件、装置、器件及控，制软件设计提供可靠性指标分配的依据和可靠性设计目标。在生产中提供检验、检测的依据；在维修中，对故障分析、故障处理方式的选择提供指导性意见。

4. 可维护性要求

FADEC 系统的可维护性是系统设计的重要要求之一，FADEC 必须便于检查，便于故障检测，便于视情维修，便于更换零部件和重新安装使用。

5. 体积和重量要求

飞机发动机 FADEC 系统的装机外形尺寸必须控制在所允许的范围之内；FADEC 系统的重量不允许超过主机分配的重量指标。只有采用新原理、新结构、新材料、新工艺等新技术才能使 FADEC 系统的重量降低。FADEC 系统在恒定推力控制中被用作 N1 或 EPR 控制系统。在发动机控制中使用 FADEC 系统的主要优势是其能比液压机械系统处理更多的输入参数。该特性的益处之一是由 FADEC 控制的发动机在加速过程中表现更佳。该系统能够保证在整个发动机寿命期间，无论发动机退化与否，N2 的加速度 $dN2/dt$ 保持不变。另一个益处是，作动机构的定位和燃油流量的控制能够更加精确地适应实际发动机的工况。计算机中的大量数据还能够用作发动机性能和健康监视，其被称为发动机状态监视。由于采用硬件和软件的设计，FADEC 系统比液压机械系统拥有更高水平的冗余度。整个 FADEC 系统采用容错设计。这种设计原理允许一些输入数据丢失或部件失效，但不会影响发动机的正常运行。

6.2.2 系统组成

典型飞机发动机 FADEC 系统的组成如图 6.2.1 所示。由图可见 FADEC 系统由核心控制器、供油与能源部件、电液转换装置与执行机构及传感器等部分组成。

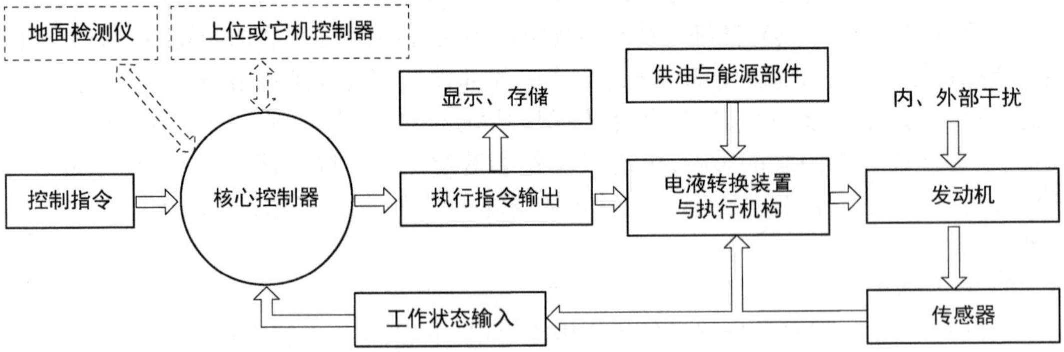

图 6.2.1 典型飞机发动机 FADEC 系统组成

1. 核心控制器、工作状态输入、执行指令输出模块

在 FADEC 系统中，核心控制器、工作状态输入、执行指令输出这三个模块均为电子模块，通常将它们统一放在一个特殊设计的机箱中。核心控制器的主体是高性能的数字计算机，其内部装载有飞机发动机控制软件，依据飞行员所给定的控制指令完成相应的控制功能计算。

工作状态输入模块来自传感器的信号调理（滤波）后，与控制指令输入装置的信号一起送入 A/D 转换器（接受模拟量信号）或计算机通用信号接口（接受开关量或频率信号），再在计算机的控制下，通过 A/D 转换器或通用接口将这些信号转变为数字计算机所能接受的数字量，输入计算机并完成所需的数据处理单位的转换，以供后续控制计算、故障分析、数据存储、数据传输、状态显示使用。执行指令输出模块的主要功能是通过 D/A 转换器（将数字量信号转变为模拟量信号）或通用信号接口（输出开关量或频率量或占空比信号）或数据总线，将核心控制器给出的控制量信号转变为相关执行机构所能接收的信号，并输给相关的执行机构，或者将相关信息传输至显示、存储器，显示与存储信息。

2. 燃油及能源系统

在燃油及能源系统中，发动机的能源由燃油泵向发动机主燃烧室和加力燃烧室提供所需要的燃油，同时以一定压力和流量的燃油作为工作介质带动执行机构工作。某些执行机构是以一定压力和流量的液压油或滑油为工作介质，也有的执行机构是以一定功率的电源作为动力。飞机发动机 FADEC 系统使用的供油装置有燃油增压泵、主燃油泵、加力燃油泵、喷管和导叶驱动器油源泵等。

目前，燃油增压泵多采用离心泵，增压能力一般为 0.3~0.8 MPa，稳定工作的流量范围从发动机起动流量至最大需用流量的 1.2~1.5 倍。主燃油泵多采用齿轮泵，也有采用变排量高压柱塞泵的系统。采用高压柱塞泵的优点之一是其既可以作为主燃油泵，又可以作为发动机尾喷管面积驱动器工作油源泵（或备份尾喷管油源泵）。加力燃油泵多采用离心泵、柱塞泵或汽心泵。尾喷管油源泵多为高压柱塞泵。为减小传动系统及油泵自身的体积与重量，高转速油泵技术是近年重点发展的方向之一。巧妙的泵系结构是供油系统重点研究的问题。例如，两泵三用技术，即用主燃油泵为非加力状态和小加力状态提供所需的燃油量，用加力燃油泵提供小加力以上的加力状态所需要的燃油量；当主燃油泵发生故障时，则用加力泵提供主燃油系统和加力燃油系统所需的燃油量。

3. 电液转换装置与执行机构

电液转换装置将来自数字控制器的电信号转换为工作介质的液体的流量或压力。对电液转换装置的基本要求是：转换响应速度快、过程平稳、重复性好、分辨率高，抗介质污染的能力强，具有断电定位能力，应急状态能够平滑地切换到备份系统，以及转换装置应重量轻、体积小，具有冗余结构、自检结构等。

FADEC 系统常用的电液转换装置是以步进电机、高速电磁阀、电液伺服阀、力矩马达等为核心的装置。以步进电机为核心的电液转换装置的主要特点是：工作过程平稳、抗介质污染的能力强、具有断电定位能力；当采用位置反馈时，系统的重复性好。系统转换响应速度将受步进电机响应速度的制约，但一般能够满足发动机的需求。如果采用减速齿轮系提高转换分辨率的方案，则装置的体积、质量较大。通常，步进电机驱动电源的体积、重量、发热量均较大。以高速电磁阀为核心的电液转换装置的主要特点是转换响应速度快、重复性好、抗介质污染的能力强、系统重量轻、体积小。但系统的工作平稳性、断电定位能力、应急状态能够平滑地切换到备份系统等要求需要辅助结构来保证。电液转换装置输出一定流量和压力的液体到执行机构，带动执行机构工作。执行机构包括主燃油计量装置、加力燃油计量装置、可调风扇导流叶片角度调节机构、可调压气机静子叶片安装角调节机构、尾喷管面积驱动器等。对执行机构的要求是响应速度快、重量轻、能承受工作环境温度等。

4. 传感器

对控制系统而言，及时、准确、可靠地测量反映被控制对象运行状态的参数和环境参数是进行高质量控制的前提。因此，具有合适的工作频带、精度高、可靠性高、体积小、重量轻、耐振动、符合环境温度要求的传感器是飞机发动机电子控制的关键技术。考虑到控制系统可靠性要求，飞机发动机及控制系统关键参数的传感器多采用冗余通道结构。同一个参数有 2 个以上的传感器感受该参数和送出相互独立的测量信号。飞机发动机传感器的发展方向是智能化传感器和光纤传感器。

5. 地面检测仪

发动机控制系统地面检测仪用来在发动机工作之前或工作之后检测控制系统的完好性。主要是对系统的输入、输出通道的完好性、控制器工作是否正常、系统电源部分工作是否正常等进行检测。地面检测仪通过相关接口与发动机控制器构成“半物理仿真系统”，检测发动机控制器的输入和输出通道工作是否正常。发动机控制系统地面检测仪是必不可少的发动机维护、检测设备，属于发动机配置的仪器。对导弹用飞机发动机，地面检测仪更为重要。考虑到外场工作的特殊需求，地面检测仪多为便携式结构。其电源系统也针对外场可能提供的电源类型而设计。

6. 上位或它机控制器

对于飞行/推进系统综合控制，上位控制器往往是飞机的飞控计算机，它将当前飞机飞行姿态数据及飞行员的飞行操纵指令传送给发动机控制器，发动机控制器综合发动机当前的进口、气流和工作状态数据、飞行员的控制指令、飞机的飞行姿态数据，给出控制发动机的信号。有的上位控制器还作为发动机运行数据的存储设备。对部分军用发动机，上位控制器既可以将发动机控制指令传送至发动机的 FADEC，还可以将发动机的当前工作状态信息传送给遥测信号发送装置，向地面或其他遥测信号接收装置发送发动机的当前工作状态信息。

如果飞机装有多台发动机，则协调各发动机的工作状态也是发动机控制器的一项重要控制内容。这就需要了解各发动机的工作状态与参数，并对发动机进行协调控制。此外，获取的各发动机的相关数据，也为某一发动机控制系统的故障分析、重构控制系统、变换控制规律等提供依据。

6.2.3 发动机 FADEC 系统的优越性

与飞机发动机机械液压式控制系统相比较，飞机发动机全权限数字式电子控制系统具有明显的优越性。

（1）由于数字式计算机计算能力和逻辑判断能力强、计算精度高，作为发动机控制器可以实现先进的多变量控制方法和复杂的控制模式与控制规律，从而使发动机控制系统各项性能指标得到很大的提高，使发动机性能潜力得到充分发挥。本章介绍的多变量控制方法和第 7 章介绍的先进控制模式，采用数字式计算机作为控制器，能够充分提高发动机性能。

（2）数字式计算机的高速运算、高度综合和通信能力，使武器（火力）控制计算机、飞行控制计算机和推进系统控制计算机构成综合系统，实现武器/飞行/推进系统一体化控制，从而可大大提高飞机的性能、作战效能和生存能力。

（3）数字式控制器所实现的控制规律、控制模式和控制算法主要取决于控制软件，这就可以在不更换控制器硬件的情况下，通过调整控制软件来调整控制器的控制效能，满足系统的性能要求。根据发动机要求，需要改变控制模式或控制算法时，只需修正或更换控制软件即可实现，这就使得发动机控制系统的调整变得简单、方便。由于数字式电子控制器硬件的模块化，使硬件具有一定的通用性，因而根据不同类型发动机的控制要求改变控制软件即可拓展数字控制器的应用。

由此可以看出，采用数字式电子控制器可以大大缩短发动机控制系统的研制周期、降低研制费用和研制风险。

（4）在全权限数字式电子控制系统中，采用发动机状态监视、故障诊断及容错控制技术，可以使发动机控制系统的可靠性得到很大提高。

（5）利用数字式计算机对数据的存储能力，可以将发动机使用过程中的信息加以存储，通过对信息的分析，判断发动机性能变化，对发动机状态进行监视，并利用存储信息进行故障诊断，实现视情维修，从而降低维修成本。

（6）全权限数字式电子控制系统的高度智能化，可以大大减小甚至取消对驾驶员的操纵约束，从而减轻驾驶员的操纵负担。

以上所介绍的发动机全权限数字式电子控制系统的优越性是机械液压式控制系统所不具备的，但数字电子式控制器的抗电磁干扰能力比机械液压式控制器差，并且在发动机使用过程中，各种条件变化很大，相关条件的组合可能导致控制失效，从而产生严重后果。虽然如此，由于数字式电子控制器的问题完全可以解决，因而使得全权限数字式电子控制系统近 20 多年来得到迅速发展和广泛应用。

6.3　飞机发动机数字式电子控制器硬件

飞机发动机 FADEC 系统的电子硬件指 CPU 模块、存储器模块、信号输入和输出模块、通信模块、故障检测和切换电路、电源模块、控制器机箱等。

6.3.1　控制器组成

典型的飞机发动机单通道数字式电子控制器结构如图 6.3.1 所示。其中虚线框部分

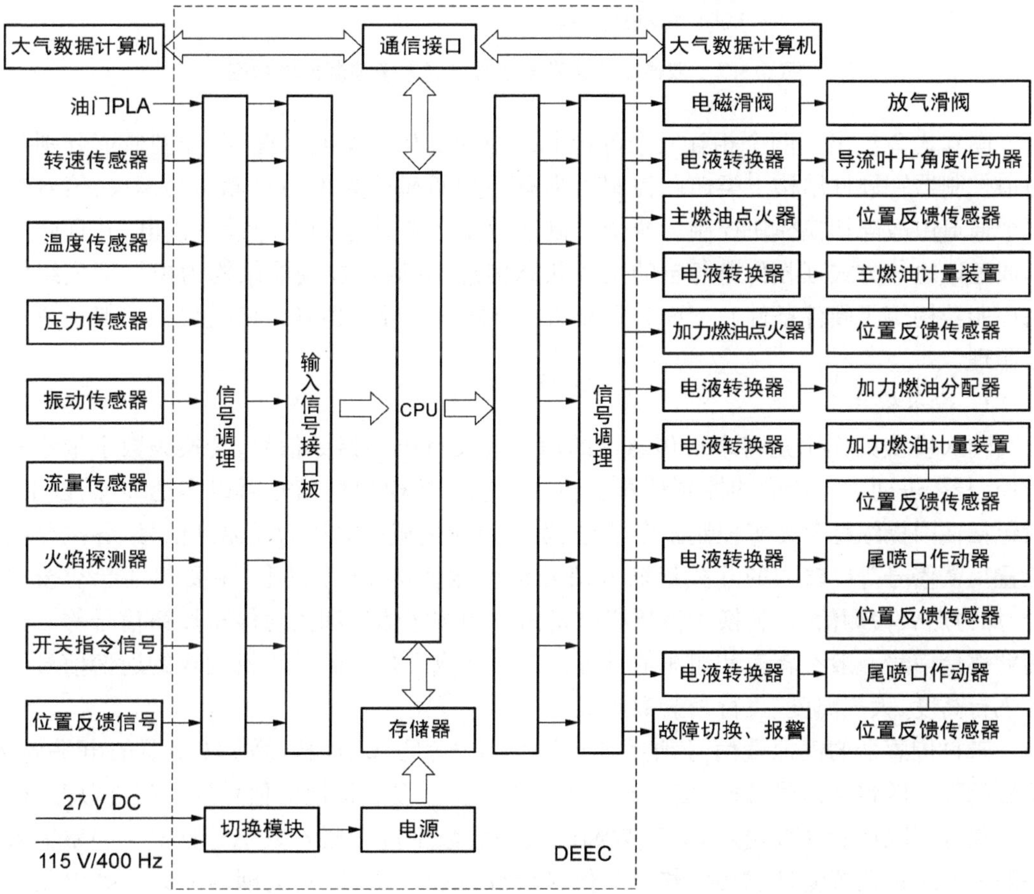

图 6.3.1　典型的飞机发动机单通道数字式电子控制器结构图

称为数字式电子控制器,它是发动机数字式电子控制系统的核心部件,除了完成信号采集、控制算法运算、控制信号输出等主要任务以外,还用来实现故障检测、安全保护等功能。

典型的双通道飞机发动机数字式电子控制器结构如图 6.3.2 所示。

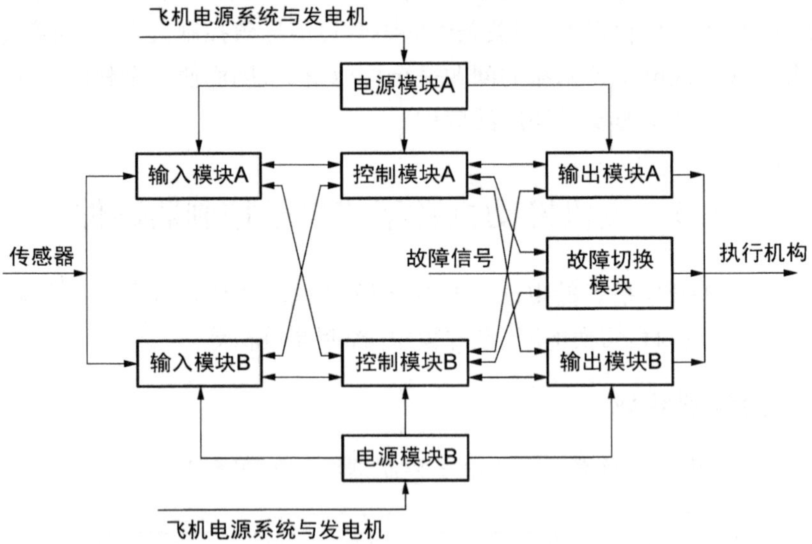

图 6.3.2　双通道飞机发动机数字式电子控制器结构图

图 6.3.2 给出了两个相互冗余的控制通道间的信息交互情况,各控制通道分别与单通道控制器在硬件结构上类似。控制器中有一个两通道共用的故障切换模块,信号来自哪个通道由故障切换模块控制。两个控制通道由各自独立的电源模块供电,并且两个控制通道以通信方式互相传递各自的工作状态信息,双通道控制器结构为模块级重组和重构控制器构筑了硬件条件。下面分别介绍数字式电子控制器各硬件模块的一般组成与工作原理。

1. 输入模块

输入模块的作用是将来自传感器的信号和飞行员的指令信号,转换为数字量输入电子控制器,进而参与相应的控制计算。输入控制器的模拟量信号可以多达 20 路以上,一般包括油门操纵杆角度等控制指令信号、发动机相关截面的压力及温度信号、各执行机构位置反馈信号等。输入的开关量输入信号也可能多达 20 路以上,主要包括起动按钮信号、加力点火检测信号、转换为液压机械备份时的按钮信号和紧急停车按钮信号等。输入的频率量信号一般有转速和扭矩信号等。自大气或飞行控制计算机输入的通信信号一般有飞行高度、大气温度、飞行马赫数等。

来自传感器的模拟量信号须要进行调理,以满足 A/D(模/数)转换器的电平要求。信号调理一般包括信号转换、信号放大等。为了防止多点接地对信号的干扰,调理后的信号还须进行隔离后才被送入 A/D 转换器,转换为数字量后送入数字计算机。频率输入量一般需要经过前置滤波、放大、整形等信号调理过程,再经过光电耦合隔离器和电压变换后,送至 F/D(频率/数字)转换器,转换为数字量后送入数字计算机。开关量信号的调理与频率量类似，调理后的信号经光电耦合隔离器和电压变换后由并行接口直接送入数字计算机。

2. 控制模块

控制模块在数字式电子控制器中完成最重要的工作。它根据输入模块送来的输入信号，依照一定的控制模式和某种控制算法（如PID、自适应控制等算法）计算出发动机的控制量，并把计算结果送往输出模块。控制模块同时把有关数据通过相关接口送往驾驶舱显示器或送往数据记录仪记录。相关的存储器必须保证一定的存储容量，并具有断电时存储数据不被丢失的能力。

3. 输出模块

输出模块一般由D/A（数/模）转换器、并行通用接口（输出开关量）隔离电路和驱动电路等部分组成，其作用是将控制模块输出的控制量转换为具有一定驱动功率的信号，以驱动执行机构。另一类常见的输出驱动信号是可变占空比（pulse width modulation, PWM）信号。这类信号是特殊的方波频率信号，该信号的频率基本不变，而信号在一个周期内的高电平与周期的比值随输出量的大小而变化。常用的技术方案是由定时/计数芯片输出TTL电平的变占空比信号，再由功率电路对该信号进行功率放大，驱动负载。采用可变占空比输出信号有利于对信号进行隔离和故障检测，输出功率也比较大。典型的PWM功率放大电路原理图如图6.3.3所示。

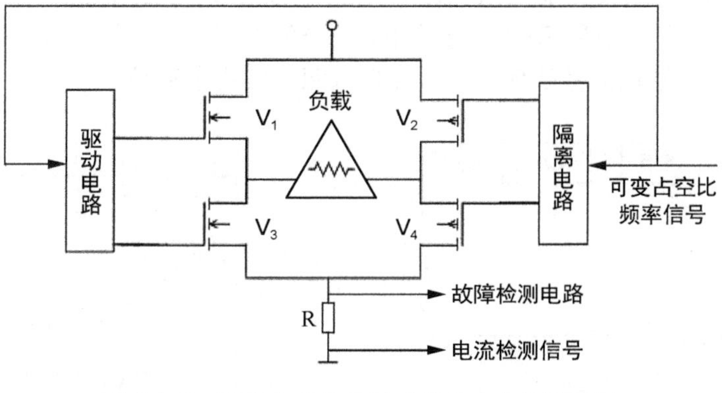

图6.3.3　可变占空比信号功率放大电路原理图

图6.3.3中，R为电流取样电阻，V_1、V_2、V_3、V_4为功率驱动管。V_1和V_4、V_2和V_3必须配对使用。工作时，正脉冲使V_1和V_4导通，V_2和V_3必须截止，否则功率管将由于短路而被击穿；负脉冲使V_2和V_3导通，V_1和V_4必须截止。在V_1和V_4导通时，流过负载的电流是从左到右（假设为正）；在V_2和V_3导通时，流过负载的电流是从右到左（假设为负）。当占空比小于50%时，一个周期内流过负载的平均电流为负，当占空比大于50%时，流过负载的平均电流为正。由于电感的作用，在一定的频率下，流过负载的电流交流成分将被电感滤除，从而在负载上可获得对应于电子控制器输出的连续的直流电流。在一定的电流下，从取样电阻上可得到相应的电压，即使控制器输出的平均电流值为零，即50%的占空比时，也依然可以得到一定的电压。如果输出通路中出现驱动回路断路、驱动管损坏或负载断线等故障，则取样电阻上没有电压，据此可判断输出通路的断线或驱动管

损坏故障。如果输出回路(包括 V_1、V_2、V_3、V_4 驱动管或负载)出现短路现象,则取样电阻两端出现比正常的电压大得多的电压,由此可判断输出通路的短路故障。

在数字式电子控制器中,开关量输出信号一般用来驱动指示灯、继电器、电磁阀等负载。由于计算机通用并行接口输出的多为 TTL 电平信号,所以需要设置功率放大电路,以提高驱动功率。采用光电隔离器可对开关量与频率量输入、输出信号进行信号调理与功率放大。对于需要特别大驱动功率的驱动器,也可采用光电隔离器加功率管的电路。采用光电隔离,既可以实现现场与计算机系统的电气隔离,以提高抗干扰能力,还可以达到信号调理或提升驱动功率的目的。

4. 电源模块

电源模块的作用是为数字控制器其他模块提供交、直流电源。电源一般由飞机系统的直流电源和专用发电机双路组成。发动机起动以前由飞机系统为数字控制器供电;发动机起动以后,由发动机所带来的专用发电机自动平滑切入并供电,飞机系统电源作为备份。如果发电机电源或电源模块本身出现故障,飞机系统电源自动平滑接替工作。考虑到发动机起动时,供电电压会从标准的 27 V 跌落到 8 V,甚至更低,必须设计针对性的电压提升电路,同时电源电路还要有耐 100 V 以上高压电的能力。

图 6.3.4 给出了一种电源原理框图。专用发电机给出的 115 V/400 Hz 交流电,经滤波后由 AC/DC(交流/直流)转换器变为 27 V 直流电,然后与飞机系统的 27 V 直流电源并联供电,电源切换装置完成两路供电电源的选择。被选择的电源再分别被转换成+5 V、±15 V、±12 V 等数字控制器需要的直流电源。+5 V DC 电源主要用于微处理器内部;±15 V DC 电源用于模拟信号处理;±12 V DC 电源一般用于通信。

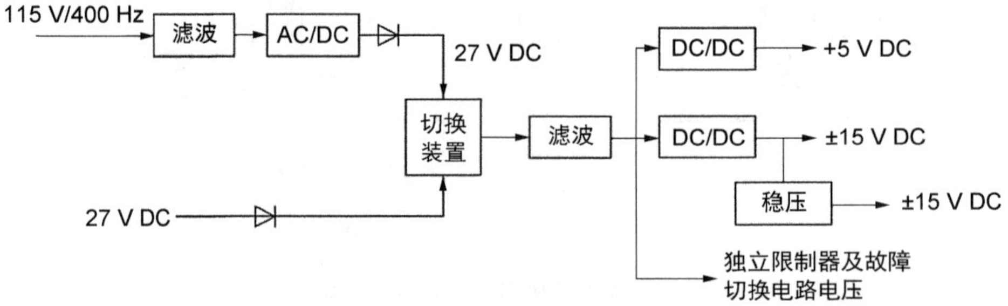

图 6.3.4　电源模块原理图

5. 故障切换模块

故障切换模块的功能是接收故障检测电路给出的故障信号。当任一通道的任一模块出现故障时,由与之相对应的另一热备份模块代替工作,重构系统;当两个同种功能的模块均出现故障时,数字控制器退出,由备份控制系统接替工作。

图 6.3.5 是一个由逻辑门电路组成的控制器模块故障切换原理框图。此图所对应的飞机发动机数字控制系统由互备冗余的双通道的数字式电子控制器和机械液压备份控制器构成。SA_0、SB_0 分别是 A、B 两数字电子通道输入模块的故障信号;SA_1、SB_1 分别是 A、B 两数字电子通道控制模块的故障信号;而 SA、SB、SC 则分别表示控制信号由 A 通道输出、由 B 通道输出和转机械液压备份的控制信号。图中信号均是低电平有效。

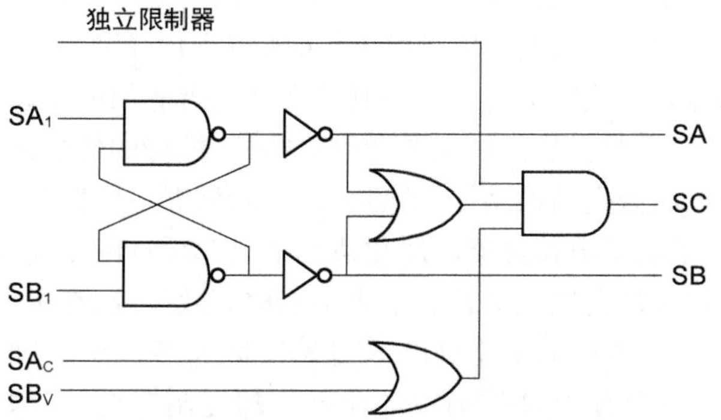

图 6.3.5　故障切换模块逻辑图

假定当前工作通道是数字电子 A 通道，即工作通道为输入模块 A→控制模块 A→输出模块 A。如果输入模块 A 出现故障，则 SA_0 变为低电平，控制模块 A 检测到此信息后立即中止由输入模块 A 获取数据，并转为由输入模块 B（若正常）输入信号；此时，两路控制模块故障信号 SA_1、SB_1 均为高电平，而输出信号 SA 为低电平，SB、SC 均为高电平，工作通道变为输入模块 B→控制模块 A→输出模块 A。

类似地，如果控制模块 A 出现故障，由于 SA_1 变为低电平，则转由控制模块 B 进行控制计算，组成的控制通道为输入模块 A→控制模块 B→输出模块 A。如果两个通道的输入模块均出现故障，则由于 SA_0、SB_0 同为低电平，SC 会变为低电平，机械液压式备份控制器接替工作。如果两个通道的控制模块均出现故障（SA_1、SB_1 同为低电平）或独立限制器给出低电平信号，也会使 SC 变为低电平，机械液压备份系统也将接替数字控制器开始工作。

6. 通信模块

在飞机发动机 FADEC 系统中，通信模块的典型作用如下：

（1）实现具有冗余控制通道的数字式电子控制器的各控制通道之间的通信，相互获得各对应模块及通道的工作状态信息，以保证故障发生后的系统重构或通道平稳切换；

（2）实现发动机数字式电子控制器与大气数据计算机、飞行控制器及地面检测仪之间的信息交换。

基于并行、串行通信的特点，在 FADEC 系统中，一台发动机控制器的各冗余通道之间采用并行通信方式。该发动机控制器与大气数据计算机、飞行控制器、地面检测仪及其他发动机控制器之间采用串行通信方式。

6.3.2　电子控制器硬件关键设计

1. 高可靠性电子电路设计

此处的电子电路包括计算机及输入/输出电路、传感器信号调理电路、控制输出信号功率驱动电路、电源电路、故障检测电路、模块调度与切换电路以及相应的抗干扰设计等。高可靠性的电子电路是构成高可靠性电子控制器的基础。

2. 热设计

数字式电子控制器可以安装在飞机仪表舱中，也可以安装在发动机上。在飞机仪表舱中，电子控制器工作的环境温度为-55～+70℃，短时可达+90℃；在发动机机载的情况下，电子控制器工作环境温度可达110℃以上，再考虑到电子器件自身的发热，电子控制器工作环境温度会更高，为此发动机电子控制器必须进行专门的热设计，以保证电子控制器始终处于适宜的温度场中。热设计主要考虑电路板、模块的传热措施；电子器件选择和位置安排合理；电子控制器机箱的结构、散热方式；高、低温下电路性能的变化对系统的影响等。其中，防止高、低温下电路性能的恶化或失效是热设计的主要目标。几乎所有的模拟电路在高、低温下性能都会发生漂移。如果不采取有效措施，在可能的环境温度变化范围内LVDT电路模块输出电压的变化可以达到8%，远远高于0.2%的系统要求。如果控制器安装在发动机上，则采用燃油作为冷却介质冷却控制器机箱。如果控制器安装在飞机上，控制器机箱则采用自然冷却。

3. 电磁兼容性设计

电磁兼容性设计也是电子控制器的关键技术。发动机的电子控制器不同于其他机载电子设备，要从发动机的起动开始控制，起动机的电流高达几百安培。其他还有一些大电流的开关电器、点火器、飞机雷达的启闭及作战时敌方的电子干扰等，使得电子控制器的电磁环境异常恶劣。在控制器设计时，需要采取综合措施来提高电子控制器的抗电磁干扰能力，这包括模块的分割、信号的隔离、滤波、接地、电源滤波器和控制器的屏蔽等多方面的措施。更重要的是所设计的电路要有一个好的结构，同时要采用合适的电子器件并采用有针对性的抗干扰措施。

4. 故障检测电路设计

故障检测或自检电路是电子控制器的重要组成部分。检测电路指所设置的专用故障检测电路或检测点或测量点。自检电路指这样一些电路：其可以在控制器工作的过程中、工作前或工作后，同步或非同步完成对相关装置工作完好性的检测或分析与判断，并将检测信号或判断结论以指定的信号方式（如电压、电流或高、低电平）输出，供系统中的分析装置或软件、切换电路及报警装置使用。因此，数控系统故障的检测与处理功能往往由硬件电路与相应软件的结合而完成，两者相辅相成缺一不可。故障检测需要研究和解决的主要问题是根据系统的结构和工作原理，分析失效模式的机理及表征，故障检测电路设计，故障的判别准则和故障检测点位置及检测值，在此基础上提出故障处理的原理和具体的实施方案。

6.4 飞机发动机数字式电子控制器软件

6.4.1 控制模式与控制算法

飞机发动机控制系统设计首先根据发动机总体设计提出的性能指标（如推力指标和耗油率指标以及加、减速指标等）和控制规律，研究并确定实现性能指标和控制规律的控制模式和控制算法。控制软件为控制模式和控制算法的计算程序。图6.4.1表示的仅是某型双转子涡喷发动机控制模式的一部分，这部分控制模式由函数模块、低选逻辑选择器和PID控制算法组成。该部分控制模式通过控制发动机某一可测参数来控制发动机状态，实现发动机组合控制规律。

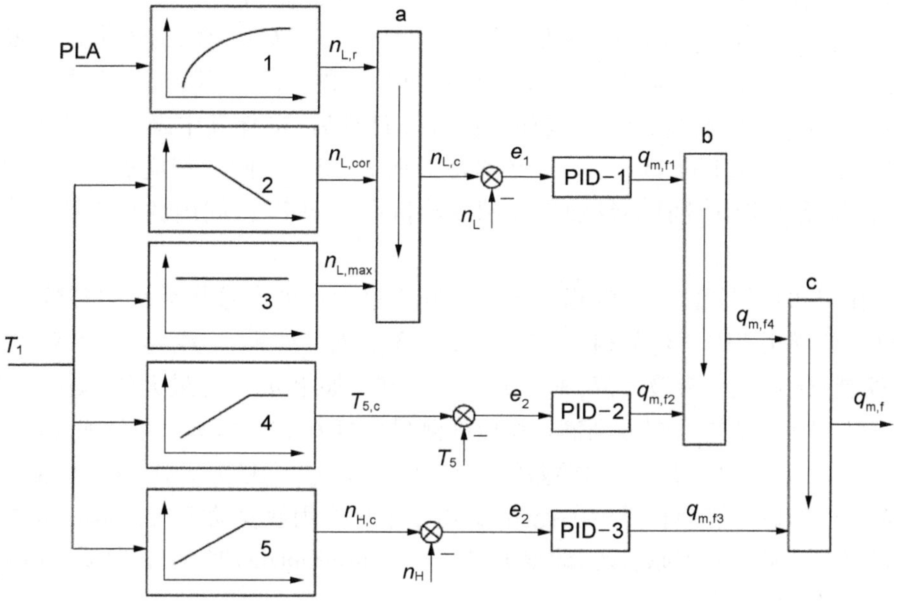

图 6.4.1　某型飞机发动机控制模式结构图

控制模式的原理如下。

(1) 当 TLA 一定时,控制系统通过控制发动机低压转子转速 $n_L = n_{L,r}$,来保持发动机工作状态不变。当改变油门操纵杆位置时,函数模块 1 改变转速的参考输入值(期望值) $n_{L,r}$,并给出 $n_{L,r}$ 的变化规律,以使转速按这一规律变化,则发动机也将按这一规律由一种工作状态变化到另一种工作状态。

(2) 随飞行条件变化,发动机进口温度 T_2 将变化,根据发动机单变量控制规律要求,在 T_2 不同的变化范围内,应控制相应的参数为最大值不变,这样可以在保证发动机安全可靠工作的前提下,较好地发挥发动机的性能潜力。

当 $T_2 < T_{2a}$ 时,应控制低压转子换算转速 $n_{L,cor} = n_{L,cor,max}$;当 $T_{2a} < T_2 < T_{2b}$ 时,应控制 $n_L = n_{Lmax}$;当 $T_{2b} < T_2 < T_{2c}$ 时,应控制 $T_5 = T_{5,max}$(即控制 $T_4 = T_{4,max}$);当 $T_2 > T_{2c}$ 时,应控制 $n_H = n_{Hmax}$。

为控制各区间相应的被控参数为最大值,对发动机供油量 $q_{m,f}$ 应根据各区间相应的被控参数来确定。$q_{m,f}$ 随 T_2 变化规律是根据发动机控制规律由控制器来实现的。由曲线可知,当 T_2 增加时,T_{2a},T_{2b} 和 T_{2c} 各点的供油量变化率由大变小,因为当 $T_2 > T_{2a}$ 时,控制 n_{Lmax} 的供油量小于控制 $n_{L,cor,max}$ 的供油量;当 $T_2 > T_{2b}$ 时,控制 T_{5max} 的供油量小于控制 n_{Lmax} 的供油量;当 $T_2 > T_{2c}$ 时,控制 n_{Hmax} 的供油量小于控制 T_{5max} 的供油量。当 T_2 减小时,变化规律相反。图 6.4.1 所示的控制模式即可实现上述发动机控制规律要求。图中,发动机进口温度 T_2 输入 2、3、4、5 各函数模块。其中,函数模块 2 根据 T_2 计算相应的 $n_{L,cor}$,函数模块 3 给出了 n_{Lmax},通过低选逻辑选择器 a 选择 n_{Lmax} 或 $n_{L,cor,max}$ 为被控参数 $n_{L,c}$,PID－1 模块根据 $n_{L,c}$ 与实际测量的 n_L 之间的误差 e_1 计算相应的供油量 $q_{m,f1}$。 函数模块 4 根据 T_2 计算相应的 $T_{5,c}$,PID－2 模块根据 $T_{5,c}$ 与实际测量的 T_5 之间的误差 e_2 计算相

应的供油量 $q_{m,f2}$。在 $T_{5,c}$ 没有达到最大值时，$n_{L,c}$ 与 $T_{5,c}$ 对应于发动机同一工作点，因此，$q_{m,f4}=q_{m,f1}$。当 $T_{5,c}$ 达到最大值时，$q_{m,f2}=q_{m,f1}$，这时经低选逻辑选择器 b 计算后，输出 $q_{m,f4}=q_{m,f2}$。函数模块 5 根据 T_2 计算相应的 $n_{H,c}$，PID－3 模块根据 $n_{H,c}$ 计算供油量 $q_{m,f3}$，$q_{m,f3}$ 与 $q_{m,f4}$ 经低选逻辑选择器 c 计算后，选择其中最小量作为对发动机的供油量 $q_{m,f}$。经过以上选择，$q_{m,f}$ 必然是根据 T_2 变化区间的相应被控参数来确定的供油量，也就是各 PID 计算的供油量控制发动机在不同 T_2 区间内的相应被控参数为最大值。

（3）在 T_2 的不同区间，应以相应于该区间为最大值的参数作为被控参数，使其保持不变。这一要求由 PID－1 或 PID－2 或 PID－3 实现。如果 n_L 或 $n_{L,cor}$ 为最大值，则由 PID－1 控制；如果 $T_{5,c}$ 为最大值，则由 PID－2 控制；如果 $n_{H,c}$ 为最大值，则由 PID－3 控制。每一个 PID 模块输入端分别输入相应的测量信号 n_L、T_5 和 n_H，并分别与参考输入信号 $n_{L,c}$、$T_{5,c}$ 和 $n_{H,c}$ 比较后，根据误差信号实现闭环控制。由此可知，这一控制模式同时实现了发动机的稳态控制和过渡态控制，即由于干扰作用使发动机状态参数偏离时，经控制器控制使发动机恢复到原状态；改变 PLA（power lever angle）时，控制发动机由一种工作状态过渡到另一种工作状态。

以上仅介绍了典型的双转子涡喷发动机一种简单的控制模式，控制算法仅为简单的 PID 算法。随着对发动机性能要求的不断提高，所采用的控制模式与控制算法也越来越复杂。

6.4.2 软件设计与测试

控制软件除需要实现控制规律、控制模式和控制算法外，还需要完成相关信号的输入、输出、量纲转换、数据存储、参数变化、数据通信、故障诊断、余度调度和系统重构等功能。

1. 软件研制

应用软件的研制应该严格按照国军标关于软件的研制程序进行。其主要环节有软件需求分析、软件概要设计、软件详细设计、软件编程、软件检测等。图 6.4.2 给出了典型涡扇发动机控制系统软件的体系与结构的设计实例。

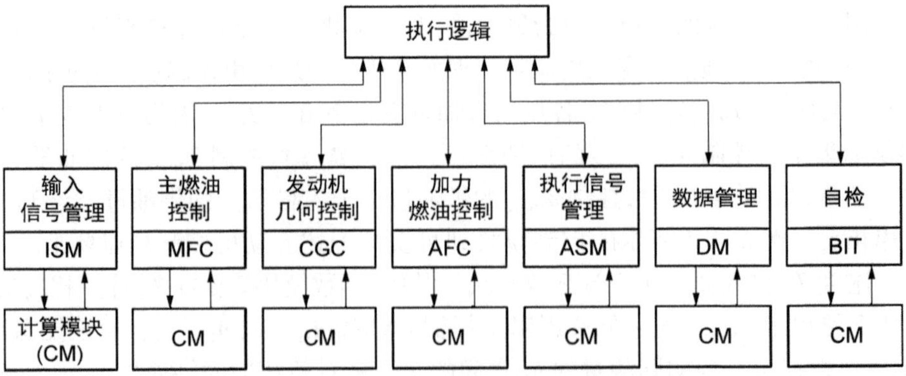

图 6.4.2　FADEC 软件结构设计框图

(1) 软件需求分析。软件的需求分析是将用户和数控系统的总要求转化为计算机软件逻辑的过程。在这一过程中,需要对所需求的功能进行准确无误的定义、描述,并按照软件的特点,将各种功能需求进行分解和归类,完成功能模块的划分;初步完成所有需求的软件实现方案、各部分的逻辑协调及软件的测试计划等问题;形成软件需求说明书、软件测试计划等文档资料。

(2) 软件概要设计。软件概要设计需要确定整个软件系统所具有的体系与结构,系统要求功能的具体实现方式及所达到的效果,包括控制计算结构、故障检测方法及对策、程序调度方法、人-机和机-机交互界面形式、内容、协议等。

该软件分为三个层次。第一层次为执行逻辑模块,完成系统各模块的计算、执行顺序和系统信息流的方向与时序的调度与管理,是整个软件的核心。第二层次由若干功能模块构成,其中,主燃油控制、发动机几何控制、加力燃油控制等模块实现了该发动机控制规律、控制模式和相应的控制算法。输入信号管理模块实现相关输入信号的调度与管理。作动信号管理模块实现各执行机构通道、回路的调度、重构与执行。数据管理模块完成控制系统的各类数据的管理、存储与其他控制器的信息通信交互。自检(BIT)模块为各管理、调度模块提供相关装置、通道、回路的自检信息。第三层次模块中进行的是数值换算、函数计算、滤波等各种数据处理与计算。

(3) 软件详细设计。软件的详细设计要产生软件流程图、各模块和装置间的详细接口信息及定义。软件的详细设计是进行软件编程(编码)的依据,在此要具体给出各功能模块实现的方法,同时还要解决工作过程中各模块的具体的逻辑协调方式,应形成软件概要设计说明书、软件流程图、各模块间的接口定义、软件使用维护说明书(初稿)等文档资料。

(4) 软件编程。软件的编程将软件流程转化为具体的程序指令,形成应用程序。在通用计算机或开发机上,采用高级语言编程并进行仿真,然后再将高级语言软件转换成目标计算机的机器语言软件并下载至目标机中,这将获得较高的编程效率和得到可靠性较高的应用软件。在此过程中,还须进行模块级软件测试工作。

在此环节应形成软件源程序、软件模块测试分析报告等文档资料。

2. 软件测试

软件测试是软件设计过程中的最主要的环节,是保证软件正确性的主要方法。软件的测试方法是保证测试质量的前提与基础。常用的软件测试方法有静态测试、动态测试、白盒测试或黑盒测试。软件测试的基本步骤是:测试前应制订周密的测试计划;测试用输入数据应包含合理数据与非合理数据;不仅按照系统正常工作状态进行测试,还应进行“超负荷”测试;最终的测试不应由软件设计人员进行。

通常,采用的软件测试步骤是单元测试、集成测试、确认测试与系统测试。各测试步骤间的关系如图 6.4.3 所示。

单元测试也就是模块级的测试,测试需要设计辅助测试模块来模拟被测试模块的工作环境。集成测试是对多个模块的组合体进行的测试。集成测试可以采用逐渐增加模块,多次测试的方式进行(增式集成测试法),也可以采用将各模块一次组合后,进行测试的方法(非增式集成测试法)。确认测试需要依据测试规格说明书来进行,测试规格说明

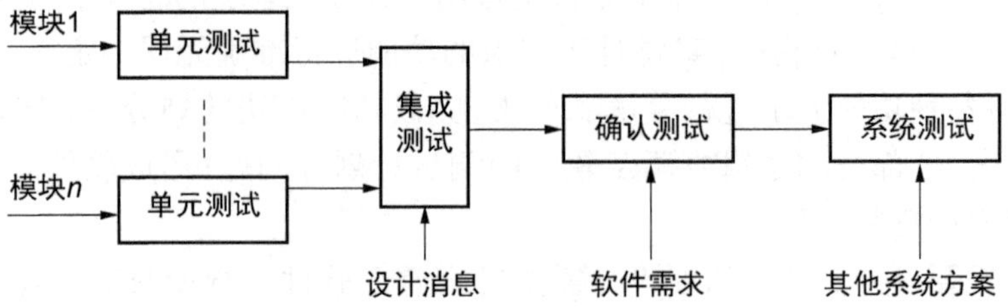

图 6.4.3 软件测试步骤示意图

书应规定测试的内容、目的、方法及测试用例、测试数据,还应规定软件的可移植性、兼容性、可维护性等方面的测试方法及要求。确认测试的另一项内容是对软件的配置(用户使用维护手册、设计说明书、测试规格说明书、测试报告、源程序等)进行审查。系统测试是在真实、完整的系统上进行的测试。

6.4.3 容错软件

容错软件包含三个方面的内容:容错软件、冗余硬件结构的调度与控制和冗余软件。

1. 容错软件

容错软件用来解决系统局部硬件故障或系统环境所带来的干扰(或错误)的抑制问题。通常采用的方法有输入信号滤波处理方法、软件陷阱与"看门狗"(watch dog)技术、重要数据多处存储、N 版本编程(N version programming, NVP)、恢复块方法等。

2. 冗余硬件结构的调度与控制

对具有冗余硬件结构的系统,容错软件用来完成冗余系统结构故障的检测和调度冗余备份系统替代故障系统的工作。对具有解析余度的装置,容错软件技术用来完成相关装置故障的检测和对故障装置的解析余度替代。

3. 冗余软件

这里所指的冗余软件是具有 2 个以上互备冗余计算机控制通道中的应用软件。

6.5 故障检测与余度技术

在控制系统运行过程中,对故障及时、准确地检测、隔离与调整是提高系统可靠性的有效措施,也是飞机发动机 FADEC 系统设计最为重要的内容之一。关于故障检测、隔离与调整涉及很多内容,这里仅简要介绍其基本知识。

6.5.1 故障检测

故障检测包含故障模式分析、故障检测装置与方法设计等方面的内容。

1. 故障模式分析

故障模式包含故障的发生部位、表现形式、造成的后果等方面的内容。控制系统设计时,需要对控制系统的故障模式进行充分的分析。首先需要全面分析系统中可能发生故障的元件、部件及子系统,可能的故障表现形式及故障出现的概率;某一元件、部件或子系统的故障可能造成的后果及影响,以及多故障并发的可能模式;最后归纳出系统的故障模式。

2. 故障检测方法

故障检测方法的设计,主要依据故障模式分析所给出的故障表现形式和发动机、控制系统及元部件的工作原理及结构、工作范围、工作特点、相关参数的基本特性等,综合分析并确定相应的检测方法。对传感器及输入通道的故障检测,常采用初值检查、变化率检查、变化范围检查及标准信号检查等方法。相关设计的主要内容是确定检测方法及判断故障的阈值。对电子控制器输出通道的故障检测,常采用回检信号方法,即通过检测输出通道产生的回检信号来判断输出通道及执行元件的工作状态。这种方法需要设计回检信号产生电路及产生确定性的回检信号,才能做出正确判断。回检信号方法是一种有效的故障检测方法。对电子控制器计算的中间过程,常采用容错软件技术的相关方法来处理。

6.5.2 余度技术

余度技术也称冗余技术。余度控制系统是指实现控制任务的组成部分具有可置换的备份,当工作部分产生故障时,可由相应的备份替代,以使系统能够继续正常工作。

1. 相似余度与非相似余度

冗余结构分为相似余度(同构冗余)与非相似余度(异构冗余)两类。相似余度指采用相同的结构、装置与应用软件构成的互备冗余结构。相似余度技术对解决系统工作过程中产生的随机故障是非常有效的,但难以解决与设计、工艺有关的共性故障。非相似余度系统指系统的余度通道由不同的硬件或软件组成的互备冗余结构。非相似余度技术不仅可以解决工作过程中产生的随机故障,还可以解决与设计及工艺有关的故障,但增加了系统的设计难度和复杂程度。余度系统设计涉及系统硬件、操作系统、编程平台和应用软件等方面的内容。

2. 硬件余度

传感器余度。传感器是飞机发动机数字式电子控制系统中最重要的元件之一,也是最易产生故障的薄弱环节。因此,对传感器的故障检测、隔离与调整是数控系统设计的主要内容之一。常采用的传感器余度设计是对同一个被测量参数设置2个以上的传感器进行测量。当某一传感器发生故障时,用另一传感器的测量信号进行控制。考虑到系统的复杂性和必要性,通常对重要参数的测量采用传感器余度结构控制通道余度。图6.5.1为具有两个控制通道的FADEC系统电子硬件余度结构拓扑图。

这样的控制系统包含两个功能相同并具有自诊断能力的控制通道A和B。每一个通道均有一个以上的CPU,每个通道均接受一套完整的控制指令及发动机参数信号,并且具有单独全权限控制发动机的能力。系统无故障时,其中一个通道投入工作,另一个通道处于热备份状态,备份通道输出并不作用于后续装置。当工作的通道发生故障时,两通道输出的信号通过切换电路选择后,切换到另一热备份的通道,继续控制发动机正常工作。A,B两通道间采用通信方式,互相访问对方的输入/输出数据。通过这种方式,控制器可

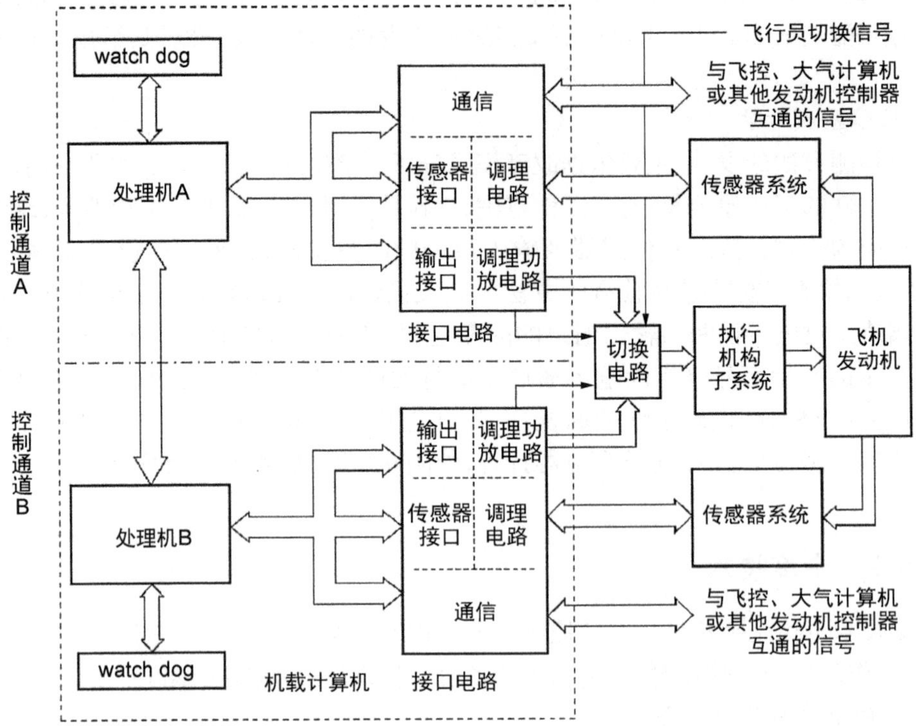

图 6.5.1　典型 FADEC 系统电子硬件余度结构拓扑图

以实现双通道容错控制。在此系统中,除硬件容错结构外,还设置了检测和处理硬件故障的容错软件。

3. 冗余软件

冗余软件应用于互备冗余的计算机控制通道中。冗余软件技术涉及操作系统、编程平台和应用软件等方面的内容。操作系统、编程平台软件是编制应用软件的平台、基础和工具,也被称为平台软件。冗余软件也有相似余度与非相似余度的区分。相似余度软件指互备冗余的计算机控制通道的软件,均运行在相同的操作系统(或底层驱动/设备管理软件)之上;应用软件是使用同一编程平台由同一组编程人员编制的完全相同的软件。显然,相似余度软件可以解决工作过程中的偶发故障问题。冗余控制通道中的操作系统、编程平台和应用软件均不相同或有所不同,则该冗余软件称为非相似冗余软件。非相似冗余软件不仅能够解决工作过程中的偶发故障,而且还可以解决与设计、操作系统及平台软件有关的故障。典型的非相似冗余软件是由两组具有不同工程或工作背景的软件设计人员,背靠背地按照同一软件需求,各编制一个控制通道的应用软件,进而组成的发动机系统应用软件。

冗余控制通道间的同步技术。同步是指相应的冗余通道应在指定的时刻,同时完成相同的功能操作。冗余通道间的同步设计是容错调度与容错实现的前提。同步可分为三种类型:时钟级同步、松散同步与任务级同步。时钟级同步是以各微处理器时钟为基础的紧密时钟同步,要求冗余模块在时钟周期内严格同步,以实现冗余系统的时钟级比较或表决。时钟级同步具有故障发现及时、容错开销小的优点,但往往需要有专门的硬件支持,且只能应用于相似软件系统。松散同步允许各微处理器的时钟存在一定的异步。任务级同步是以一个独立运行的、具有一定逻辑任务的一次运作,作为同步的基础。系统在任务中设立一个或多个比较点,对中间结果和最后输出进行一致性判断,并在此过程中协调各模块间的工作步调。对于非相似余度软件,同步需要完成对冗余通道、部件间的"同态信息"的比较、判断与处理。时钟同步或松散同步并不能保证非相似余度软件运行的同步而获得"同态信息",因此,这两种同步方式不适合在非相似余度软件控制系统中使用。由于任务级同步各模块间无时钟同步制约,因而对共性错误具有较好的抑制能力,允许异步中断任务的进行。因此,任务级同步可以提高对外部命令的实时响应能力,增强系统的实时性与灵活性。

实时任务调度算法。实时调度是实时系统的时间确定性和可预测性的保证。实时调度的核心是系统资源(主要是微处理器时间)的分配问题,即如何分配资源以保证每个实时任务在正确的时段被执行。实时调度分为两个阶段。第一阶段是确定每个就绪任务在就绪队列中的位置;第二阶段是在任务切换时,确保就绪队列中的每一个任务获得处理器。这一过程由调度器通过实时调度算法来实现。实时调度可以分为离线调度和在线调度。离线调度是根据所有任务的就绪时间及用户确定的最迟输出时间,形成调度顺序表。离线调度的运行开销较小。但离线调度要求所有的系统状态均为确定性的,对于运行环境复杂的实时系统,这一要求是非常苛刻的,为了保证任务不丢失,就需要留有较大的时间余量,从而导致系统调度效率下降。此外,对于复杂的实时系统,调度表需要占用较大的存储器空间。因此,离线调度仅适用于一些比较简单的实时系统。

FADEC 系统希望实时任务在无错和出错时,均能在时限到来前获得正确的运算结果。支持实时系统冗余的实时调度算法称为冗余实时调度算法。对于单处理器实时系统,为支持冗余操作,系统正常运行时的时间冗余是基本条件。正确地管理和调度这些资源,才能达到冗余操作预期的效果,这是冗余实时调度算法需要解决的问题。

余度管理。对于具有冗余结构的冗余控制系统,余度管理是决定系统可靠性的关键因素,也是实现冗余系统正常工作的基础。系统的故障容错能力主要是通过系统的余度管理来实现的。余度管理的一般功能有故障的检测与定位、故障的记录与报警及故障处理等。故障的检测与定位是系统余度管理的基础,它的检测覆盖率、故障检出率及故检准确率直接影响冗余系统的性能。元件、部件在线检测方法,依据系统运行过程数据进行故障检测的方法,多渠道数据表决方法等都是故障检测与定位技术研究的基本问题。故障的记录多采用存储故障数据或故障代码及故障发生的时间等方式进行。数据存入 Flash 存储器,至飞机返回地面后,再通过地面检测仪提取,以便分析,或以通信方式将故障数据或故障代码及故障发生的时间送至上位控制机存储,或通过遥感装置发回地面指挥中心。故障的处理,将依据预定的处理方式,调度相应的硬件及软件资源,完成冗余操作或性能降级或性能钝化处理。

4. 解析余度

在飞机发动机 FADEC 系统中,使用解析余度技术来提高数控系统的可靠性已经得到应用。解析余度就是主要通过软件用解析计算的方法实现的余度技术。随着发动机性能要求和可靠性要求的提高,发动机控制回路和被测量的参数越来越多。采用硬件余度将会使发动机控制系统的备份硬件装置的数量成倍增加,使发动机控制系统变得更加复杂;同时,由于硬件装置的大量加入,系统器件或模块的个数增加,整个控制系统的可靠性反而会降低。最常见的解析余度是利用参数估计计算方法实现对传感器的故障检测、隔离,以及相关信号的解析生成,以保证控制系统能够继续安全可靠的工作。参数估计多采用卡尔曼滤波方法。为此首先需要建立具有足够高精度的发动机机载实时数学模型,模型的精度将直接影响到故障检测的准确性。

这里仅介绍传感器解析余度方法的基本思路。关于解析余度的理论可参看有关的文献。假设离散形式的发动机数学模型为

$$x(k+1) = \Phi(k+1, K)x(k) + G(k+1, k)u(k) + \Gamma(k+1, k)w(k)$$

$$z(k) = H(k)x(k) + F(k)u(k) + v(k)$$

式中,x 为 n 维状态向量;u 为 r 维控制向量;z 为 m 维观测向量;w、v 都是均值为零的白噪声。

卡尔曼滤波递推算法如下:

状态预测估计　$\hat{x}(k+1, k) = \Phi(k+1, k)\hat{x}(k) + G(K+1, K)u(u)$

预测方差　$P(k+1, k) = \Phi(k+1, k)P(k)\Phi^{\mathrm{T}}(k+1, k) + \Gamma(k)Q(k)\Gamma^{\mathrm{T}}(k)$

状态估计　$\hat{x}(k+1) = \hat{x}(k+1, k) + K(k)e(k)$

观测量估计　$\hat{z}(k+1, k) = H(k)\hat{x}(k+1, k) + F(k)u(k)$

残差　$e(k+1) = z(k+1) - \hat{z}(k+1, k)$

滤波方差　$P(k+1) = [I - K(k+1)H(k)]P(k+1, k)$

滤波增益　$K(k+1) = P(k+1, k)H^{\mathrm{T}}(k)[H(k)P(k+1, k)H^{\mathrm{T}}(k) + R(k)]^{-1}$

初始条件　$\hat{x} = E[x(0)] = \mu_0$, $\mathrm{Var}\, x(0) = P(0)$

解析余度计算的基本步骤如下:

(1) 根据状态初值及控制量,计算状态预测估计 $\hat{x}(k+1, k)$ 及观测量估计 $\hat{z}(k+1, k)$;

(2) 根据传感器测量值 $z(k)$ 及观测量估计 $\hat{z}(k+1, k)$,计算残差 $e(k+1)$;

(3) 根据预先设定的门限值(阈值) S_i,判断传感器工作状态,若残差 $e_i < S_i(i = 1, 2, \cdots, m)$,则表示各传感器工作正常;若其中某一残差 $e_j \geqslant S_j$,则表示第 j 个传感器已经产生故障,应将第 j 个传感器隔离;

(4) 用 $[z_1 \quad z_2 \quad \cdots \quad z_{j-1} \quad z_{j+1} \quad \cdots \quad z_m]^{\mathrm{T}}$ 作为新的观测量,重构卡尔曼滤波器,用新的观测量 $\hat{z}_j$ 估计作为第 j 个传感器的测量值输入数字式电子控制器,使系统继续正常进行控制计算;

(5) 门限值 S_i 根据残差序列 $e(k)$ 的随机特性和一定的检测质量指标要求来确定。门限值的选择要合适,以保证既不漏报故障,也不误报故障。

6.6　典型的涡喷发动机全权限数字式电子控制系统

6.6.1　系统总体介绍

典型的涡喷发动机全权限数字式电子控制系统如图6.6.1所示。

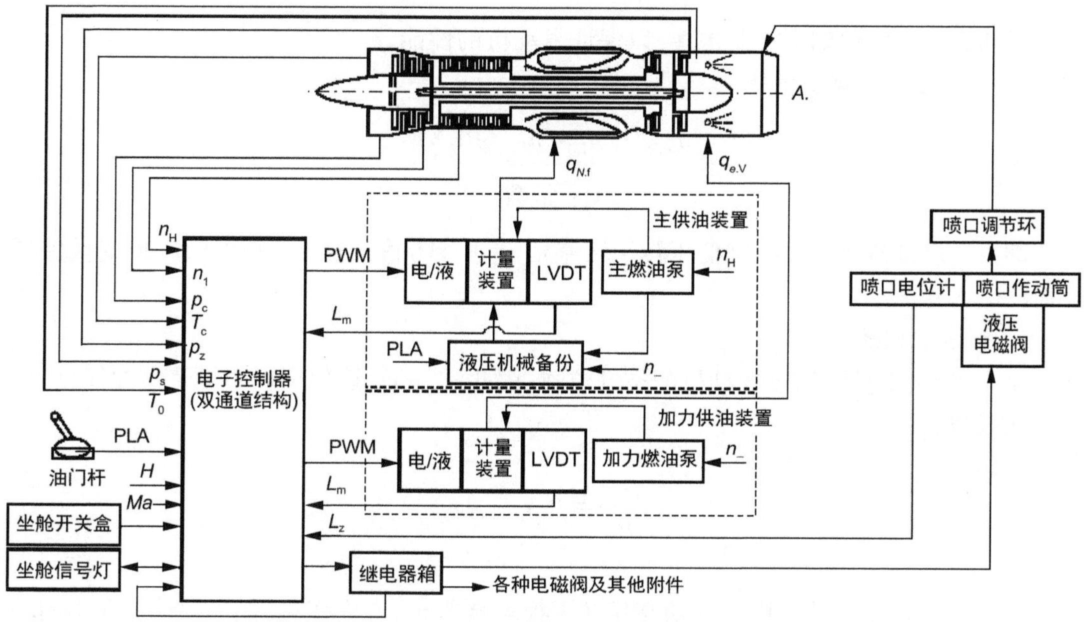

图6.6.1　数字式电子控制系统原理图

图6.6.1中，PLA表示油门操纵杆角度，PWM表示脉宽调制信号，LVDT表示线性位移传感器，L_m表示主燃油流量计量滑阀位移信号。

控制系统包括主燃油闭环控制回路、加力燃油闭环控制回路、尾喷口面积开环控制回路和机械液压式备份闭环控制回路。控制系统的主要组成部件有数字式电子控制器，带机械液压备份的主燃油供油装置，加力燃油供油装置，尾喷口控制装置，各种传感器及压力传感器盒、继电器箱、状态操纵盒、开关控制盒、信号灯盒等。控制系统采用双数字电子控制通道、带机械液压备份的总体结构形式，关键传感器采用双余度设计，电液转换装置采用双线圈设计。数控系统能对传感器、执行机构及电子控制器进行故障诊断、余度管理和切换。当一个通道工作时另一个通道在热备份状态。当前通道检测到故障时能自动地或手动切换到热备份通道工作。

全飞行包线的控制模式与控制算法是总体设计技术的核心之一。由于飞机发动机在不同功率状态和不同飞行条件下工作时，发动机模型参数的量值变化20多倍，而且呈非线性变化，为了保证在全飞行包线工作时的稳定性，采用自适应控制算法。当发动机的状态和飞行条件发生变化时，通过引入发动机换算转速、进口大气压力、进口大气温度等参数对控制算法进行修正，保证发动机在全包线有足够的鲁棒稳定性。发动机的主燃油流量控制回路和加力燃油流量控制回路是一个强耦合的系统，在设计这两个控制回路的控制算法时，采用了拉开两系统的截止频率和引入前馈控制的综合方法减小两个控制回路之间的耦合作用。为了保证发动机起动、加速和减速，加力接通和断开等状态转换过程平稳、快速且不超温、不超转、不喘振，故引入换算参数进行上述过渡过程的控制。

6.6.2 发动机控制规律

发动机要求实现如下控制规律，以保证发动机的性能。

1. 非加力状态控制规律

$$q_{m,f} \rightarrow n_L = n_{L,r}(\mathrm{PLA})$$

$$A_8\text{：常数}$$

即由主燃油流量 $q_{m,f}$ 控制低压转子转速 n_L 等于参考输入量 $q_{m,f}(\mathrm{PLA})$ 的单变量控制规律，A_8 不变。

2. 加速控制规律

由于 P_3 近似反映通过发动机的空气流量，因此 $q_{m,f}/P_3$ 近似反映主燃烧室油气比，加速控制规律为

$$\frac{q_{m,f}}{P_3} = f(n_{H,cor})$$

即发动机加速时油气比 $\frac{q_{m,f}}{P_3}$ 随高压转子换算转速 $n_{H,cor}$ 而变化，保证发动机在不同环境条件下，都具有良好的加速性。

3. 加力控制规律

$$q_{m,faf} \rightarrow \pi_T = \text{常数}$$

$$A_8 \rightarrow T_{7,faf}$$

即加力供油量 $q_{m,faf}$ 控制涡轮膨胀比 π_T 不变，A_8 开环控制加力温度 $T_{7,faf}$。

4. 限制要求

$$n_H = n_{Hmax}\text{，当 } n_H \geqslant n_{Hmax} \text{ 时}$$

$$T_5 = T_{5max}\text{，当 } T_5 \geqslant T_{5max} \text{ 时}$$

即由于飞行条件变化，使高压转子转速 n_H 或涡轮出口温度 T_5 超过相应的限制值时，调节供油量 $q_{m,f}$，使 n_H 或 T_5 等于相应的限制值 n_{Hmax} 或 T_{5max}。

6.6.3 控制算法

控制器为 PID 控制器，由于其算法简单、稳定性好、可靠性高等优点，至今仍有其强大的生命力。但是 PID 控制器的参数整定是控制器设计的关键，传统的方法是在分析对象

的数学模型的基础上，根据某一整定原则离线确定 PID 参数。然而，飞机发动机参数变化范围大，这就要求 PID 参数随发动机参数的变化加以调整，为此而采用按发动机相似参数来调整 PID 参数的方法。

1. 发动机数学模型

将执行机构和发动机作为被控对象，其模型为

$$G(s)=\frac{1}{T_m s+1}\frac{K_E e^{-\tau s}}{T_E s+1} \tag{6.1}$$

式中，T_m 表示执行机构的时间常数；τ 表示发动机燃烧延迟时间；T_E 表示发动机的时间常数；K_E 表示发动机增益系数。

发动机模型为稳态点的小偏差单输入单输出模型，输入为主燃油流量，输出为低压转子转速。

带零阶保持器的广义对象脉冲传递函数为

$$G(z^{-1})=z\left(\frac{1-e^{-Ts}}{s}\frac{1}{T_m s+1}\frac{K_E e^{-\tau s}}{T_E s+1}\right)=\frac{(b_0+b_1 z^{-1})z^{-d}}{1+a_1 z^{-1}+a_2 z^{-2}}=\frac{N(z^{-1})z^{-d}}{M(z^{-1})} \tag{6.2}$$

式中，T 为采样周期，取 $T=0.02\ \text{s}$，$d=\tau/T+1$；

$$b_0=T_m K_g(e^{-T/T_m}-1)-T_E K_g(e^{-T/T_E}-1) \tag{6.3}$$

$$b_1=T_E K_E(e^{-T/T_m}-1)-T_E K_g e^{-T/T_E}(e^{-T/T_E}-1) \tag{6.4}$$

$$K_g=K_E/(T_E-T_m) \tag{6.5}$$

$$N(z^{-1})=b_0+b_1 z^{-1} \tag{6.6}$$

$$a_1=-(e^{-T/T}+e^{-T/T_E}) \tag{6.7}$$

$$a_2=-e^{-(T/T_m+T/T_E)} \tag{6.8}$$

$$M(z^{-1})=1+a_1 z^{-1}+a_2 z^{-2} \tag{6.9}$$

被控对象模型的差分方程形式为

$$M(z^{-1})y(k)=z^{-d}N(z^{-1})u(k) \tag{6.10}$$

2. PI 控制器数学模型

PI 控制器的数学模型形式为

$$D(z^{-1})=\frac{d_0 D_1(z^{-1})}{1-z^{-1}} \tag{6.11}$$

式中，

$$D_1(z^{-1})=1+\frac{d_1}{d_0}z^{-1}+\frac{d_2}{d_0}z^{-2} \tag{6.12}$$

为了保证系统闭环稳定,加入一个滤波环节,即

$$F(z^{-1}) = 1 + f_1 z^{-1} \tag{6.13}$$

闭环系统结构图如图 6.6.2 所示。

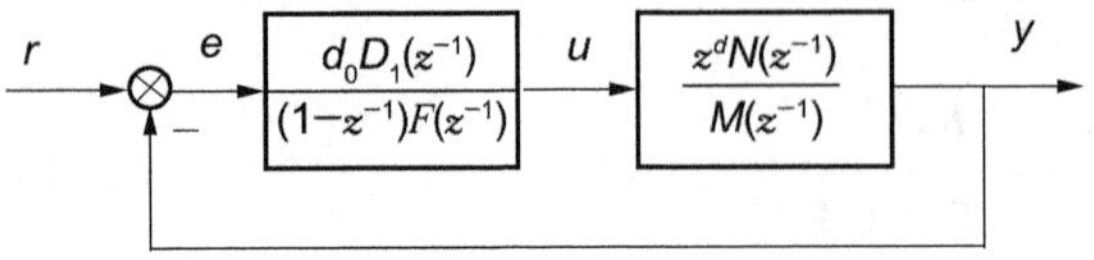

图 6.6.2　闭环系统结构图

由于对象是开环稳定的最小相位系统,故可对图中所示的前向通道传递函数进行零、极点对消处理,即令

$$D_1(z^{-1}) = M(z^{-1})$$

$$F(z^{-1}) = N(z^{-1})$$

可得

$$d_1 = d_0 a_1 \tag{6.14}$$

$$d_2 = d_0 a_2 \tag{6.15}$$

$$f_1 = b_1 / b_0 \tag{6.16}$$

于是,系统的闭环传递函数可简化为

$$G_B(z^{-1}) = \frac{d_0 b_0 z^{-d}}{1 - z^{-1} + d_0 b_0 z^{-d}} \tag{6.17}$$

PI 控制器模型变为

$$D(z^{-1}) = \frac{d_0(1 + a_1 z^{-1} + a_2 z^{-2})}{(1 - z^{-1})(1 + b_1/b_0 z^{-1})} \tag{6.18}$$

3. 按发动机相似参数计算 PI 参数

由于发动机的时间常数 T_E 和增益系数 K_E 随飞行条件和发动机工作状态的变化而变化,因此,PI 控制器参数也须随之变化。但根据相似理论,T_E 和 K_E 的相似参数是不变的。可知,发动机时间常数的相似参数 $T_{E,re}$ 和增益系数的相似参数 $K_{E,re}$ 分别为

$$T_{E,re} = T_{E0}\frac{p_0}{\sqrt{T_0}} = T_E\frac{p_2}{\sqrt{T_2}} \tag{6.19}$$

$$K_{E,re} = K_{E0}p_0 = K_E p_2 \tag{6.20}$$

式中,$p_0 = 101\,325$ Pa; $T_0 = 288$ K; T_{E0}、K_{E0} 分别为海平面标准大气条件下发动机的时间常数和增益系数;p_2、T_2 为任意环境条件下的发动机进口压力和温度;T_E、K_E 分别为相应条件下发动机的时间常数和增益系数。

发动机低压转子转速相似参数:

$$n_{L,re} = \frac{n_{L0}}{\sqrt{T_0}} = \frac{n_L}{\sqrt{T_2}} \tag{6.21}$$

式中，n_{L0} 为标准大气条件下低压转子物理转速。

发动机低压转子换算转速：

$$n_{L,\ cor} = n_L\sqrt{\frac{T_0}{T_2}}$$

首先，计算在标准大气条件下 T_{E0}、K_{E0} 随 $n_{L,\ cor}$ 变化的规律。这一规律可表示为

$$T_{E0} = f_T(n_{L,\ cor}) \tag{6.22}$$

$$K_{E0} = f_K(n_{L,\ cor}) \tag{6.23}$$

然后，根据这一变化规律和相似参数关系，可以计算得到任意环境条件下相应转速的 T_E 和 K_E，即

$$T_E = T_{E0}\frac{p_0}{p_2}\sqrt{\frac{T_2}{T_0}} \tag{6.24}$$

$$K_E = K_{E0}\frac{p_0}{p_2} \tag{6.25}$$

最后，将 T_E 和 K_E 代入式(6.3)~式(6.8)，即可得到相应的 a_1、a_2、b_1、b_2。由式(6.18)可求得 PI 控制器。由以上可知，根据式(6.22)和式(6.23)以及相似参数关系，即可调整 PI 参数，使其随发动机状态而变化。

4. 供油量计算

根据控制器的输入参数信号 e，利用式(6.18)表示的控制器传递函数，即可计算供油量 $q_{m,\ f}$。

6.6.4　控制模式

为实现发动机控制规律，保证发动机控制系统性能要求，必须设计相应的控制模式来满足这些要求。图 6.6.3 所示为发动机主燃油回路控制模式。主燃油控制回路包括 n_L 控制回路、n_H 和 T_4 限制回路及发动机加速回路。

图 6.6.3 中 1~8 分别表示测量 PLA、n_L、n_H、T_5、T_2、p_3、p_2 及 $q_{m,\ f}$ 信号的传感器。

发动机 FADEC 系统采用 PI 控制器。控制器根据输入信号 p_2、T_2、$n_{L,cor}$ 按照以上介绍的计算方法完成相应状态的 T_E、K_E 及控制器参数计算，并建立起控制器参数模型 $D(z^{-1})$，再根据输入信号 e 和 $D(z^{-1})$，完成主燃油供油量 $q_{m,\ f}$ 的计算。

1. 稳态控制

(1) 当 PLA 一定时，低压转子转速的参考输入 $n_{L,\ r}$ 即确定，低压转子转速控制回路保证发动机低压转子转速 $n_L = n_{L,\ r}$，即保证发动机为给定的工作状态和相应的推力。当由于飞行条件变化使 n_L 变化时，误差信号 $e_1 = n_{L,\ r} - n_L$ 通过 PI 控制器的计算，调节供油量 $q_{m,\ f,\ s}$，使 n_L 恢复到 $n_{L,\ r}$。

(2) 改变油门操纵杆位置，即改变参考输入 $n_{L,\ r}$，通过 PI 控制器计算，改变供油量

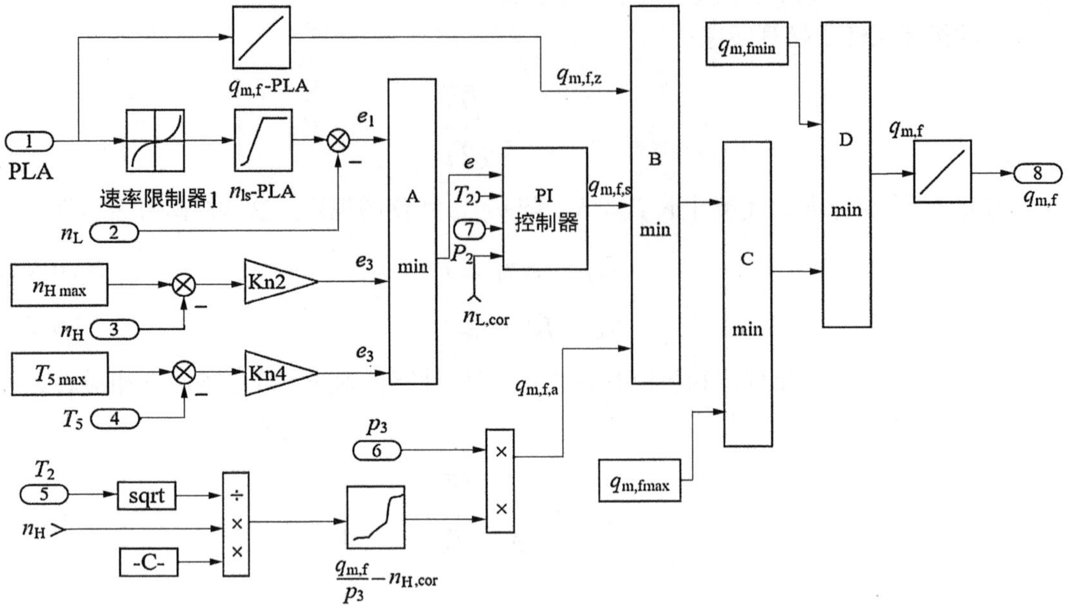

图 6.6.3　发动机主燃油回路控制模式

$q_{m,f}$，从而改变 n_L，也即改变了发动机工作状态和发动机推力。

（3）当由于飞行条件变化，使高压转速达到限制值 $n_{H\max}$ 时，$n_{L,r}$ 误差信号 $e_2=n_{H\max}-n_H$，通过 PI 控制器计算，调节供油量 $q_{m,f,s}$，使 $n_H=n_{H\max}$，而 n_L 不再保持 $n_{L,r}$ 不变。

（4）当由于飞行条件变化，使涡轮出口温度达到限制值 $T_{5\max}$ 时，T_5 误差信号 $e_3=T_{5\max}-T_5$，通过 PI 控制器计算，调节供油量 $q_{m,f,s}$，使 $T_5=T_{5\max}$，而 n_L 也不再保持 $n_{L,r}$ 不变。

（5）当 $n_L<0.85n_{L\max}$ 时，手动控制 PLA，由压差计量活门控制供油量 $q_{m,f,z}$，开环控制发动机工作状态。

2. 加速控制

根据 T_2 和 n_H 传感器测量信号，计算高压转子换算转速 $n_{H,cor}=n_H/\sqrt{T_2/T_0}$，根据 $q_{m,f}/p_3=f(n_{H,cor})$ 关系，计算 $\dfrac{q_{m,f}}{p_3}$ 将 $\dfrac{q_{m,f}}{p_3}$ 乘以，即得到发动机加速供油量 $q_{m,f,a}$。

3. 选择器的作用

（1）n_L、$n_{H\max}$ 和 $T_{5\max}$ 三个控制回路中哪一个控制回路控制发动机工作状态，须根据误差信号 e_1、e_2 和 e_3 通过低选选择器 A 比较，选择最小误差信号作为控制器的输入信号，并通过控制器计算，决定供油量 $q_{m,f}$ 来控制发动机工作状态。

（2）手动控制供油量 $q_{m,f,z}$、稳态控制供油量 $q_{m,f,s}$ 与加速控制供油量 $q_{m,f,a}$，通过低选选择器 B 比较，选择最小供油量信号作为对发动机供油量控制信号。实际这一选择决定了是手动控制发动机工作状态，还是自动控制发动机工作状态，还是加速控制发动机工作状态。

（3）以上比较得到的供油量信号与最大燃油流量限制信号 $q_{m,f\max}$ 通过选择器 C，选择最小信号，这一选择保证供油量不会过大，避免发动机涡轮进口温度过高而喘振或燃烧室富油熄火，最后，与最小燃油流量信号 $q_{m,\ fmin}$ 通过选择器 D，选择最大信号，这一选择保证发动机不会贫油熄火。

4. 速率限制

（1）推油门操纵杆的速率限制器 1 的作用是驾驶员可以不受限制地以任意速度快推或快收油门，但信号按速率限制器 1 限制的速率变化。这样不但使供油量不致产生剧烈变化，而且减轻驾驶员负担。

（2）供油量变化速率限制器 2 的作用是保证供油量不产生剧烈变化。

6.6.5　数字式电子控制器

数字式电子控制器的原理方块图如图 6.6.4 所示。电子控制器采用双通道、4CPU 模块化结构，每个通道由采集模块、控制模块和输出模块组成，采集模块和控制模块之间采用并行直接存储器存取（direct memory access，DMA）通信，双通道之间采用并行 DMA 通信，控制模块与飞机系统或地面监测装置之间采用串行通信。

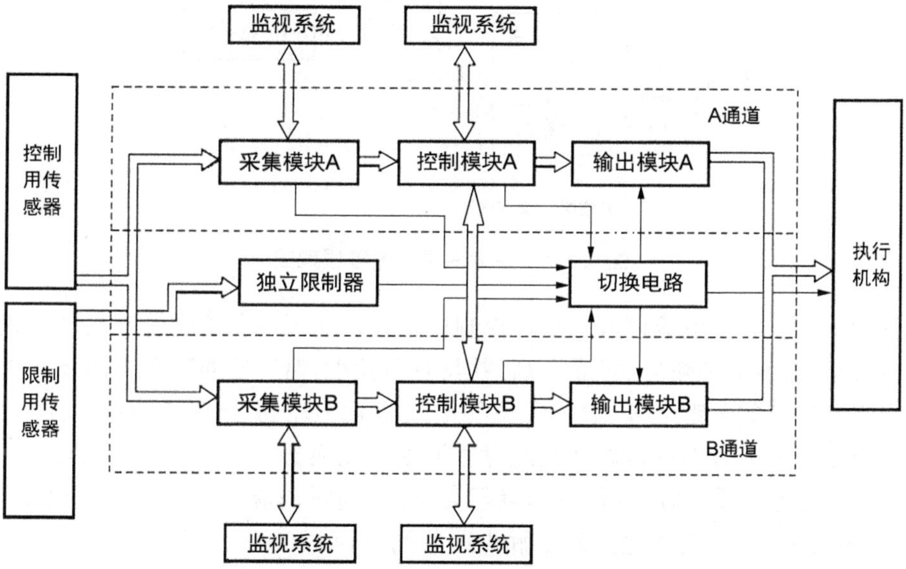

图 6.6.4　数字式电子控制器原理方块图

控制器中还包括独立限制器通道，以限制发动机参数不超过最大允许值。独立切换电路模块控制双通道之间、与独立限制器之间以及与机械液压备份之间的互相切换。控制系统的一种或多种故障使原控制模式无法实现时，控制系统须进行自动调整，采用余度控制技术进行控制，保证发动机的安全。根据故障性质，控制系统的故障对策程序分为三类。对一般故障，如测量非控制信号的传感器故障，给出提示，对双余度通道中的一个传感器故障等则切换到余度备份，并给出提示；对重要故障则改变控制模式，发动机降低性能，减少功能，闪烁故障信号灯；对严重故障则转液压机械备份。保证控制系统在各种工作状态能安全、平稳转换是余度切换的关键，控制系统采用了热备份的工作状态，并接收主控通道的工作信息，使备份通道始终跟随主控通道，从而保证控制系统平稳转换。对单余度传感器故障处理采用了解析余度技术，用非故障传感器信号的估值来替代故障传感器。发动机机载控制器采用油冷机箱，用燃油作为冷却介质，最高环境温度下，控制器内部温度不超过介质温度以上 12℃。

6.6.6 机械液压装置

机械液压装置包括带备份的主燃油供油装置和加力燃油供油装置，主燃油供油装置原理如图 6.6.5 所示。加力燃油供油装置的组成与主燃油供油装置基本相同。

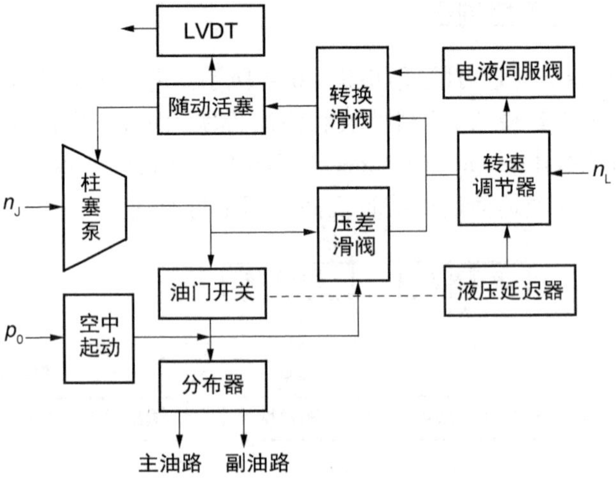

图 6.6.5　主燃油供油装置原理图

燃油供油装置采用电液伺服阀直接控制柱塞式燃油泵斜盘角度的方式计量燃油。这种计量方式结构简单、质量轻、可靠性高，并具有功耗小、温升低的特点。油泵斜盘角度是燃油流量内环回路的关键参数，通过线位移传感器 LVDT 来测量反映斜盘角度的随动活塞位置。由于供油装置的进口燃油是经过燃滑油热交换器后的燃油，最高温度达 120℃。高温下 LVDT 温漂严重，使燃油计量精度显著下降，同时高温使电液伺服阀性能降低，燃油计量回路的静差随温度变化。为了解决这些问题，在 LVDT 解调电路中使用了一种带除法运算的温度补偿电路，补偿 LVDT 的一部分温漂。在机械液压装置上安装了温度传感器，通过软件对 LVDT 温漂和静差的变化作进一步的补偿。

备份调节器要保证在数控系统故障的情况下起到安全返航的作用。备份调节器设计的关键是在尽可能简单的结构下能控制发动机在全飞行包线内最大状态以下稳定工作，并具有空中起动的能力；同时，还必须考虑在数控系统向备份转换时，发动机应平稳过渡，状态基本不变。为此，备份调节器设计为两段式工作。当转速大于 $0.85n_{max}$ 时，由 n_L 转速调节器闭环控制，当转速小于 $0.85n_{max}$ 时由压差计量滑阀开环供油。

6.6.7 数控系统试验及结果

对于所设计的涡喷发动机全权限数字电子控制系统应进行各种考核试验，包括：环境试验、可靠性试验、半物理仿真试验、数控发动机台架试验、高空台试验、飞行试验。

半物理仿真试验是在由运行发动机实时数学模型软件的计算机，以及数字式电子控制器、有关传感器、执行机构、燃油泵、相关信号转换装置等硬件组成的系统上进行的试验。该项试验是数控发动机台架试验前一项非常重要的工作。由于发动机由数学模型代替，因而试验不存在任何风险。通过该项试验后，对后续发动机台架试验会降低风险、减少试验次数。对上述所研究的涡喷发动机数控系统，通过半物理仿真试验表明所设计的数控系统，其性能与功能和系统软件与硬件的可靠性等指标均满足要求。

数控发动机地面台架试验表明，采用数字式电子控制器比机械液压式控制器，发动机推力提高了2%，耗油率降低了1%。

飞行试验表明，在飞行包线内的各种飞行状态下以及特技飞行动作中，数控发动机均能稳定工作；提高了发动机加速性；接通加力和切断加力过程平稳；控制器两通道之间转换无扰动；数字控制器与机械液压备份之间转换平稳；在飞行包线内均能成功起动；实现了多项无约束操作，减轻了驾驶员的负担。

6.7　民机 FADEC 系统

FADEC 是一种计算机管理的飞机点火和发动机控制系统，用于现代商用和军用飞机，以数字方式控制发动机性能的各个方面，而不是技术或模拟电子控制。FADEC 系统响应飞行员的输入，但也使用来自传感器的数据来读取发动机温度、发动机压力、燃油流量、空气密度等，以自动调整发动机设置以优化性能。它们还具有自我监控功能，包括系统冗余以防止故障，并允许可编程的发动机限制。

早期的飞机发动机由飞行员或飞行工程师手动控制，移动机械杆、杆、阀门等来调整发动机输出。随着飞机变得更大、更快、更复杂，发动机控制系统不断发展，以最大限度地提高效率、提高安全性并确保发动机运行更可靠。由于 FADEC 系统是数字化的，因此与旧式控制系统相比，FADEC 系统更轻，体积更小，需要的维护更少，从而提高了燃油效率，降低了维护成本，并允许更多的飞机创新。最合适的 FADEC 系统的选择因发动机型号和飞机而异，但评级最高的 FADEC 结合了世界顶级飞机上顶级发动机的悠久历史。FADEC 系统被用作发动机控制的优点：

(1) 提高燃油效率；

(2) 发动机自动保护，防止超出公差的操作；

(3) 更安全，因为多通道 FADEC 计算机在发生故障时提供冗余；

(4) 无忧无虑的发动机操控，有保证的推力设置；

(5) 只需对 FADEC 进行重新编程，即可使用单发动机类型来满足宽推力要求；

(6) 提供半自动发动机起动；

(7) 与发动机和飞机系统更好地集成系统；

(8) 可提供发动机长期健康监测和诊断；

(9) 控制过程中使用的外部和内部参数数量增加了一个数量级；

(10) 减少飞行机组人员要监控的参数数量；

(11) 由于监控的参数数量众多，FADEC 使“容错系统”成为可能（系统可以在某些故障配置下在所需的可靠性和安全限制内运行)；

(12) 减轻重量。

FADEC 系统缺点：

(1) 全权数字发动机控制没有可用的手动超控形式，将发动机运行参数的完全权限交到计算机手中；

(2) 如果发生 FADEC 完全故障，发动机将发生故障；

(3) 在 FADEC 完全失效时，飞行员无法手动控制发动机重启、油门或其他功能；

(4) 冗余 FADEC 可以降低单点故障风险(假设故障是随机硬件故障，而不是设计或制造错误的结果，这可能会导致所有相同的冗余组件出现相同的故障)；

(5) 与液压机械、模拟或手动控制系统相比，系统复杂度高；

(6) 由于复杂性，系统开发和验证工作量大；

(7) 在危机中(例如迫在眉睫的地形接触)，非 FADEC 发动机可以产生明显超过其额定推力的推力，而 FADEC 发动机将始终在其限制范围内运行。

表 6.7.1 为 FADEC 历史型号及应用。

表 6.7.1　FADEC 历史型号及应用

序号	FADEC 型号	简　介	发动机型号	支持的飞机
1	FADEC 1	1988 年推出的全权数字发动机控制装置的演变始于 FADEC 1 的开发，适应多个波音和空客商业平台。	CF6－80C2 CFM56－5A CFM56－5B	A300，A310，A319，A320A321 B747，B767 MD11
2	FADEC 2	1989 推出 FADEC2，专为波音和空客制造的窄体和宽体飞机制造。	GE90－94B CF6－80E1 CFM56－7B CFM56－5C	A330，A340 B737，B777
3	FADEC 3	第一款 FADEC 3 于 2000 年推出，但在 2008 年、2011 年和 2012 年开发了其他产品。FADEC 1、2、3 都是由 BAE 系统公司和赛峰集团的合资企业 FADEC International 制造。	GE90－115 CFM56－5B CFM56－7B CF6－80C2L1F CF6－80C2K1F GEnx－1B GEnx－2B GP7200	A318，A319，A320，A321，A380 B737NG，B747－800，B767，B777，B787 C5
4	CF34 FADEC	CF34 FADEC 装置安装在庞巴迪和巴西航空工业公司制造的支线飞机上。该 FADEC 由 BAE 系统公司生产和支持。	F34－8C CF34－8E CF34－10E	CRJ700， CRJ900，CRJ1000； E190，E175
5	LEAP/PP20 FADEC	LEAP 和 Passport 20 发动机的最新 FADEC 应用于 A320NEO、B737 MAX、C919、庞巴迪 7000/8000 飞机而生产开发的。LEAP/PP20 FADEC 由 FADEC 联盟设计和制造，FADEC 联盟是 GE 与 FADEC 国际公司的合作伙伴关系。	LEAP－1A LEAP－1B LEAP－1C	A320NEO B737MAX C919
6	GE9X FADEC	GE9X FADEC 应用于新的 GE9X 发动机，是 GE 航空有史以来生产的最省油的发动机，它为波音公司的下一代 777X 飞机提供动力。	GE9X 系列	B777X

6.7.1　系统设计

FADEC 是一个由数字计算机（称为 EEC 或 ECU）及其相关附件组成的系统，用于控制飞机发动机性能的各个方面。真正的 FADEC 没有可用的手动控制形式，将发动机运行参数的完全权限掌握在计算机手中。如果发生 FADEC 完全故障，那么发动机将发生故障。如果发动机采用数字和电子控制，但允许手动超控，则仅将其视为 EEC 或 EEC。EEC 虽然是 FADEC 的一个组成部分，但其本身并不是 FADEC。单独站立时，EEC 会做出所有决定，直到飞行员希望进行干预。

FADEC 通过接收当前飞行条件的多个输入变量来工作，包括空气密度、油门杆位置、发动机温度、发动机压力和许多其他参数。EEC 接收输入并分析多达每秒 70 次。发动机运行参数，如燃油流量、静子叶片位置、排气阀位置等，都是根据这些数据计算出来的，并酌情应用。FADEC 还控制发动机的起动和重启。FADEC 的基本目的是在给定的飞行条件下提供最佳的发动机效率。FADEC 不仅提供高效的发动机运行，还允许制造商对发动机限制进行编程，并接收发动机健康和维护报告。例如，为了避免超过一定的发动机温度，FADEC 可以被编程为自动采取必要的措施，而无须飞行员干预。

GE 公司和 CFM 公司使用集中式架构，其设计原理如图 6.7.1 所示。普惠公司、IAE 公司和一部分罗罗公司的发动机使用分布式架构，其伺服阀位于各自作动机构处。

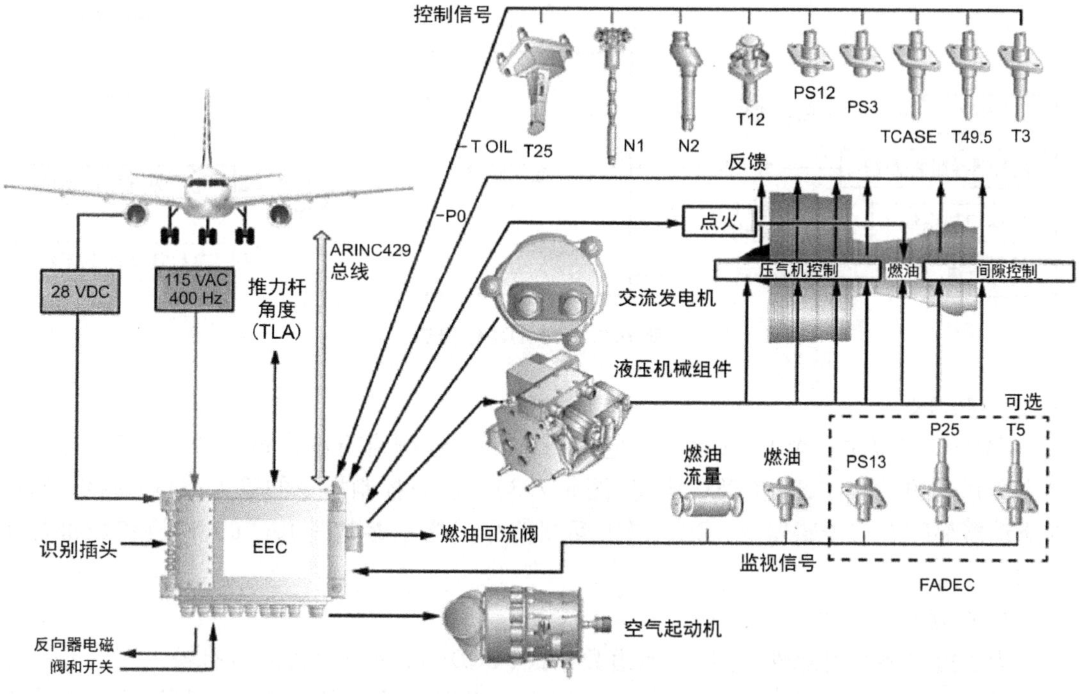

图 6.7.1　带集中布置伺服阀的 HMU 的 FADEC 系统的架构

FADEC 系统包括：

（1）EEC 包含两个相同的计算机，指定为通道 A 和通道 B，EEC 以电子方式执行发动机控制计算并监测发动机状况；

(2) 液压机械装置(HMU)，将来自 EEC 的电信号转换为液压，以驱动发动机的阀门和执行器；

(3) 用于控制和监控的阀门、执行器和传感器等外围组件。

1. FADEC 接口

为了执行其所有任务，FADEC 系统通过 EEC 与飞机计算机通信。EEC 通过通用 CDS /DEU 接收操作命令，该单元是 EEC 和飞机系统之间的接口(图 6.7.2)。CDS－DEU 1 和 2 都提供来自 2 个 ADIRU 和 FMC 的数据，数据包括用于推力计算的空气数据参数(高度、总气温、总压力和马赫数)。

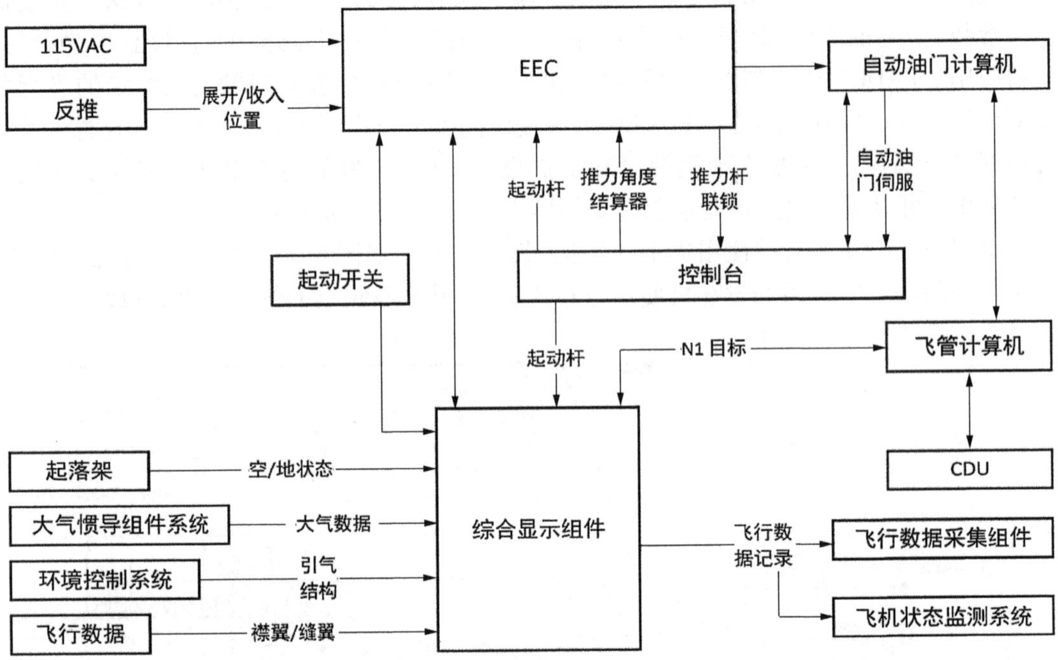

图 6.7.2　FADEC 接口

2. 双通道

FADEC 系统是一个 BITE 系统。它执行测试并检测自身的内部故障和外部故障，它是完全冗余的，并由双通道 EEC 构建(图 6.7.3)。所有控制指令的输入都是双备份，阀门和驱动器都配有双传感器，给 EEC 提供反馈信号。指示参数是共享的，监测参数都是单一的。

3. 跨通道数据链

为了提高系统可靠性，通过跨通道数据链(CCDL)，一个信道的所有输入对另一个信道可用(图 6.7.4)。这允许两个通道在其中一个通道的重要输入失败的情况下仍能正常工作。通道选择和故障策略：

(1) 激活和备用通道选择在 EEC 通电和运行期间执行；

(2) BITE 系统检测并隔离故障或故障组合，以确定通道的健康状态并将维护数据传

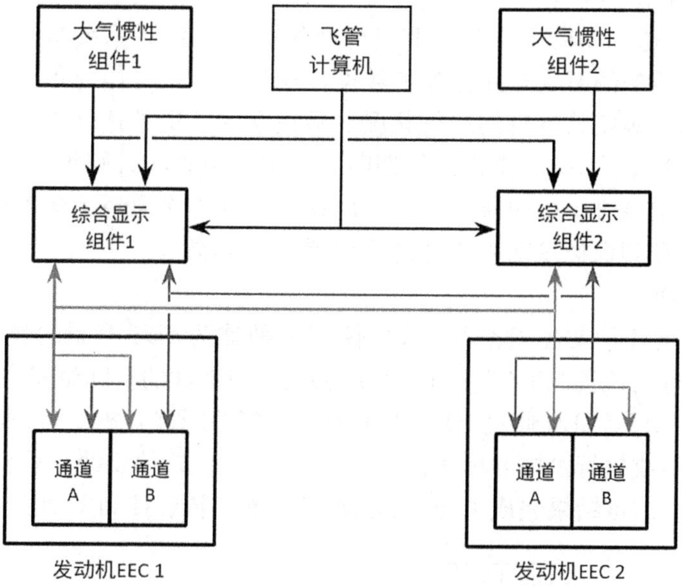

图 6.7.3　FADEC 双通道

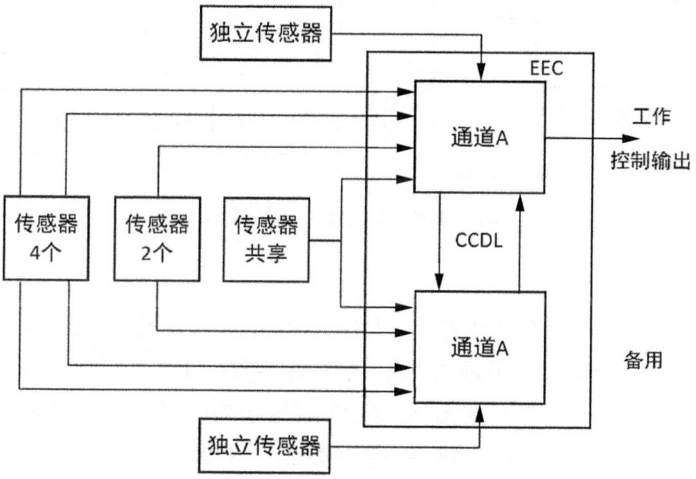

图 6.7.4　FADEC 跨通道数据链

输到飞机；

（3）活动和待机选择基于通道的运行状况，每个通道确定其自身的运行状况。最健康（正常）的通道被选为使用通道；

（4）当两个通道的运行状况相同时，如果 N2 在上次运行期间大于 10 990 r/min，则每次发动机起动时，激活备用通道，这样的选择交替进行。

A 和 B 这两个通道是相同的，可以永久运行，但它们彼此独立运行。两个通道总是接收输入并对其进行处理，但只有被称为工作通道的受控通道才能传递输出命令。另一个被称为备用通道。

4. 通道选择和故障策略

工作和备用通道选择在 EEC 通电和运行期间执行。BITE 系统检测并隔离故障或故障组合,以确定通道的健康状态并将维护数据传输到飞机。工作和备用选择基于通道的运行状况,每个通道确定其自身的运行状况。最正常的通道被选为工作通道。两个通道的运行状况相同时,如果 N2 在上次运行期间大于 10 990 r/min,则每次发动机起动时,工作/备用通道选择交替进行。如果某个通道出现故障且工作通道无法确保发动机控制功能,则此功能将移动到保护发动机的位置,即故障安全位置。

5. 闭环控制操作

为了正确控制各种发动机系统,EEC 使用一种称为闭环控制的操作(图 6.7.5)。EEC 计算系统部件的位置"命令"。EEC 然后将指令与部件的实际位置(反馈)进行比较,并计算位置差"需求"。EEC 通过 HMU 的 EHSV 向部件(阀门、驱动器)发送信号,使其移动。随着系统阀门或执行机构的移动,EEC 将获得部件位置的反馈。重复该过程,直到不再存在位置差为止。该结果完成了循环,并使 EEC 能够精确控制发动机上的系统部件。

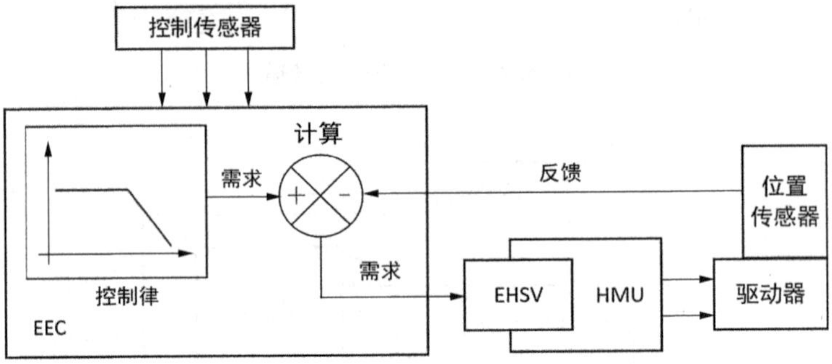

图 6.7.5　FADEC 闭环控制

6. 输入参数选择

除了监测传感器是单个传感器外,所有传感器都是双传感器或共享传感器。要执行所有计算,每个通道都会接收:本地参数和跨通道参数(图 6.7.6)。2 个参数值均要通过 EEC 的通道 A 和通道 B 中的验证测试程序,然后根据参数有效性选择要使用的正确值,它可以是:2 个值的平均值、本地参数、跨通道参数。在双传感器故障的情况下,会选择根据其他可用参数计算的模型值。例如:N1、N2、PS3、T25、T3、FMV、VBV 和 VSV 反馈位

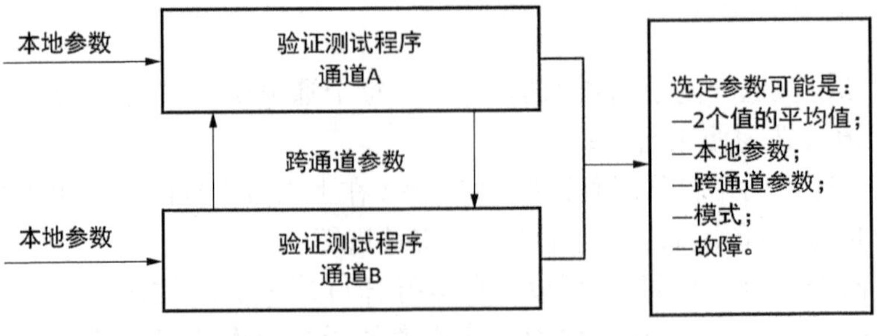

图 6.7.6　FADEC 输入参数选择

置。对于其他参数，如果 EEC 无法选择有效值，则选择故障保护值，只要跨通道参数工作，丢失的参数就不会产生 EEC 信道变化。

6.7.2　发动机电子控制器

EEC 安装在发动机风扇机匣上，是一台双通道数字计算机，具有相关的输入和输出、存储器、控制和电源电路，是 FADEC 系统的可更换单元(LRU)。以 CFM56－7B 为例，EEC 主要部件的安装位置如图 6.7.7 所示。

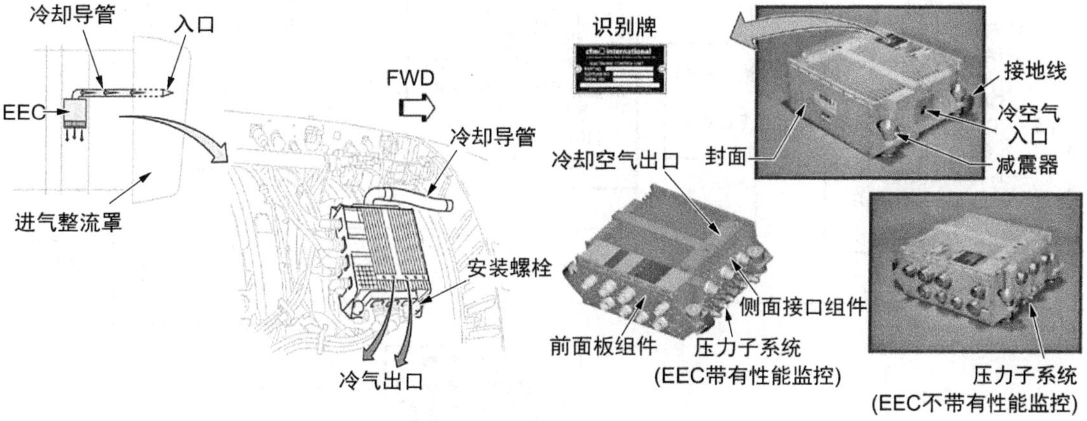

图 6.7.7　CFM56－7B 发动机的 EEC

1. 输入和输出

EEC 的输入和输出是介于飞机与发动机之间，EEC 分别与发动机，与飞机均有信号交联(图 6.7.8)，主要分为：发动机给 EEC 输入和飞机到 EEC 的输入。

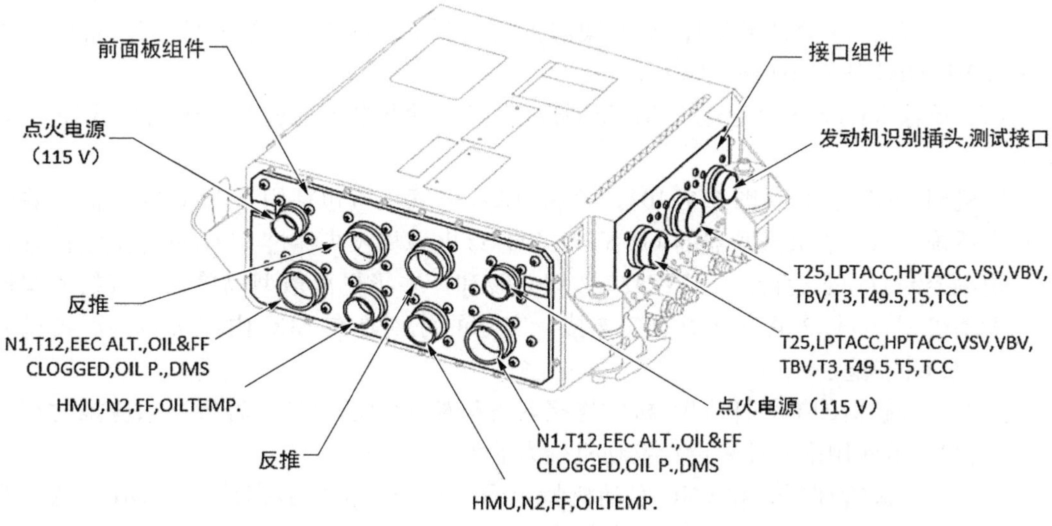

图 6.7.8　CFM56－78 发动机 EEC 上的数据输入插头

发动机给 EEC 输入(图 6.7.9)。每个 EEC 通道接收来自不同来源的非常关键的发动机信号输入。双输入、四路输入、双电源、共享信号、单输入。

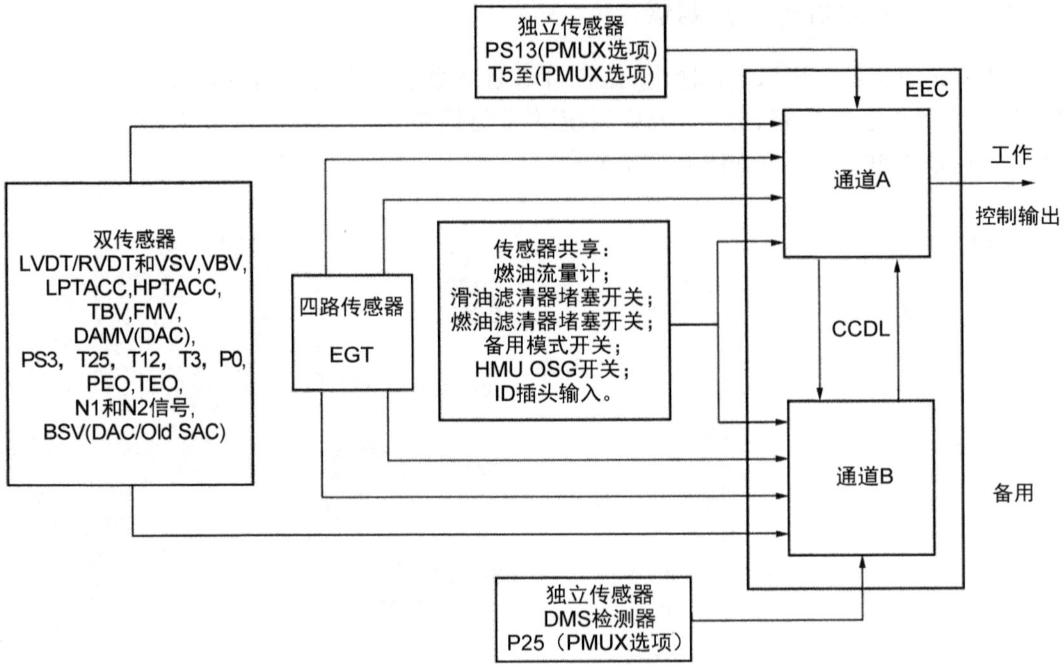

图 6.7.9　发动机至 EEC 的输入信息

(1) 双输入：LVDT/RVDT 和 VSV，VBV，LPTACC，HPTACC，TBV，FMV，DAMV(DAC)、PS3、T25、T12、T3、PEO、TEO、N1 和 N2 信号、BSV(DAC/Old SAC)、P0。

(2) 四路输入：EGT。

(3) 双电源：发电机交流发电机。

(4) 共享信号：燃油流量计、滑油滤清器堵塞开关、燃油滤清器堵塞开关、备用模式开关、HMU OSG 开关、ID 插头输入。

(5) 单输入：PS13 至通道 A、T5 至通道 A、DMS 检测器至通道 B 发送信号、P25 至通道 B。

飞机到 EEC 的输入(图 6.7.10)。飞机/EEC 电气接口包括用于 EEC 的飞机电源以及点火系统。每个点火激励器的 115 VAC、400 Hz 电源从飞机经过 EEC，在那里它被打开和关闭以控制激励器运行。ARINC429 数据总线和一些飞机离散型以单工连接的方式连接到发动机，并在发动机上分为双工连接。实际的分割是在 EEC 内部实施的。飞机向 EEC 提供以下信息：

(1) 双分解器的推力杆位置，机械连接到飞行舱中的推力杆。解析器感应推力杆的位置，机组人员使用推力杆来设置发动机推力的大小和方向；

(2) 供电源管理逻辑和 FMC 发动机特定命令使用的空中数据信息(ADIRU 的 1 和 2)和数据通过飞机 CDS DEU 传输到每个发动机；

(3) 选定的飞机硬接线离散指令和数据信号(发动机位置、飞机型号、推力设定模式

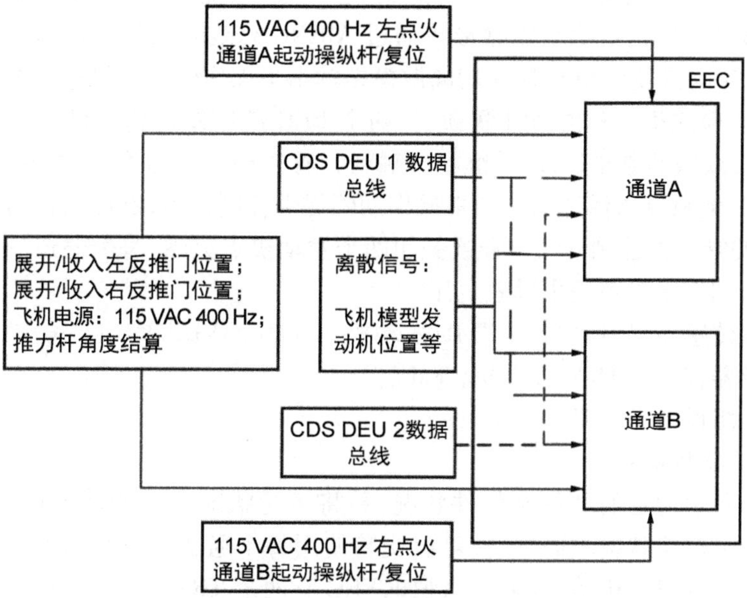

图 6.7.10　飞机至 EEC 的输入信息

选择、发动机起动开关、起动模式选择、自动发动机起动、复位信号等)；

(4) 推力反向器硬接线位置信号,来自左右各平移套筒；

(5) 排出离散信息和飞行配置数据(飞行/地面和襟翼位置),用于推力设定补偿和偏置加速燃油加注计划。

EEC 输出(图 6.7.11)。每个 EEC 通道都有一个 ARINC429 数字数据总线,用于向飞机输出数据。在没有直接影响数据总线操作的故障的情况下,通道 A 和 B 提供恒定的输出,而不管控制哪个通道。驾驶舱指示数据通过 ARINC429 总线输出到飞机,以使机组人员了解系统组件的运行状态和 FADEC 系统控制的发动机参数。维护数据通过相同的总

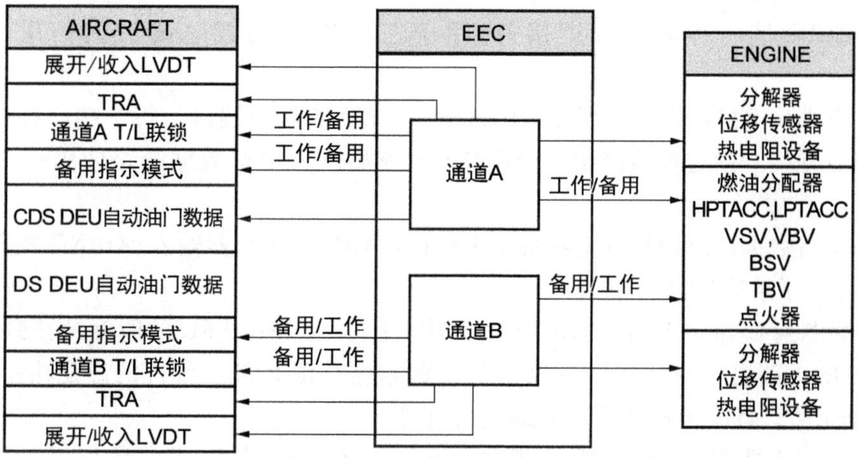

图 6.7.11　EEC 输出信息

线输出到 FMC。该数据提供信息，帮助地勤人员识别系统故障，并将故障隔离到正确的 LRU 或系统接口。发动机状态监测参数通过 ARINC 总线输出到飞机，作为 EEC 所有传感器输入的数字等效物。EEC 还使用离散模拟输出来操作位于飞机内部的电气设备。离散信号，如备用模式指示和推力杆联锁，从两个 EEC 通道发送到飞机。为飞机系统提供输出的 EEC 离散型继电器是开/关继电器触点。两个 EEC 通道都能够控制转矩电机和电磁阀输出负载，但只有激活通道在正常操作期间提供控制输出，不使用备用输出。EEC 使用 EEC 内部的继电器控制开关打开或关闭两个发动机点火器，每个通道一个开关。两个 EEC 通道永久向以下设备提供励磁电压。

（1）位移传感器（VDT）A/C：T/R；发动机：LVDT、RVDT。

（2）分解器，A/C：TRA；发动机：FMV。

（3）热电阻设备 T12、T23。

2. 双通道控制软件

软件检查每个通道的硬件和软件状况，并将运行状况最佳的通道设置为活动通道。如果两个通道的健康状况相同，软件可以交替使用每个通道。每个通道接收来自独立传感器的非常关键的发动机信号输入。例如，EEC 有两个 TRA 解析器输入，一个用于通道 A，另一个用于信道 B。这些输入在物理上相互隔离。当信号不太重要时，一个传感器会发送一个连接到通道 A 和通道 B 的信号。例如，燃油滤清器堵塞离散是 EEC 的一个单一输入，它会发送到通道 A 或通道 B。非关键控制输入仅发送到一个通道。例如，PS13/PS14 压力仅流向通道 A，P25 压力仅流向渠道 B。两个通道控制相同的 EEC 扭矩电机和电磁阀输出负载。活动通道在正常操作期间提供输出。备用通道计算输出，但除非备用通道变为活动通道，否则不使用这些输出。EEC 的每个通道都有到电源的等效输入。每个通道在 EEC 的前面板上都有来自同一电源的输入。此外，EEC 可以在交流发电机相位与电源失去的情况下运行。

（1）初始化和同步发生在通电时或通过驾驶舱到 EEC 的外部命令。初始化将每个信号设置为 EEC 操作开始时的指定条件。CCDL 在每个通道的处理器之间发送数据，并确保两个通道同步。

（2）CCDL 是一种串并数据接口，用于在 ARINC 格式总线上的信道之间移动数据。

（3）双端口 RAM，数字处理模块的双端口 RAM 有两个端口。每个端口都有地址线、控制线和数据线。微处理器使用一个端口（系统端口），串行数据链路使用另一端口（本地端口）。

（4）串行数据链路（SDL）将双端口 RAM 与 ARINC 接收器输入、ARINC 发送器输出、CCDL 和压力子系统（PSS）连接。

（5）特性存储器位于输入输出模块（IOM）上，用于保存 EEC 的温度补偿数据。软件计算 EEC 的内部温度，并使用特征存储器中的数据补偿 IOM 上硬件的温度相关增益和偏移。“特征记忆”有助于软件更准确地进行计算。

（6）非易失性存储器（NVM）在断电条件下保存故障数据、控制数据、学习数据和调整数据。NVM 有两个 8K×8 位电可擦除可编程只读存储器（EEPROM）设备。P11 接头上有 NVM 故障数据。

(7) RS－232 接口，EEC 有两个通过连接器 P11 的 RS－232 接口，每个通道一个。每个通道的接口都在 DPM 上。一种通用异步收发器(UART)是 DPM 上计算机控制单元的一部分，为每个通道提供接口。RS－232 接口以 9600 BAUD 接收和传输串行数据。数据格式为八位、奇数奇偶校验位和一个停止位。

(8) 瞬态电压保护来自金属氧化物压敏电阻(MOV)、Transzorbs、保险丝、熔断电阻器和二极管。这些设备位于前面板总成(FPA)中。

(9) 对电源短路保护，二极管、保险丝、Transzorbs 和可熔电阻器保护飞机接口信号免受电源输入短路的影响。

(10) 发动机状态监视器(PMUX)，处理和传输来自附加传感器的数据，以确定发动机状况。此信息不用于控制发动机功能。

(11) 压力数据模拟，可以对 EEC 进行测试，而不在车间环境中施加压力输入。只有当测试连接器连接到 P11 并且使用 ARINC#4 接收器或 PSS RS－232 输入线时，才能进行模拟。

3. 飞机/EEC 维护通信

EEC 通过 ARINC429 数据总线向飞机客舱发送指示数据，以使机组人员了解系统部件的运行状态和 EEC 控制的发动机参数。维护数据通过相同的数据总线发送到 FMC 和 ACMS，以帮助维护人员识别系统故障并将其隔离到正确的线路 LRU 或系统接口。维护信息显示在驾驶舱的 CDU 上(图 6.7.12)。EEC 通过 CDS/DEU 与飞机计算机和系统交换数据，CDS/DEU's 充当数据交换的管道，但不会更改传递的任何数据。当 CDS/DEU 收到 EEC 维护数据的初始请求时，它们通过 CDS/DEU's 外部的继电器向寻址的 EEC 提供飞机电源，在地面维护模式下自动为 EEC 供电。

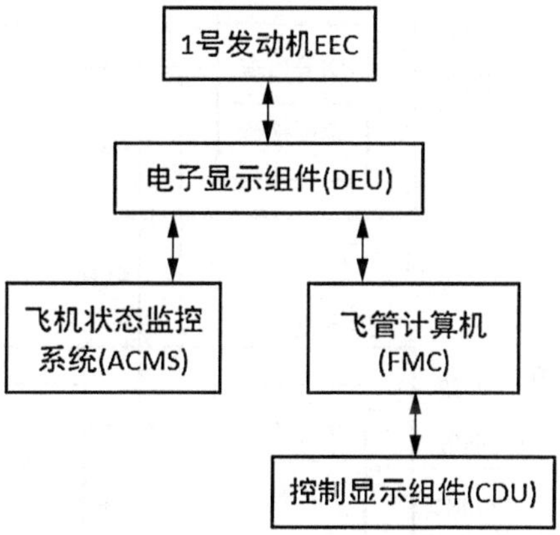

图 6.7.12　EEC 维护通信

4. CDS/DEU 发动机通信

CDS/DEU 使用六个显示单元中的一个来显示发动机指示(图 6.7.13)。它还充当在 EEC 和各种飞机部件和系统之间传输的数据采集多路复用器。

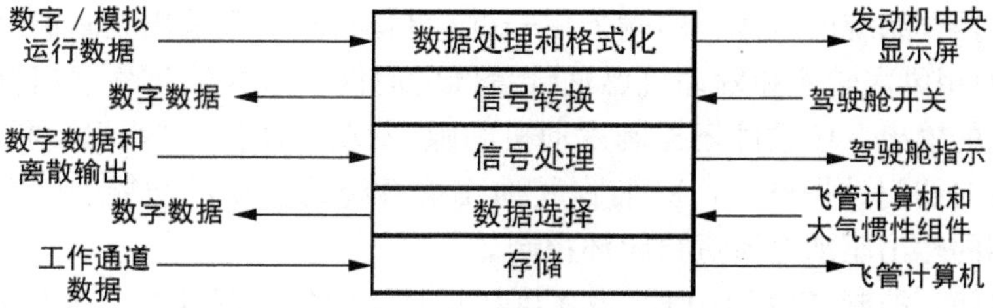

图 6.7.13　发动机通信

(1) 接收来自发动机的数字和模拟数据,如转子速度和 EGT,处理和格式化数据并将其显示在中央发动机显示屏上。

(2) 读取某些客舱开关的位置,将其转换为数字字将其传输到 EEC。

(3) 读取从 EEC 的两个通道接收的数字数据,并操作来自 EEC 离散输出的几个飞行舱指示。

(4) 从 FMC 和 ADIRU 中提取数据,并将该数据发送给 EEC。

(5) 缓冲来自两个发动机的 EEC 的数据总线,以便 FMC 从 CDS/DEU 接收其 EEC 数据。

5. 数字信号处理

在 EEC 中,来自传感器、开关和飞机的各种输入经过几个阶段的检查,然后最终选择接收到的值用于控制律计算。两个 EEC 通道验证其输入、处理数据并检查其输出。将参数/离散值和 ARINC 数据字转换为数字格式后,必须首先通过信号和范围检查逻辑;然后,在选择用于控制律计算之前,通过 CCDL 对这些值进行比较。控制律完全由 EEC 软件管理,此处不再描述,因为它们对故障检测没有影响。在控制律逻辑中计算和处理这些值后传递到输出级,用于传输到发动机或飞机系统(图 6.7.14)。

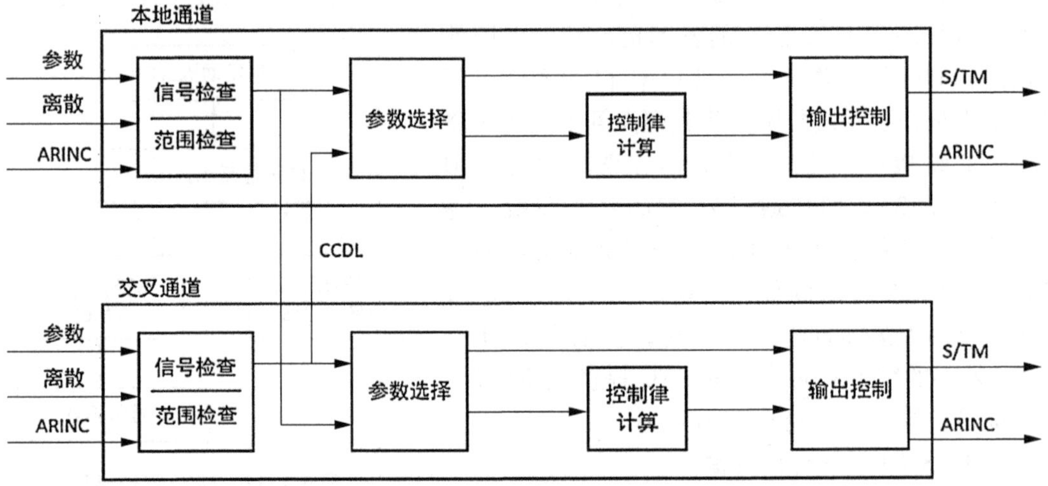

图 6.7.14　发动机数字信号

6. 发动机控制功能说明

EEC 中的软件对发动机推力进行完全授权的闭环控制。该软件分为操作系统和应用软件两部分。操作系统处理例行的输入信号处理和验证,以及输出处理跨通道通信和内置测试。AS 使用风扇转速和发动机燃油计量阀的时间表来控制推力。时间表为指定的输入提供预定的输出。该软件还控制发动机间隙、发动机几何结构、发动机起动/运行功能以及推力反向器门的操作。EEC 监控其他飞机系统的发动机功能。EEC 对操作扭矩马达和电磁阀的输出驱动电流进行闭环控制。

转矩电机闭环控制,EEC 对 EEC 发送到扭矩马达的每个驱动电流进行闭环控制。具体控制逻辑如图 6.7.15 所示。控制律处理器(CLP)根据发动机和飞机数据计算执行机构的必要位置[xxxDMD("xxx"指的是特定扭矩电机、螺线管或执行机构的名称的字母代号)]。此计算是一个软件功能。CLP 通过来自解析器或 LVDT 的位置反馈信号(xxxSEL)找到驱动器的最后已知位置。CLP 从必要的位置中减去已知的位置。这种位置差异是驱动器必须移动到必要位置的距离。CLP 将该距离计算为驱动器位置的误差。驱动器位置错误进入驱动器动力学功能的积分回路。当误差大于指定值时,误差也会进入比例循环。积分和比例回路通过增益、补偿和跟踪来校正误差。CLP 将两个循环的结果相加。结果是一个数字,表示以毫安为单位的电流(xxxCLD)。这是可以将驱动器移动到必要位置的电流。在静态的理想条件下,这使得新的误差等于零。

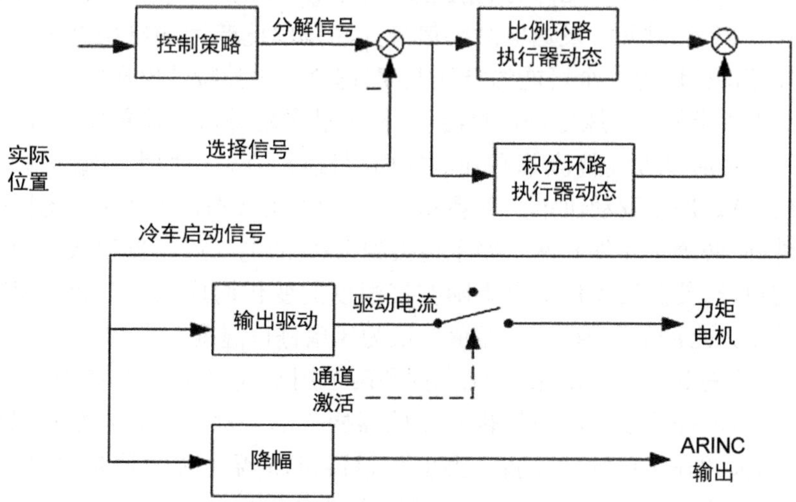

图 6.7.15　转矩电机控制回路

操作系统将以毫安为单位的(xxxCLD)需求转换为 D/A 计数。然后,操作系统将其发送至扭矩电机驱动器(xxxDDO),该驱动器为扭矩电机提供驱动电流。当通道激活时,电子控制单元向扭矩马达发送电流。电流将驱动器移动到必要的位置,从而闭合回路。这个过程不断重复。另一个软件功能将电流值乘以比例因子,并将结果作为字发送到 ARINC 输出总线上。

7. *发动机控制律功能*

控制律处理器(CLP)是 AS 的一部分,用于操作发动机控制逻辑和发动机控制律。发动机控制逻辑控制所有控制回路的操作。主要功能包括:

(1) 发动机起动/运行控制;

(2) 发动机转速控制(电源管理和燃油控制);

(3) 推力反向器控制;

(4) 发动机可变几何控制(静子叶片和排气阀);

(5) 发动机间隙控制(高压和低压涡轮);

(6) 瞬态排气阀控制;

(7) 燃烧器分级阀控制;

(8) 集成驱动发电机冷却控制;

(9) 驱动器回路控制。

6.7.3 传感器

用于测量气路值的传感器被安装在各自相对应的位置。

1. 温度传感器电阻式热装置(RTD)型

RTD 安装在发动机的空气动力学站位 12 和 25 上。EEC 通过监测传感元件的电阻值来确定空气温度。传感元件位于探头外壳中,探头外壳插入气流中,由包裹有铂线的陶瓷芯制成。当气流加热元件时,元件的电阻会发生变化。如果空气温度升高,元件的电阻增加;反之亦然。EEC 通过元件发送电激励信号并测量由此产生的电压降来确定电阻。对于传感器工作范围内的每一个可能的空气温度,都会产生独特的电压降。

T12 温度传感器是测量风扇进口总温度,并通过风扇进口整流罩安装在 2: 30 时钟位置(图 6.7.16),可通过进气整流罩右外侧的面板接近。EEC 使用 ADIRU 和 T12 传感器测量仪提供的 TAT,用于发动机推力管理和 VBV、VSV 和 LPTACC 系统控制逻辑。T12 传感器由一个外壳、两个铂元件和两个用于连接到 EEC 的电气连接器组成。EEC 向传感器元件提供恒定电压,传感器元件的电阻随空气温度的变化而成比例变化。EEC 测量恒定电压和传感器输入之间的差值,并将差值转换为风扇进口温度。

PT25 传感器是由一个外壳、两个铂元件和两个用于连接到 EEC 的电气连接器组成,如图 6.7.17 所示。冲压空气压力管也是传感器探头的一部分。它安装在风扇框架中间的箱体结构中,大约在 7 点钟的位置。温度传感器,T25 温度传感器是 PT25 传感器的一部分,为 FMV、VSV、VBV、TBV、HPTACC 逻辑提供高压压气机进口温度。压力传感器。P25 冲压空气压力作为选项提供给 EEC,用于状态监测。空气压力测量是 EEC 的直接输入,并通过 EEC 中的传感器从压力信号转换为电信号。

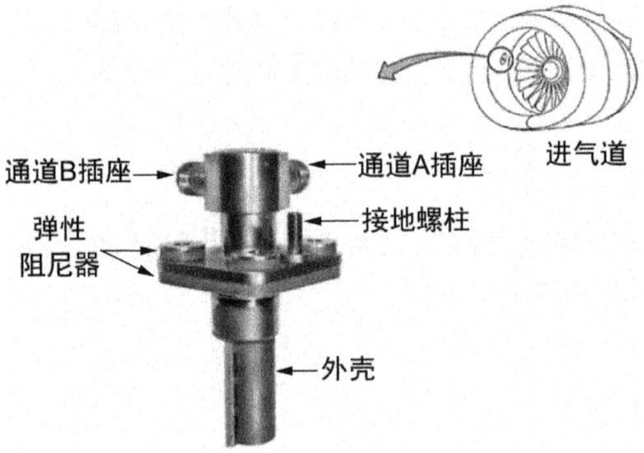

图 6.7.16 CFM56-7B 的 T12 传感器安装在风扇转子前的进气道

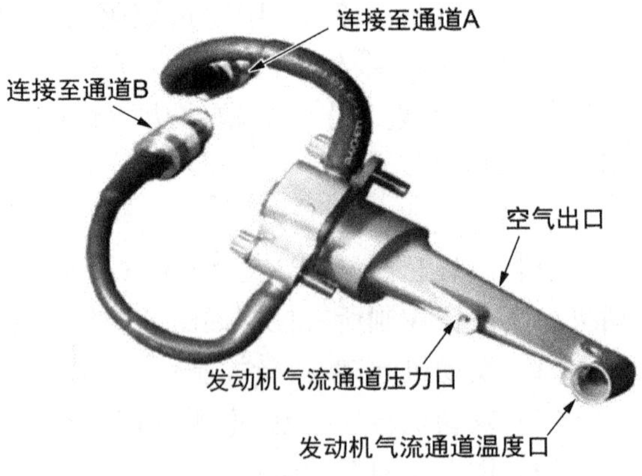

图 6.7.17 CFM56-7B 的 PT25 传感器

2. 温度传感器-热电偶型

热电偶传感器将高温转换为与 EEC 兼容的电子信号。热电偶的工作原理为:两种不同的金属，铬(+)和铝(-)，连接到一个完整的电路上，产生电动势，与待测量温度下已知参考(冷接点)和传感(热)接点之间的温差成比例。热接点包含在传感器中，冷接点安装在EEC中。

T3传感器是压气机排气温度传感器位于燃烧箱的12点钟位置，刚好在燃油喷嘴的后面(图6.7.18)。它由封装在同一外壳中的两个热电偶组成，通过刚性导线将其电信号发送到接线盒，接线盒可容纳2个连接器，每个EEC通道一个。T3传感器测量第9级空气(压气机排气)的温度，并将数据发送至EEC，以在燃油控制逻辑中使用。数据还用于关键功能的控制逻辑，如VSV和VBV，它也在HPTACC控制逻辑中发挥作用。双金属(铬铝)传感器产生与温度成比例的电流(mA)。

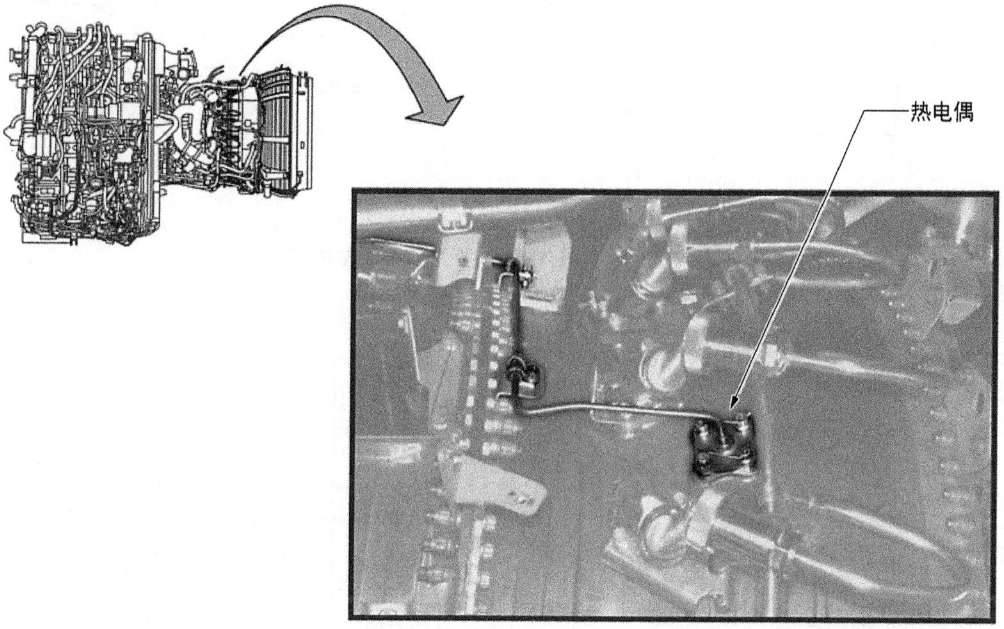

图6.7.18 CFM56-7B的T3传感器

T495传感器是排气温度(EGT)传感系统位于空气动力学站位49.5(图6.7.19)。该EGT值用于监测发动机的状况。传感系统包括8个热电偶探针，固定在LPT外壳上，探针浸入LPT导向器2级中。每个热电偶都会产生一个与传感探头温度成比例的电输出信号。8个探针成对分组，组成4个扇区，顺时针方向ALF编号为1~4。4个扇区的测量值被发送到EEC。来自发动机右侧(ALF)的两个测量值进入通道A，来自左侧的两个测值进入通道B。

T5温度传感器是位于LPT后机架上的4点钟位置(图6.7.20)。该传感器是可选监测套件的一部分，可根据客户要求提供。它由一个金属主体组成，该主体有两个热电偶探头和一个用于连接到发动机的法兰。一根刚性导线将信号从探针传输到主接线盒，该接线盒带有允许与线束连接的接头。两个热电偶在接线盒中并联，单个信号发送到EEC通道。

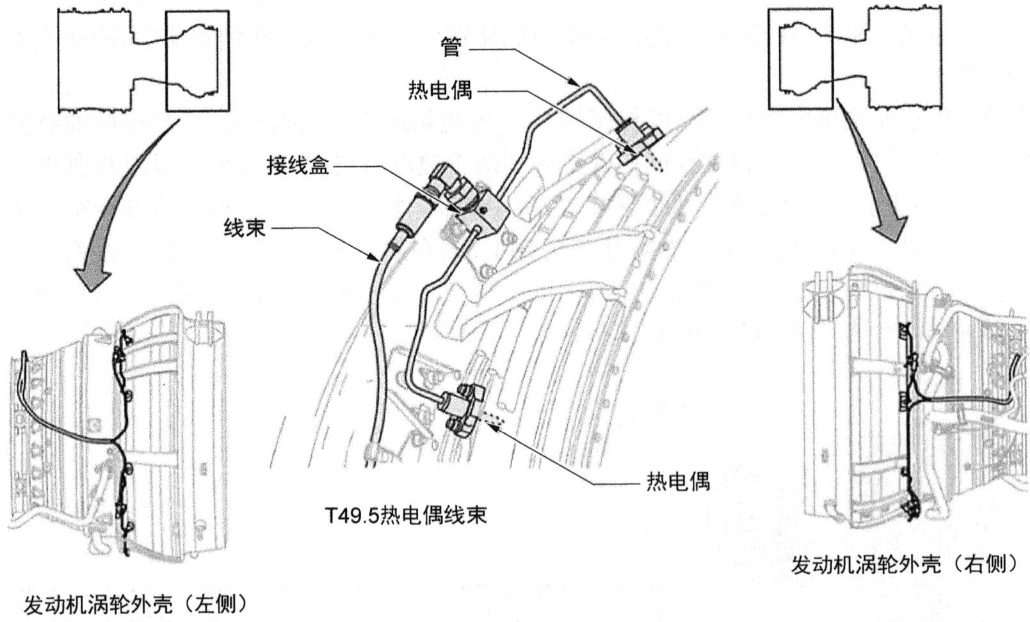

图 6.7.19　CFM56 - 7B 的 T495 传感器

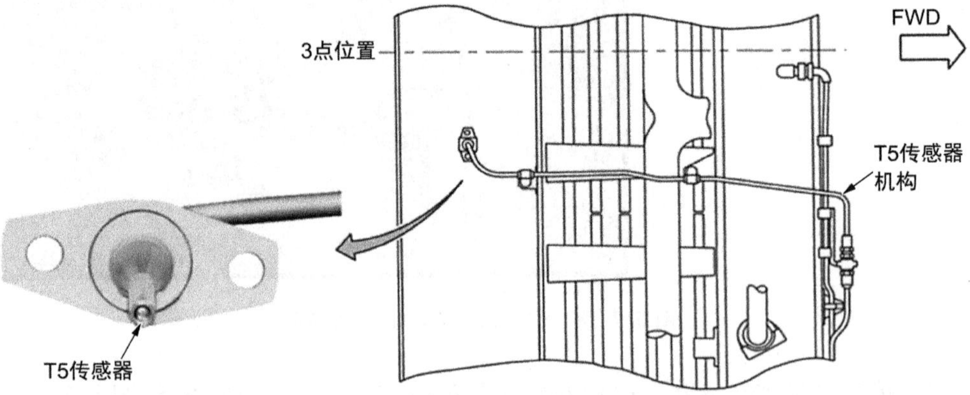

图 6.7.20　CFM56 - 7B 的 T5 传感器

3. 速度传感器

速度传感器向 EEC 通道 A 和 B 提供代表转速 N1 和 N2 的信号。在每个传感器上，第三个连接器允许将信号与来自振动传感器的数据一起发送到 DEU 和 AVM 信号调节器，用于振动分析。N1 和 N2 转速传感器的工作原理相同。它们是感应式转速表，提供电输出信号。这些输出是交流（AC）信号，频率与专用转子的转速成正比。感应元件是一个具有由永磁体组成的芯的电绕组。两个传感器都具有三个相互绝缘的独立传感元件，因此每个连接器都有一个输出信号。传感器齿圈的通过改变了绕组铁芯周围的磁场，并导致线圈中的磁通量变化。每个齿都会在线圈中感应出一个脉冲，因此脉冲的数量与传感器环的速度成正比。

N1 转速传感器是安装在 4 点钟方向的风扇框架支柱(图 6.7.21)。传感器主体有一个法兰,用于将整个传感器连接到风扇框架护罩上,一旦用两个螺栓固定在发动机上,就只能看到主体和插座。插座有三个电气接头。两个连接器为 EEC 提供输出信号。第三个连接到 DEU/AVM 信号调节器。N1 传感器环的一个齿比其他齿厚,这在传感器中产生更强的脉冲,并在发动机振动分析中用作相位参考。在内部,弹簧保持传感器探针的正确安装,而不考虑由于热效应引起的任何尺寸变化。在外部,有两个阻尼环将探头与振动隔离开来。

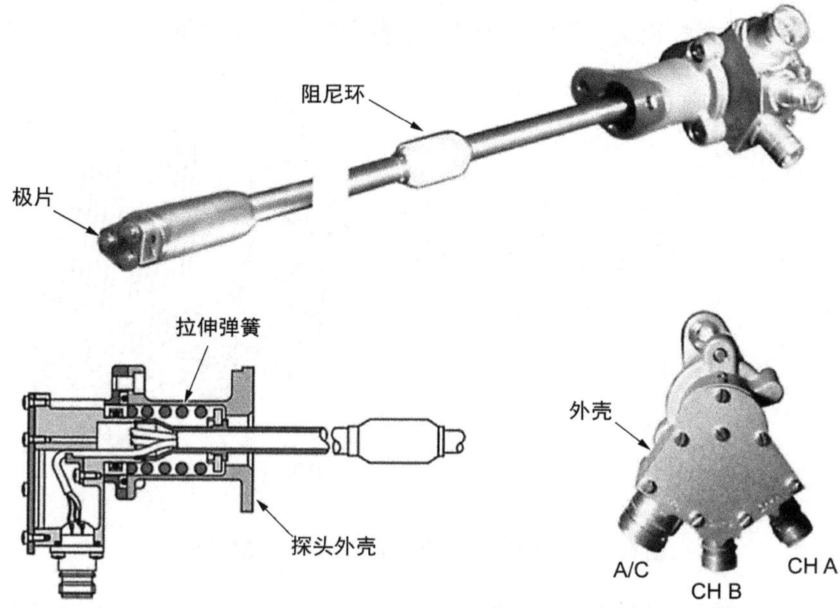

图 6.7.21　CFM56－7B 的 N1 传感器

N2 转速传感器是安装在 AGB 位于 9 点钟位置,并用两个螺栓固定(图 6.7.22)。外壳有三个接头：EEC 通道 A、EEC 通道 B、DEU/AVM 信号调节器。

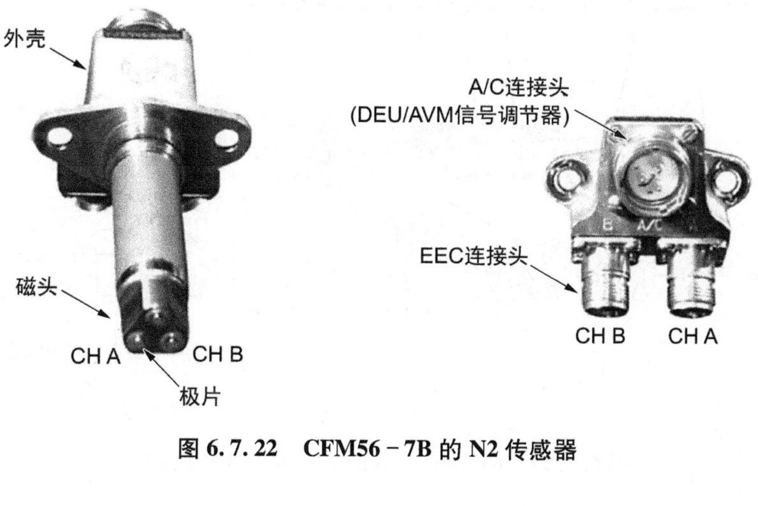

图 6.7.22　CFM56－7B 的 N2 传感器

4. 压力传感器

通过特殊的气膜动力采集各种压力为 EEC 提供发动机控制或监测信息。空气压力通过压力管线输送至 EEC,压力管线的最低部分通过泄水孔排出。EEC 压力子系统(PSS)内的传感器将空气压力输入转换为数字信号。换能器是石英电容式的,石英元件的振动频率随着空气压力引入元件的应力而变化。

P0 静压传感器是被 EEC 用作环境静压的输入。P0 空气压力通过安装在 EEC 压力板上的通气塞进行测量。

PS3 HPC 出口压力传感器是向 EEC 提供 HPC 排放压力,用于燃油和发动机控制。PS3 静压传感器位于燃烧箱上,位于两个燃油喷嘴之间的 9 点钟位置(图 6.7.23)。

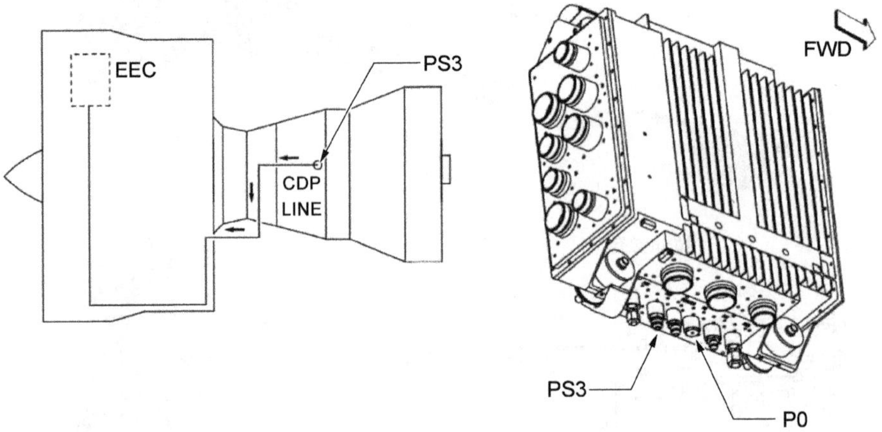

图 6.7.23 CFM56-7B 的 P0 和 PS3 传感器

P25 HPC 进口压力传感器是可选监控套件的一部分,可根据客户要求提供。P25 探针安装在风扇框架中间箱体结构中,大约位于 7 点钟位置(图 6.7.24)。压力管路通过螺纹接头从后壁上的 12 支柱轮毂中排出。信号仅由通道 B 处理。

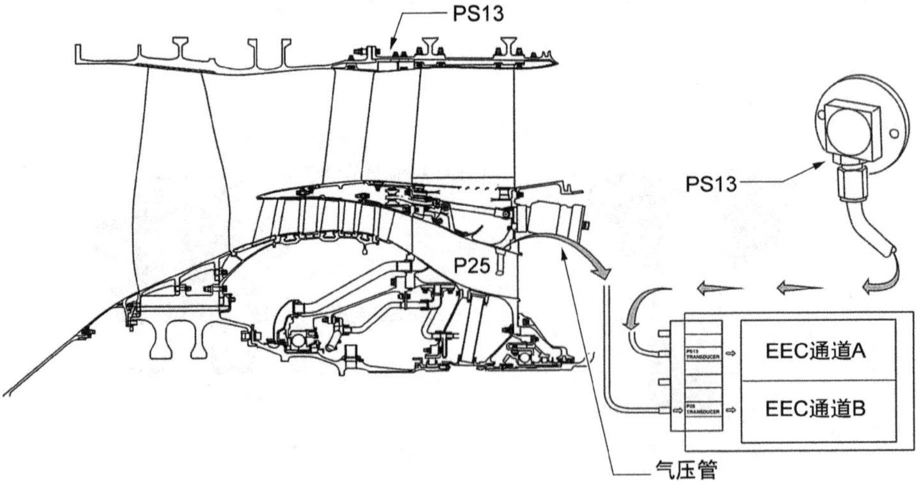

图 6.7.24 CFM56-7B 的 P25 和 PS13 传感器

PS13 风扇舱出口静压传感器是可选监控套件的一部分,可根据客户要求提供。PS13 捡拾器位于风扇 OGV 后约 1 点钟处。此信号仅由通道 A 处理。

5. 振动传感器

发动机配备了两个加速度计,能够感应和测量垂直位移。这两个传感器都是压电式的,它们有一堆压电圆盘,放置在质量块和底座之间。当加速度计受到振动时,质量会在制动盘上施加负载。该负载产生的电流量与 G 负载成正比。传感器连接到 AVM,振动信号用于指示、振动分析和配平平衡程序。在 AVM 中对振动信号进行滤波,以识别 LP 或 HP 转子中的振动水平。

6. 1 号轴承加速计

该传感器固定在 1 号轴承支架前法兰的 9 点钟位置。它是一个 100 pc/g 的压电传感器。发动机风扇框架中的半刚性电缆将振动传感器连接到位于风扇框架外筒 3 点钟位置的电气输出接头。电缆通过安装减震器来保护,减震器可以阻尼任何寄生振动。1 号轴承加速计永久监测发动机振动,由于其位置,对风扇和助力器振动更敏感。然而,该传感器也读取 N2 和 LPT 振动。该数据用于执行风扇微调平衡。该传感器不是 LRU。

7. FFCCV 加速度计

FFCCV 加速计是一个固态组件,在 3 点钟位置连接到中间箱体结构(图 6.7.25)。FFCCV 是一个 100 pc/g 的压电传感器。传感器引线向后延伸到 HPC 上静子罩上大约 11 点钟处的支架上。

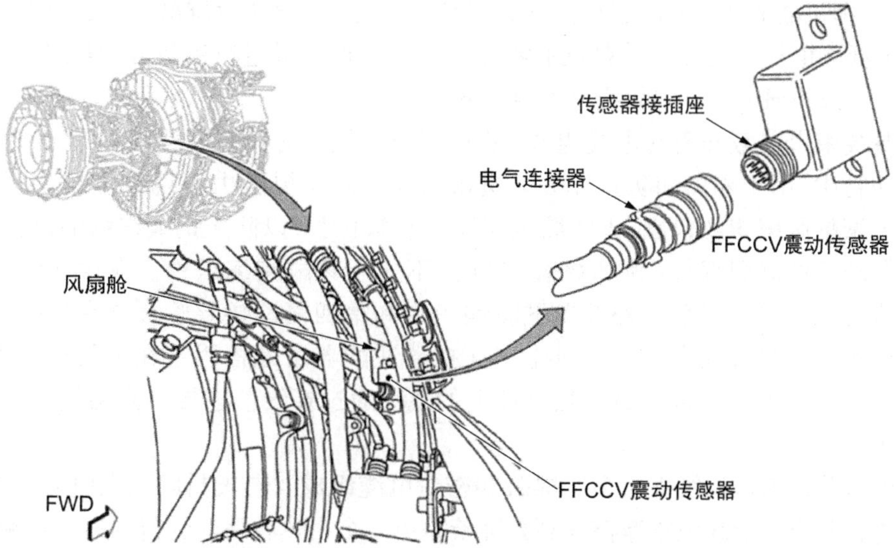

图 6.7.25　CFM56－7B FFCCV 加速度计

6.7.4　发动机线束接口

发动机导线线束根据线束在发动机上的安装位置,使用两种类型的线束:发动机核心机部分和发动机风扇部分(图 6.7.26)。

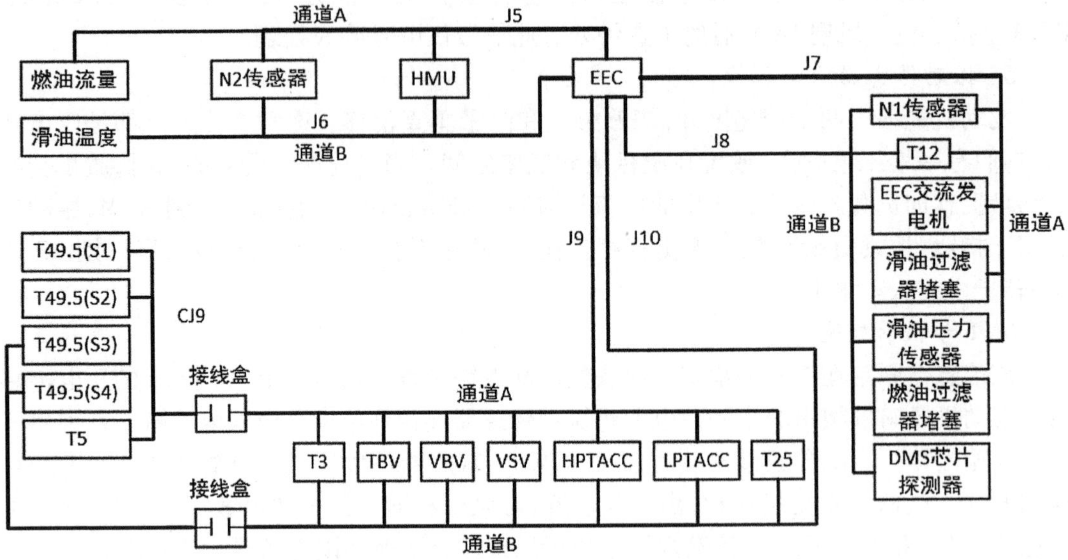

图 6.7.26　CFM56－7B 线束连接图

发动机核心部分，沿发动机核心部分布线的线束具有特殊设计，可承受高温。热段线束指定为：CJ9 和 CJ10。风扇部分在风扇进口机匣和风扇框架上运行的线束具有更传统的设计。冷段线束指定为：J5、J6、J7、J8、J9 和 J10。电气线束确保安装在发动机上的各种电气、电子和机电部件之间的连接。它们都经过了高频电气干扰屏蔽，线束中的每条电缆都经过了低频电气干扰屏蔽。它们还采用防火材料建造，并进行密封，以避免任何流体渗透。奇数线束为通道 A。偶数线束为通道 B。

高温线束由屏蔽和密封电缆组成，带有多个芯线。芯线被封闭在一个缠绕的聚四氟乙烯导管中，用于隔离和防止屏蔽编织物摩擦。高频屏蔽由不锈钢编织物提供。钢编织物由聚酰胺编织物包围，聚酰胺编织物涂有氟橡胶，以防止钢编织物的倒钩。当线束靠近发动机的高温部件（例如燃烧室）时，不使用聚酰胺编织物。在这些线束上，接头适配器有两个夹紧焊盘。外部聚酰胺编织物和聚四氟乙烯导管被夹在第一焊盘上，不锈钢屏蔽编织物被夹在第二焊盘上。连接器适配器用螺栓固定在电气插头上，通过聚四氟乙烯导管夹紧实现密封。热零件上的线束通过接线盒连接。高温线束接头上刻有其标识。

风扇部分线束低温线束由多芯屏蔽和密封电缆组成。芯被封闭在聚酰胺编织物中，用于隔离和防止屏蔽编织物摩擦。高频屏蔽是由一个由热收缩套管包围的镀锡铜编织物提供的。此套管可保护铜编织物并确保导线密封。在发动机风扇部分，使用不锈钢防流体连接器。根据线束包含的导线数量，分为两种类型的接头。如果是单根电线，则将高频屏蔽编织物直接夹在连接器适配器上。如果有几根电线，高频屏蔽编织物首先与主高频编织物压接在一起，然后夹在连接器适配器上。适配器用螺栓固定在电气插头上，接头由热缩套管保护，并粘合、夹紧在连接器适配器上。填充端口允许在连接器套筒内部注入密封剂。线束之间的接头由热缩套管保护。接头由印有连接件的环形套筒识别。

6.7.5　发动机 FADEC 系统实例

本小节中列举了被广泛使用的几款主流发动机的 FADEC 系统，以展示其基础系统设计的区别，以及分配给不同系统部件的系统功能的区别。

1. CFM56－5B 的 FADEC 系统

CFM56－5B 发动机是一种双转子、可变静子、高涵道比涡扇发电厂。CFM56－5B 为完整的单通道系列飞机提供动力。CFM56－5B 发动机有多种额定推力。所有的发动机基本上都是一样的。EEC 上的编程插头会改变可用推力。动力装置安装包括发动机、发动机进气、排气、风扇整流罩和反推总成。挂架将发动机连接到机翼结构上。发动机通过前后支架连接在挂架上。CFM56－5B 采用模块化概念设计。为了便于维护和更快地恢复使用，发动机由 4 个主要模块组成：风扇和低压压气机、高压压气机+燃烧室+高压涡轮、低压涡轮和涡轮后机架、分动箱和附件齿轮箱。

为了提高发动机的可靠性和效率，当与飞机子系统结合运行时，FADEC 提供了全范围的发动机控制，以实现稳态和瞬态发动机性能。每台发动机都由 EEC 控制，EEC 是一台位于发动机风扇机匣上的双通道计算机。EEC 在起动和所有操作过程中控制发动机。EEC 通过控制发动机子系统来管理发动机推力并防止超速和过热。EEC 还监测所有发动机子系统和传感器是否存在故障。当发动机运行时，FADEC 操作的电源由变速箱驱动的双输出 FADEC 交流发电机提供。

FADEC 系统有一个双通道 EEC 和以下外围设备(图 6.7.27)：

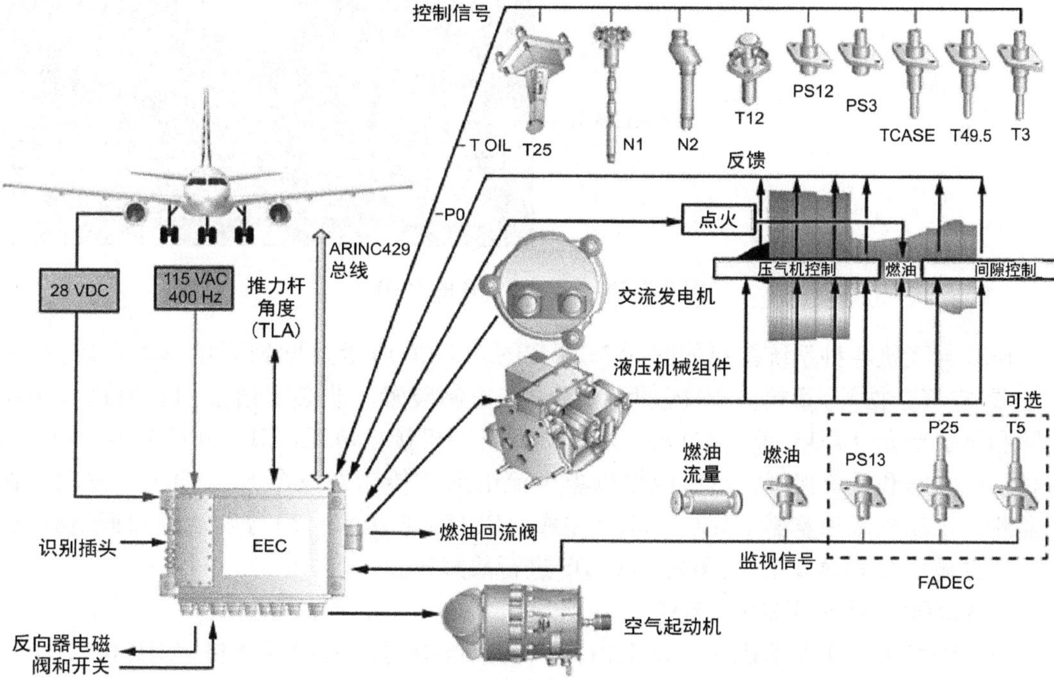

图 6.7.27　CFM56－5B 的 FADEC 系统基础架构

(1) 液压机械组件(如图 6.7.28 所示);
(2) 专用 FADEC 交流发电机;
(3) 压气机控制系统;
(4) 间隙控制系统;
(5) 起动系统(起动机截止阀、点火激励器);
(6) 推力反向器系统;
(7) 机油/燃油温度控制系统、燃油回油阀;
(8) 发动机传感器;
(9) 电气线束。

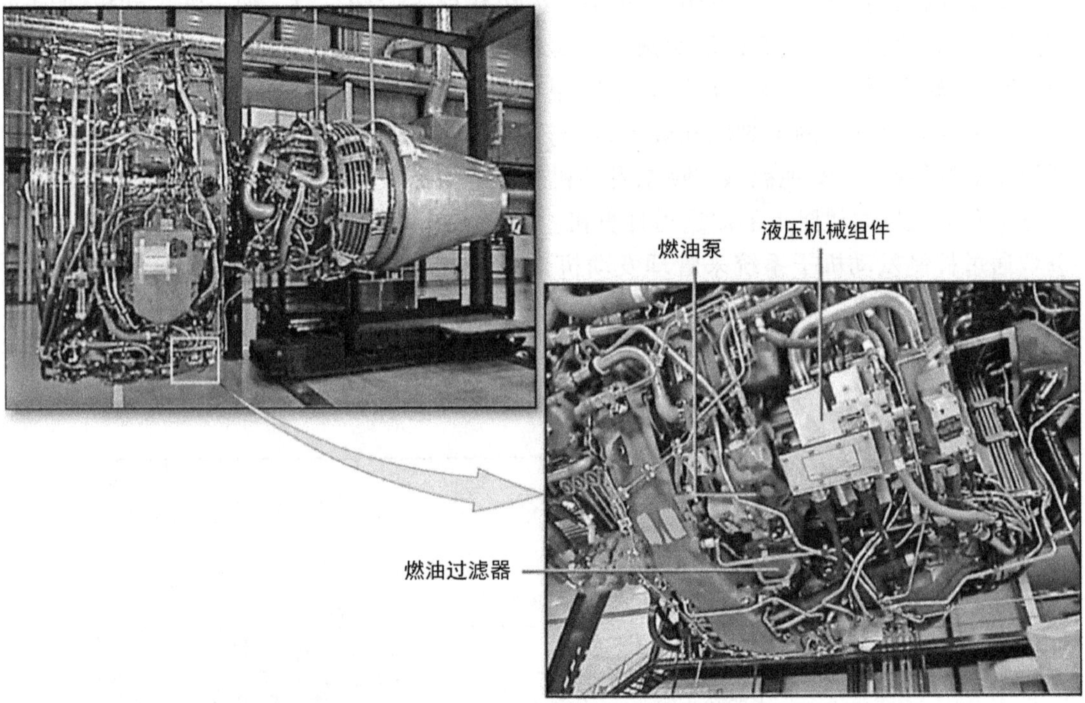

图 6.7.28 CFM5-5B 的 HMU

EEC 与飞机各种系统接口如图 6.7.29 和图 6.7.30 所示。与 EEC 的基本通信(推力杆位置、空气数据等)直接往返于适用的系统和控制装置。非必要通信[自动推力、集中故障和显示单元(CFDS)等]通过每台发动机的发动机接口单元(EIU)进行路由。EIU 与各种飞机电路和系统接口。然后数据以单个流的形式传输到每个 EEC 通道。发动机振动监测由发动机振动监测单元(EVMU)完成。EVMU 收集来自两台发动机的振动数据。振动信息显示在 ECAM 上,也可通过 CFDS 进行故障排除。

2. V2500-AS 的 FADEC 系统

IAE V2500-A5 发动机是一款双滑阀、轴流、高涵道比涡扇发动机,如图 6.7.31 所示。V2500-A5 为除 A318 以外的完整单通道系列飞机提供动力。V2500-A5 发动机有多种额定推力。所有的发动机基本上都是一样的。EEC 上的编程插头改变可用推力。

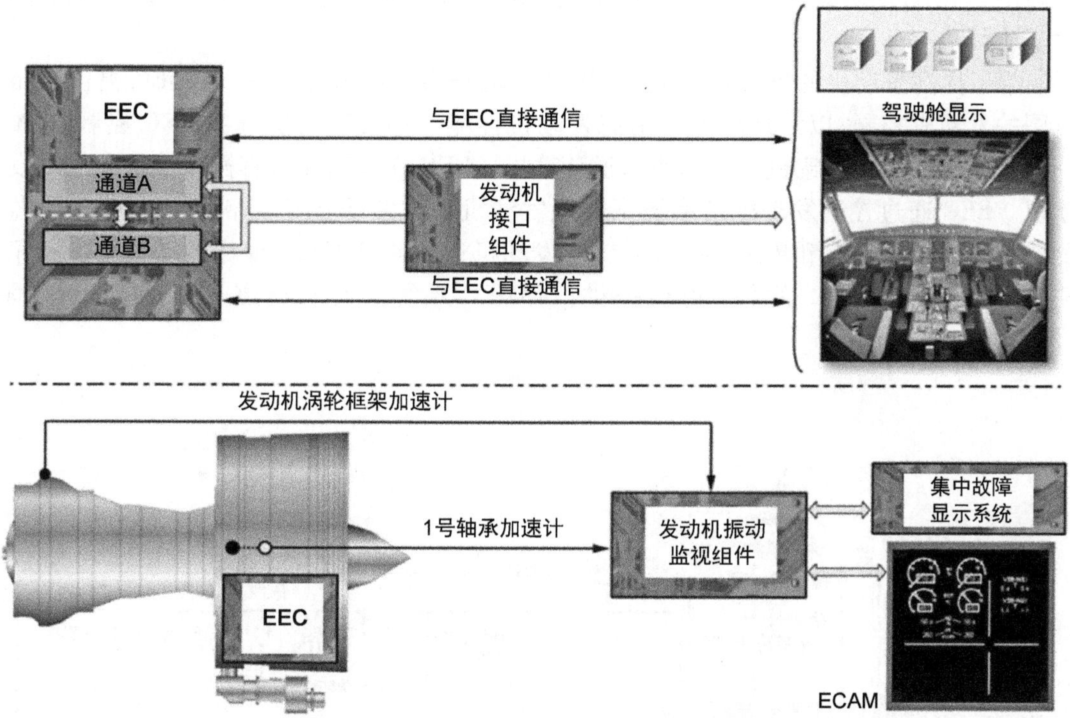

图 6.7.29　EEC 与飞机各个系统的接口

图 6.7.30　CFM56－5B 的 EEC 在风扇机匣的右侧

V2500－AS 安装在除 A318 以外的 A320 系列飞机上。动力装置安装包括发动机、发动机进气、排气、风扇整流罩和反推总成。挂架将发动机连接到机翼结构上。发动机通过 FWD 和 AFT 支架连接到挂架上。V2500－A5 采用模块化概念设计。为了便于维护和更快地恢复使用,发动机由 5 个主要模块组成：风扇、中间单元体、高压系统、低压涡轮、附件驱动器。

为了提高发动机的可靠性和效率,当与飞机子系统结合运行时,FADEC 提供了全范围的发动机控制,以实现稳态和瞬态发动机性能。每台发动机都由 EEC 控制,EEC 是一台位于发动机风扇机匣上的双通道计算机。EEC 在起动和所有操作过程中控制发动机。EEC 通过控制发动机子系统来管理发动机推力并防止超速和过热。EEC 还监测所有发动机子系统和传感器的故障。当发动机运行时,FADEC 操作的动力由变速箱驱动的双输出 FADEC 交流发电机提供。FADEC 系统具有双通道 EEC 和以下外围设备。

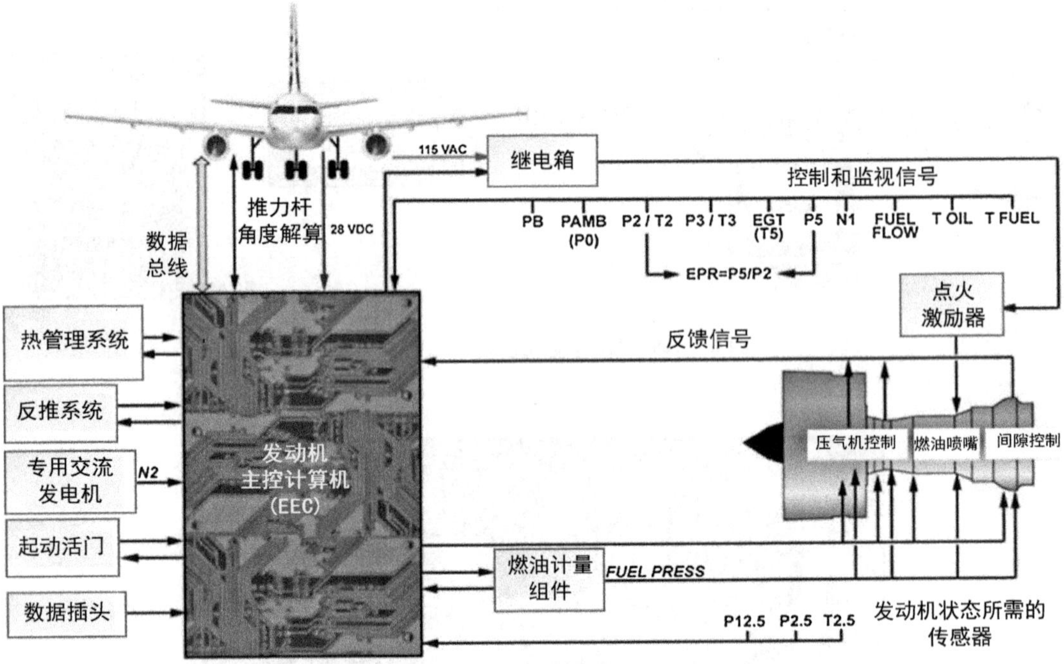

图 6.7.31　V2500 - AS 的 FADEC 系统基础架构

EEC 与各种飞机系统接口如图 6.7.32 所示。与 EEC 的基本通信(推力杆位置、空气数据等)直接往返于适用的系统和控制装置。非必要通信[自动推力、集中故障显示系统(CFDS)等]通过每台发动机的发动机接口单元(EIU)进行路由。EIU 与各种飞机电路和系统接口。然后,数据以单个流的形式传输到每个 EEC 信道。发动机振动监测由发动机振动监测单元(EVMU)完成。EVMU 收集来自两台发动机的振动数据。振动信息显示在 ECAM 上,也可通过 CFDS 进行故障排除。

EEC 位于风扇机匣的右侧(图 6.7.33)。FADEC 交流发电机位于齿轮箱上。VSV 作动机构和主动间隙控制系统如图 6.7.34 所示。

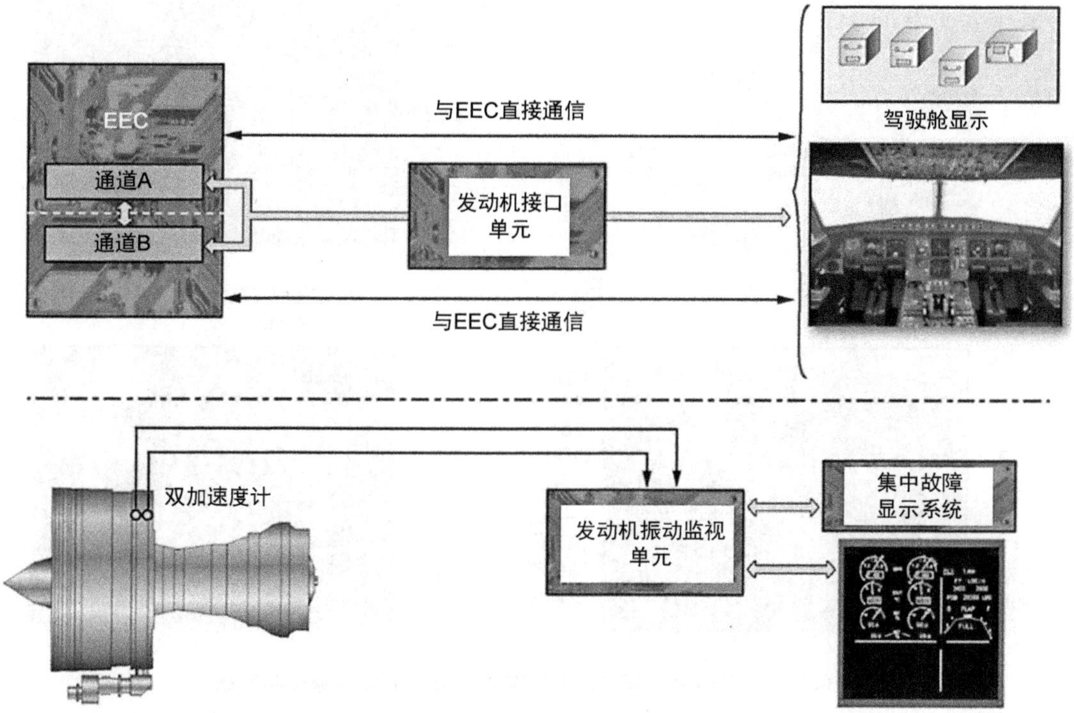

图 6.7.32　EEC 与飞机各个系统的接口

图 6.7.33　V2500－A5 的 EEC

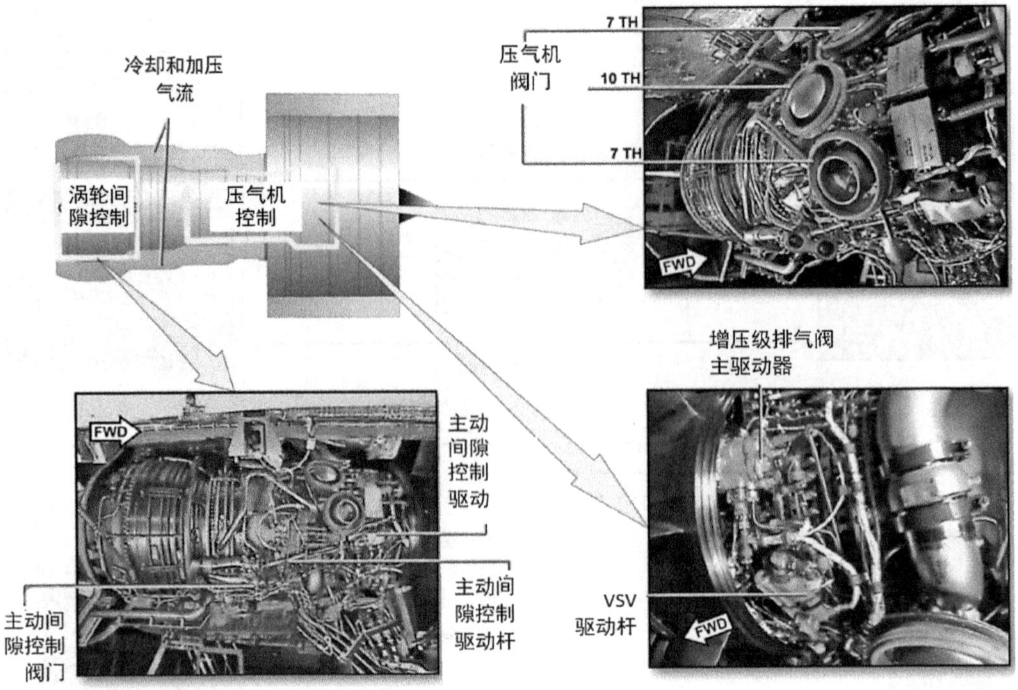

图 6.7.34　V2500－A5 的 VSV 作动机构和主动间隙控制系统

6.8　基于模型的飞机发动机控制方法

本节介绍基于模型的发动机控制(model base engine control, MBEC)方法的应用，该方法用于具有自调节功能的飞机涡扇发动机机载模型。该模型能够模拟真实的发动机性能，从而可以在广泛的工作点和生命周期条件下验证先进的控制方法。模型是从非线性发动机模型派生的分段线性模型，并使用最佳调谐器卡尔曼滤波器估计例程进行更新，这使得机载模型能够自调节以考虑发动机性能变化。MBEC 方法说明了先进的控制架构是可以通过降低保守的可操作性裕度来提高涡扇发动机设计阶段的效率，该模型可以减少可操作裕度(例如喘振边界)来扩大发动机的设计空间，大幅提高发动机效率。

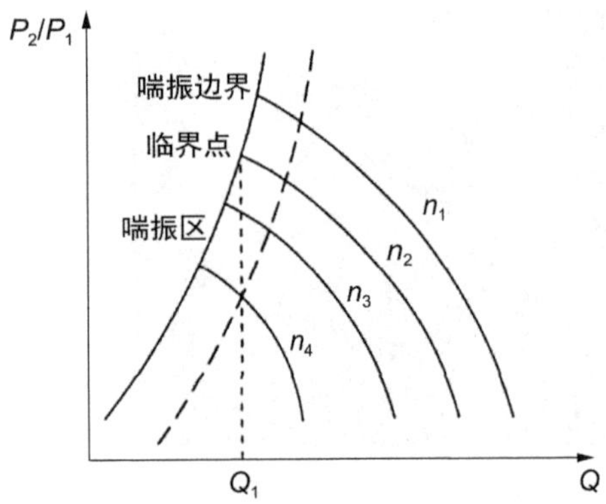

图 6.8.1　发动机进气量和效率关系图

当前的发动机控制架构中，因为发动机推力不是典型机载发动机传感器的可测量参数，常规的发动机控制设计理念是调节可测量的变量，例如与推力相关的 EPR。此外，采用更保守的方法对允许的燃油流量施加限制，以维持足够的发动机喘振边界约束，从而保证发动机在其整个使用寿命期间的安全运行。由图 6.8.1 发动机进气量和效率关系图可知，喘振边界定义为压气机性能图上从工作线到失速线的距离的度量，发动机工作在喘振边界效率最高。

根据图6.8.1,发动机喘振边界约束由临界点和喘振区两个主要部分划分。那么,首先存在允许发动机在其整个运行范围和生命周期内稳定运行的不确定性裕度,其次存在一个瞬态裕度,允许发动机从工作线上的一个点操纵到另一个稳态工作点。基于此开发喘振边界限制器,以确保可以使用较低的发动机喘振边界阈值来开发新的运行线,同时保持安全运行。通过使用机载模型来实现可定制的发动机控制方法,该模型旨在提供所需的未测量参数(例如推力、燃烧室出口温度和发动机喘振边界)的实时估计。MBEC 可以允许以不太保守的可操作裕度进行操作,因为可操作裕度通常是针对寿命结束(EoL)发动机,而机载模型可以为发动机的实际状况提供更准确的余量。这项研究的长期回报是对每个特定发动机进行个性化控制。对发动机实际状况的个性化控制将使发动机设计能够在整个生命周期内保持更高效的运行,并且进行调整以满足特定的任务要求。

MBEC 控制的重点是降低涡扇发动机推力比燃油消耗(TSFC)。涡扇发动机的控制开发通常在稳态发动机循环接近完成后进行,在本章节中,MBEC 用于改进高压压气机(HPC)发动机喘振边界的保护逻辑。

6.8.1 发动机喘振边界基线控制架构

配备全权限数字发动机控制的涡扇发动机的基线控制架构如图6.8.2所示。

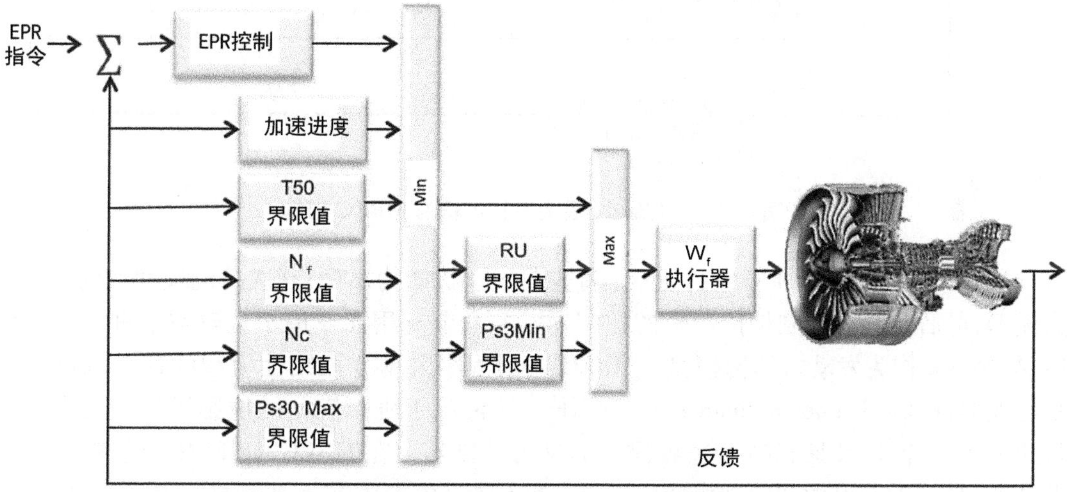

图6.8.2 具有最小/最大保护逻辑的基线全权限数字控制器图

现代商用飞机发动机中的控制系统旨在在整个发动机生命周期运行范围内以保守且安全的方式操作发动机。涡扇发动机控制器旨在调节可测量变量,例如与推力相关的EPR。飞行员和控制系统之间的主要接口是动力杆角度或油门,控制器逻辑使用它来设置所需的EPR需求。从命令设定点中减去测得的EPR产生误差信号,该信号发送至控制器以确定燃油流量。保护逻辑限制命令的燃油流量以保证发动机的安全运行。最后燃油流量信号被发送至燃油计量阀。为了安全和可操作性,保护逻辑用于调节可能导致失速或其他发动机故障的过度瞬态和其他操作限制,通过监测发动机轴加速度、燃烧室压力等感测参数来实现的,由于没有用于发动机喘振边界的机载传感器,因此发动机轴的加速度可作为发动机喘振边界的检测指标。最终使用最小/最大方法的选择过程的结果计算燃油流量提供给燃油计量阀。

6.8.2 MBEC 控制架构

在飞机发动机控制理论的研究领域,MBEC 被认为是提供必要的改进效率以降低发动机特定燃油消耗的一种手段。本章节应用的 MBEC 架构的总体示意图见图 6.8.3。

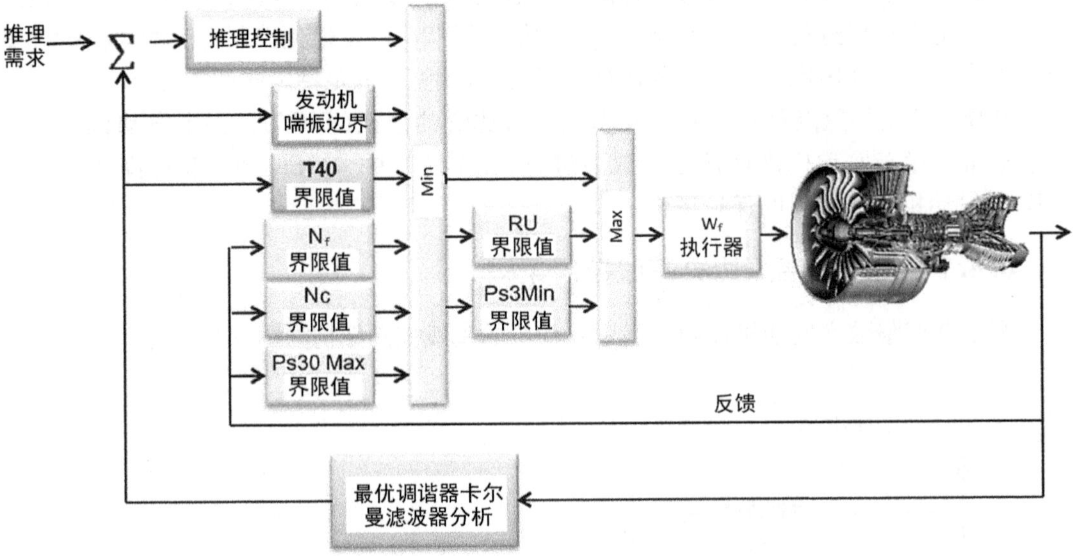

图 6.8.3 有最小/最大保护逻辑的 MBEC 架构

MBEC 架构由三个主要组件组成:首先是发动机结构模型,其次是机载发动机运行动力模型,最后是具有限制保护逻辑的控制器。本章节利用商业模块化航空推进仿真系统 CMAPSS40k 作为发动机结构模型。MBEC 应用程序采用分段线性模型的最佳调谐卡尔曼滤波器(optimal tuner Kalman filter,OTKF),这种基于机载模型的控制提供了推力和喘振边界的估计,以及具有喘振边界保护的推力控制器。在 MBEC 中,EPR 调节被净推力调节所取代,加速保护和发动机燃气轮机温度(T50)安全限制器被直接 HPC 发动机喘振边界限制器和燃烧室出口温度(T40)限制器取代,如图 6.8.3 所示。在机载自调节发动机模型中,OTKF 估计例程用于根据当前发动机状况对机载模型进行自调节。下面进一步详细介绍构成 MBEC 架构的三个主要组件。

1. 发动机结构模型

CMAPSS40k 是模拟 40 000 lb(18 143.69 kg)力级涡扇发动机的仿真模型,该模型专为控制算法的开发和测试而设计。图 6.8.4 显示了带有站号的通用发动机原理图。

该仿真模型提供了真实的瞬态发动机响应,并且能够比实时执行得更快。CMAPSS40k 中提供了基线控制器,以及图 6.8.2 中所示的保护逻辑。对于 CMAPSS40k

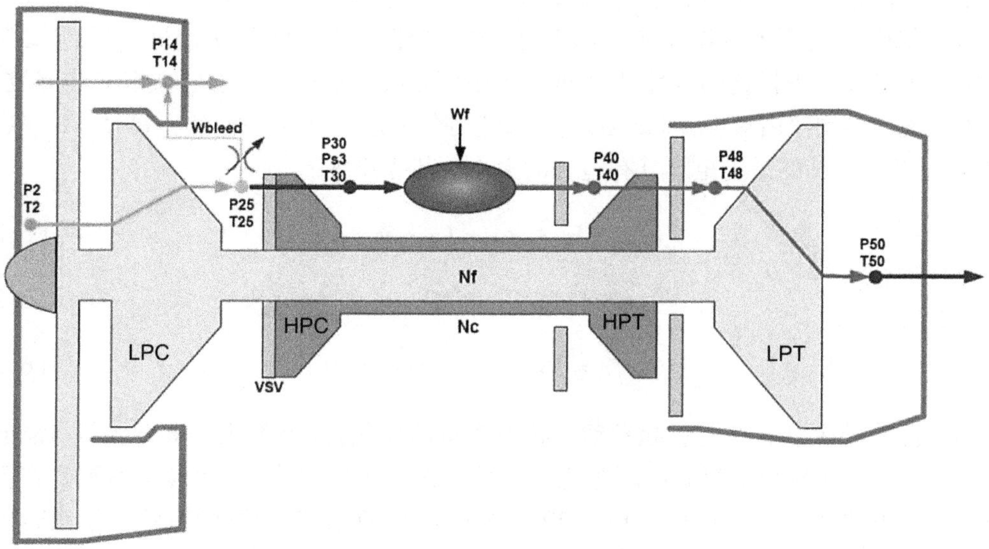

图 6.8.4　CMAPSS40k 仿真模型

仿真,反馈控制器和限制器设计为具有积分饱和保护的增益调度比例积分控制。CMAPSS40k 除了控制燃油流量外,还调度 VSV 和 VBV。

该模型包含一套用于涡扇发动机控制架构的典型传感器,其中包括:

(1) 核心速度;

(2) 风扇转速;

(3) 进口压力;

(4) 入口温度;

(5) 高压压气机排气静压;

(6) 高压压气机排气温度;

(7) 低压透平出口温度;

(8) 低压透平出口压力。

CMAPSS40k 模拟包含发动机劣化与飞行周期数的机队平均概况。通过根据发动机劣化百分比更改运行状况参数,可以模拟发动机生命周期的各个阶段,范围从 0%(新发动机)到 100%(EoL 发动机)。健康参数通过修改以下每个发动机组件的效率和流量来计算恶化百分比:风扇、LPC、HPC、HPT 和 LPT。

2. *机载发动机运行动力模型参数估计*

线性最优调谐器估计。OTKF 提供了机载发动机模型的更新,使机载模型能够进行自调整以适应发动机性能的变化。为了获得最佳调谐器估计,使用了软件中列出的 8 个 CMAPSS40k 控制传感器。总共 10 个健康参数和 8 个传感器代表了一个不确定的估计问题,从而说明了 OTKF 方法的必要性。机载模型是从 CMAPSS40k 开发的分段线性、时不变状态空间模型,高度从 0 到 40 000 ft(12 192 m),步长为 20 000 ft(6 096 m),马赫数从 0 到 0.8,步长为 0.2,修正后的风扇速度为 1 200~4 200 r/min,步长为 400 r/min。分段线性模型用于根据传感器输入建立卡尔曼滤波器估计更新。本研究的估计参数是推力、HPC 发动机喘振边界和 T40。最优调谐器卡尔曼滤波器。整个发动机装置模型由式(6.26)~式(6.28)中描述的线性 时不变状态空间系统来描述。为了建立卡尔曼滤波器,引入不相关的零均值白噪声,用 w 和 v 表示,然后分别建立协方差矩阵 Q 和 R。A、B、C、D、L、M、F、G、N 的系统矩阵具有适当的大小以建立系统。

$$\dot{x} = Ax + Bu + Lh + w \tag{6.26}$$

$$y = Cx + Du + Mh + v \tag{6.27}$$

$$z = Fx + Gu + Nh \tag{6.28}$$

为了说明健康参数如何引起发动机状态变量的变化,健康参数向量直接与状态向量连接。由于发动机寿命期间的逐渐恶化比其他状态变量慢得多,因此健康参数是在没有动态的情况下建模的。该系统如式(6.29)~式(6.31)所示,其中下标"xh"表示组合的状态向量和健康向量。

$$\dot{x}_{xh} = \begin{bmatrix} \dot{x} \\ \dot{h} \end{bmatrix} = \underbrace{\begin{bmatrix} A & L \\ 0 & 0 \end{bmatrix}}_{A_{xh}} \underbrace{\begin{bmatrix} x \\ h \end{bmatrix}}_{x_{xh}} + \underbrace{\begin{bmatrix} B \\ 0 \end{bmatrix}}_{B_{xh}} u + \underbrace{\begin{bmatrix} w \\ w_h \end{bmatrix}}_{w_{xh}} = A_{xh}x_{xh} + B_{xh}u + w_{xh} \tag{6.29}$$

$$y = \underbrace{\begin{bmatrix} C & M \end{bmatrix}}_{C_{xh}} \underbrace{\begin{bmatrix} x \\ h \end{bmatrix}}_{x_{xh}} + Du + v = C_{xh}x_{xh} + Du + v \tag{6.30}$$

$$z = \underbrace{\begin{bmatrix} F & N \end{bmatrix}}_{F_{xh}} \underbrace{\begin{bmatrix} x \\ h \end{bmatrix}}_{x_{xh}} + Gu = F_{xh}x_{xh} + Gu \tag{6.31}$$

为了解决健康参数欠定估计问题,使用由下式定义的调整向量:

$$q = V^{*} h \tag{6.32}$$

式中,V^{*} 是用于构造调整向量的变换矩阵。为了获得健康参数向量的近似值,假设变换矩阵的伪逆矩阵 V^{*+},则

$$\hat{h} = V^{*+} q$$

那么,式(6.29)~式(6.31)可以推导为

$$\dot{x}_{xq} = \begin{bmatrix} \dot{x} \\ \dot{h} \end{bmatrix} = \underbrace{\begin{bmatrix} A & LV^{*+} \\ 0 & 0 \end{bmatrix}}_{A_{xq}} \underbrace{\begin{bmatrix} x \\ q \end{bmatrix}}_{x_{xq}} + \underbrace{\begin{bmatrix} B \\ 0 \end{bmatrix}}_{B_{xq}} u + \underbrace{\begin{bmatrix} w \\ w_q \end{bmatrix}}_{w_{xq}} = A_{xq}x_{xq} + B_{xq}u + w_{xq} \tag{6.33}$$

$$y = \underbrace{\begin{bmatrix} C & MV^{*+} \end{bmatrix}}_{C_{xq}} \underbrace{\begin{bmatrix} x \\ q \end{bmatrix}}_{x_{xq}} + Du + v = C_{xq}x_{xq} + Du + v \tag{6.34}$$

$$z = \underbrace{[F \quad NV^{**}]}_{F_{xq}} \underbrace{\begin{bmatrix} x \\ q \end{bmatrix}}_{x_{xq}} + Gu = F_{xq}x_{xq} + Gu \tag{6.35}$$

卡尔曼滤波器是使用稳态方法开发的，其中状态估计协方差和卡尔曼增益不随时间变化。

控制器由式(6.36)~式(6.40)定义：

$$\dot{x}_c = A_c x_c + B_{ce}e + B_{co}y_o \tag{6.36}$$

$$u = C_c x_c \tag{6.37}$$

$$e = r - \hat{z}_r \tag{6.38}$$

$$\hat{z}_r = [F_r \quad N_r V^{**}]\hat{x}_{xq} + G_{ru} \tag{6.39}$$

$$y_o = C_o x + D_o u + M_o h \tag{6.40}$$

将上述控制器关系与卡尔曼滤波器估计相结合，得

$$\begin{aligned} \dot{x}_c &= (B_{co}C_o)x + (A_c - B_{ce}G_r C_c + B_{co}D_o C_o)x_c - B_{ce}[F_r \quad N_r V^{**}]\hat{x}_{xq} + B_{co}M_o h + B_{ce}r \\ &= A_1 x + A_2 x_c + A_3 \hat{x}_{xq} + L_1 h + B_{ce}r \end{aligned} \tag{6.41}$$

最后，将增强对象与卡尔曼滤波器和控制器相结合，闭环系统可以写为

$$\begin{bmatrix} \dot{x} \\ \dot{x}_c \\ \dot{\hat{x}}_{xq} \\ \dot{h} \end{bmatrix} = \begin{bmatrix} A & BC_c & 0 & L \\ A_1 & A_2 & A_3 & L_1 \\ KC & B_{xq}C_c & (A_{xq} - KC_{xq}) & KM \\ 0 & 0 & 0 & 0 \end{bmatrix} \begin{bmatrix} x \\ x_c \\ \hat{x}_{xq} \\ h \end{bmatrix} + \begin{bmatrix} 0 \\ B_{ce} \\ 0 \\ 0 \end{bmatrix} r \tag{6.42}$$

对于飞机发动机模型参数估计，状态向量 x 由风扇和核心线轴的速度组成。控制输入 u 代表燃油流量和其他控制输入，例如 VSV 和 VBV。测量的输出 y 代表系统中所有感测到的参数。参数 z 表示感兴趣的未测量参数的值。向量 h 表示发动机的健康参数。卡尔曼滤波器的估计精度取决于 V^* 的选择，它表示健康和调整参数相关的转换矩阵，也可以选择使用最佳迭代搜索来最小化感兴趣参数的均方估计误差和传感器测量的健康参数和辅助参数。

非线性最优调谐器扩展卡尔曼估计。典型的扩展卡尔曼滤波器依赖于非线性模型实时计算的偏导数矩阵。这样做是为了计算仿真过程中当前工作点的卡尔曼增益。然而，即使现代处理器的计算能力不断增强，实时线性化非线性发动机模型仍然存在挑战，其中包括确保发动机模型在每个工作点稳定收敛的能力。为了避免与板载线性化相关的这些实际问题，使用最优调谐器扩展卡尔曼滤波器(OTEKF)实施了时不变卡尔曼滤波方法，这种实现的优点是非线性模型只需要每个时间步执行一次。

下面说明最优调谐器离散扩展卡尔曼滤波器的实现。令先验估计等于先前的状态估计：

$$\hat{x}_k^- = \hat{x}(k-1)^+ \tag{6.43}$$

因此,后验状态估计方程可以写为

$$\hat{x}_k^+ = \hat{x}_k^- + K_\infty(y_k - \hat{y}_k^-) \tag{6.44}$$

理想情况下:

$$\hat{y}_k^- = C_{xq}\hat{x}_k^- + D_{xq}\Delta u \tag{6.45}$$

该方程表明 $\hat{y}_k^-$ 是后验估计的函数,$\hat{x}_k^-$ 基于先前的估计。因此,离散方程式(6.44)可以写成:

$$\hat{x}_k^+ = \hat{x}_k^- + K_\infty(y_{k-1} - \hat{y}_{k-1}^-) \tag{6.46}$$

式(6.46)中 $K_\infty(y_{k-1} - \hat{y}_{k-1}^-)$ 的值可以由非线性模型的先前输出和实际测量值得到。如果先验状态预测值更新,当前执行器命令 uk 和当前后验预测值 $\hat{x}_k^+$ 建立非线性模型,以生成当前输出向量 $\hat{y}_k$ 和辅助输出向量 $\hat{z}_k$:

$$\hat{y}_k = f(\hat{x}_k^+, u)\hat{z}_k = f(\hat{x}_k^+, u) \tag{6.47}$$

对于上述扩展卡尔曼滤波器的实现,非线性发动机模型是在假设发动机劣化固定为50%的情况下执行的,并且不需要用户计算全局最优变换矩阵。

控制器和可操作性裕度。飞机涡扇发动机必须在各种环境条件下运行,发动机在不同环境条件下表现不同的事实增加了控制设计的复杂性。处理这种复杂性的一种方法是使用增益调度,它利用插值来在条件之间进行转换。CMAPSS40k 设定点控制器的框图如图 6.8.5 所示。

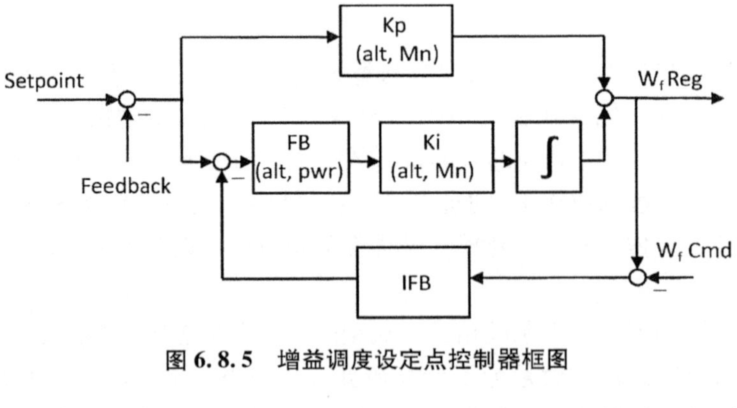

图 6.8.5　增益调度设定点控制器框图

其中主控制环路为 EPR 和 MBEC 的推力。CMAPSS40k 中使用的 PI 控制器的增益 Kp 和 Ki 根据高度和马赫数进行调度。积分器之前有一个根据海拔高度和功率水平(pwr)安排的额外增益,这个额外增益有助于在不同功率水平下产生临界阻尼响应。积分器项包含积分抗饱和保护方案,其包括如图 6.8.5 所示的增益(IFB)。控制器的输出 Wf Reg 是控制器的期望燃油流量,Wf Cmd 是最后一个时间步最小/最大保护逻辑之后的实际燃油流量。

对于 CMAPSS40k,控制器设计可以在保持 EPR 和推力实施的临界阻尼闭环响应的同时,实现 6 Hz 燃油泵驱动器的典型带宽,并产生至少 6 dB 的增益裕度和大于 45°的相位裕度。

如前所述,CMAPSS40k 控制器中的限制器限制轴速度、燃烧室压力、发动机加速度和最小 RU,以维持整个飞行包线的安全运行。保护逻辑旨在确保关键变量不会超出其限制,在 CMAPSS40k 中,每个限制调节器都设计为 PI 控制器,类似图 6.8.5 中所示的设定点控制器。这里的主要区别是没有反馈(FB),并且 PI 增益是恒定的,不是预定的。主要限制器作为基线的加速度限制器,发动机 HPC 的 MBEC 喘振边界。这些限制器的目的是防止 HPC 在快速加速或推力大幅变化期间失速,加速度限制器结构如图 6.8.6 所示。

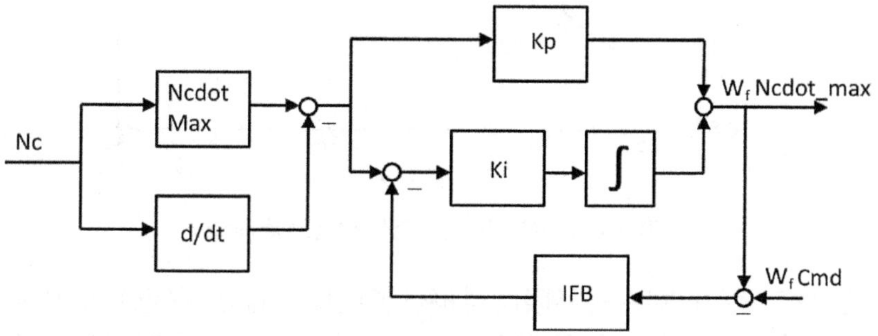

图 6.8.6　加速度限制器示意图

C – MAPSS40k 基线控制器中实现的加速计划是使用核心加速(Ncdot)与校正核心速度(Nc)进行设计的。因此,在瞬态期间,发动机核心被控制为沿着作为当前核心速度的函数的时间表加速。最大加速度限制由加速表确定,如图 6.8.6 中的 Ncdot max 模块。该误差是根据最大加速度(Ncdot max) 和根据当前核心速度计算出的当前加速度计算得出的。HPC 发动机喘振边界限制器的主要区别在于,限制器基于一组发动机喘振边界,而不是 Ncdot 计划。

潜在的控制器增强功能。除了 MBEC 架构之外,还实施了条件激活(CA)限制器来提高上述保护逻辑的性能。CA 方法在其中仅当要限制的变量处于接近实际极限值的指定界限内时,发动机控制极限调节器才起作用。在选择设备的命令输入时不断使用限制调节输出。这种方法本质上是保守的,因为命令的输入可能受到限制调节器之一的限制,即使要限制的输出的值远离其限制。由于限制调节器的目的是确保不违反指定的限制,因此如果没有机会达到限制,则不需要激活它。CA 限制调节器背后的想法是,仅当设定点调节器(或另一个限制调节器)生成的输入命令不存在达到限制的合理机会时,才使限制调节器在最小-最大选择方案中处于活动状态。激活限制调节器的操作区域可以通过两个条件来定义: ① 被限制的变量接近其极限值;② 当前速率在一定时间内达到极限,且没有其他变化。使用有条件主动限制调节器可以防止限制调节器不必要地减慢发动机响应,从而实现更快的发动机响应。当限制有被突破的风险时,使用 CA 限制调节器逻辑和降低加速度限制,可以通过减少所需的瞬态喘振裕度来实现燃油节省。CA 控制限制器采用 MBEC 架构来实现,以减少发动机从慢车到全功率的上升时间,以模拟起飞条件。研究结果表明与基线控制架构相比，上升时间可缩短 0.5 s 以上。使用 HPC 发动机喘振边界限制器，仅获得了微小的改进，如图 6.8.7 所示。

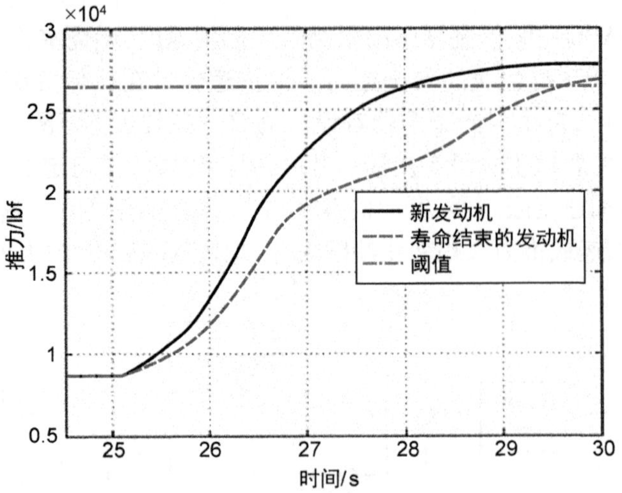

图 6.8.7　CA 控制限制器改进对比曲线

有 CA 的 HPC 发动机喘振边界限制器提供了更快的响应（绿色），但从海平面静态空闲到静止状态仅快了约 0.2 s。即使假设完美的估计，在没有 CA 限制器的情况下也会出现 95%的功率瞬态（蓝色）。可以看出，在 MBEC 架构中使用了 CA 限制器，但其目的是提供额外的余量来解决估计误差，而不是直接减少瞬态可操作性余量。

3. MBEC 在发动机设计中的应用

MBEC 此前曾被探索通过修改发动机的工作线来提高燃气轮机的效率。最初研究了 VSV 和 VBV 等控制驱动器，以修改已设计的涡扇发动机的运行。然而，一旦设计出商用发动机，可用的驱动器就不允许对发动机的稳态工作点进行显著改变。为了充分实现 MBEC 的潜在效率增益，控制考虑因素需要成为设计过程的一部分。发动机设计过程中控制系统设计的步骤如下。

（1）可操作性不确定性裕度调查：定义发动机 HPC 发动机喘振边界 堆栈并识别可操作性裕度的潜在降低。

（2）MBEC 估计研究：开发 MBE 控制器和可操作性限制架构以确定估计精度。

（3）满足 FAA 瞬态要求所需的最小瞬态裕度。

（4）发动机重新设计：通过修改涡轮模型流量标量来进行近似发动机重新设计，以便在降低 HPC 发动机喘振边界的情况下设置操作线时具有更大的灵活性。

（5）调整 MBEC：由于新设计的发动机，配平点和动态可能会与基准发动机发生变化。为了确保之前确定的估计精度，请调整 OTKF。

（6）TSFC 减少结果：在重新设计的发动机上实施 MBEC 架构，以实现效率提升并确保整个飞行包线的安全运行。

（7）与发动机设计者反复验证是否实现了效率改进。

1）可操作性不确定性裕度调查

喘振边界叠加是在巡航工作点设计的，它考虑了各种影响，这些影响将导致在整个发动机的整个使用寿命期间的各种工作条件下导致裕度波动，例如发动机之间的变化、恶化、瞬态操作和失真。发动机喘振边界将分为不确定性裕度和瞬态裕度两大类。本节重点关注可被打破的不确定性裕度。表 6.8.1 中所示的一些不确定性堆栈是由于发动机在其运行范围或生命周期内预计会经历的可能情况而固定的。

表 6.8.1　典型的喘振边界不确定性要素分析表

失速边际不确定性的要素	概率/%
发动机与发动机的差异	1.0
雷诺数效应	1.0
运营线路恶化	2.0
失速线恶化	3.0
入口变形	4.0
总失速边际不确定性	11

为了确定发动机可操作裕度的保守性，基线巡航设计点定义为高度 30 000 ft (9 144 m)、飞行速度马赫数 0.8、功率设置为 66.5°PLA。对于新发动机，该设计点的 HPC 发动机喘振边界确定为 24.05%。通过模拟整个飞行包线和发动机生命周期的 2 557 个飞行条件来研究 HPC 发动机喘振边界 堆栈中的保守性，以查找与定义的巡航设计点的变化。对于不确定性堆栈，稳态中期(50%恶化的发动机)最坏情况发动机喘振边界为 11.11%，平均值为 14.28%，三个标准差为 3.96%。由于发动机寿命恶化而导致的 HPC 发动机喘振边界 组件的不确定性最坏情况为 5.01%，平均值为 2.37%，三个标准差为 0.80%。这为瞬态操作留下了大约 13%的余量，而之前已经提到了 24%。研究表明，如果基于平均值加上三个标准差而不是最坏情况下的 5.01%来设定，那么由于恶化而导致的发动机喘振边界不确定性可以减少 1.8%。

为了改进发动机参数的估计，特别是在瞬态操纵期间，采用了扩展卡尔曼滤波器。最佳调谐器扩展卡尔曼滤波器(OTEKF 在相同的一百个巡航操作点上运行)，以与线性 OTKF 进行比较。请注意，控制器的架构没有变化，只是板载模型卡尔曼滤波器发生了变化。OTEKF 依赖于使用非线性发动机模型来生成输出向量和包含控制器估计参数的辅助状态向量。瞬态运行期间三个发动机参数的最大百分比差异如图 6.8.8 所示。

图 6.8.8 使用 OTEKF 在瞬态操作期间推力、HPC 发动机喘振边界和 T40 的真实值与估计值的比较图可以看出，推力和平均值的估计差异显著减小显示了 HPC 发动机喘振边界的估计差异，而 T40 的估计差异仍然相对较小。本研究的关键参数是推力和 HPC 发动机喘振边界的估计。这表明如果使用 OTEKF 的平均误差，则需要显著较小的余量来解释估计误差，或者如果使用最坏情况，则至少需要边际减少。

2）可操作性瞬时裕度调查

除 HPC 发动机喘振边界的不确定性部分之外，瞬态裕度也可能会降低。发动机响应充分满足美国联邦航空管理局瞬时起飞要求，定义为在五秒内从飞行慢车达到 95%功率。

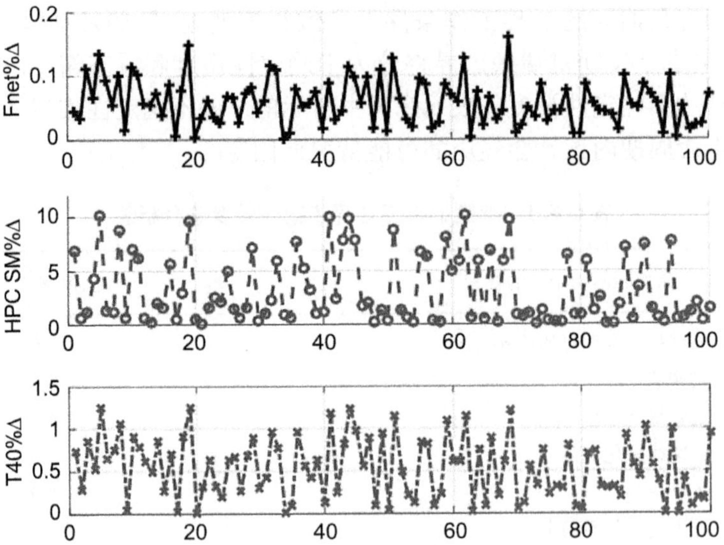

图 6.8.8　测试点

起飞模拟用于确定进一步减少 13%的瞬态裕度以满足 FAA 瞬态性能要求。为了使用发动机模型对此进行测试,假设完美估计,则使用 MBEC 喘振边界限制器来设置瞬态堆栈。最坏的情况是由于在 2 438.4 m 的高度和炎热的天气模拟 FAA 要求的最小裕量要求。设置在 25 s 时发生大瞬变,以确保稳定状态条件满足后,然后将新发动机运行至 95%的全功率。瞬态裕度会不断减小,直到 EoL 发动机满足 FAA 瞬态要求为止,并且具有较小的增量裕度,以解决最终 MBEC 架构中的估计误差。在基线 CMAPSS40k 中,发动机可以在几秒钟内满足要求,但随着更快响应可操作性裕度的降低,发动机的响应速度会减慢。对于新发动机和 EoL 发动机,这种缩短的时间响应如图 6.8.9 所示。

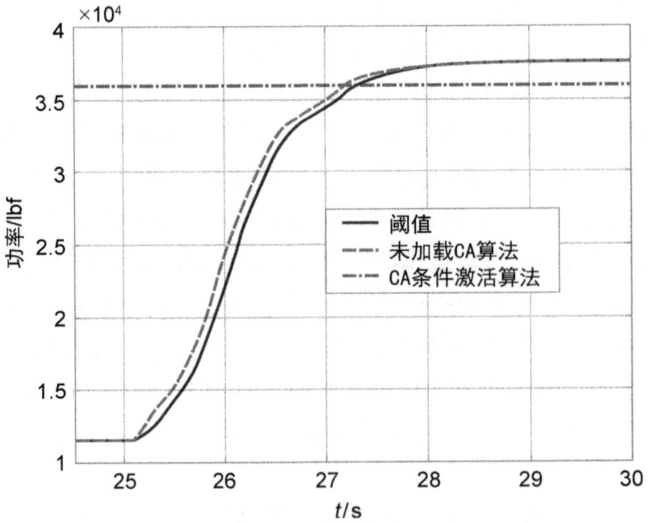

图 6.8.9　减少瞬态裕度下发动机推力曲线

可以看出,EoL 发动机仍然满足 FAA 瞬态要求,并且还有不到半秒的额外响应时间。这导致可运营裕度暂时减少 2.9%,使发动机喘振边界总量减少 4.7%。

3) 发动机重新设计

考虑到可操作性裕度的减少,该发动机的近似重新设计是通过移动操作线来进行的。重新设计是通过缩放 LPT 和 HPT 性能图的流量标量来完成的,以减少校正的质量流量,从而将发动机工作线更改为更高的压力比。这样做是为了说明如果在设计阶段考虑控制,可为发动机设计者提供潜在的额外灵活性和效率增益。由于 MEBC 能够在满足性能可操作性要求的同时降低裕度,因此可以使用更广泛的压气机性能图进行操作。

流量标量减少几个百分点就会起动迭代搜索方法,直到操作线保守性降低,以考虑确定为所需减少量的 4.7%裕度。为发动机重新设计选择的最终流量标量是 LPT 和 HPT 初始校正值的 94.75%。这本质上解释了瞬态减少,但用估计误差来交换不确定性裕度。HPC 和 HPT 的原始和修改后的 CMAPSS40k 操作线如图 6.8.10 所示。

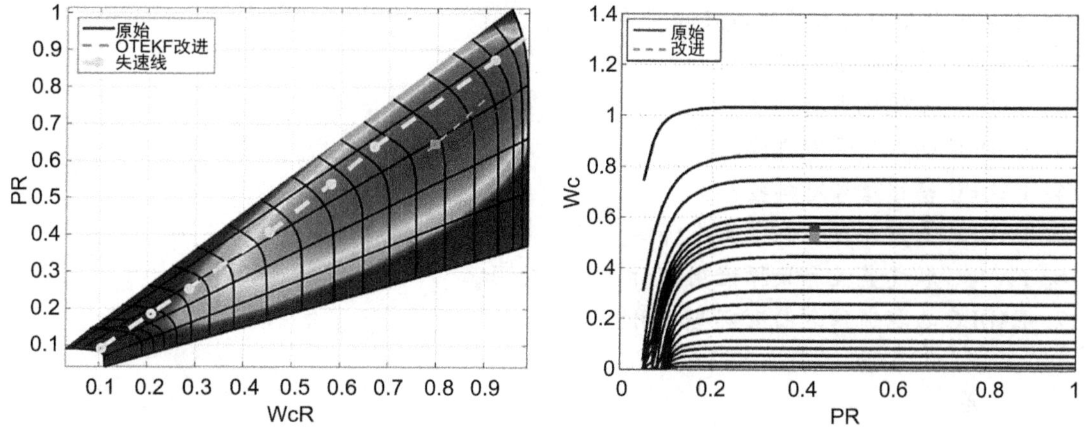

图 6.8.10 HPC(左)和 HPT(右)的性能图

涡轮的重新设计改变了压缩系统组件的操作线,将它们移向失速线(黄色)。HPC 的新操作线(绿色)比原来的操作线(蓝色)更接近失速线(黄色)。这里涡轮在阻塞或接近阻塞状态下运行,与压缩系统组件相比,操作区域较小。涡轮中的这些微小变化会对压缩系统部件产生巨大影响。彩色图说明了效率,红色表示效率较高,蓝色表示效率较低。对于 OTEKF,使用 95.75%的流量标量,而不是 OTKF 的 94.75%的流量标量。由于对 OTEKF 瞬态期间的估计精度更有信心,这可以解释大部分不确定性的降低。

4) 调整 MBEC OTKF

MBEC OTKF 架构建立在分段线性模型的基础上,该模型是通过对工作点的小扰动对 CMAPSS40k 仿真进行线性化而获得的。线性点模型通过插值方案和稳态流量平衡求解器的稳态调整点构建在一起。上一小节重新设计的发动机将具有与初始估计精度分析中使用的基线发动机略有不同的调整点和动态。为了确保达到相同的近似估计精度,为重新设计的发动机获得了新的分段线性模型,然后应用构建 OTKF 的相同过程。一般来说,只需更新调整点,就可以解决基线发动机和重新设计发动机之间的大部分估计误差问题。

思 考 题

1. 发动机的剩余功率是什么？
2. 控制对象、控制装置和控制系统是什么？
3. 可控变量、被控变量和干扰量是什么？
4. 发动机控制方案和组成是什么？
5. 影响起动过程的因素与起动控制是什么？
6. 影响发动机加速性的因素是什么？
7. 发动机的超温限制和限制方法是什么？
8. 发动机的超压限制和限制方法是什么？
9. 发动机的熄火限制和防止高空熄火的方法是什么？
10. 发动机电子控制系统组成及功用有哪些？
11. FADEC 系统组成有哪些？
12. FADEC 系统优点有哪些？
13. FADEC 输入信号有哪些？
14. FADEC 输出信号有哪些？
15. FADEC 在发动机控制方面有哪些功用？
16. FADEC 状态监控和故障检测方面有哪些功用？
17. FADEC 数据通信方面有哪些功用？

参考文献

安德瑞·林克·迪辛格,2015. 民用涡扇发动机系统. 中航工业商发,译. 北京：航空工业出版社.

杨坤,侯乃先,白国娟,等,2020. 涡扇发动机适航：术语与定义. 北京：科学出版社.

赵洪利,2010. 现代民用航空燃气涡轮发动机. 北京：中国民航出版社.

赵连春,杰克·马丁利,2012. 飞机发动机控制——设计、系统分析和健康监视. 张新国,等译. 北京：航空工业出版社.

Hanz Richter,2013. 涡扇发动机先进控制. 覃道亮,王曦,译. 北京：国防工业出版社.

A319/320/321/330 Aircraft Maintenance Manual(CFM56ENGINES(CFM56－5)).

B737－600/700/800/900 Aircraft Maintenance Manual(CFM56ENGINES(CFM56－7)).

B737－600/700/800/900 Component Maintenance Manual(CFM56－5A/－5B/－5C and CFM56－7B).

国际标准单位与英制单位换算表

英制—国际标准	
1 mile	1. 609 km
1 ft	0. 304 8 m
1 in	25. 4 mm
1 USG	3. 7851 dm^3
1 lb	0. 454 kg
1 lbf	4. 448 2 N
1 lb/s	0. 453 6 kg/s
1 lb/in^2	1 psi
1 psi	6. 894 8 kPa
1hp	0. 745 7 kW
℉	= 1. 8×℃ +32

英文缩写全称对照表

A

A/C	aircraft
A/C	alternating current
ACARS	aircraft communication addressing and reporting system
ACMS	aircraft condition monitoring system
ACS	aircraft control system
ADC	air data computer
ADEPT	airline data engine performance trend
ADIRS	air data and inertial reference system
AGB	accessory gearbox
AIDS	aircraft integrated data system
AMB	altitude ambient
AMM	aircraft maintenance manual
AOG	aircraft on ground
APU	auxiliary power unit
ARIN	aeronautical radio, inc. (specification)
ASM	auto-throttle servo mechanism
ATA	air transport association
ATC	auto-throttle computer
ATHR	auto thrust
ATO	aborted take off
AVM	aircraft vibration monitoring

B

BITE	built in test equipment
BMC	bleed management computer
BSI	borescope inspection
BSV	burner staging valve
BVCS	bleed valve control solenoid

C

CAS	calibrated air speed
CBP	(HP) compressor bleed pressure
CCDL	cross channel data link
CCFG	compact constant frequency generator
CCU	computer control unit
CCW	counter clockwise
CDP	(HP) compressor discharge pressure
CDS	common display system
CFDIU	centralized fault display interface unit
CFDS	centralized fault display system
Ch A	channel A
Ch B	channel B
CMC	centralized maintenance computer
CMM	component maintenance manual
CMS	centralized maintenance system
CG	center of gravity
CHATV	channel active
CIP(HP)	compressor inlet pressure
CIT(HP)	compressor inlet temperature
CODEP	high temperature coating
CPU	central processing unit
CRT	cathode ray tube
CSD	constant speed drive
CSI	cycles since installation
CSN	cycles since new
CTAI	cowl thermal anti-icing
Cu. Ni. In	cupper. nickel. indium
CW	clock wise

D

DAC	double annular combustor
DAMV	double annular modulated valve
DAR	digital ACMS recorder
DC	direct current
DCU	data conversion unit
DCV	directional control valve (Boeing)
DISC	discrete

DIU	digital interface unit
DMC	display management computer
DMU	data management unit
DOD	domestic object damage
DPU	digital processing module
DPM	debris particle monitoring

E

EBU	engine buildup unit
ECAM	electronic centralized aircraftmonitoring
ECU	electronic control unit
EEC	electronic engine control
EFH	engine flight hours
EFIS	electronic flight instrumentsystem
EGT	exhaust gas temperature
EHSV	electro-hydraulic servo valve
EICAS	engine indicating and crew alerting system
EIS	electronic instrument system
EIU	engine interface unit
EIVMU	engine interface and vibration monitoring unit
EMF	electromotive force
EMI	electro magnetic interference
EMU	engine maintenance unit
EPROM	erasable programmable read only memory
ESN	engine serial number
ETOPS	extended twin operation systems
EWD/SD	engine warning display/system display

F

FAA	Federal Aviation Agency
FADEC	full authority digital engine control
FAR	fuel air ratio
FAV	fan air valve
F/B	feed back
FCC	flight control computer
FCU	flight control unit
FDAMS	flight data acquisition & management system
FDIU	flight data interface unit

FDRS	flight data recording system
FDU	fire detection unit
FDRSFEIM	flight data recording system field engineering investigation memo
FEIM	field engineering investigation memo
FF	fuel flow
FFCCV	fan frame/compressor case vertical (vibration sensor)
FI	flight idle (F/I)
FIM	fault isolation manual
FIN	functional item number
FIT	fan inlet temperature
FLA	forward looking aft
FLX TO	flexible take off
FLSCU	fuel level sensing control unit
FMC	flight management computer
FMGC	flight management and guidancecomputer
FMS	flight management system
FMV	fuel metering valve
FOD	foreign object damage
FPA	front panel assembly
FPI	fluorescent penetrant inspection
FQIS	fuel quantity indicating system
FRV	fuel return valve
FWCFWD	fault warning computer forward

G

GEMGI	ground-based engine monitoringground idle (G/I)
GMT	greenwich mean time
GSE	ground support equipment

H

HCF	high cycle fatigue
HDS	horizontal drive shaft
HMU	hydromechanical unit
HP	high pressure
HPC	high pressure compressor
HPCR	high pressure compressor rotor
HPSO	high pressure shutoff
HPTC	high pressure turbine clearance

HPT(A)CC	high pressure turbine (active)clearance control
HPTCCV	high pressure turbine clearancecontrol valve
HPTR	high pressure turbine rotor

I

I/O	input/output
IAS	indicated air speed
IDG	integrated drive generator
ID PLUGIFSD	identification plug in flight shut down
IGB	inlet gearbox
IGN	ignition
IGV	inlet guide vane
I/O	input/output
IOM	input output module
IPB	illustrated parts breakdown
IPC	illustrated parts catalog
IPCV	intermediate pressure check valve
IPS	inches per second

K

KIAS	indicated air speed in knots
KV	kilovolts

L

LCF	low cycle fatigue
LCD	liquid crystal display
LE	leading edge
(L/E)L/H	left hand
LG	landing gear
LGCIU	landing gear control interface
LP	low pressure
LPC	low pressure compressor
LPT	low pressure turbine
LPTC	low pressure turbine clearance
LPT(A)CC	low pressure turbine (active)clearance control
LPTR	low pressure turbine rotor
LRU	line replaceable unit
LVDT	linear variable differential transformer

M

MCD	magnetic chip detector
MCDU	multipurpose control and display unit
MCL	maximum climb
MCT	maximum continuous
MDDU	multipurpose disk drive unit
MEC	main engine control
MMEL	main minimum equipment list
MPa	maximum power assurance
MPH	miles per hour
MTBF	mean time between failures
MTBR	mean time between removals
mV	millivolts
mVDC	millivolts direct current

N

N1 (NL)	low pressure rotor rotational speed
N1 ACT	actual N1
N1 DMD	demanded N1
N1 CMD	commanded N1
N1 TARGET	targeted fan speed
N2 (NH)	high pressure rotor rotational speed
N2 ACT	actual N2
N2 K	corrected core speed
N/C	normally closed
N/O	normally open
NAC	nacelle
NVM	non volatile memory

O

OAT	outside air temperature
OD	outlet diameter
OGV	outlet guide vane
OPV	over pressure valve
OSG	over speed governor
OVBD	over board
OVHT	over heat

P

Pb	bypass pressure
Pc	regulated servo pressure
Pcr	case regulated pressure
Pf (-7B)	heated servo pressure
P/t25	HP compressor inlet total air pressure/temperature
P0	ambient static pressure
P25	HP compressor inlet total air temperature
PCU	pressure converter unit
PLA	power lever angle
PMC	power management control
PMU	propulsion multiplexer
PPH	pounds per hour
PRSOV	pressure regulating shut-off valve
PRV	pressure regulating valve
PS13	pressure fan outlet static air pressure
PS3	HP compressor discharge static air pressure
PSI	pound per square inch
PSIA	pound per square inch absolute pound
PSID	per square inch differential
PSM	power supply module
PSS	(ECU) pressure sub-system
PSU	power supply unit
PT	total pressure
PT2	fan inlet total air pressure(primary flow)
PT25	HPC total inlet pressure
PTU	power transfer unit

Q

QAD	quick attach detach
QAR	quick access recorder
QEC	quick engine change
QTY	quantity
QWR	quick windmill relight

R

RAC/SB	rotor active clearance/start bleed
RACC	rotor active clearance control

RAM	random access memory
R/H	right hand
RCC	remote charge converter
RDS	radial drive shaft
RPM	revolution per minute
RTD	resistive thermal device
RTO	refused take off
RTV	room temperature vulcanizing(material)
RVDT	rotary variable differential transformer

S

S/n	serial number
S/r	service request
S/V	shop visit
SAC	single annular combustor
SAR	smart ACMS recorder
SAV	starter air valve
SB	service bulletin
SCU	signal conditioning unit
SDI	source/destination identifier (bits) (ARINC SPEC)
SDU	solenoid driver unit
SER	service evaluation request
SFC	specific fuel consumption
SG	specific gravity
SLS	sea level standard (conditions: 29. 92 in. Hg/59 F)
SMM	status matrix
SMP	software management plan
S/N	serial number
SNECMA	Societe Nationale D'etude et Deconstruction de Moteurs D'aviation
SOL	solenoid
SOV	shut-off valve
S/R	service request
S/V	shop visit
SVR	shop visit rate
SW	software
SYS	system

T

T12	fan inlet total air
T25	temperature hp compressor inlet air
T3	temperature hp compressor discharge air
T49. 5	exhaust gas temperature
T5	low pressure turbine discharge total air temperature
TAT	total air temperature
TBD	to be determined
TBV	transient bleed valve
T/E	trailing edge
T/C	thermocouple
TC	HP turbine case
TCase	HP turbine case temperature
TCC	turbine clearance control
TCJ	temperature cold junction
TECU	electronic control unit internal temperature
TEO	engine oil temperature
TGB	transfer gearbox
Ti	titanium
TLA	throttle lever angle
TM	torque motor
TMC	torque motor current
TO/GA	take off/go around
T/O	take off
T oil	oil temperature
TPU	transient protection unit
T/R	thrust reverser
TRA	throttle resolver angle
TRDV	thrust reverser directional valve
TRPV	thrust reverser pressurizing valve
TSI	time since installation (hours)
TSN	time since new (hours)
TTL	transistor transistor logic

U

UER	unscheduled engine removal
UTC	universal time constant

V

VAC	voltage, alternating current
VBV	variable bleed valve
VDC	voltage, direct current
VDT	variable differential transformer
VIB	vibration
VLV	valve
VRT	variable resistance transducer
VSV	variable stator vane

W

WAI	wing anti-ice (Airbus)
WDM	watchdog monitor
WF	weight of fuel or fuel flow
WFM	weight of fuel metered
WOW	weight on wheel
WTAI	wing thermal anti-icing (Boeing)